Erwin Piechatzek
Eva-Maria Kaufmann

Formeln und Tabellen Stahlbau

Erwin Piechatzek
Eva-Maria Kaufmann

Formeln und Tabellen Stahlbau

Nach DIN 18800 (1990)

Mit 146 Tabellen und 18 vollständig durchgerechneten Beispielen

2., verbesserte Auflage

vieweg

Die Deutsche Bibliothek – CIP-Einheitsaufnahme
Ein Titeldatensatz für diese Publikation ist bei
Der Deutschen Bibliothek erhältlich.

1. Auflage August 1999
2., verbesserte Auflage März 2001

Der Verlag Vieweg ist ein Unternehmen der Fachverlagsgruppe BertelsmannSpringer.

www.vieweg.de

Konzeption und Layout des Umschlags: Ulrike Weigel, www.CorporateDesignGroup.de
Druck und buchbinderische Verarbeitung: Lengericher Handelsdruckerei, Lengerich
Gedruckt auf säurefreiem Papier
Printed in Germany

ISBN 3-528-12557-8

Vorwort

Die Zusammenstellung der gebräuchlichsten Formeln und Tabellen für den Stahlbau dient als Arbeitshilfe für alle, die sich mit dem Stahlbau befassen. Angesprochen sind insbesondere Studenten des Bauingenieurwesens, Statiker, Konstrukteure und Techniker. Neben dem klassischen Stahlbau sind auch Themen des gültigen Baurechts in Stichworten beschrieben.

Die Neufassung der DIN 18800 (1990), ersetzt seit 1997 endgültig die Fassung aus dem Jahre 1981. Tragwerke des allgemeinen Stahlhochbaues dürfen nicht mehr nach DIN 18800 (1981) berechnet werden. Eine Ausnahme bilden Tragwerke für den Kran- und Brückenbau. Die DIN 18800 (1990) ist dabei auf einem ganz neuen Sicherheitskonzept nach EC 3 aufgebaut.

Mit der bauaufsichtlichen Einführung des Eurocode 3 (EC 3) stehen dem Stahlbauer nun 2 Regelwerke für die Auslegung und Berechnung von Stahlbauten zur Verfügung.

Im Rahmen der Globalisierung der Märkte in der Europäischen Gemeinschaft wurden auch andere technische Regeln überarbeitet und eingeführt. Die neuen Regelwerke verwenden neue, bisher unbekannte Begriffe, einige werden hier kurz erläutert. Der Stahlbauer muß sich heute mit solchen Begriffen auseinandersetzen wie Bauprodukte, Ü-Zeichen usw. Allgemein bekannte Bezeichnungen von Stahlsorten wie St37, St52 sind nicht mehr gültig.

Mit dieser Formel- und Tabellensammlung wird dem Anwender eine, in systematischer Reihenfolge aufgelistete Zusammenstellung der wichtigsten Regeln, Begriffe, Bezeichnungen und Formeln nach DIN 18800 (1990) und anderen gültigen Regelwerken zur Verfügung gestellt. Es sind ausgewählte Bereiche und es besteht kein Anspruch auf Vollständigkeit für den gesamten Stahlbaubereich. Die Anwendung der neuen Regelwerke wird anhand von Zahlenbeispielen vorgestellt.

Der Aufbau der einzelnen Kapitel ist methodisch so angelegt, dass sie für alle Anwender eine praktische Arbeitshilfe darstellen. Der Griff zur Norm ist nur in Randbereichen erforderlich, die zugehörigen Normen sind in jedem Kapitel aufgelistet.

Die vorliegende Bearbeitung kann jedoch nicht die vorhandenen Lehrbücher des Stahlbaues ersetzen. Die Kenntnis der Grundlagen der Statik, der Festigkeitslehre, des Stahlbaues, sowie der geltenden Normen und Vorschriften ist Voraussetzung zur Anwendung. Alle Kapitel wurden sorgfältig bearbeitet, dennoch sind Fehler oder Irrtümer nicht ganz auszuschließen, und somit sind wir für jeden Hinweis bzw. Stellungnahme sehr dankbar. Es ist darauf hinzuweisen, dass jeder bei einem Bauvorhaben tätige Ingenieur für seine Arbeit selbst voll verantwortlich ist. Insbesonders muss er die zum Zeitpunkt der Arbeit gültigen technischen Baubestimmungen einhalten.

Für die weitgehende Hilfestellung bei der Erstellung dieser Formel- und Tabellensammlung möchten wir uns bei den Damen und Herren im Lektorat Technik des Verlages Vieweg bedanken, insbesondere bei Frau Ehl für die Anregungen und Hinweise die zur Entstehung dieses Werkes beigetragen haben.

Köln im Sommer 1999 — Die Autoren.

Vorwort zur 2. Auflage

Erfreulicherweise wurde durch eine rege Nachfrage nach dem Werk eine Neuauflage bereits ein Jahr nach dem Erscheinungsdatum erforderlich.

Für das große Interesse an diesem Werk und die zahlreichen Zuschriften mit Anregungen und Hinweisen, auch auf Druckfehler, möchten wir uns sehr herzlich bedanken. Sie waren uns bei der Vorbereitung dieser Neuauflage von großem Nutzen. Ganz besonders herzlicher Dank gilt Herrn Prof. Dr. Ing. E.h. Joachim Scheer, für seine Anmerkungen und Hinweise zu dem Vorgehen in der DIN 18800. Es konnten so einige Formulierungen der Grundbegriffe zum besseren Verständnis dieser Norm geändert werden.

Alle erkannten Druck- und sonstige Fehler wurden korrigiert, einige Anregungen aus den Zuschriften konnten noch in diese Auflage übernommen werden. Wir denken dass durch die vorgenommen Korrekturen, die Verständlichkeit des Inhaltes verbessert wurde.

Wir sind auch weiterhin an jeder Zuschrift sehr interessiert.

Köln/Wuppertal im Winter 2000 Die Autoren

Inhaltsverzeichnis

1 Der bauaufsichtliche Kontext

Der Stahlbau gehört zum Konstruktiven Ingenieurbau und somit zum Bauingenieurwesen. Damit unterliegt die Auslegung und Errichtung von Stahlbauten im vollen Umfang dem Bauordnungsrecht und der Bauaufsicht.

Gesetzliche Grundlagen in Deutschland:

- das Bauproduktengesetz (BauPG) des Bundes vom 10. 08. 1992
- die Landesbauordnungen (LBO)

1.1 EG-Bauproduktenrichtlinie und nationales Recht

Die „Richtlinie des Rates der Europäischen Gemeinschaft zur Angleichung der Rechts- und Verwaltungsvorschriften der Mitgliedsstaaten über Bauprodukte“, im weiteren Bauproduktenrichtlinie genannt, ist in Deutschland durch das Bauproduktengesetz (BauPG) in nationales Recht umgesetzt worden. Die Zielsetzung dieser Maßnahme war, Regelungen zu schaffen, welche die Verwendung von Bauprodukten im Zuge der Harmonisierung von europäischen Spezifikationen und Bauproduktenrichtlinien vereinheitlichen.

1.1.1 Bauproduktenrichtlinie und Grundlagendokumente

Die Bauproduktenrichtlinie regelt für Bauprodukte allgemeine verwaltungstechnische Fragen für die Vereinheitlichung des europäischen Binnenmarktes, aber auch spezielle Fragen der Verwendung von einheitlichen »Technischen Spezifikationen« sowie der Zertifizierung von Bauprodukten nach »Technischen Spezifikationen«.

Unter »Technischen Spezifikationen« im Sinne der Richtlinie werden Normen und technische Zulassungen verstanden.

Wesentliche Anforderungen

Gemäß Anhang 1 der Bauproduktenrichtlinie müssen Bauprodukte, sofern sie auf den Europäischen Binnenmarkt gelangen, gewisse technische Bedingungen erfüllen, die als wesentliche Anforderungen bezeichnet werden.

Die Bauproduktenrichtlinie gliedert die wesentlichen Anforderungen nach folgenden Bereichen:

- Mechanische Festigkeit und Standsicherheit
- Brandschutz
- Hygiene, Gesundheit und Umweltschutz
- Nutzungssicherheit
- Schallschutz
- Energieeinsparung und Wärmeschutz

1.1.2 Landesbauordnungen LBO

In allen deutschen Bundesländern wurden zwischen Mitte 1994 und Anfang 1996 die Landesbauordnungen nach der „Musterbauordnung (MBO) der Bundesrepublik Deutschland“ novelliert. Die Landesbauordnungen werden allgemein als Bauordnungsrecht bezeichnet und haben in den einzelnen Bundesländern verschiedene Bezeichnungen, wie Landesbauordnung, Bauordnung für das Land ..., usw. Allgemein wurde auch das System der Verwendbarkeitsnachweise von Bauprodukten gegenüber den bisherigen Vorschriften geändert. Ganz neu eingeführt wurden Übereinstimmungsnachweise.

Geltungsbereich:

Die Landesbauordnung (LBO) bzw. (BauO) hat den Rang eines Gesetzes.

Die Landesbauordung gilt für bauliche Anlagen und Bauprodukte. Sie gilt auch für Grundstükke sowie für andere Anlagen und Einrichtungen, soweit nach diesem Gesetz oder in den Vorschriften aufgrund dieses Gesetzes Anforderungen gestellt werden.

Begriffe gemäß Musterbauordnung (MBO) / Fragmente

Der volle, gültige Text ist jeweils der im Lande geltenden Bauordnung zu entnehmen.

MBO § 2	**Begriffe**

(1) **Bauliche Anlagen** sind mit dem Erdboden verbundene, aus Bauprodukten hergestellte Anlagen. Eine Verbindung mit dem Erdboden besteht auch dann, wenn die Anlage durch eigene Schwere auf dem Boden ruht oder auf ortsfesten Bahnen begrenzt beweglich ist oder wenn die Anlage nach Ihrem Verwendungszweck dazu bestimmt ist, überwiegend ortsfest benutzt zu werden.

(9) **Bauprodukte sind**

1. Baustoffe, Bauteile und Anlagen, die hergestellt werden, um dauerhaft in bauliche Anlagen eingebaut zu werden.
2. aus Baustoffen und Bauteilen vorgefertigte Anlagen, die hergestellt werden, um mit dem Erdboden verbunden zu werden, wie Fertighäuser, Fertiggaragen und Silos.

MBO § 20	**Bauprodukte**

(1) Bauprodukte dürfen für die Errichtung, Änderung und Instandhaltung baulicher Anlagen nur verwendet werden, wenn sie für den Verwendungszweck

1. von den bekanntgemachten technischen Regeln nicht oder nicht wesentlich abweichen (geregelte Bauprodukte) oder nach Abschnitt 3 zulässig sind und wenn sie aufgrund des Übereinstimmungsnachweises nach § 24 das Übereinstimmungszeichen (Ü-Zeichen) tragen.
2. nach den Vorschriften

   a. des Bauproduktengesetzes (BauPG); b; usw.

in den Verkehr gebracht und gehandelt werden dürfen, insbesondere das CE-Zeichen tragen und dieses Zeichen die festgelegten Klassen und Leistungsstufen ausweist.

(2) Das Deutsche Institut für Bautechnik macht im Einvernehmen mit der obersten Bauaufsichtsbehörde für Bauprodukte in der Bauregelliste A die technischen Regeln bekannt.

(3) Bauprodukte, die von den in der Bauregelliste bekannt gemachten Regeln abweichen.

Geregelte Bauprodukte	Nicht geregelte Bauprodukte
Produkte, die von den in der Bauregelliste A bekannt gemachten technischen Regeln nicht oder nicht wesentlich abweichen, z.B. - Walzerzeugnisse aus Stahl - Schrauben, Muttern, Scheiben - Schweißelektroden - Schweißzusätze für das Gasschweißen	Produkte, die von bekannt gemachten technischen Regeln wesentlich abweichen, oder es für diese Produkte keine gibt, und wenn sie folgende Voraussetzungen haben: - allgemeine bauaufsichtliche Zulassung - allgemeines bauaufsichtliches Prüfzeugnis - Zustimmung im Einzelfall der obersten Baubehörde

MBO § 24	**Übereinstimmungsnachweis**

(1) Bauprodukte bedürfen einer Bestätigung ihrer Übereinstimmung mit den technischen Regeln nach § 20 Abs. 2, den allgemeinen bauaufsichtlichen Zulassungen, den allgemeinen bauaufsichtlichen Prüfzeugnissen oder den Zustimmungen im Einzelfall; als Übereinstimmung gilt auch eine Abweichung, die nicht wesentlich ist.

MBO § 24a	**Übereinstimmungserklärung des Herstellers**

(1) Der Hersteller darf eine Übereinstimmungserklärung nur abgeben, wenn er durch werkseigene Produktionskontrolle sichergestellt hat, dass das von ihm hergestellte Bauprodukt den maßgebenden technischen Regeln, der allgemeinen bauaufsichtlichen Zulassung, dem allgemeinen bauaufsichtlichen Prüfzeugnis oder der Zustimmung im Einzelfall entspricht.

MBO § 24b	**Übereinstimmungszertifikat**

(1) Ein Übereinstimmungszertifikat ist von einer Zertifizierungsstelle nach §24c zu erteilen, wenn das Bauprodukt:

1. den maßgebenden technischen Regeln, der allgemeinen bauaufsichtlichen Zulassung, dem allgemeinen bauaufsichtlichen Prüfzeugnis oder der Zustimmung im Einzelfall entspricht,
2. einer werkseigenen Produktionskontrolle sowie einer Fremdüberwachung nach Maßgabe des Absatzes 2 unterliegt.

MBO § 24c	**Prüf-, Zertifizierungs- und Überwachungsstellen**

(1) Die oberste Bauaufsichtsbehörde kann eine Person, Stelle oder Überwachungsgemeinschaft als

1. Prüfstelle für die Erteilung allgemeiner bauaufsichtlicher Prüfzeugnisse
2. Prüfstelle für die Überprüfung von Bauprodukten vor Bestätigung der Übereinstimmung
3. Zertifizierungsstelle (§ 24b Abs. 1)
4. Überwachungsstelle für die Fremdüberwachung (§ 24b Abs. 2) oder
5. Überwachungsstelle für die Überwachung nach § 20 Abs. 6

anerkennen, wenn bestimmte Voraussetzungen vorliegen (siehe dazu die LBO).

(1) Die Anerkennung von Prüf-, Zertifizierungs- und Überwachungsstellen anderer Länder gilt auch im Land.

1.1.3 Technische Baubestimmungen

Das Deutsche Institut für Bautechnik macht im Einvernehmen mit der obersten Bauaufsichtsbehörde für Bauprodukte in der Bauregelliste A die Technischen Regeln bekannt, die zur Erfüllung der in diesem Gesetz und in Vorschriften aufgrund dieses Gesetzes an bauliche Anlagen gestellten Anforderungen erforderlich sind. Diese Technischen Regeln gelten als Technische Baubestimmungen.

Die als Technische Baubestimmungen eingeführten Technischen Regeln bilden die Grundlage der Behandlung bautechnischer Nachweise im baurechtlichen Verfahren. Die Technischen Baubestimmungen sind in einer Liste zusammengefasst, welche im Grundsatz von allen Bundesländern gebilligt wurde. Diese Liste wurde in den meisten Bundesländern über Formerlass bekannt gemacht.

Eingeführte Technische Baubestimmungen, Auswahl nach BauONW, Stand 1997

Grundnormen: Berechnung und Ausführung		
DIN 4112	1983-02	Fliegende Bauten, Richtlinien für Bemessung und Ausführung
DIN 4119-1	1979-06	Oberirdische zylindrische Flachboden-Tankbauwerke aus metallischen Werkstoffen; Grundlagen, Ausführung, Prüfungen
DIN 4119-2	1980-02	Oberirdische zylindrische Flachboden-Tankbauwerke aus metallischen Werkstoffen; Berechnung
DIN 4131	1991-11	Antennentragwerke aus Stahl, Berechnung und Ausführung
DIN 4132	1981-02	Kranbahnen; Stahltragwerke; Grundsätze für Berechnung, bauliche Durchbildung und Ausführung
DIN 4133	1991-11	Schornsteine aus Stahl
DIN 18800-1	1990-11	Stahlbauten; Bemessung und Konstruktion
DIN 18800-2	1990-11	Stahlbauten; Stabilitätsfälle, Knicken von Stäben und Stabwerken
DIN 18800-3	1990-11	Stahlbauten; Stabilitätsfälle, Plattenbeulen
DIN 18800-4	1990-11	Stahlbauten; Stabilitätsfälle, Schalenbeulen
DIN 18800-1/A	1996-02	Anpassungsrichtlinie Stahlbau
DIN 18800-7	1983-05	Stahlbauten; Herstellen, Eignungsnachweis zum Schweißen
DIN 18801	1983-09	Stahlhochbau; Bemessung, Konstruktion, Herstellung
DIN 18806-1	1984-03	Verbundkonstruktionen, Verbundstützen
DIN 18807-1	1987-06	Trapezprofile im Hochbau; Stahltrapezprofile; allgemeine Anforderungen
DIN 18807-2	1987-06	Trapezprofile im Hochbau; Stahltrapezprofile; Durchführung von Tragfähigkeitsversuchen
DIN 18807-3	1987-06	Trapezprofile im Hochbau; Stahltrapezprofile; Festigkeitsnachweis und konstruktive Ausbildung
DIN 18808	1984-10	Stahlbauten; Tragwerke aus Hohlprofilen unter vorwiegend ruhender Belastung

Eingeführte Technische Baubestimmungen, Fortsetzung

DIN 18809	1987-09	Stählerne Strassen- und Wegbrücken; Bemessung, Konstruktion und Herstellung
DIN V ENV 1993 -1-1	1993-04	Eurocode 3: Bemessung und Konstruktion von Stahlbauten Teil 1.1: Allgemeine Bemessungsregeln, Bemessungsregeln für den Hochbau
DIN V ENV 1994 -1-1	1994-01	Eurocode 4: Bemessung und Konstruktion von Verbundtragwerken aus Stahl und Beton
DASt-Ri. 016	1988-07	Bemessung und konstruktive Gestaltung von Tragwerken aus dünnwandigen kaltgeformten Bauteilen
DASt-Ri. 103 (NAD)	1993-11	Richtlinie zur Anwendung von DIN V ENV 1993 Teil 1-1, Eurocode 3
DASt-Ri. 104 (NAD)	1994-02	Richtlinie zur Anwendung von DIN V ENV 1994 Teil 1-1, Eurocode 4

Brandschutz

DIN Reihe 4102		Brandverhalten von Baustoffen und Bauteilen
DIN 4102-1	1981-05	Baustoffe; Begriffe, Anforderungen und Prüfungen
DIN 4102-2	1977-09	Bauteile; Begriffe
DIN 4102-3	1977-09	Brandwände und nichttragende Aussenwände
DIN 4102-4	1994-03	Zusammenstellung und Anwendung klassifizierter Baustoffe, Bauteile und Sonderbauteile
DIN 4102-6	1977-09	Lüftungsleitungen; Begriffe, Anforderungen und Prüfungen
DIN 4102-7	1987-03	Bedachungen; Begriffe

Bautenschutz

DIN 4149-1	1981-04	Bauten in deutschen Erdbebengebieten; - Lastannahmen und Bemessung

Lastannahmen

DIN Reihe 1055		Lastannahmen für Bauten
DIN 1055-1	1978-07	Lagerstoffe, Baustoffe und Bauteile
DIN 1055-2	1976-02	Bodenkenngrößen, Wichte
DIN 1055-3	1971-06	Verkehrslasten
DIN 1055-4	1986-08	Verkehrslasten, Windlasten
DIN 1055-5	1975-06	Verkehrslasten, Schneelast und Eislast
DIN 1055-6	1987-87	Lasten in Silozellen

Vor Anwendung jeder Regel ist deren Gültigkeit zu überprüfen.

Neben den eingeführten sind auch die nicht eingeführten allgemein anerkannten Regeln der Technik, soweit sie sicherheitsrelevant sind im Sinne der LBO, zu beachten.

DASt-Richtlinien (allgemein anerkannte Regeln der Technik)

DASt-Ri. 006	1980-01	Überschweißen von Fertigungsbeschichtungen im Stahlbau
DASt-Ri. 007	1979-11	Wetterfeste Baustähle
DASt-Ri. 009	1979-11	Wahl der Stahlgütegruppen für geschweißte Stahlbauten
DASt-Ri. 010	1976-06	Anwendung hochfester Schrauben im Stahlbau
DASt-Ri. 014	1981-01	Empfehlungen zum Vermeiden von Terrassenbrüchen in geschweißten Konstruktionen aus Baustahl
DASt-Ri. 015	1990-07	Träger mit schlanken Stegen

1.2 Verwendbarkeit von Bauprodukten

1.2.1 Verwendbarkeitsnachweise für Bauprodukte

<table>
<tr><th rowspan="2">Europäische Produkte</th><th colspan="5">Nationale Produkte</th></tr>
<tr><th>geregelte</th><th colspan="3">nicht geregelte</th><th>Sonstige</th></tr>
<tr><td rowspan="2">Harmonisierte Europäische Norm

Europäische Technische Zulassung</td><td rowspan="2"></td><td rowspan="2">Allgemein</td><td>keine erheblichen Anforderungen an Sicherheit</td><td rowspan="2">Sicherheit untergeordnet</td><td rowspan="2">Produkte nach allgemein anerkannten Regeln</td></tr>
<tr><td>allgemein anerkannte Prüfverfahren</td></tr>
<tr><td colspan="6">Bauregelliste</td></tr>
<tr><td>B</td><td>A
Teil 1</td><td>-</td><td>A
Teil 2</td><td>C</td><td>-</td></tr>
<tr><td>Verwendungs-beschränkung</td><td>Technische Regeln der Bauregelliste A</td><td>Allgemeine bauaufsichtliche Zulassung oder Zustimmung im Einzelfall</td><td>Allgemeines bauaufsichtliches Prüfzeugnis</td><td>Kein Verwendbarkeitsnachweis</td><td>Kein Verwendbarkeitsnachweis</td></tr>
<tr><td>Konformitätszeichen (CE-Zeichen)</td><td colspan="4">Übereinstimmungsnachweis
Ü-Zeichen</td><td>Kein Ü-Zeichen</td></tr>
</table>

1.2.2 Übereinstimmungsnachweise

Nach den Landesbauordnungen dürfen Bauprodukte für die Errichtung von baulichen Anlagen nur verwendet werden, wenn sie u.a. auf Grund des Übereinstimmungsnachweises das Ü-Zeichen tragen. Dies ist eine bauordnungsrechtliche Forderung und somit auf alle Bereiche, für die das Baurecht gilt, anzuwenden, auch für den Stahlbau.

Für alle Bauprodukte, die nach den in der Bauregelliste A Teil 1 aufgeführten technischen Regeln oder nach allgemeinen bauaufsichlichen Zulassungen bzw. Prüfzeugnissen hergestellt sind, muss der Hersteller den Nachweis führen, dass die Produkte mit den technischen Spezifikationen übereinstimmen.

Folgende Nachweise sind vorgesehen:

- **ÜH** Übereinstimmungsnachweis des Herstellers
- **ÜHP** Übereinstimmungsnachweis des Herstellers nach vorheriger Prüfung des Bauproduktes durch eine anerkannte Zertifizierungsstelle
- **ÜZ** Übereinstimmungszertifikat durch eine anerkannte Zertifizierungsstelle
- **Z** Allgemeine bauaufsichtliche Zulassung
- **P** Allgemeines bauaufsichtliches Prüfzeugnis

Die Übereinstimmungserklärung und die Erklärung, dass ein Übereinstimmungszertifikat erteilt ist, hat der Hersteller durch Kennzeichnung der Bauprodukte mit dem Übereinstimmungszeichen (Ü-Zeichen) unter Hinweis auf den Verwendungszweck abzugeben. Das Ü-Zeichen ist auf dem Bauprodukt oder auf seiner Verpackung oder, wenn dies nicht möglich ist, auf dem Lieferschein anzubringen.

Übereinstimmungszeichen

Das Übereinstimmungszeichen (Ü-Zeichen) besteht aus dem Großbuchstaben »Ü« und hat folgende Angaben zu enthalten:

1. Name des herstellenden Unternehmens
2. Grundlage des Übereinstimmungsnachweises
   - die maßgebenden technischen Regeln
   - die Bezeichnung für eine allgemeine bauaufsichtliche Zulassung als »Z« und deren Nummer
   - die Bezeichnung für ein allgemeines bauaufsichtliches Prüfzeugnis als »P«, die Bezeichnung der Prüfstelle und die Nummer des Prüfzeugnisses oder
   - die Bezeichnung »Zustimmung im Einzelfall« und die Behörde
3. Bildzeichen oder Bezeichnung der Zertifizierungsstelle

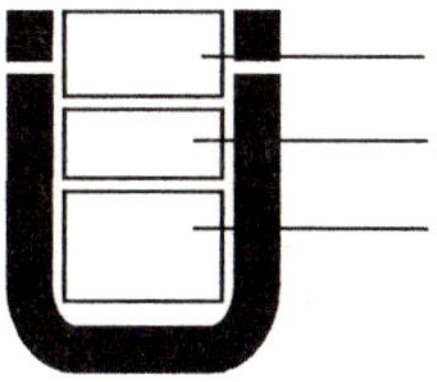

Angaben:
1. Name des herstellenden Unternehmens
2. Grundlage des Übereinstimmungsnachweises
3. Bildzeichen oder Bezeichnung der Zertifizierungsstelle

Bild 1-1 Ü-Zeichen

Die Angaben sind auf der von dem Großbuchstaben umschlossenen Innenfläche oder unmittelbar daneben anzubringen.

Der Großbuchstabe »Ü« muß mindestens 4,5 cm breit und 6 cm hoch sein. Seine Breite muß zur Höhe im Verhältnis von 1:1,33 stehen. Wird das Ü-Zeichen auf dem Lieferschein angebracht, so darf von der Mindestgröße abgewichen werden.
Wird das Ü-Zeichen auf der Verpackung angebracht oder ist seine Anbringung nur auf dem Lieferschein möglich, so darf es zusätzlich ohne die Angaben nach Punkt 1 und abweichend von Absatz 2, Satz 1, auf dem Bauprodukt angebracht werden.

Alle Nachweise bzw. Zertifikate gehören zur Abnahmedokumentation jeder baulichen Anlage und müssen bei Abnahmen der Baubehörde vorgelegt werden. Aus den geltenden gesetzlichen Vorschriften geht eindeutig hervor, dass vor allem die Rückverfolgbarkeit der einzelnen Bauteile bauordnungsrechtlich gefordert wird. Zur Sicherstellung der Rückverfolgbarkeit ist der Ersteller der gesamten Anlage verpflichtet. In jedem Falle betrifft dies den gesamten Stahlbaubereich. Nach anfänglicher Unsicherheit über die Art der Bescheinigungen, ist für den Bereich Stahlbau folgende Regelung eingeführt worden: - *die bisherigen Bescheinigungen bzw. Zeugnisse nach EN 10204 werden mit dem Ü-Zeichen versehen*. Es entsteht somit kein neues Dokument.

Die Beistellung von Bescheinigungen nach DIN 50049 ist in DIN 18800 Teil 1 (1990) gefordert, für Walzstahl in El. 404, für Schrauben, Niete, Bolzen in El. 412.

Anmerkung: DIN 50049 ist ersetzt durch EN 10204.

Tabelle 1.1 Zeugnisse nach EN 10204

<table>
<tr><th>Norm Bez.</th><th>Bescheinigung</th><th>Art der Prüfung</th><th>Inhalt der Bescheinigung</th><th>Lieferbedingungen</th><th>Bestätigung der Bescheinigung durch</th></tr>
<tr><td>2.1</td><td>Werksbescheinigung</td><td rowspan="2">Nicht spezifisch</td><td>Keine Prüfergebnisse</td><td rowspan="2">Nach den Lieferbedingungen der Bestellung oder, falls verlangt, nach amtlichen Vorschriften</td><td rowspan="2">Den Hersteller</td></tr>
<tr><td>2.2</td><td>Werkszeugnis</td><td>Prüfergebnisse auf Grundlage nichtspezifischer Prüfung</td></tr>
<tr><td>2.3</td><td>Werksprüfzeugnis</td><td rowspan="5">Spezifisch</td><td rowspan="5">Prüfergebnisse auf der Grundlage spezifischer Prüfung</td><td rowspan="2">nach amtlichen Vorschriften und den zugehörigen technischen Regeln</td><td rowspan="2">Den in den amtlichen Vorschriften genannten Sachverständigen</td></tr>
<tr><td>3.1A</td><td>Abnahmeprüfzeugnis 3.1A</td></tr>
<tr><td>3.1B</td><td>Abnahmeprüfzeugnis 3.1B</td><td>Nach den Lieferbedingungen der Bestellung oder, falls verlangt, nach amtlichen Vorschriften</td><td>Den vom Hersteller beauftragten, von der Fertigungsabteilung unabhängigen Sachverständigen</td></tr>
<tr><td>3.1C</td><td>Abnahmeprüfzeugnis 3.1C</td><td rowspan="2">Nach den Lieferbedingungen der Bestellung</td><td>Den vom Besteller beauftragten Sachverständigen</td></tr>
<tr><td>3.2</td><td>Abnahmeprüfprotokoll 3.2</td><td>Den vom Hersteller u. Besteller beauftragten Sachverständigen</td></tr>
</table>

1.2.3 Bauregelliste

Die einzelnen, mit der Kennzeichnungspflicht beaufschlagten Baustoffe wie auch die erforderlichen Nachweise, sind in der Bauregelliste »A« bekannt gegeben. Die Bauregelliste wird vom Deutschen Institut für Bautechnik [19] bekannt gemacht und jedes Jahr aktualisiert.

1.2.4 Eingeführte Technische Regeln für den Metallbau nach Bauregelliste A

Auswahl, Stand 10. 1998

		Werkstoffe
DIN 1681	1985-06	Stahlguss für allgem. Verwendungszwecke; Technische Lieferbedingungen
DIN 17 006-100	1993-11	Bezeichnungssysteme für Stähle; Zusatzsymbole für Kurznamen
DIN EN 10 025	1994-03	Warmgewalzte Erzeugnisse aus unlegierten Baustählen; Technische Lieferbedingungen
DIN EN 10 027-1	1992-09	Bezeichnungssysteme für Stähle; Kurznamen, Hauptsymbole
DIN EN 10 113	1993-04	Warmgewalzte Erzeugnisse aus schweißgeeigneten Feinkornbaustählen; Allgemeine Lieferbedingungen
DIN EN 10 115	1993-08	Wetterfeste Baustähle; Technische Lieferbedingungen
		Walzerzeugnisse
DIN 178	1969-06	Blanker Vierkantstahl
DIN 1013-1	1976-11	Warmgewalzter Rundstahl für allgemeine Verwendungszwecke
DIN 1014-1	1978-07	Warmgewalzter Vierkantstahl für allgemeine Verwendungszwecke
DIN 1015	1972-11	Warmgewalzter Sechskantstahl
DIN 1017-1	1967-04	Warmgewalzter Flachstahl für allgemeine Verwendungszwecke
DIN 1018	1963-10	Warmgewalzter Halbrundstahl und Flachhalbrundstahl
DIN 1022	1963-10	Warmgewalzter gleichschenkliger, scharfkantiger Winkelstahl (LS-Stahl)
DIN 1024	1982-03	Warmgewalzter rundkantiger T-Stahl
DIN 1025-1	1995-05	Warmgewalzte schmale I-Träger mit geneigten inneren Flanschflächen
DIN 1025-2	1995-11	Warmgewalzte breite I-Träger mit parallelen Flanschflächen (IBP)
DIN 1025-3	1994-03	Warmgewalzte breite I-Träger (IPBl) mit parallelen Flanschflächen, leichte Ausführung
DIN 1025-4	1994-03	Warmgewalzte breite I-Träger (IPBv) mit parallelen Flanschflächen, verstärkte Ausführung

Technische Regeln (Fortsetzung)

DIN 1025-5	1994-03	Warmgewalzte mittelbreite I-Träger (IPE) mit parallelen Flanschflächen
DIN 1026	1963-10	Warmgewalzter rundkantiger U-Stahl
DIN 1027	1963-10	Warmgewalzter rundkantiger Z-Stahl
DIN 1028	1994-03	Warmgewalzter gleichschenkliger, rundkantiger Winkelstahl
DIN 1029	1994-03	Warmgewalzter ungleichschenkliger, rundkantiger Winkelstahl
DIN 1623-2	1986-02	Kaltgewalztes Band und Blech
DIN 1629	1984-10	Warmgewalzte nahtlose Stahlrohre aus unlegierten Stählen für die Verwendung bei Tankbauwerken
DIN 3051-4	1972-03	Drahtseile aus Stahldrähten
DIN 17 103	1989-10	Schmiedestücke aus schweißgeeigneten Feinkornbaustählen
DIN 17 118	1976-01	Kaltprofile aus Stahl
DIN 17 175	1979-05	Warmgewalzte nahtlose Rohre aus warmfesten Stählen für die Verwendung bei Stahlschornsteinen
DIN 17 177	1979-05	Warmgewalzte elektrisch pressgeschweißte Rohre aus warmfesten Stählen für die Verwendung bei Stahlschornsteinen
DIN 17 182	1992-05	Erzeugnisse aus Stahlgusssorten mit verbesserter Schweißeignung und Zähigkeit
DIN 17 440	1996-09	Blech, Warmband, gewalzte Stäbe, gezogener Draht und Schmiedestücke aus nicht rostenden Stählen für die Verwendung bei Tankbauwerken und Stahlschornsteinen
DIN 17 441	1997-02	Kaltgewalzte Bänder und Spaltbänder sowie daraus geschnittene Bleche aus nicht rostenden Stählen für die Verwendung bei Stahlschornsteinen
DIN 17 455	1985-07	Geschweißte kreisförmige Rohre aus nicht rostenden Stählen für die Verwendung bei Stahlschornsteinen
DIN 17 456	1985-07	Nahtlose kreisförmige Rohre aus nicht rostenden Stählen für die Verwendung bei Stahlschornsteinen
DIN 59 051	1981-08	Warmgewalzter scharfkantiger T-Stahl
DIN 59 200	1975-10	Warmgewalzter Breitflachstahl
DIN 59 370	1978-07	Blanker, gleichschenkliger scharfkantiger Winkelstahl
DIN 59 413	1976-01	Rechtwinklige Kaltprofile aus Stahl
DIN EN 10 028-2	1993-04	Flacherzeugnisse aus warmfesten Stählen für die Verwendung bei Stahlschornsteinen und Tankbauwerken
DIN EN 10 028-3	1993-04	Flacherzeugnisse aus normal geglühten Feinkornbaustählen
DIN EN 10 029	1991-10	Warmgewalztes Stahlblech ab 3 mm Dicke
DIN EN 10 048	1996-10	Warmgewalzter Bandstahl in Walzbreiten < 600 mm

Technische Regeln (Fortsetzung)

DIN EN 10 051	1992-02	Warmgewalztes Blech und Band in Walzbreiten von 600 bis 2200 mm und daraus längsgeteiltes Warmband
DIN EN 10 083-1	1996-10	Erzeugnisse aus Vergütungsstählen Teil 1
DIN EN 10 083-2	1996-10	Erzeugnisse aus Vergütungsstählen Teil 2
DIN EN 10 088-2	1995-08	Warm- oder kaltgewalztes Blech und Band aus nicht rostenden Stählen für die Verwendung bei Tankbauwerken und Stahlschornsteinen
DIN EN 10 088-3	1995-08	Warm- oder kaltumgeformte Stäbe, Walzdraht und Profile aus nicht rostenden Stählen für die Verwendung bei Tankbauwerken und Stahlschornsteinen
DIN EN 10 113-1 DIN EN 10 113-2	1993-04 1993-04	Blech-, Band-, Breitflach-, Form und Stabstahl aus normalgeglühten schweißgeeigneten Feinkornbaustählen
DIN EN 10 155	1993-08	Flach- und Langerzeugnisse aus wetterfesten Baustählen
DIN EN 10 210-1	1994-09	Warmgefertigte Hohlprofile aus Feinkornbaustählen
DIN EN 10 210-2	1997-11	Warmgefertigte Hohlprofile aus unlegierten Baustählen
DIN EN 10 219-1	1997-11	Kaltgefertigte geschweißte Hohlprofile aus Feinkornbaustählen
DIN EN 10 219-2	1997-11	Kaltgefertigte geschweißte Hohlprofile aus unlegierten Baustählen
DIN EN 10 248-1	1995-08	Warmgewalzte Spundbohlen aus unlegierten Stählen
DIN EN 10 249-1	1995-08	Kaltgeformte Spundbohlen aus unlegierten Stählen

Verbindungsmittel

DIN 124	1993-05	Halbrundniete aus Stahl mit Durchmessern > 10 mm
DIN 125-1	1990-03	Scheiben Produktklasse A bis Härte 250 HV zur Verwendung in LS-Verbindungen
DIN 125-2	1990-03	Scheiben Produktklasse A ab Härte 300 HV
DIN 126	1990-03	Scheiben Produktklasse C bis Härte 250 HV zur Verwendung in LS-Verbindungen
DIN 186	1988-04	Hammerschrauben mit Vierkant
DIN 188	1987-01	Hammerschrauben mit Nase
DIN 261	1987-01	Hammerschrauben
DIN 302	1993-05	Senkniete aus Stahl
DIN 434	1990-04	Scheiben, vierkant, keilförmig für U-Träger
DIN 435	1989-12	Scheiben (vierkant und keilförmig) für T-Träger
DIN 444	1983-04	Augenschrauben und Bolzen
DIN 660	1993-05	Halbrundniete aus Stahl mit Durchmessern von < 10 mm
DIN 976-1	1995-02	Gewindestangen

Technische Regeln (Fortsetzung)

DIN 1441	1974-07	Scheiben - Ausführung grob für Bolzen
DIN 3570	1968-10	Bügelschrauben
DIN 6914	1989-10	Sechskantschrauben mit großen Schlüsselweiten für HV-Verbindungen in Stahlkonstruktionen
DIN 6915	1989-10	Sechskantmuttern mit großen Schlüsselweiten für HV-Verbindungen in Stahlkonstruktionen
DIN 6916	1989-10	Runde Scheiben für HV-Schrauben
DIN 6917	1989-10	Keilförmige Vierkantscheiben für HV-Schrauben an I-Profilen
DIN 6918	1990-04	Keilförmige Vierkantscheiben für HV-Schrauben an U-Profilen
DIN 7968	1989-10	Sechskantpassschrauben ohne Mutter oder mit Sechskantmutter
DIN 7969	1989-10	Sechskantschrauben mit Schlitz ohne Mutter oder mit Sechskantmutter
DIN 7989	1974-07	Scheiben für Stahlkonstruktionen
DIN 7990	1989-10	Sechskantschrauben mit Sechskantmutter
DIN 7999	1983-12	Hochfeste Sechskantpassschrauben mit großen Schlüsselweiten für HV-Verbindungen in Stahlkonstruktionen
DIN 8556-1	1986-05	Schweißzusätze für das Schweißen nicht rostender und hitzebeständiger Stähle
DIN 8575-1	1984-04	Schweißzusätze zum Lichtbogenschweißen warmfester Stähle
DIN 24 539-2	1985-05	Ankerplatten für Hammerschrauben
DIN 32 500-1	1991-06	Gewindebolzen für Bolzenschweißen mit Hubzündung
DIN 32 500-3	1979-01	Betonanker und Kopfbolzen für Bolzenschweißen mit Hubzündung
DIN EN 440	1994-11	Drahtelektroden und Schweißgut zum Metallschutzgasschweißen von unlegierten Stählen und Feinkornstählen
DIN EN 499	1995-01	Umhüllte Stabelektroden zum Lichtbogenhandschweißen von unlegierten Stählen und Feinkornstählen
DIN EN 757	1997-05	Umhüllte Stabelektroden zum Lichtbogenhandschweißen von hochfesten Stählen
DIN EN 756	1995-12	Drahtelektroden und Draht-Pulver Kombinationen zum Unterpulverschweißen von unlegierten Stählen und Feinkornstählen

Technische Regeln (Fortsetzung)

DIN EN 758	1997-05	Fülldrahtelektroden zum Metall-Lichtbogenschweißen mit und ohne Schutzgas von unlegierten Stählen und Feinkornstählen
DIN EN 760	1996-05	Schweißpulver zum Unterpulverschweißen
DIN EN 1599	1997-10	Umhüllte Stabelektroden zum Lichtbogenhandschweißen warmfester Stähle
DIN EN 1600	1997-10	Umhüllte Stabelektroden zum Lichtbogenhandschweißen nicht rostender und hitzebeständiger Stähle
DIN EN 1668	1997-10	Stäbe, Drähte und Schweißgut zum Wolfram-Schutzgasschweißen von unlegierten Stählen und Feinkornbaustählen
DIN EN 24 014	1992-02	Sechskantschrauben mit Schaft
DIN EN 24 017	1992-02	Sechskantschrauben mit Gewinde bis Kopf
DIN EN 24 032	1992-02	Sechskantmuttern Typ 1, Produktklassen A und B
DIN EN 24 034	1992-02	Sechskantmuttern, Produktklasse C
DIN EN 28 738	1992-10	Scheiben für Bolzen, Produktklasse A
	Andere	
DIN 55928-5	1991-05	Beschichtungsstoffe für den Korrosionsschutz von Stahlbauteilen

Bei der Verwendung von Bauprodukten ist Folgendes zu beachten:

- Vor jeder Anwendung ist die gültige Bauregelliste zu überprüfen.
- Vor der Anwendung von Bauprodukten, die nicht in der Bauregelliste A enthalten sind, muss die Zulassung als Bauprodukt gesondert überprüft werden.

1.3 Korrosionsschutz

Beim Entwurf einer baulichen Anlage ist neben der Trag- und Gebrauchssicherheit auch ausreichende Dauerhaftigkeit nachzuweisen. Hierunter fällt vor allem der Korrosionsschutz. Korrosion ist im Anfangsstadium ein ästhetisches Problem, bei fortgeschrittener Korrosion kann die Gebrauchstauglichkeit wie auch letztlich die Tragsicherheit betroffen sein.

Nach DIN 18800 Teil 1 (1990) El. 768 - El. 774 ist ein Nachweis der Dauerhaftigkeit durchzuführen. Im Allgemeinen bezieht sich dieser Nachweis auf Korrosionsschutzmaßnahmen, die der zu erwartenden Beanspruchung genügen. Stahlbauten müssen vor Korrosionsschäden geschützt werden. Während der Nutzungsdauer darf keine Beeinträchtigung der Tragsicherheit durch Korrosionsschäden eintreten. Das bedeutet, dass bereits in der Berechnungs- und Konstruktionsphase die Korrosionsbelastungen zu untersuchen und entsprechende Vorkehrungen zu treffen sind. Im Einzelfall ist die Konstruktion entsprechend auszubilden.

Allgemein empfiehlt sich die Erstellung einer Korrosionsschutzvorschrift für das Bauwerk. Die Vorbereitung und Ausführung von Korrosionsschutzmaßnahmen für den Stahlbau sind nach DIN 55928 und DIN 18364 auszuführen. Für Feuerverzinkungen ist DIN 50976 anzuwenden.

Weit verbreitet ist die Anwendung von DB-Vorschriften, wobei Beschichtungsstoffe nach den Technischen Lieferbedingungen (TL) der Deutschen Bundesbahn eingesetzt werden.

Normen:

DIN 55928 Korrosionsschutz von Stahlbauten durch Beschichtungen und Überzüge;

DIN 55928-1	1991-05	- Allgemeine Begriffe, Korrosionsbelastungen
DIN 55928-2	1991-05	- Korrosionsschutzgerechte Gestaltung
DIN 55928-3	1991-05	- Planung, Korrosionsschutzarbeiten
DIN 55928-4	1991-05	- Vorbereitung und Prüfung der Oberflächen
DIN 55928-5	1991-05	- Beschichtungsstoffe und Schutzsysteme
DIN 55928-6	1991-05	- Ausführung und Überwachung der Korrosionsschutzarbeiten
DIN 55928-7	1991-05	- Technische Regeln für Kontrollflächen
DIN 55928-8	1994-07	- Korrosionsschutz von tragenden dünnwandigen Bauteilen

Weitere Normen

DIN 18364	1988-09	Oberflächenschutzarbeiten an Stahl und Oberflächenschutzarbeiten an Aluminium
DIN 50976	1989-05	Korrosionsschutz; Feuerverzinken von Einzelteilen, Stückverzinken, aufgebrachte Überzüge - Anforderungen und Prüfungen

1.3.1 Korrosionsarten

- Flächenkorrosion; Schutz durch Beschichtungen oder Überzüge.
- Kontaktkorrosion; diese entsteht nur bei vorhanden sein eines Elektrolyten.
  Schutz durch isolierende Zwischenschichten.

Tabelle 1.2 Flächenkorrosion in der Atmosphäre

Landatmosphäre	(L)	5 – 70 μm
Stadtatmosphäre	(S)	30 – 80 μm
Industrieatmosphäre	(I)	40 – 170 μm
Meeresatmosphäre	(M)	60 – 250 μm

Die Zahlenwerte beschreiben die jährliche Abrostrate unlegierter Stähle, welche der freien Bewitterung ungeschützt ausgesetzt sind.

1.3.2 Konstruktiver Korrosionsschutz

Der Korrosionsschutz beginnt bereits in der Konstruktionsphase durch korrosionsschutzgerechte Gestaltung der Konstruktion. Grundregeln:

- Die der Korrosion ausgesetzten Flächen sollen klein und wenig gegliedert sein.
- Unterbrochene Schweißnähte sind zu vermeiden.
- Alle Stahlteile sollen zugänglich und erreichbar sein, d.h. der Raum zwischen Bauwerk und der zu erhaltenden Fläche muss groß genug sein um sie vorzubereiten, die Beschichtung aufzubringen und zu prüfen. Zwischenräume ≤ 25 mm sind zu vermeiden, eventuell aufzufüttern.
- Maßnahmen zur Verhinderung von Feuchtstellen und von Ablagerungen korrosionsfördernder Stoffe wie Salze usw.
- Hohlbauteile sind dicht zu verschließen.
- Berührungsflächen von Stahlteilen mit Teilen aus anderen Metallen sind zwecks Vermeidung von Kontaktkorrosion entsprechend zu isolieren. Siehe dazu DIN 55928-2.

Eine weitere Maßnahme kann die Verwendung von Erzeugnissen aus rostfreien Stählen sein.

1.3.3 Korrosionsschutzverfahren

Korrosionsschutz durch Beschichtungen	Korrosionsschutz durch Überzüge
- Fertigungsbeschichtungen (FB) - Grundbeschichtigungen (GB) - Deckbeschichtungen (GB)	- Metallüberzüge: Verzinken, Emaillieren - Anorganische Beschichtungen, z.B. Kunststoffe

Korrosionsschutz durch Beschichtungen

- Vorbereitung der Oberflächen
- Grundbeschichtungen
- Deckbeschichtungen

Korrosionsschutz durch Überzüge

- Vorbereitung der Oberflächen z.B. Strahlen, Beizen, Spülen, Trocknen usw.
- Ausführung der Überzüge
- Prüfung

1.3.4 Vorbereitung der Stahloberflächen

Abhängig von dem Ausgangszustand der Stahloberfläche und dem erforderlichen Normreinheitsgrad ist vor dem Aufbringen der Beschichtung das Entrostungsverfahren in Hinsicht auf den erforderlichen Norm-Reinheitsgrad zu wählen.

Tabelle 1.3 Normreinheitsgrade

Reinheitsgrad	Wesentliche Merkmale der vorbereiteten Oberfläche	Entrostungsverfahren
Sa 1	Loser Zunder, loser Rost und lose Beschichtungen sind entfernt.	Strahlen
Sa 2	Nahezu aller Zunder, Rost und alle Beschichtungen sind entfernt.	Strahlen
Sa 2 ½	Zunder, Rost und Beschichtungen sind so weit entfernt, dass Reste auf der Stahloberfläche lediglich als leichte Schattierungen infolge Tönung von Poren sichtbar bleiben.	Strahlen
Sa 3	Zunder, Rost und Beschichtungen sind vollständig entfernt.	Strahlen
P Sa 2½	Beschichtungen, die fest haften verbleiben. Auf den übrigen Flächenbereichen sind Zunder und Rost so weit entfernt, dass Reste auf der Stahloberfläche entsprechend Sa 2½ lediglich als leichte Schattierungen infolge von Tönung von Poren sichtbar bleiben. Zwischen beiden Bereichen ist ein Übergang hergestellt.	Chemische Entrostung
St 2	Lose Beschichtungen und loser Zunder sind entfernt; Rost ist so weit entfernt, dass die Stahloberfläche nach der Nachreinigung einen schwachen, vom Metall herrührenden Glanz aufweist.	Hand- oder maschinelle Entrostung
St 3	Lose Beschichtungen und loser Zunder sind entfernt; Rost ist so weit entfernt, dass die Stahloberfläche nach der Nachreinigung einen deutlichen, vom Metall herrührenden Glanz aufweist. Das Entfernen fest haftender Beschichtungen, z.B. durch Schleifen, Schaben oder mit Hilfe von Abbeizmitteln, ist in besonderen Fällen möglich.	Maschinelle Entrostung
Fl	Beschichtungsreste; Zunder und Rost sind so weit entfernt, dass Reste auf der Stahloberfläche lediglich als Schattierungen bleiben.	Flammstrahlen und maschinelles Nachbürsten
Be	Beschichtungsreste; Zunder und Rost sind vollkommen entfernt (Beschichtungen müssen vor dem Beizen entfernt werden).	Beizen

Die Beurteilung der Oberfläche kann nach fotografischen Vergleichsmustern gemäß DIN 55928 Teil 4 erfolgen. Weitere Einzelheiten sind den entsprechenden Normen zu entnehmen.

Gestrahlte Oberflächen sind vor der Prüfung und der weiteren Bearbeitung, z.B. Beschichtung, gründlich nachzureinigen.

Weitere Einzelheiten sind den aufgeführten Normen zu entnehmen.

1.4 Brandschutz

1.4.1 Allgemein

Der Brandschutz umfasst Maßnahmen zur Verhütung und Bekämpfung von Bränden sowie zur Begrenzung von Brandgefahren. Die Anforderungen an den baulichen Brandschutz richten sich nach der Brandgefährdung und dem Brandrisiko. Gebäude werden nach der Brandbeanspruchung eingestuft. Die wichtigste Einflussgröße im Brandverlauf ist die Brandbelastung. Es ist deshalb schon bei der Planung notwendig diese Belastung zu ermitteln. Anforderungen an die Bauausführung sind enthalten in:

- den Landesbauordnungen (LBO)
- V DIN 18230 - Baulicher Brandschutz im Industriebau; Rechnerisch erforderliche Feuerwiderstandsdauer
- DIN 4102 - Brandverhalten von Baustoffen und Bauteilen

Weitere Normen:

DIN 4102-1	1981-05	- Baustoffe, Begriffe, Anforderungen und Prüfungen
DIN 4102-2	1977-09	- Bauteile, Begriffe, Anforderungen und Prüfungen
DIN 4102-3	1977-09	- Brandwände und nichttragende Außenwände
DIN 4102-4	1994-03	- Zusammenstellung und Anwendung klassifizierter Baustoffe, Bauteile und Sonderbauteile
DIN 4102-5 bis 18		Weitere Teile der Norm

Definitionen

Primärer Brandschutz: Schutz von Personen; dieser hat absoluten Vorrang vor der Abwehr materieller Schäden.

Sekundärer Brandschutz: Abwehr materiellen Schadens

Aktiver Brandschutz: Bekämpfung des Brandes

Passiver Brandschutz: Vorbeugender betrieblicher und baulicher Brandschutz zur Verhütung bzw. Eindämmung des Brandes.

Vorbeugender baulicher Brandschutz:

- Maßnahmen zur Erhaltung der Standsicherheit während des Brandes, um die Flucht und Rettung von Personen, die sich zum Zeitpunkt des Brandausbruches im Gebäude befinden, sicherzustellen. Zu diesen Maßnahmen zählen z.B. Beschichtungen, Ummauerungen und ähnliche.
- Abtrennung und Unterteilung eines Gebäudes in Brandabschnitte.
- Anlage gesicherter Flucht-Rettungswege.
- Anlage freier Zufahrten für Lösch- und Rettungsfahrzeuge.

Vorbeugender betrieblicher Brandschutz:

- Brand- Rauchmeldeanlagen
- Automatische Feuerlöschanlagen
- Schutztüren, usw.

1.4.2 Brandschutzplanung

Die Maßnahmen des baulichen Brandschutzes sind Bestandteil der Brandschutzplanung. Diese erfolgt in folgenden Schritten:

- Festlegung der Brandschutzanforderungen. Für Hochbauten sind hier die Landesbauordnungen bindend. Für Bauten besonderer Art und Nutzung können andere Vorschriften maßgebend sein.
- Erfüllung der Anforderungen durch die in DIN 4102-4 klassifizierten Baustoffe und Bauteile sowie zugelassene Schutzsysteme.

Tabelle 1.4 Einteilung der Baustoffe nach DIN 4102-4

Bauaufsichtliche Benennung	Feuerwiderstandsklasse	Feuerwiderstandsdauer in Minuten
Feuerhemmend	F 30	≥ 30
	F 60	≥ 60
Feuerbeständig	F 90	≥ 90
	F 120	≥ 120
Hochfeuerbeständig	F 180	≥ 180

Tabelle 1.5 Anforderungen an Bauteile nach DIN 4102-1

Baustoffklasse	Bauaufsichtliche Benennung
A	Nicht brennbare Baustoffe
A1	Baustoffe ohne brennbare Anteile, z.B. Stahl, Mauerwerk, Beton
A2	Baustoffe mit geringen brennbaren Anteilen, z.B. Gipskartonplatten
B	Brennbare Baustoffe
B1	Schwerentflammbare Baustoffe, z.B. imprägnierte Holzbauteile
B2	Normalentflammbare Baustoffe, z.B. Holzbohlen
B3	Leichtentflammbare Baustoffe, z.B. Papier, Folien

Tabelle 1.6 Benennung von Bauteilen zur Definition von Brandschutzforderungen in Bauordnungen

Benennung (Kurzzeichen)	Baustoffklasse für:	
	wesentliche Teile	übrige Bestandteile
F .. – A	A = nichtbrennbare Baustoffe	A = nichtbrennbare Baustoffe
F .. – AB	A = nichtbrennbare Baustoffe	B = brennbare Baustoffe
F .. – B	B = brennbare Baustoffe	B = brennbare Baustoffe
BW = Brandwand, min F 90 - A	A = nichtbrennbare Baustoffe	A = nichtbrennbare Baustoffe

Erläuterung:
F .. = F 30/ 60/ 90/ 120/ 180, z.B. F 30 - AB
wesentliche Teile = tragende oder aussteifende Teile

1.4.3 Bauaufsichtliche Brandschutzforderungen

Tabelle 1.7 Einteilung der Gebäude in Klassen [9]

Gebäude – Klasse				
1	2	3	4	5
Wohngebäude		Gebäude	Sonstige	Hochhäuser
Freistehend	Mit geringer Höhe OKF ≤ 7 m		Gebäude H > 8 m 7 m < OKF ≤ 22 m	1 Aufenthaltsraum OKF > 22 m
1 WE	≤ 2 WE	≥ 3 WE		
	Anleiterbarkeit H ≤ 8 m		OKF ≤ 22 m	OKF > 22 m
Feuerwehreinsatz mit Steckleitern				

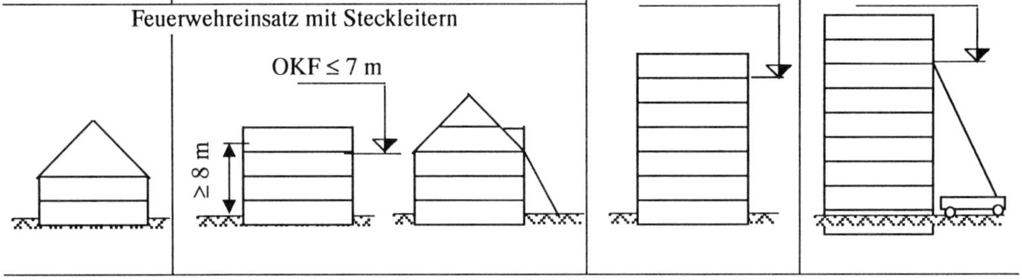

Erläuterungen: WE = Wohneinheit; OKF = Oberkante Fußboden

Tabelle 1.8 Anforderungen an normale Bauteile für die einzelnen Gebäudeklassen [9]

Gebäudeklasse		1	2	3	4
Bauteil - Baustoff		Wohngebäude		Gebäude	Sonstige
		Freistehend	Mit geringer Höhe (OKF = 7 m)		außer Hochhäuser
		1 WE	≤ 2 WE	≤ 3 WE	
Tragende Wände	Dach	0	0[1)]	0[1)]	0[1)]
	Sonstige	0	F 30 – AB[2)]	F 30 - AB	F 90 - AB
	Keller	0	F 30 – AB[2)]	F 90 - AB	F 90 - AB
Nichttragende Außenwände		0	0	0	A oder F 30 - B
Außenwand -Bekleidungen		0	0	0	B
			B2 → geeignete Maßnahme		
Gebäude- Abschlusswände		0	F 90 - AB	BW	BW
			(F 30 - B) + (F 90 - B)	F 90 - AB	
Decken:	- Dach	0	0[1)]	0[1)]	0[1)]
	- Sonstige	0	F 30 - B	F 30 - AB	F 90 - AB
	- Keller	0	F 30 - B	F 90 - AB	F 90 - AB

Tabelle 1.9 Anforderungen an besondere Bauteile für die einzelnen Gebäudeklassen [9]

Gebäudeklasse		1	2	3	4
Gebäudetrennwände – 40 m Gebäudeabschnitte		-	(F90 – AB)	BW F 90 - AB	BW
Wohnungs-trennwände	Dach	-	F 30 - B	F 30 – B	F 30 – B0
	Sonstige	-	F 30 - B	F 60 – AB	F 90 - AB
Treppenraum	Dach	-	0	0	0
	Decke	-	0	F 30 - AB	F 90 – AB
	Wände	-	0	F 90 - AB	Bauart BW
	Bekleidung	-	0	A	A
Treppen	Trag. Teile	0	0	0	F 90 – A
Allgemein zugängliche Flure als Rettungswege	Wände	-	-	F30 - B	F 30 – AB F 30 – B/A
	Bekleidung	-	-	0	A
Offene Gänge vor Außenwänden	Wände, Decke	-	-	0	F 90 – AB
	Bekleidung	-	-	0	A

1) Bei giebelständigen Gebäuden – Dach von innen F 30 - B

2) Bei Gebäuden mit ≤ 2 Geschossen über OKT F 30 – B
Bei Gebäuden mit ≤ 3 Geschossen über OKT F 30 – B/A

Erläuterungen siehe Tabelle 1.6.

1.4.4 Brandschutzmaßnahmen

Unbekleidete Stahlteile erreichen eine Feuerwiderstandsdauer von 10 – 20 Minuten, bekleidete bis 180 Minuten. Abhängig von der erforderlichen Widerstandsklasse ist eine der folgenden Maßnahmen erforderlich:

- Ummauerung
- Plattenförmige Ummantelung
- Putze auf Putzträger
- Putze ohne Putzträger, profilfolgend auf dem Stahlteil aufgetragen
- Dämmschichtbildende Beschichtungen
- Wassergefüllte Stahlprofile
- Stahlverbundbau

Im Einzelfall ist DIN 4102 Teil 4 anzuwenden. Bei Bedarf sind Spezialfirmen zu Rate zu ziehen und ausführliche Beschreibungen über Systeme und Zulassungen einzuholen.

1.5 Maß- und Modulordnung, Toleranzen

1.5.1 Maßordnung

Normen:

DIN 4172	Maßordnung im Hochbau

Zielsetzung ist eine einheitliche Maßordnung für das gesamte Bauwesen. Ein wesentlicher Bestandteil für Planung und Ausführung ist die Modulordnung mit dem Europa-Modul 1M = 100 mm.

1.5.2 Modulordnung

Normen:

DIN 18000	Modulordnung im Bauwesen
DIN ISO 1040	Modulordnung; Multimoduls für horizontale Koordinierungsmaße
DIN ISO 1791	Modulordnung; Begriffe
DIN ISO 8560	Zeichnungen für das Bauwesen; Modulare Größen, Linien und Raster
DIN ISO 2848	Modulordnung; Grundlagen und Regeln
DIN ISO 6514	Modulordnung; submodulare Sprünge

Bauwerke werden an Koordinatensystemen orientiert. Ein Koordinatensystem besteht aus rechtwinklig zueinander angeordneten Ebenen. Abstände der Ebenen sind die Koordinationsmaße. Diese sind in der Regel das Vielfache eines Moduls.

Grundmodul: M = 100 mm, kleinste Einheit

Multimodule: 3M = 300 mm
6M = 600 mm
12M = 1200 mm; die Maße dieser Reihe sind als Vorzugsmaße zu verwenden.

Vorzugszahlen, begrenzte Folgen der Vielfachen von Modulen

1, 2, 3, 4, 5 bis 30 mal M
1, 2, 3, 4, 5 bis 30 mal 3M
1, 2, 3, 4, 5 bis 20 mal 6M

Ergänzungsmaße: 25 mm, 50 mm, 75 mm

1.5.3 Bauwerksmaße, Bezugssystem

Das vermessungstechnische Bezugssystem des Bauwerkes kann von Festpunkten nach Lage und Höhe festgelegt werden. Damit wird die Einbindung des einzelnen Bauwerkes in ein Gesamtsystem gewährleistet. Vor Baubeginn muss ein Punkt des vermessungstechnischen Bezugssystems als ***absoluter Ausgangspunkt mit 0*** in Grundriss und Höhe vereinbart werden; es sollte in der Regel ein Schnittpunkt sein. Die Lage muss so gewählt sein, dass auch nach Fertigstellung des gesamten Bauwerkes die Markierung eindeutig erkennbar, gesichert und zugänglich ist. Die Orientierung des Bezugssystems wird durch einen zweiten vereinbarten Punkt festgelegt. Beispiel siehe Bild 1-2.

1.5.4 Koordinaten- und Bezugssysteme

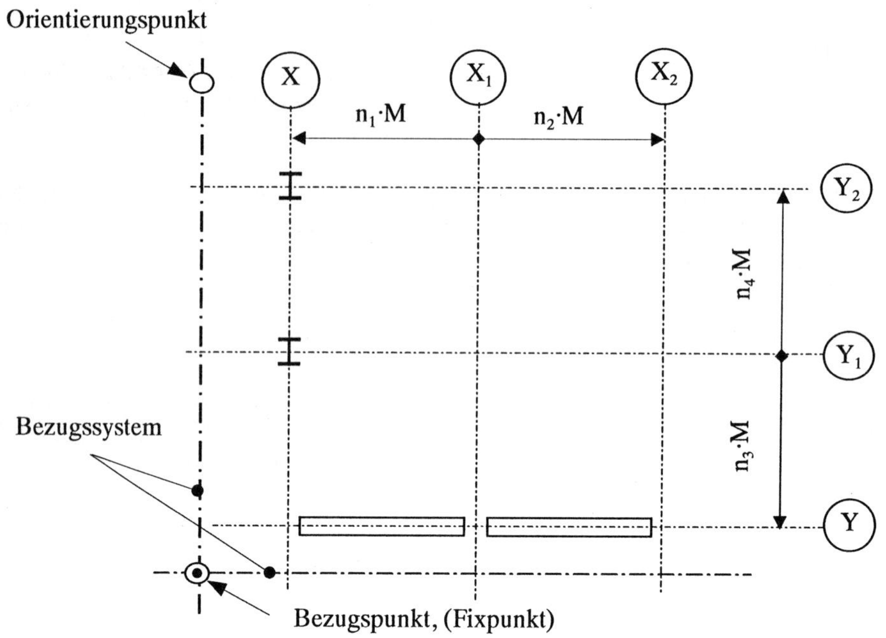

Bild 1-2 Beispiel, Koordinaten- und Bezugssystem

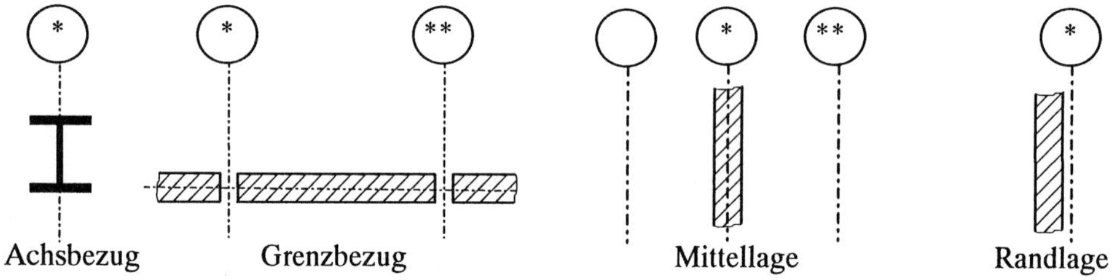

Bild 1-3 Bezugsarten

1.5.5 Toleranzen im Hochbau

Normen

DIN 18201	Toleranzen im Bauwesen; Begriffe, Grundsätze, Anwendung, Prüfung
DIN 18202	Toleranzen im Hochbau; Bauwerke
DIN 18203-1	Toleranzen im Hochbau; Vorgefertigte Teile aus Beton, Stahlbeton und Spannbeton
DIN 18203-2	Toleranzen im Hochbau; Vorgefertigte Teile aus Stahl

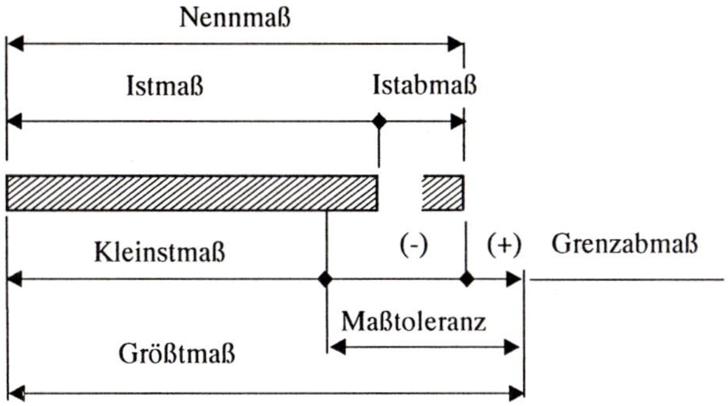

Bild 1-4 Toleranzen am Bauwerk

Tabelle 1.10 Grenzabmaße für Bauwerksmaße nach DIN 18202

Bauwerk und Bauwerksteile	Grenzabmaße in mm bei Nennmaßen bis				
	3 m	6 m	15 m	30 m	> 30 m
Längen, Breiten, Achsen und Raster im Grundriss	± 12	± 16	± 20	± 24	± 30
Höhen am Bauwerk, z.B. Geschosshöhen, Podesthöhen	± 16	± 16	± 20	± 30	± 30
Lichte Maße im Grundriss zwischen Bauteilen	± 16	± 20	± 24	± 30	-
Lichte Höhenmaße auch unter Balken und Unterzügen	± 20	± 20	± 30	-	-
Öffnungen als Aussparungen für Fenster, Türen, Einbauelemente	± 12	± 16	-	-	-
Öffnungen wie zuvor, jedoch mit oberflächenartigen Leibungen	± 10	± 12	-	-	-

Die in Tabelle 1.10 festgelegten Grenzabmaße gelten für:

- Längen, Breiten, Höhen, Achs- und Rastermaße
- Öffnungen, z.B. für Fenster, Türen, Einbauelemente

an den in DIN 18202 Abschnitt 6 festgelegten Messpunkten. Einzelheiten siehe DIN 18202.

Tabelle 1.11 Toleranzen für vorgefertigte Teile aus Stahl nach DIN 18203-2

Grenzabmaße in mm bei Nennmaßen in mm bis:					
bis 2000	4000	8000	12000	16000	> 16000
± 1	± 2	± 3	± 4	± 5	± 6

Die Grenzabmaße gelten für vorgefertigte Bauteile aus Stahl wie: Stützen, Träger, Binder, Tafeln für Wände, Decken und Dächer.

Sie gelten nicht für Walzprofiltoleranzen, für Tore, Türen und Zargen, und für Toleranzen von im Rollverfahren hergestellten großflächigen Bauelementen.

Die Grenzabmaße dürfen an keinem Bauteil überschritten werden. Die Tabelle gilt für Längen, Breiten, Höhen und Diagonalen sowie Querschnittswerte.

1.6 Prüfstatik, Anforderungen, Aufbau

1.6.1 Allgemein

Berechnungen von Bau- bzw. Tragwerken für bauliche Anlagen werden unter dem Namen „Statik" zusammengefasst. Dieses gilt allgemein in der Bautechnik, wo Nachweise und Auslegung auf Grund der geltenden Gesetzgebung vorrangig zu betrachten sind. Der Gesetzgeber schreibt nämlich sowohl die Aufstellung einer statischen Berechnung in Form eines Standsicherheitsnachweises als auch die Erstellung anderer erforderlicher Unterlagen für jedes Bauwerk *zwingend* vor.

Eine nähere Betrachtung der allgemein geltenden Vorschriften ist somit wichtig. Zum Verständnis der Rolle, die der Statik in diesem Bereich zufällt, wird kurz auf die baurechtlichen Aspekte eingegangen, wobei kein Anspruch auf Vollständigkeit der Ausführungen erhoben wird.

Als Ausgangspunkt für die Betrachtungen ist Folgendes anzusetzen:

Für die Realisierung eines Bauvorhabens ist eine Baugenehmigung erforderlich. Der Antrag wird bei der zuständigen Baubehörde eingereicht.

Der Umfang, die beizustellenden Unterlagen sowie die Prüfungen sind u.a. in folgenden Verordnungen der Bundesländer festgelegt:

- Landesbauordnung (LBO)
  - Bauvorlagenverordnung (BauVorlVO)
  - Bautechnische Prüfungsverordnung (BauPrüfVO)

Nach diesen Vorschriften sind dem Antrag auf Erteilung einer Baugenehmigung der Nachweis der Standsicherheit und die anderen bautechnischen Nachweise beizufügen. Diese Unterlagen werden allgemein mit dem Namen Statik bezeichnet.

Zur Prüfung der Standsicherheit sind die Darstellung des gesamten statischen Systems, die erforderlichen Konstruktionszeichnungen und die dazugehörigen Berechnungen vorzulegen.

Die Berechnungen müssen die Standsicherheit aller baulichen Anlagen im Ganzen wie auch ihrer einzelnen Bauteile nachweisen.

Die zuständige Bauaufsichtsbehörde kann zulassen, dass die Standsicherheit auf andere Weise als durch statische Berechnungen nachgewiesen wird, z.B. durch Beurteilung aus Erfahrung.

Diese Vorgehensweise ist jedoch nicht die Regel und auf seltene Fälle begrenzt. Die Errichtung des Bauwerkes darf in jedem Falle erst nach Prüfung und Freigabe aller geprüften Unterlagen erfolgen.

Die Prüfung der Standsicheitsnachweise erfolgt durch die zuständige Bauaufsichtsbehörde bzw. durch einen von ihr ernannten unabhängigen Prüfingenieur.

Die Auslegung von Stahlbauten erfolgt nach allgemein gültigen Vorschriften.

Für die Bemessung gelten dabei folgende technische Regelwerke:

1. DIN 18800 (1990)
2. EN V 1993-1-1, Eurocode 3

Welches Regelwerk angewendet wird, liegt im Ermessen des Aufstellers, sinnvoll ist es jedoch, dieses mit dem Bauherren und dem Prüfer im Vorfeld abzustimmen.

Eine Kombination der Teile der Normenreihe DIN 18800 (1990) sowie der DASt-Richtlinien mit dem Eurocode 3 ist nicht zulässig (Mischungsverbot).

Zur Form und zum Aufbau von statischen Berechnungen gibt es keine einheitlichen Regeln, obwohl Lastannahmen, Bemessungsgrundlagen, zulässige Spannungen und Verformungen in diversen Regelwerken festgelegt und vorgeschrieben sind.

Bei Verwendung von EDV- gestützten Berechnungsverfahren sollten die „Vorläufigen Richtlinien für das Aufstellen und Prüfen elektronischer Standsicherheitsberechnungen" berücksichtigt werden. Es sind jedoch nur Empfehlungen und kein allgemein gültiges Regelwerk, obwohl in DIN 18800 Teil 1 (1990) darauf hingewiesen wird.

Eins ist jedoch sicher, **die Statik muss lesbar, interpretierbar**, und auch für den Konstrukteur verständlich und eindeutig sein.

Die aufgestellte Statik muß auch noch prüffähig sein. Der Begriff ***„prüffähig"*** ist reine Interpretationssache und auch verschieden auslegbar. Nach Meinung der Verfasser kann jede Berechnung geprüft werden. Eventuell auch durch Aufstellung einer neuen Berechnung durch den Prüfer.

Bei der Aufstellung einer statischen Berechnung ist vor allem Folgendes zu beachten:

- Die statische Berechnung ist ein Dokument und muss als solches behandelt und aufgebaut sein, dazu gehört auch eine entsprechende Bezeichnung und Gliederung für die Archivierung. (Die geprüfte Statik muss bis zum Abriss des Bauwerkes aufbewahrt werden.)
- Die Berechnung muss übersichtlich, komplett und nachvollziehbar sein. Eine entsprechende Ausgabeform ist einzuhalten.
- Jeder Berechnung ist ein Inhaltsverzeichnis voranzustellen.
- Als Einführung ist eine kurze Beschreibung des Bauwerkes und seines Tragwerkes erforderlich. Diese Beschreibung sollte die wichtigsten Angaben über das Tragwerk, die berechneten Bauzustände, die Herkunft der Einwirkungen sowie die eingesetzten Berechnungsverfahren enthalten.
- In der Einführung ist die verwendete Literatur anzugeben. Formeln bzw. Verfahren, die nicht allgemein bekannt sind, sollten entsprechend kommentiert und erläutert werden.
- Es sind nur aktuell gültige Einheiten und Zeichen zu verwenden.
- Die Berechnungen sind durch Skizzen bzw. Zeichnungen zu erläutern.
- Für die Konstruktion wichtige Angaben, wie z.B. Anschlusskräfte, sind im Text hervorzuheben bzw. in Tabellenform auszugeben.
- Die verwendeten Werkstoffe, Grenzzustände, Spannungen und andere wichtige Angaben zur Konstruktion wie auch zu den Verbindungsmitteln sind gleichfalls anzugeben.
- Als sehr wichtig ist eine eindeutige Orientierung der berechneten Bauteile anzusehen. Grundbegriffe und Anforderungen werden in den Kapiteln 1.5 und 3.1.1 erläutert.

- Andere wichtige Angaben, wie z.B. der Aufbau des Korrosionsschutzes, des Brand- und Umweltschutzes, u.s.w., sind in einer gut aufgebauten Statik auch anzutreffen. Darunter auch Angaben zum erforderlichen Schallschutz. Siehe auch Kapitel 2.
- Bei Verwendung von EDV-Programmen ist eine kurze Beschreibung mit Herkunft und Angaben zum Berechnungsverfahren beizufügen.

1.6.2 Ausgabe

Für die Ausführung der Konstruktion, die Prüfung und die Archivierung der Statik ist ein systematischer Aufbau mit einer einwandfreien Gliederung und Ausgabekennzeichnung sehr wichtig.

Die Systematik beginnt mit Kennzeichnung und der Vergabe einer entsprechend aufgebauten Dokumentennummer.

Anders sieht die Situation jedoch z.B. bei Hochbauten aus, bei denen oft mehrere oder auch viele Teilbereiche auftreten; es sind somit mehrere Nummern zu vergeben.

Im Allgemeinen ist Folgendes zu beachten:

1. Jede Berechnung, jeder Abschnitt bzw. jedes Kapitel, erhält ein Deckblatt mit einer Dokumentennummer sowie Angaben zum Bauherren, zum Projekt und zum Bereich, den die Berechnung umfasst.
2. Ein Erstellerhinweis mit Datum und Angaben zum Umfang der Berechnungen wie auch zu Revisionen ist auf dem Deckblatt unerlässlich.
3. Der Zuständigkeitsbereich des Erstellers (Aufstellers) ist durch dessen Unterschrift zu bestätigen.

In der Praxis hat sich ein Deckblatt gem. Bild 1-5 als hilfreich bestätigt. Es enthält alle erforderlichen Angaben.

Die Ausgabekennzeichnung ist auf jeder Seite der Berechnung anzubringen. Sie enthält im Allgemeinen folgende Angaben:

- Aufsteller
- Projektbezeichnung
- Dokumenten- bzw. Auftragsnummer
- Kapitel/ Abschnitts Nr.
- Blatt Nr.
- Index. Nr.
- Datum

Bei Handrechnungen können die einzelnen Seiten auf Vordrucken, wie z.B. gem. Bild 1-6 ausgeführt werden.

Bei EDV- Berechnungen werden Kopfzeilen im Allgemeinen aus dem Programm erstellt. Angaben zum Aufsteller und zum Projekt sind dann jeweils in der Kopfzeile enthalten.

Dipl. Ing. Rechnermann, Ing. Büro für Bauwesen, 10999 Planstadt, Bauweg 99

Statische Berechnung

Auftrag-Nr.: 10000

Bauherr: Planstadtwerke AG

Projekt: Neubau einer Versuchsanlage

Kapitel 1

Berechnung der Abstützkonstruktion

Angaben zur Erstellung und Revisionen

Index	Seiten	Bearbeitung	Datum	Name
0	1-155	Aufstellungsberechnung	11. 10. 98	Rechnermann
1	31, 32	Profiländerung	13. 01. 99	Sowieso

Bild 1-5 Beispiel eines Deckblattes

Kennwort:	Musterstadtwerke	Auftr. Nr.	10000	Kapitel: 1
Projekt:	Neubau einer Versuchsanlage - Abstützkonstruktion	Name:	Rechnermann	Seite: 111
		Datum:	11. 10. 1998	Index: 0

Pos. 101, Stütze in A/10

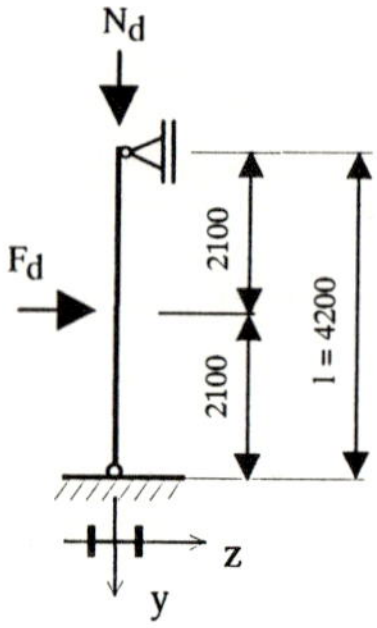

Einwirkungen

Bemessungswerte im γ_F - ψ- fachen Lastzustand

$N_d = 210$ kN

$F_d = 54$ kN

Widerstandsgrößen

Werkstoff: S235

$\gamma_M = 1{,}1$

$f_{y,k} = 24{,}0$ kN/cm²

$$\sigma_{R,d} = \frac{f_{y,k}}{\gamma_M} = \frac{24{,}0}{1{,}1} = 21{,}8\ \frac{kN}{cm^2}$$

$$\tau_{R,d} = \frac{\sigma_{R,d}}{\sqrt{3}} = \frac{21{,}8}{\sqrt{3}} = 12{,}6\ \frac{kN}{cm^2}$$

E = 21000 kN/cm²

$\lambda_a = 92{,}9$

Beanspruchung aus Einzellast

$$M_{y,d} = \frac{F_d \cdot l}{4} = \frac{54 \cdot 4{,}2}{4} = 56{,}70\ kNm$$

$$V_{z,d} = \frac{F_d}{2} = \frac{54}{2} = 27{,}0\ kN$$

Walzprofil: IPE 300,

h = 300 mm; b = 150 mm, s = 7,1 mm, t = 10,7 mm, r = 15 mm

A = 53,8 cm²; I_y = 8360 cm⁴; Wy = 557 cm³; i_y = 12,5 cm; I_z = 604 cm⁴; i_z = 3,35 cm;

Sy = 314 cm³; I_T = 20,2 cm⁴; I_ψ = 125900 cm⁶

Verhältnis (b/t), Verfahren El.-Pl.

Steg: $$vorh.(b/t) = \frac{h - 2\cdot(t+r)}{s} = \frac{300 - 2\cdot(10{,}7+15)}{s} = 35 < 37$$

Flansch: $$vorh.(b/t) = \frac{(b-s)/2 - r)}{t} = \frac{(150-7{,}1)/2-15)}{10{,}7} = 5{,}3 < 11$$

Plastische Querschnittsgrößen:

$$N_{pl,d} = A \cdot \sigma_{R,d} = 53{,}8 \cdot 21{,}8 = 1174\ kN$$

$$\frac{N_d}{N_{pl,d}} = \frac{210}{1174} = 0{,}18 > 0{,}1$$

$$W_{pl,y} = 2 \cdot S_y = 2 \cdot 314 = 628\, cm^3$$

Dipl. Ing. Rechnermann, Ing. Büro für Bauwesen, 10999 Planstadt, Bauweg 99

Bild 1-6 Beispiel eines Berechnungsblattes

Der Aufbau und die Gliederung können den Berechnungsbeispielen entnommen werden. Bei einer klaren Aufteilung ist zwar der Umfang (Seitenzahl) größer, aber die Übersichtlichkeit bietet erhebliche Vorteile bei der weiteren Arbeit mit der Statik.

2 Sicherheits- und Bemessungskonzept

2.1 Regelwerke für den Stahlbau

Tabelle 2.1 Übersicht über Regelwerke, die auf das neue Sicherheitskonzept abgestellt sind

Bauaufsichtlich eingeführt	**DIN 18800 (1990) Stahlbauten**	
	DIN 18800 Teil 1, 1990-11	Bemessung und Konstruktion
	DIN 18800-1/A1, 1996-02	Bemessung und Konstruktion, Änderung A1
	DIN 18800 Teil 2, 1990-11	Stabilitätsfälle, Knicken von Stäben und Stabwerken
	DIN 18800 Teil 3, 1990-11	Stabilitätsfälle, Plattenbeulen
	DIN 18800 Teil 4, 1990-11	Stabilitätsfälle, Schalenbeulen
	DIN ENV 1993-1-1 **Eurocode 3: Bemessung und Konstruktion von Stahlbauten**	
	Teil 1.1	Allgemeine Bemessungsregeln, Bemessungsregeln für den Hochbau
In Vorbereitung	**Teil 1.2**	Brandschutz
	Teil 1.3	Kaltgeformte dünnwandige Bauteile
	Teil 2	Brückenbau und Blechträger
	Teil 3	Türme, Maste und Schornsteine
	Teil 4	Tank- und Silobauwerke, Rohrleitungen
	Teil 5	Pfähle aus Stahl
	Teil 6	Kranbauwerke
	Teil 7	Stahlwasserbau
	Teil 8	Landwirtschaftlicher Stahlbau

DIN ENV 1993-1-1 EC 3 wurde 1993 in Deutschland veröffentlicht und bauaufsichtlich eingeführt. In Verbindung mit dem nationalen Anwendungsdokument DASt-Richtlinie 103, Ausgabe 1993, kann sie angewendet werden.

Eine Kombination von Teilen der Normenreihe 18800 sowie der DASt-Richtlinien mit dem Eurocode 3 ist nicht zulässig (Mischungsverbot). Jede Konstruktion muß vollständig nach einem Regelwerk berechnet werden.

Für die Bemessung und Konstruktion von Stahlbrückenbauten (DIN 18809) sowie für Verbundbauten (DIN 18806-1) gilt neben den oben aufgeführten Grundnormen hierüber noch DIN 18800-1 (1981-3), siehe dazu **DIN 18800-1/A1.**

2.2 Grundbegriffe

Einwirkung Bezeichnung: $\boldsymbol{F}$

Ursache von Kraft- und Verformungsgrößen im Tragwerk wie z.B. Schwerkraft, Verkehrslast, Windbelastung, Temperatur, Stützensenkungen usw.

Einteilung nach ihrer zeitlichen Veränderung		
Ständige Einwirkungen: $\boldsymbol{G}$	Veränderliche: $\boldsymbol{Q}$	Außergewöhnliche: $\boldsymbol{F}_\mathrm{A}$
Eigenlasten, Erdlasten, Baugrundbewegungen.	Verkehrslasten, Kranlasten, Temperaturänderungen, Wind, Schnee	Anpralllasten, Erdbeben, Explosion, Brand

Widerstand Bezeichnung: $\boldsymbol{M}$

Der Widerstand des Tragwerkes, seiner Bauteile und Verbindungen gegen Einwirkungen. Widerstandsgrößen sind aus geometrischen Grössen und Werkstoffkennwerten abgeleitet wie z.B. Festigkeiten, Steifigkeiten.

Beanspruchung Bezeichnung: $\boldsymbol{S}$

Mit Bemessungswerten der Einwirkungen berechnete Zustandsgrößen im Tragwerk wie: Schnittgrößen, Spannungen, Scherkräfte von Schrauben, Verformungen.

Beanspruchbarkeit Bezeichnung: $\boldsymbol{R}$

Mit Bemessungswerten der Widerstandsgrößen berechnete Grenzzustände des Tragwerkes wie z.B.: Grenzschnittgrößen, Grenzspannungen, Grenzabscherkräfte, Grenzdehnungen.

Charakteristische Werte Bezeichnung: mit Index **k**

Einwirkungen: $\boldsymbol{F}_\mathbf{k}$	Widerstand: $\boldsymbol{M}_\mathbf{k}$
Eigenlast Lastannahmen nach DIN 1055, usw.	Widerstandsgrößen des Werkstoffes bzw. des Querschnitts wie Festigkeit, Steifigkeit

Bemessungswerte Bezeichnung: mit Index **d**

Einwirkungen: $\boldsymbol{F}_\mathbf{d}$	Widerstand: $\boldsymbol{M}_\mathbf{d}$
Mit einem Teilsicherheitsbeiwert γ_F und einem Kombinationsbeiwert ψ vervielfachte charakteristische Werte der Einwirkungsgrößen $F_d = F_k \cdot \gamma_F \cdot \psi$	Durch einen Teilsicherheitsbeiwert γ_M dividierte charakteristische Werte der Widerstandsgrößen $M_d = \dfrac{M_k}{\gamma_M}$

Teilsicherheitsbeiwerte

Sicherheitselemente, die die Streuung der Einwirkungen F und Widerstandsgrößen M berücksichtigen: γ_F nach Tabelle 2.2; γ_M nach Tabelle 2.10

Kombinationsbeiwerte

Sicherheitselemente, die die Wahrscheinlichkeit des gleichzeitigen Auftretens veränderlicher Einwirkungen berücksichtigen. Beiwert ψ nach Tabelle 2.3.

Grenzzustände

Zustände des Tragwerkes, die den Bereich der Beanspruchung begrenzen, in welchem das Tragwerk tragsicher bzw. gebrauchstauglich ist. Typische Grenzustände sind:

- Beginn des Fließens
- Durchplastizierung
- Bildung einer Fließgelenkkette
- Bruch

Standsicherheit

Oberbegriff für Trag- und Lagesicherheit:

Tragsicherheit	Lagesicherheit
Sicherheit des Bauwerkes oder seiner Teile gegen Versagen, z.B. Einsturz.	Sicherheit des Tragwerkes, seiner Teile und Verankerungen gegen Gleiten, Abheben, Umkippen.

Gebrauchstauglichkeit

Die Fähigkeit des Tragwerkes und seiner Teile, sich bei der vorgesehenen Nutzung zweckdienlich zu verhalten. Der Grenzzustand der Gebrauchstauglichkeit wird durch sicherheits- bzw. betriebsbedingte Einschränkung der Größen von Formänderungen, Schwingungen, usw. definiert. Ein Nachweis der Verformungen bzw. Schwingungen ist somit erforderlich.

Dauerhaftigkeit

Eigenschaft des Tragwerkes und seiner Teile, ein ordnungsgemäßes Verhalten im Ablauf der Zeit beizubehalten. Im Allgemeinen ist das die Beständigkeit des Tragwerkes gegen Korrosion über die gesamte Nutzungsdauer des Bauwerkes durch Korrosionsschutzmaßnahmen.

Nachweisverfahren

Verfahren			Beanspruchungen S_d	Beanspruchbarkeit R_d	Grenzzustand
		Kürzel	Berechnung nach der:		
1	Elastisch-Elastisch	El - El	Elastizitätstheorie	Elastizitätstheorie	Beginn des Fließens
2	Elastisch-Plastisch	El - Pl	Elastizitätstheorie	Plastizitätstheorie	Querschnitt durchplastiziert
3	Plastisch-Plastisch	Pl - Pl	Plastizitätstheorie	Plastizitätstheorie	Ausbildung einer Fließgelenkkette

2.3 Bemessungs- und Nachweiskonzept nach DIN 18800 (1990-11)

Nachzuweisen ist die Standsicherheit des Tragwerkes, d.h. dass sich das System im stabilen Gleichgewicht befindet und dass in allen Bauteilen und Verbindungen des Bauwerkes die Beanspruchungen $\mathbf{S_d}$ die Beanspruchbarkeiten $\mathbf{R_d}$ nicht überschreiten. Nachzuweisen ist auch die Gebrauchstauglichkeit und die Dauerhaftigkeit des Tragwerkes.

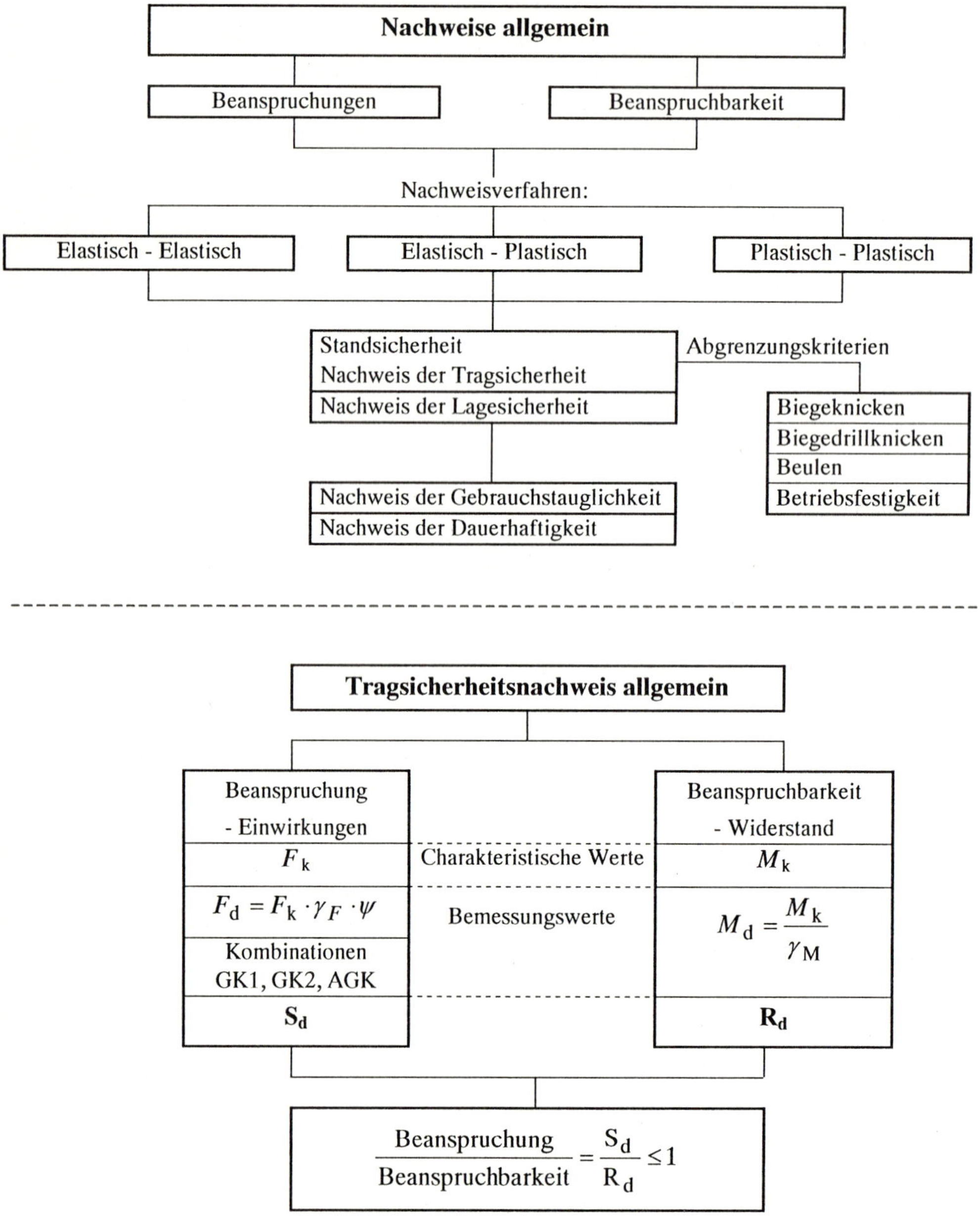

Bild 2-1 Nachweisschemate für Tragsicherheitsnachweise

2.4 Beanspruchungen

Beanspruchungen des Tragwerkes ergeben sich aus den Bemessungswerten der Einwirkungen.

2.4.1 Beanspruchungen aus den Einwirkungen

Die charakteristischen Werte der Einwirkungen sind grundsätzlich nach den einschlägigen Normen anzusetzen, bzw. nach anderen Regeln für Sonderbereiche.

Als gültiges Regelwerk ist die Norm DIN 1055 „Lastannahmen für Bauten" bautechnisch eingeführt, siehe dazu Kapitel 1.1.3, Eingeführte technische Baubestimmungen.

Vorgesehen ist diese Norm zu ersetzen durch die DIN ENV 1991-1 Eurocode 1 (EC 1) - Einwirkungen auf Bauwerke. Eine Vornorm liegt bereits vor.

Für Einwirkungen, die nicht oder nicht vollständig in Normen oder anderen bauaufsichtlichen Bestimmungen angegeben sind, müssen charakteristische Werte in Absprache mit der Bauaufsicht festgelegt bzw. vereinbart werden.

Dynamische Erhöhung der Einwirkung

- Nichtperiodische Einwirkungen dürfen durch Einwirkungsfaktoren erfaßt werden. Beispiele für Einwirkungsfaktoren sind: Schwingfaktor, Stoßfaktor, Böenreaktionsfaktor. Die Faktoren sind den einschlägigen Fachnormen zu entnehmen.
- Periodische Einwirkungen erfordern baudynamische Untersuchungen, insbesondere wenn Bauwerksresonanzen auftreten können.

Tragwerksverformungen

- Tragwerksverformungen sind zu berücksichtigen, wenn sie zu einer Vergrößerung der Beanspruchungen führen. Bei der Berechnung sind dabei die Gleichgewichtsbedingungen am verformten System (Theorie II. Ordnung) aufzustellen.
- Planmäßige Außermittigkeiten sind in die Berechnungen einzubeziehen, wenn sie konstruktiv erforderlich sind.
- Geometrische Imperfektionen von Stabwerken sind bei druckbeanspruchten Stäben durch den Ansatz von Vorverdrehungen zu berücksichtigen. Beispiele siehe Bilder 2-6 bis 2-8.
- Schlupf in Schraubverbindungen ist zu berücksichtigen, wenn nicht von vornherein erkennbar ist, dass sein Einfluss gering und somit vernachlässigbar ist. In Fachwerkträgern, welche keine stabilisierenden Funktionen übernehmen, darf der Schlupf im Allgemeinen vernachlässigt werden.

2.4.2 Kombinationsregeln für die Bemessung

Für die Bemessung und den Nachweis der Tragsicherheit sind Einwirkungskombinationen zu bilden. Schnittgrößen für die Bemessung sind mit Werten aus der ungünstigsten Kombination zu berechnen. Die Bildung von Grund- und außergewöhnlichen Kombinationen ist in DIN 18800 Teil 1 El. 710 bis El. 714 geregelt.

Ansatz von Einwirkungen

Einwirkung	Charakteristische Werte	Beiwerte	Bemessungswerte
Ständig	G_k, F_k	γ_F	$G_d = G_k \cdot \gamma_F$
Veränderlich	$Q_{i,k}$	γ_F, ψ	$Q_{i,d} = Q_{i,k} \cdot \gamma_F \cdot \psi$
Außergewöhnlich	$F_{a,k}$	γ_F	$F_{a,d} = F_{a,k} \cdot \gamma_F \cdot \psi$

Einwirkungskombinationen

1. Grundkombination		γ_F	ψ
Ständige Einwirkungen	G_k	1,35	-
Alle ungünstigen veränderlichen Einwirkungen	$Q_{i,k}$	1,50	0,9

2. Grundkombination		γ_F	ψ
Ständige Einwirkungen	G_k	1,35	-
Eine ungünstig wirkende veränderliche Einwirkung	$Q_{i,k}$	1,50	1

3. Außergewöhnliche Kombination		γ_F	ψ
Ständige Einwirkungen	G_k	1	-
Alle ungünstig wirkenden veränderlichen Einwirkungen	$Q_{i,k}$	1	0,9
Eine ungünstig wirkende außergewöhnliche Einwirkung	$F_{a,k}$	1	-

4, 5, ... weitere Kombinationen bei Bedarf

Bild 2-2 Bildung von Einwirkungskombinationen

Wenn Teile ständiger Einwirkungen Beanspruchungen verringern, sind zusätzliche Grundkombinationen mit Teilsicherheitsbeiwerten nach Tabelle 2.2 erforderlich.

Tabelle 2.2 Teilsicherheitsbeiwerte γ_F für Grund- und zusätzliche Kombinationen

Anwendung	γ_F
Ständige Einwirkungen: G	1,35
Veränderliche Einwirkungen, ungünstig wirkend: Q	1,50
Ständige Einwirkungen, die Beanspruchungen verringern - aus veränderlichen Einwirkungen: G - Erddruck: F_E	 1,00 0,60
Für Teile ständiger Einwirkungen, die Beanspruchungen - aus veränderlichen Einwirkungen vergrößern - aus veränderlichen Einwirkungen verringern Für diese Teile sind zusätzliche Grundkombinationen zu bilden. Bei Rahmen und Durchlaufträgern darf auf zusätzliche Kombinationen verzichtet werden.	 1,10 0,90
Eine außergewöhnliche Einwirkung F_A mit ständigen Einwirkungen G und veränderlichen Einwirkungen Q. Der Beiwert gilt für alle Einwirkungen.	1.0

Tabelle 2.3 Kombinationsbeiwerte ψ

Anwendung	ψ
Berücksichtigung nur einer veränderlichen Einwirkung bei Bildung der Grundkombination	1,0
Berücksichtigung aller ungünstig wirkenden veränderlichen Einwirkungen bei Bildung einer Grundkombination	0,9

2.4.3 Beanspruchungen durch Imperfektionen

Allgemeines

- Imperfektionen. Es wird unterschieden zwischen geometrischen - wie z.B. Abweichungen der Istform von der planmässigen Sollform - und strukturellen Imperfektionen wie z.B. Eigenspannungszustände, Inhomogenität und Anisotropie des Materials.
- Der Einfluß von Imperfektionen ist zu berücksichtigen, wenn sie zu einer Vergrößerung der Beanspruchung des Tragwerkes führen.
- Zur Erfassung von Imperfektionen dürfen geometrische Ersatzimperfektionen angenommen werden wie:
  1. Vorkrümmungen, Bild 2-3, 2-4, Ansatz nach Tabelle 2.4 für:
     - Einzelstäbe
     - Stäbe von Fachwerken mit unverschieblichen Knotenpunkten
     - Stäbe mit einer Stabkennzahl $\varepsilon > 1{,}6$ die Stabdrehwinkel am verformten Stabwerk aufweisen können.
  2. Vorverdrehungen, Bild 2-6, Ansatz für Stäbe und Stabzüge, die durch Normalkräfte beansprucht werden und am verformten Stabwerk Stabdrehwinkel aufweisen können.
- Ersatzimperfektionen können auch durch den Ansatz gleichwertiger Ersatzlasten berücksichtigt werden, Bild 2-5.
- In den vereinfachten Tragsicherheitsnachweisen nach Kapitel 3.2.3 sind Ersatzimperfektionen bereits berücksichtigt.
- Für Imperfektionen bei Sonderfällen sind massgebende Fachnormen zu berücksichtigen.

Ansatz der Ersatzimperfektionen

- Die Ersatzimperfektionen brauchen mit den geometrischen Randbedingungen des Systems nicht verträglich zu sein.
- Wenn die Abgrenzungskriterien nach DIN 18800 Teil 1, El. 739 für die Anwendung der Theorie I. Ordnung erfüllt sind, brauchen Vorkrümmungen nicht angesetzt zu werden.
- Bei Anwendung des Nachweisverfahrens Elastisch-Elastisch brauchen nur 2/3 der Werte der Ersatzimperfektionen nach Tabelle 2.4 und nach DIN 18800 Teil 2 Abschnitt 2.2 und 2.3 angesetzt zu werden.
- Bei Tragsicherheitsnachweisen für mehrteilige Stäbe nach Kapitel 3.4 ist die Ersatzimperfektion nach Tabelle 2.4 unvermindert anzusetzen.
- Beim Biegeknicken infolge einachsiger Biegung mit Normalkraft brauchen Vorkrümmungen nur mit dem Stich w_0 oder v_0 in der jeweils untersuchten Ausweichrichtung angesetzt zu werden.
- Beim Biegeknicken infolge zweiachsiger Biegung mit Normalkraft brauchen nur diejenigen Ersatzimperfektionen angesetzt zu werden, die zur Ausweichrichtung bei planmäßig mittiger Druckbeanspruchung gehören.
- Beim Biegedrillknicken genügt es, eine Vorkrümmung gemäß Tabelle 2.4 mit dem Stich $0{,}5 \cdot v_0$ anzusetzen.

Vorkrümmung

Tabelle 2.4 Stich der Vorkrümmung

Stabart	Knickspannungslinie	Stich der Vorkrümmung w_0, v_0
Einteilige Stäbe mit Querschnitten, denen Folgende Knickspannungslinie nach Tabelle 3.13 zugeordnet ist.	a	$l/300$
	b	$l/250$
	c	$l/200$
	d	$l/150$
Mehrteilige Stäbe, wenn der Nachweis nach Kapitel 3.4 erfolgt.		$l/500$

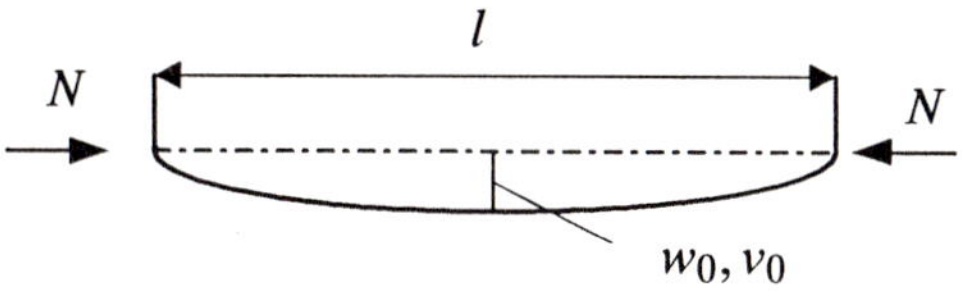

quadratische Parabel oder sin-Halbwelle

Bild 2-3 Vorkrümmung eines Stabes

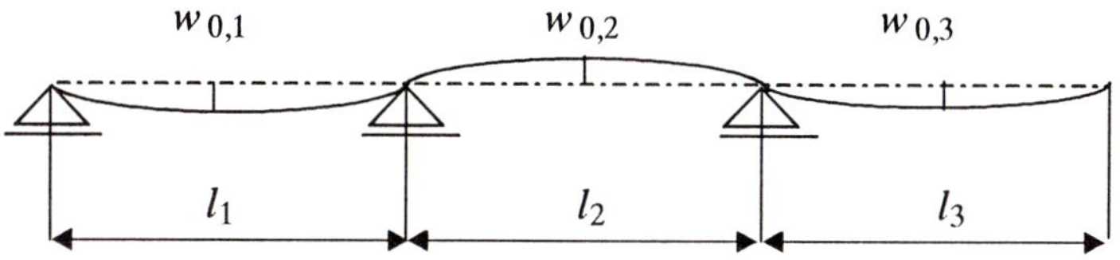

Bild 2-4 Ansatz von Vorverkrümmung

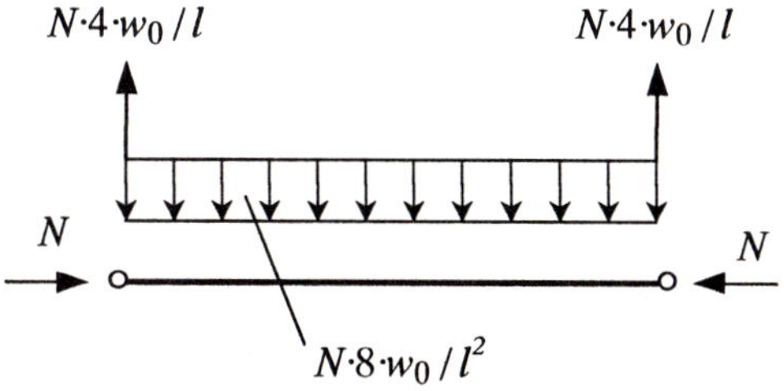

Bild 2-5 Ersatzbelastung bei quadratischer Parabel

Vorverdrehung von Stäben und Stabzügen

Reduktionsfaktor	Reduktionsfaktor Für Stäbe oder Stabzüge mit: $l > 5$ m	$r_1 = \sqrt{\frac{5}{l}}$ l = Systemlänge l des vorverdrehten Stabes, bzw. l_r des Stabzuges r in m*)
	Reduktionsfaktor zur Berücksichtigung von n voneinander unabhängigen Ursachen für Vorverdrehungen	$r_2 = \frac{1}{2} \cdot \left(1 + \frac{1}{\sqrt{n}}\right)$ n = Anzahl Stäbe je Stockwerk der betrachteten Ebene (in der Regel). Nicht mitgezählt werden dabei Stiele mit $N < 0{,}25\%$ der Normalkraft des maximal belasteten Stieles der berechneten Rahmenebene.
Vorverdrehung	Winkel der Vorverdrehung für: - einteilige Stäbe	$\varphi_0 = \frac{1}{200} \cdot r_1 \cdot r_2$
	- mehrteilige Stäbe	$\varphi_0 = \frac{1}{400} \cdot r_1 \cdot r_2$

*) Bei der Berechnung der Geschossquerkraft in einem mehrgeschossigen Stabwerk sind Vorverdrehungen für die Stäbe des betrachteten Geschosses am ungünstigsten. Daher ist in r_1 die Systemlänge l_i der Geschossstiele einzusetzen. In den übrigen Geschossen darf in r_1 für l die Gebäudehöhe l_r gesetzt werden (Bild 2-7).

Vorverdrehung von Stäben

Systeme von perfekten (Achslinie) und infolge von Vorverdrehungen von Stäben möglichen imperfekten Stabwerken sind in Bild 2-6 dargestellt.

$\varphi_{0,i}$, $\varphi_{0,j}$: Winkel der Vorverdrehung der Stäbe i, j

l_i, l_j, l_k : Länge der Stäbe *i, j, k*

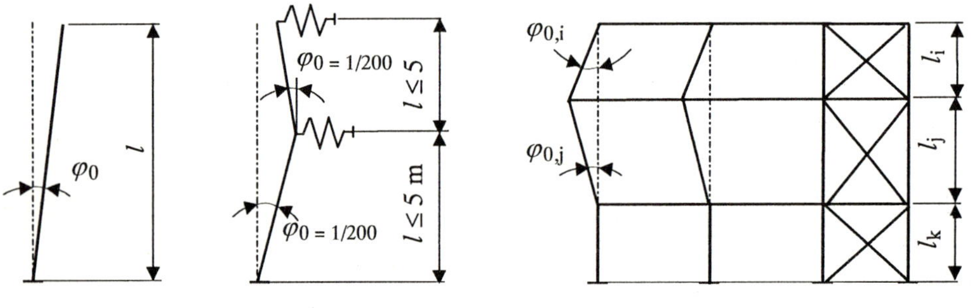

Bild 2-6 Vorverformung von Einzelstäben

Vorverdrehung von Stabzügen

Systeme von perfekten (Achslinie) und infolge von Vorverdrehungen von Stabzügen möglichen imperfekten Stabwerken sind in Bild 2-7 gezeigt.

l_r = Länge des Stabzuges r, $\varphi_{0,r}$ = Winkel der Vorverdrehung des Stabzuges r

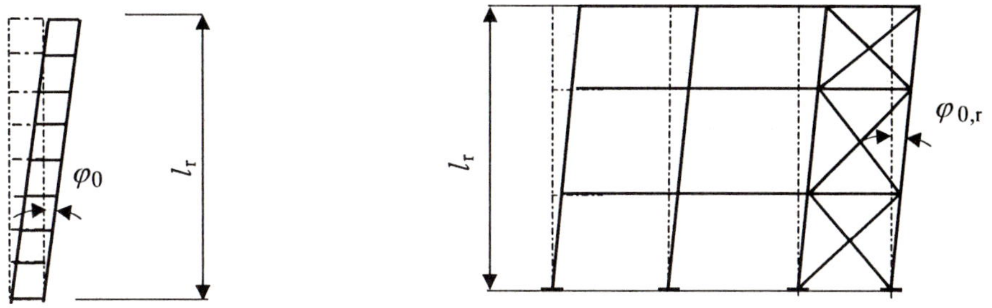

Bild 2-7 Vorverdrehung von Stabzügen

Ersatzbelastung Anstelle von Vorverdrehungen

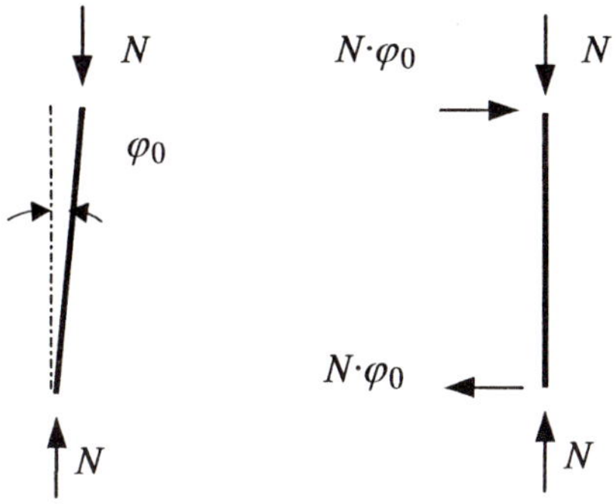

Bild 2-8 Ersatzbelastung für eine Vorverdrehung

Vorverdrehungen aus Schraubenschlupf sind gegebenfalls zusätzlich zu berücksichtigen.

Vorverdrehungen bei Aussteifungskonstruktionen (z.B. Verbände)

Für die Stiele von Aussteifungskonstruktionen sind die Vorverdrehungen wie für die Stiele von verschieblichen Stockwerkrahmen anzusetzen. Das Gleiche gilt gegebenenfalls für weitere, angehängte Stiele, die mit der Aussteifungskonstruktion verbunden sind und durch diese stabilisiert werden.

Gleichzeitiger Ansatz von Vorkrümmung und Vorverdrehung

Für Stäbe, die am verformten Stabwerk Stabdrehwinkel aufweisen können und eine Stabkennzahl $\varepsilon > 1{,}6$ haben, ist zusätzlich zu den Vorverdrehungen auch die Vorkrümmung in ungünstigster Richtung anzusetzen.

2.5 Beanspruchbarkeit

Die Beanspruchbarkeit wird aus den Bemessungswerten der Widerstandsgrößen berechnet.

2.5.1 Widerstandsgrößen für Werkstoffe

Die Berechnung der Beanspruchbarkeiten aus den Charakteristischen Werten der Widerstandsgrößen von Werkstoffen erfolgt nach DIN 18800 Teil 1, El. 717 bis El. 725.

Tabelle 2.5 Charakteristische Werte für Walzstahl nach DIN 18800 Teil 1, 1990-11 (Tabelle 1)

<table>
<tr><th colspan="2">Stahl</th><th>Erzeugnis-dicke
t
mm</th><th>Streck-grenze
$f_{y,k}$
N/mm²</th><th>Zug-festigkeit
$f_{u,k}$
N/mm²</th><th>E-Modul
E
N/mm²</th><th>Schub-modul
G
N/mm²</th><th>Temperatur-Dehnzahl
α_T
K^{-1}</th></tr>
<tr><td rowspan="2">Baustahl</td><td>St37-2
Ust37-2
RSt37-2
St37-3</td><td>$t \le 40$
$40 < t \le 80$</td><td>240
215</td><td>360</td><td rowspan="6">210 000</td><td rowspan="6">81 000</td><td rowspan="6">$12 \cdot 10^{-6}$</td></tr>
<tr><td>St52-3</td><td>$t \le 40$
$40 < t \le 80$</td><td>360
325</td><td>510</td></tr>
<tr><td>Feinkorn-baustahl</td><td>StE 355
WStE 355
TStE 355
EStE 355</td><td>$t \le 40$
$40 < t \le 80$</td><td>360
325</td><td>510</td></tr>
<tr><td rowspan="2">Stahl-guss</td><td>GS-52</td><td></td><td>260</td><td>520</td></tr>
<tr><td>GS-20 Mn5</td><td>$t \le 100$</td><td>260</td><td>500</td></tr>
<tr><td>Vergütungs-stahl</td><td>C 35 N</td><td>$t \le 16$
$16 < t \le 80$</td><td>300
270</td><td>480</td></tr>
</table>

Die Übernahme der Europäischen Normen (EN) in das nationale Normenwerk (DIN EN) ist weitgehend abgeschlossen. DIN 17100 ist als Regelwerk nicht mehr gültig, und somit sind auch die Bezeichnungen der Stahlsorten nicht mehr aktuell.

Die aktuellen Regelwerke sind EN 10027 und EN 10025

In DIN 18800 Teil 1 ÷ 4, und somit auch in Tabellen 2.4 ÷ 2.8, sind noch Bezeichnungen nach DIN 17100 vorhanden. Sie entsprechen jedoch nicht mehr dem jetzigen Stand der Normung. In Stücklisten und Bestellungen können die alten Bezeichnungen nicht mehr verwendet werden. In den Berechnungen sollten somit korrekterweise neue Bezeichnungen erscheinen, und zwar allgemein S 235 für Stahl St37 und S 355 für Stahl St52. Eine Gegenüberstellung der alten und neuen Bezeichnungen kann der Tabelle 2.9 entnommen werden.

Tabelle 2.6 Charakterische Werte für Schraubenwerkstoffe nach DIN 18800 Teil 1 (Tabelle 2)

	Festigkeitsklasse FK	Streckgrenze $f_{y,b,k}$ N/mm²	Zugfestigkeit $f_{u,b,k}$ N/mm²	Beiwert α_a
1	4.6	240	400	0,6
2	5.6	300	500	0,6
3	8.8	640	800	0,6
4	10.9	900	1000	0,55

Tabelle 2.7 Charakteristische Werte für Werkstoffe von Kopf- und Gewindebolzen

	Bolzen		Streckgrenze $f_{y,b,k}$ N/mm²	Zugfestigkeit $f_{u,b,k}$ N/mm²
1	nach DIN 32500 Teil 1 Festigkeitsklasse 4.8		320	400
2	nach DIN 32500 Teil 3 mit der chemischen Zusammensetzung von St37-3		350	450
3	aus:	für: d [mm]		
	St37-2	$d \leq 40$	240	360
	St37-3	$40 < d \leq 80$	215	
4	St52-3	$d \leq 40$	360	510
		$40 < d \leq 80$	325	

Tabelle 2.8 Charakteristische Werte für den Grenzdruck nach Hertz für Lager mit max. 2 Rollen

	Werkstoff	$\sigma_{H,k}$ N/mm²
1	St37	800
2	St52, GS-52	1000
3	C 35 N	950

Bescheinigungen

Für alle verwendeten Werkstoffe sind Übereinstimmungsnachweise nach der gültigen Bauregelliste A und Zeugnisse nach EN 10204 vorzulegen. Für Blech und Breitflachstahl in geschweißten Bauteilen mit Dicken über 30 mm, die im Bereich der Schweißnaht auf Zug beansprucht werden, muss ein Aufschweißbiegeversuch nach SEP 1390 durchgeführt und durch ein Abnahmeprüfzeugnis belegt sein.

Andere Stahlsorten

Andere als die in Tabelle 2.5 aufgeführten Stahlsorten dürfen nur verwendet werden, wenn:

- Die chemische Zusammensetzung, die mechanischen Eigenschaften und die Schweißeignung sichergestellt sind und diese Eigenschaften einer der Stahlsorten nach Tabelle 2.5 zugeordnet werden können.
- Sie in den Fachnormen vollständig beschrieben und als Bauprodukt zugelassen sind (Bauregelliste oder andere Zulassung im Einzelfall).

Tabelle 2.9 Gegenüberstellung der alten und der aktuellen Bezeichnungen für Baustähle

Alte Bezeichnung nach DIN 17100	Gültige Bezeichnung nach EN 10027-1	Kurzbezeichnung allgemein	Stoffnummer nach EN 10027-2
St37-2	S 235JR		1.0037
Ust37-2	S 235JRG1		1.0036
RSt37-2	S 235JRG2	S 235	1.0038
St37-3U	S 235JO		1.0114
St37-3N	S 235JRG3		1.0116
St52-3U	S 355JO	S 355	1.0553
St52-3N	S 355J2G3		1.0570
StE 355	S 355N	S 355	1.0545
TStE 355	S 355NL		1.0491
C35N	1C35TN		1.0501

Bezeichnung unlegierter Stähle für den Stahlbau

- Mit der Werkstoff-Nummer gem. DIN EN 10 027 Teil 2, z.B. 1.0037
- Mit dem Namen nach DIN EN 10 027 Teil 1, z.B. S235JRG1. Diese Bezeichnungsform wird allgemein bei Nachweisen verwendet.

Aufbau der Symbole nach EN 10 027 Teil 1: S235 JR G1

Zusatzsymbole (JR G1)
Hauptsymbol (S235)

Bedeutung:

S	Kennzeichen für Stähle für den allgemeinen Stahlbau.
235, 355	Kennzahl für den festgelegten Mindestwert der Streckgrenze in N/mm^2 für Dicken ≤ 16 mm.
JR, JO, J2	Kennzeichen für die Gütegruppe in Hinblick auf die Schweißeignung und die Kerbschlagarbeit, siehe dazu auch Kapitel 3.8.4.
G1, G2, G3	Kennzeichen für die Desoxidationsart, siehe dazu auch Kapitel 3.8.4.
N, NL	Lieferzustand. Diese Symbole werden an die Zusatzsymbole angehängt.

2.5.2 Widerstandsgrößen für Profile

Die Widerstandsgrößen von Profilen sind mit den Querschnittswerten aus den Tabellen in Kapitel 6 zu berechnen. Querschnittswerte können auch mit den Formeln aus Kapitel 4 ermittelt werden. In Kapitel 6 sind sowohl Tabellen für genormte Walzprofile als auch für diverse, zusammengesetzte Querschnitte vorhanden. Für Walzprofile sind nur Tabellen von zugelassenen Bauprodukten nach der z.Z. gültigen Bauregelliste (Stand Oktober 1998) vorhanden.

Bei Verwendung bzw. Anwendung von nicht genormten Walzprofilen ist eine Überprüfung der Zulassung im Einzelnen vorzunehmen. Es empfiehlt sich diese Überprüfung noch vor der Berechnung der Konstruktion vorzunehmen.

2.5.3 Teilsicherheitsbeiwerte

Tabelle 2.10 Teilsicherheitsbeiwerte γ_M der Widerstandsgrößen

Anwendung	γ_M
Festigkeiten, Bemessungswerte für den Tragsicherheitsnachweis	1,1
Steifigkeiten, Bemessungswerte für den Tragsicherheitsnachweis	1,1
Wenn sich eine abgeminderte Steifigkeit weder erhöhend noch ermäßigend auswirkt (Darf-Bestimmung)	1,0
Bemessungswerte der Steifigkeiten, wenn keine Nachweise der Biegeknick- oder Biegedrillknicksicherheit erforderlich sind (Darf-Bestimmung)	1,0
Steifigkeiten, bei der Berechnung von Schnittgrößen aus Zwängungen nach der Elastizitätstheorie	1,0
Gebrauchstauglichkeitsnachweis: wenn Gefahr für Leib und Leben besteht	1,1
Gebrauchstauglichkeitsnachweis: wenn keine Gefahr für Leib und Leben besteht	1,0

Teilsicherheitsbeiwerte γ_M beim Nachweis der Gebrauchstauglichkeit

Im Allgemeinen gilt: $\gamma_M = 1,0$

falls nicht in anderen Grund- oder Fachnormen andere Werte festgelegt sind.

Entsteht durch den Verlust der Gebrauchstauglichkeit eine Gefährdung von Leib und Leben, so sind die Teilsicherheitsbeiwerte wie beim Tragsicherheitsnachweis, nach Tabelle 2.10, anzusetzen.

Einwirkungsunempfindliche Systeme

Sind Beanspruchungen gegen Änderungen von Einwirkungen wenig empfindlich, so sind die Beanspruchungen mit den 0,9 fachen Bemessungswerten der Einwirkungen zu berechnen. Der Tragsicherheitsnachweis ist dann mit: $\gamma_M = 1,2$ zu führen.

2.6 Nachweis der Tragsicherheit

Mit diesem Nachweis wird belegt, dass das Tragwerk und alle seine Teile gegen Versagen ausreichend sicher sind.

Es wird hier eine Übersicht über die verschiedenen Nachweisverfahren gegeben, wobei auf das Verfahren Elastisch-Elastisch ausführlicher eingegangen wird. Die benötigten Formeln sind im Kapitel 3 zu finden. Weitere Einzelheiten können der DIN 18800 Teil 1 (1990) entnommen werden.

Für alle Verfahren gilt: es ist nachzuweisen, dass das System im stabilen Gleichgewicht ist und die Bedingungen des gewählten Verfahrens eingehalten werden.

2.6.1 Abgrenzungskriterien

Im Rahmen des Tragsicherheitsnachweises sind folgende Einzelnachweise zu führen:

- Biegeknicknachweis nach DIN 18800 Teil 2, siehe Kapitel 3.3.3.
- Biegedrillknicken nach DIN 18800 Teil 2, siehe Kapitel 3.3.3.
- Nachweis der Betriebsfestigkeit.

Die Voraussetzungen, unter welchen diese Nachweise entfallen, sind bei den Formeln der Nachweise angegeben.

2.6.2 Verfahren Elastisch-Elastisch

Grundsätze

- Beanspruchungen und Beanspruchbarkeiten sind nach der Elastizitätstheorie zu ermitteln. Für die Bemessungswerte der Größen kann der Index *d* weggelassen werden, wenn die Aussage eindeutig ist.
- Als Grenzzustand der Tragfähigkeit wird der Beginn des Fließens definiert.
- Durchgeführt wird ein Spannungsnachweis; die vorhandenen Spannungen aus den Bemessungswerten der Schnittgrößen werden Grenzspannungen gegenübergestellt.
  - Grenzspannungen nach Kapitel 3.2
  - Nachweise nach Kapitel 3.2
- In allen Querschnitten werden die Grenzwerte *grenz(b/t)* und *grenz(d/t)* eingehalten, oder es wird die ausreichende Beulsicherheit nach DIN 18800 Teil 3 nachgewiesen.
- In allen Querschnitten wird höchstens der Bemessungswert $f_{y,d}$ der Streckgrenze erreicht.

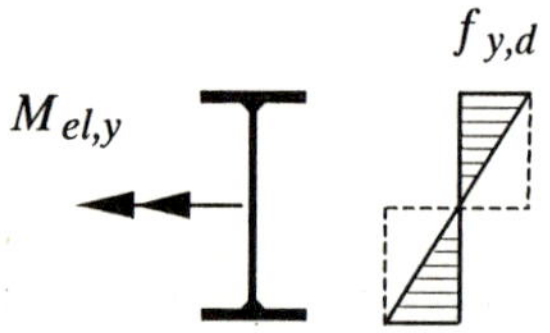

Bild 2-9 Querschnittsausnutzung bei Biegeträgern

Erlaubnis örtlich begrenzter Plastizierung

In kleinen Bereichen darf die Vergleichsspannung σ_V die Grenzspannung $\sigma_{R,d}$ um 10% überschreiten. Für Stäbe mit Normalkraft und Biegung kann ein kleiner Bereich unterstellt werden, wenn die Bedingungen nach Kapitel 3.2.2 eingehalten werden.

Erlaubnis örtlich begrenzter Plastizierung für Stäbe mit I-Querschnitt

Für Stäbe mit doppeltsymmetrischem I-Querschnitt, die die Bedingungen nach Kapitel 3.2.2 erfüllen, darf eine örtliche Plastizierung zugelassen werden.

Eine vollständige Ausnutzung ermöglicht das Verfahren Elastisch-Plastisch.

Vereinfachung für Stäbe mit Winkelquerschnitt

Werden bei der Berechnung der Beanspruchungen von Stäben mit Winkelquerschnitt schenkelparallele Querschnittsachsen als Bezugsachsen anstelle der Trägheitshauptachsen benutzt, so sind die ermittelten Beanspruchungen um 30% zu erhöhen.

2.6.3 Verfahren Elastisch-Plastisch

Grundsätze

- Beanspruchungen sind nach der Elastizitätstheorie zu ermitteln. Beanspruchbarkeiten sind unter Ausnutzung plastischer Tragfähigkeiten der Querschnitte zu berechnen.
- Als Grenzzustand der Tragfähigkeit wird das Erreichen der Grenzschnittgrößen im plastischen Zustand definiert.
- Die berechneten Beanspruchungen führen in keinem Querschnitt unter Beachtung der Interaktion zu einer Überschreitung der Schnittgrößen im vollplastischen Zustand, wobei die Grenzwerte der b/t-Verhältnisse eingehalten sind. Dies gilt nur für Bereiche, in denen plastische Querschnittsreserven ausgenutzt werden. Sonst genügt das Einhalten der b/t-Verhältnisse nach dem Verfahren Elastisch-Elastisch.
- Werkstoffverhalten: Beanspruchung, linearelastisch
  Beanspruchbarkeit, linearelastisch-idealplastisch

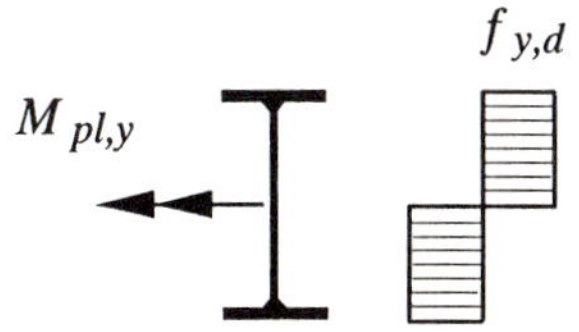

Bild 2-10 Spannungsverteilung bei Biegeträgern im plastischen Zustand

Bei diesem Verfahren werden die plastischen Reserven des Querschnitts ausgenutzt, nicht jedoch die des Systems.

Weitere Annahmen und Bedingungen nach DIN 18800 Teil 1 (1990), El. 753 bis El. 757.

2.6.4 Verfahren Plastisch-Plastisch

Grundsätze

- Beanspruchungen sind nach der Fließgelenk- oder Fließzonentheorie zu ermitteln. Beanspruchbarkeiten sind unter Ausnutzung plastischer Tragfähigkeiten der Querschnitte und des Systems zu berechnen.
- Die berechneten Beanspruchungen führen in keinem Querschnitt unter Beachtung der Interaktion zu einer Überschreitung der Grenzschnittgrößen im plastischen Zustand, und für die Querschnitte im Bereich der Fließgelenke bzw. Fließzonen sind die Grenzwerte *grenz(b/t), grenz(d/t)* nach Kapitel 3.2.4 für das Verfahren Plastisch-Plastisch eingehalten.

Bei diesem Verfahren werden plastische Querschnitts- und Systemreserven ausgenutzt.

Weitere Annahmen und Bedingungen nach DIN 18800 Teil 1 (1990), El. 758 bis El. 760.

2.7 Nachweis der Lagesicherheit

Die Sicherheit gegen Gleiten, Abheben und Umkippen von Tragwerken und deren Teile ist nach den Regeln für den Nachweis der Tragsicherheit nachzuweisen. Wird das Nachweisverfahren Plastisch-Plastisch angewendet, so sind Zwischenzustände zu berücksichtigen.

Grundsätze

- Nachweise der Lagesicherheit sind als Nachweise der Tragsicherheit zu betrachten, die sich auf verankerte und nicht verankerte Lagerfugen beziehen.
- Im Allgemeinen genügt es, nur die Zustände unter den Bemessungswerten zu betrachten. Es können Zwischenzustände maßgebend werden, bei denen alle oder einige Einwirkungen noch nicht ihren Bemessungswert erreicht haben.
- Wenn auf Grund von Tragwerksverformungen ein Nachweis nach Theorie II. Ordnung notwendig ist, gelten die so ermittelten Schnittgrößen auch für den Lagesicherheitsnachweis.
- Die Beanspruchbarkeit von Lagerfugen und deren Verankerungen sind nach den Regeln für die Berechnung der Beanspruchbarkeit aus den Widerstandsgrößen und der Beanspruchbarkeit von Verbindungen zu berechnen.
- Gleiten.
  Es ist nachzuweisen, dass in der Fugenebene die Gleitkraft nicht größer als die Grenzgleitkraft ist. Für die Berechnung der Grenzgleitkraft dürfen Reibwiderstand und Scherwiderstand von mechanischen Schubsicherungen als gleichzeitig wirkend angesetzt werden.
- Abheben.
  Für unverankerte Lagerfugen ist nachzuweisen, dass die Beanspruchung keine abhebende Kraftkomponente rechtwinklig zur Lagerfuge aufweist.
  Für verankerte Lagerfugen ist nachzuweisen, dass die Beanspruchung der Verankerung nicht größer als die Beanspruchbarkeit ist.
- Umkippen.
  Es ist nachzuweisen, dass die Drucknormalspannungen (Pressungen) nicht größer als die Grenzpressungen der angrenzenden Bauteile sind. Für verankerte Lagerfugen ist nachzuweisen, dass die Beanspruchung der Verankerung nicht größer als die Beanspruchbarkeit ist.

- Lagerfugen.
  Die Grenzpressung für Beton ist β_R / 1,3 mit β_R nach DIN 1045. Teilpressung siehe gleichfalls DIN 1045. Charakteristische Werte der Reibungszahlen nach DIN 4141 Teil 1 mit Teilsicherheitsbeiwert $\gamma_M = 1{,}1$.

2.8 Nachweis der Gebrauchstauglichkeit

Nachzuweisen ist, dass das Tragwerk und seine Teile für die vorgesehene Nutzung geeignet ist. Die Eignung kann durch verschiedene Einflüsse eingeschränkt werden, z.B. durch übermäßige Durchbiegungen, Verformungen oder Bewegungen. Der Gebrauchstauglichkeitsnachweis beschränkt sich im Allgemeinen auf Ermittlungen der Größe von Verformungen und Gegenüberstellung nutzungsbedingter Einschränkungen. Weitere Einschränkungen können sein z.B. Dichtigkeit, Schwingungen.

Verformungskriterien und Beiwerte für die Einwirkungskombinationen sind zwischen Bauherren und dem Aufsteller der Berechnungen zu vereinbaren; eventuell sind die Ansätze mit dem Prüfer (Baubehörde) abzustimmen. Einzelheiten zum Ansatz der Beiwerte siehe Kapitel 2.5.3.

Verformungskriterien

Das wichtigste Kriterium der Gebrauchsfähigkeit ist die auf die Stützweite bzw. Kraglänge l bezogene Durchbiegung v, d.h. das Verhältnis l/v.

Die zulässigen Durchbiegungen sind zwischen Bauherren, Entwurfsingenieur und Baubehörde zu vereinbaren. Als Richtwerte können Angaben aus Tabelle 2.11 und Tabelle 2.12 dienen.

Tabelle 2.11 Richtwerte für Durchbiegungen nach [9]

Lotrechte Verformungen von beidseitig aufliegenden Trägern	max. v	
Pfetten und Sparren in Dächern	$l/200$	- $l/250$
Decken- und Dachträger	$l/250$	- $l/300$
Deckenträger, die rissempfindliche Wände tragen	$l/500$	
Haupt- und Querträger von Straßenbrücken	$l/500$	
Haupt- und Querträger von Eisenbahnbrücken	$l/800$	
Kranbahnen, leichter Betrieb	$l/500$	
Kranbahnen, schwerer Betrieb	$l/800$	- $l/1000$
Kragträger, allgemein können die doppelten Werte angesetzt werden.		
Horizontale Verschiebungen infolge Wind		
Hallenbauten	$h/150$	
Geschoßbauten pro Geschoss	$h/200$	
Hochhäuser, relative Gesamtdurchbiegung	$h/400$	- $h/500$

Tabelle 2.12 Empfohlene Grenzwerte für Verformungen nach Eurocode 3

Lotrechte Verformungen	Grenzen	
	δ_{max}	δ_2
Dächer generell	$l/200$	$l/250$
Dächer mit häufiger Begehung	$l/250$	$l/300$
Decken allgemein	$l/250$	$l/300$
Decken und Dächer mit Putz, spröden Deckschichten oder anderen nicht flexiblen Teilen	$l/250$	$l/350$
Decken, die Stützen tragen	$l/400$	$l/500$
Das Aussehen des Gebäudes wird beeinträchtigt	$l/250$	-
Waagerechte Auslenkungen am oberen Stützenende		
Portalrahmen ohne Krangerüst	$h/150$	
Andere eingeschossige Gebäude	$h/300$	
Mehrgeschossige Gebäude: in jedem Stockwerk	$h/300$	
im gesamten Tragwerk	$h/500$	

Berechnung der Durchbiegungen

$$\delta_{max} = \delta_1 + \delta_2 - \delta_0$$

mit:

- δ_{max} = Durchbiegung im Endzustand
- δ_1 = Verformung unter ständiger Belastung unmittelbar nach Aufbringung der Last
- δ_2 = Verformung unter veränderlichen Lasten und zeitabhängigen Verformungen aus ständiger Belastung
- δ_0 = Vorkrümmung im unbelasteten Zustand

2.9 Nachweis der Dauerhaftigkeit

Nach DIN 18800 Teil 1 (1990) El. 768 bezieht sich der Nachweis vor allem auf Maßnahmen gegen Korrosion, die der zu erwartenden Beanspruchung genügen. Nachzuweisen ist die Beständigkeit des Tragwerkes gegen Korrosion über die gesamte Nutzungsdauer des Bauwerkes. Während der vorgesehenen Nutzungsdauer darf keine Beeinträchtigung der Tragsicherheit des Tragwerkes durch Korrosion eintreten.

Anstelle von Korrosionsschutzmaßnahmen darf die Auswirkung der Korrosion durch entsprechende, auf Korrosionsabtrag und Nutzungsdauer abgestimmte Dickenzuschläge berücksichtigt werden. Dazu siehe auch Kapitel 1.3.

3 Formeln für Bemessung und Nachweise

3.1 Formelzeichen, Bezeichnungen und Darstellungen

Koordinaten, Verschiebungs- und Schnittgrößen, Spannungen			
x	Stabachse		
y, z	Hauptachsen des Querschnitts, bei einteiligen Stäben so gewählt dass $I_y \geq I_z$		
u, v, w	Verschiebungen in Richtung der Achsen x, y, z		
M_y, M_z	Biegemomente		
M_x	Torsionsmoment		
N	Normalkraft, als Zug positiv		
V_y, V_z	Querkräfte (früher Q)		
σ	Normalspannung		
σ_V	Vergleichsspannung		
τ	Schubspannung		
Physikalische Kenngrößen, Festigkeiten			
E	Elastizitätsmodul (E-Modul)		
G	Schubmodul		
f_y	Streckgrenze		
f_u	Zugfestigkeit		
Querschnittsgrößen			
a	rechnerische Schweißnahtdicke		
b	Breite von Querschnittsteilen		
d	Durchmesser	d_L	Lochdurchmesser
d_{Sch}	Schaftdurchmesser	Δd	Nennlochspiel
h	Querschnittshöhe		
i_y, i_z	Trägheitsradius		
t	Erzeugnisdicke, Blechdicke		
A	Querschnittsfläche; A_{Steg} = Stegfläche		
I_y, I_z	Flächenmoment 2. Grades		
I_ω	Wölbflächenmoment 2. Grades		
I_T	Torsionsflächenmoment 2. Grades		
M_{pl}	Biegemoment im vollplastischen Zustand		
M_{el}	Biegemoment, an der ungünstigsten Stelle des Querschnitts wird f_y erreicht		

N_{pl}	Normalkraft im vollplastischen Zustand
S	Statisches Moment
V_{pl}	Querkraft im vollplastischen Zustand
W_y, W_z ($W_{el,y}$)	elastisches Widerstandsmoment
$W_{pl,y}$, $W_{pl,z}$	plastisches Widerstandsm.
α_{pl}	plastischer Formbeiwert, $\alpha_{pl} = M_{pl} / M_{el}$
Systemgrößen	
l	Systemlänge eines Stabes
k_y, k_z	Beiwert zur Berücksichtigung des Momentenverlaufs und $\bar{\lambda}_M$
M_{Ki}	Biegedrillknickmoment nach der Elastizitätstheorie bei Wirkung von Momenten M_y ohne Normalkraft
N_{Ki}	Normalkraft unter der kleinsten Verzweigungslast nach der Elastizitätstheorie, als Druck positiv
s_k	zu N_{Ki} gehörende Knicklänge eines Stabes
$\beta_{M,y}$, $\beta_{M,z}$	Momentenbeiwerte zur Erfassung der Form der Biegemomente M_y, M_z
η_{Ki}	Verzweigungslastfaktor des Systems
ε	Stabkennzahl
κ	Abminderungsfaktor nach den Europäischen Knickspannungslinien (KSL)
κ_M	Abminderungsfaktor für das Biegedrillknicken
λ_K	Schlankheitsgrad
λ_a	Bezugsschlankheitsgrad
$\bar{\lambda}_K$	bezogener Schlankheitsgrad bei Druckbeanspruchung
$\bar{\lambda}_M$	bezogener Schlankheitsgrad bei Biegemomentenbeanspruchung
Einwirkungen, Widerstandsgrößen und Sicherheitselemente	
F	Einwirkung (allgemeines Formelzeichen)
G	ständige Einwirkung
Q	Veränd. Einwirkung
F_A	außergewöhnliche Einwirkung
F_E	Erddruck
M	Widerstandsgröße (allgemeines Formelzeichen)
R	Beanspruchbarkeit (allgemeines Formelzeichen)
S	Beanspruchung (allgemeines Formelzeichen)
γ_F	Teilsicherheitsbeiwert für Einwirkungen
γ_M	Teilsicherheitsbeiwert für Widerstandsgrößen
ψ	Kombinationsbeiwert für Einwirkungen
Nebenzeichen	
Index b	Schrauben, Niete, Bolzen
Index d	Bemessungswert einer Größe
Index k	charakteristischer Wert einer Größe
Index w	Schweißen

Graphische Darstellung von Größen

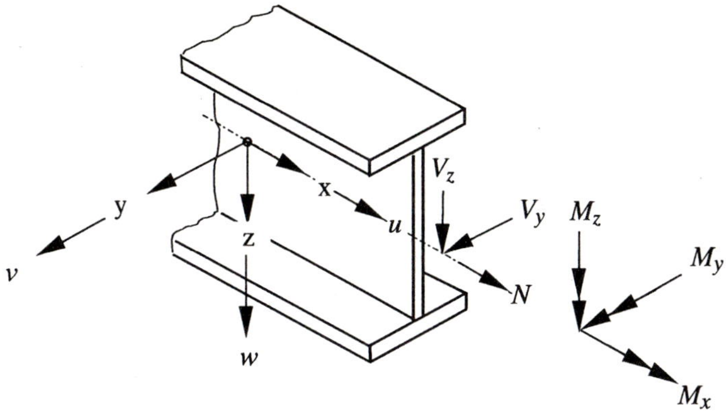

Bild 3-1 Graphische Darstellung nach DIN 18800 Teil 1 (1990-11) El. 311

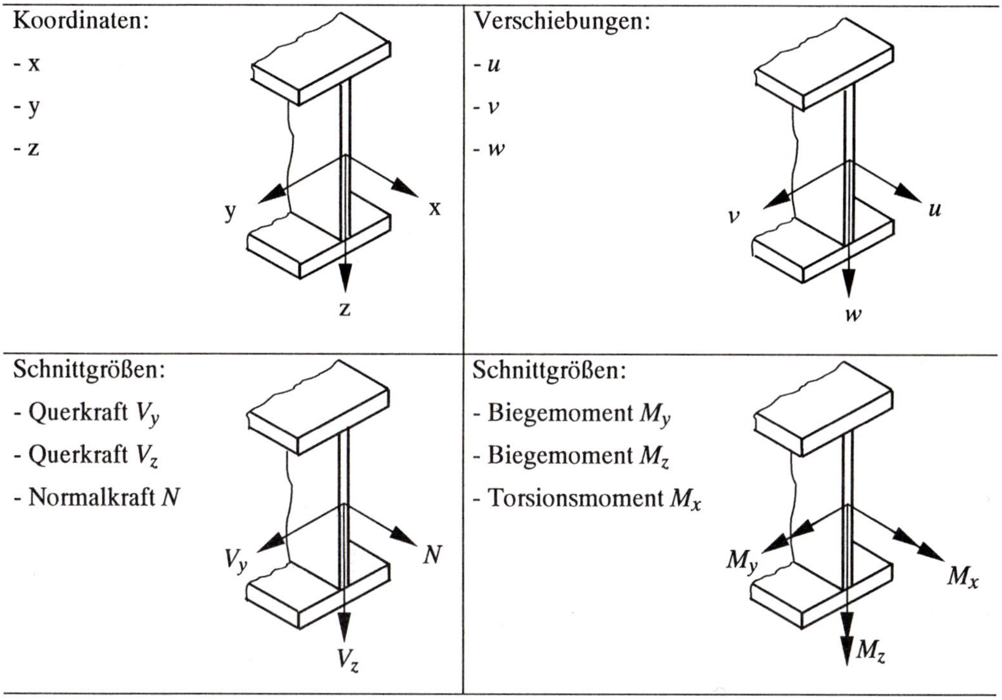

Bild 3-2 Aufgelöste Darstellung von Koordinaten, Verschiebungen und Schnittgrößen

a) In der Zeichenebene wirkendes Moment b) Senkrecht zur Zeichenebene wirkendes Moment

Bild 3-3 Symbole für die graphische Darstellung von Momenten

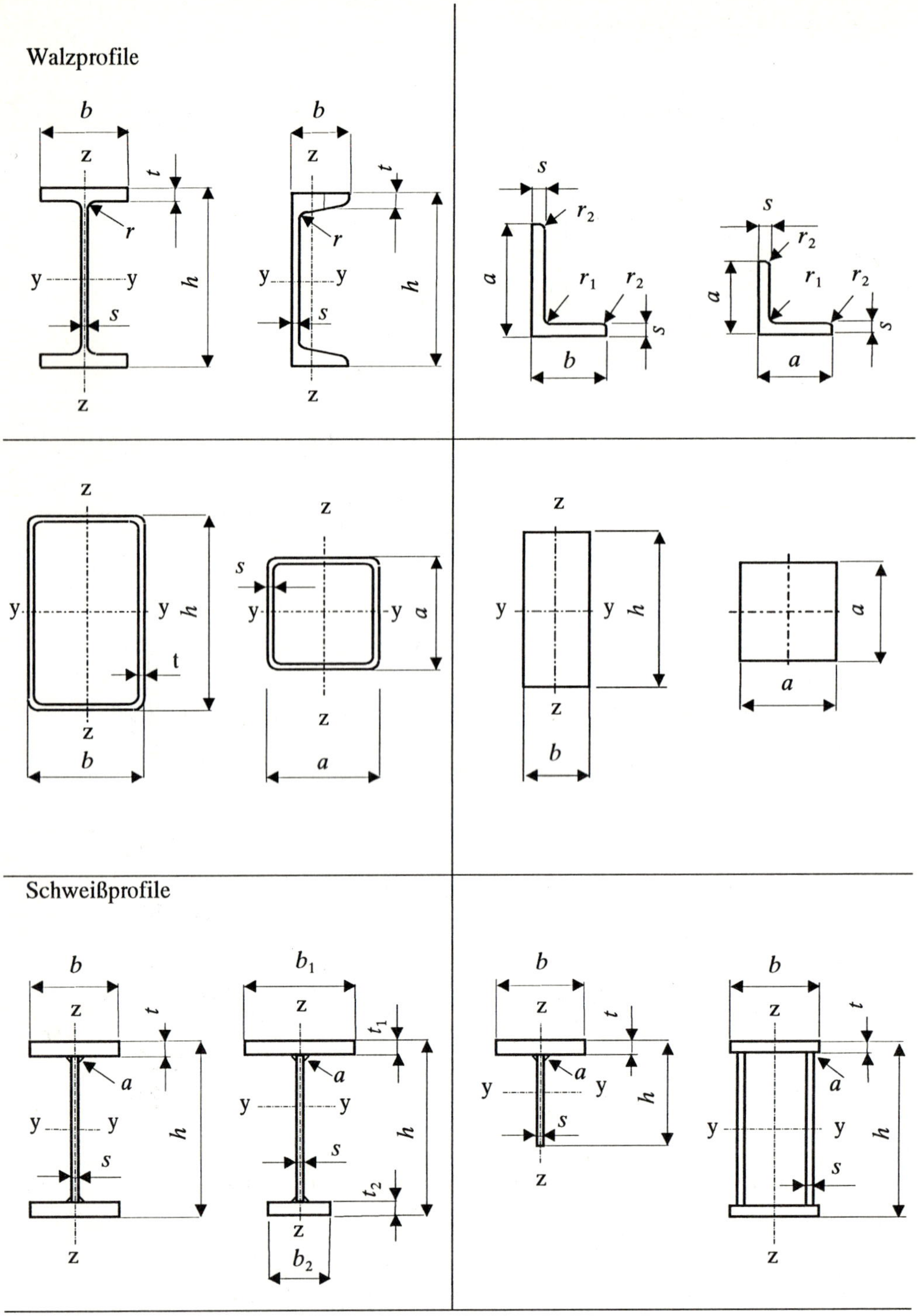

Bild 3-4 Bezeichnungen an Profilen

3.2 Bemessung und Nachweise

3.2.1 Grenzbeanspruchbarkeiten, Formeln nach DIN 18800 Teil 1 (1990-11)

	Bezug	Beanspruchbarkeit: $\mathbf{R_d}$
Stäbe	Grenznormalspannung	$\sigma_{R,d} = f_{y,d} = \dfrac{f_{y,k}}{\gamma_M}$ (3-1) $f_{y,k}$ nach Tabelle 2.5; γ_M nach Tabelle 2.10
Stäbe	Grenzschubspannung	$\tau_{R,d} = \dfrac{f_{y,d}}{\sqrt{3}}$ (3-2)
Stäbe	Grenzzugkraft in Querschnitten oder Querschnittsteilen mit gebohrten Löchern.	$N_{R,d} = A_{Netto} \cdot \dfrac{f_{u,k}}{1{,}25 \cdot \gamma_M}$ (3-3) $f_{u,k}$ nach Tabelle 2.5; γ_M nach Tabelle 2.10 $A_{Netto} = A$ unter folgender Bedingung: $\dfrac{A_{Brutto}}{A_{Netto}} \leq \begin{cases} 1{,}2 & \text{für S 235} \\ 1{,}1 & \text{für S 335} \end{cases}$ A_{Netto} bei unsymmetr. Anschlüssen siehe Bild 3-5
Stäbe	Grenzkraft für Krafteinleitungen in Walzprofile mit I-förmigem Querschnitt ohne Aussteifung	$F_{R,d} = \dfrac{s \cdot l \cdot f_{y,k}}{\gamma_M}$ (3-4) Für σ_x und σ_z mit unterschiedlichen Vorzeichen und $\lvert\sigma_x\rvert > 0{,}5 f_{y,k}$ $F_{R,d} = \dfrac{s \cdot l \cdot f_{y,k}}{\gamma_M} \cdot \left(1{,}25 - \dfrac{0{,}5 \cdot \lvert\sigma_x\rvert}{f_{y,k}}\right)$ (3-4a) s = Stegdicke l = mittragende Länge nach Tabelle 3.2 σ_x = Normalspannung im Querschnitt
Schraubverbindungen	Grenzzugkraft In Gewindestangen, Schrauben mit Gewinde zum Kopf und aufgeschweißten Gewindebolzen ist A_{Sp} anstelle von A_{Sch} anzusetzen. Das Gleiche gilt für Schrauben, wenn die beim Fließen der Schrauben auftretenden Verformungen nicht zulässig sind.	$N_{R,d} = \min \begin{cases} A_{Sch} \cdot \sigma_{1,R,d} \\ A_{Sp} \cdot \sigma_{2,R,d} \end{cases}$ (3-5) $\sigma_{1,R,d} = \dfrac{f_{y,b,k}}{1{,}1 \cdot \gamma_M}$ (3-6) $f_{y,b,k}$ nach Tabelle 2.6; γ_M nach Tabelle 2.10 $\sigma_{2,R,d} = \dfrac{f_{u,b,k}}{1{,}25 \cdot \gamma_M}$ (3-6a)

3.2.1 Fortsetzung

	Bezug	Beanspruchbarkeit: $\mathbf{R_d}$
Schraubverbindungen	Grenzabscherkraft	$$V_{a,R,d} = A \cdot \tau_{a,R,d} = A \cdot \alpha_a \cdot \frac{f_{u,b,k}}{\gamma_M} \quad (3\text{-}7)$$ α_a = 0,6 für Schrauben der FK 4.6; 5.6; 8.8 α_a = 0,55 für Schrauben der FK 10.9
	Grenzlochleibungskraft für Blechdicken $t \geq 3$ mm	(3-8) $$V_{l,R,d} = t \cdot d_{Sch} \cdot \sigma_{l,R,d} = t \cdot d_{Sch} \cdot \alpha_l \cdot \frac{f_{y,k}}{\gamma_M}$$ Faktor α_l nach Tabelle 3.1 Bei Verwendung von Senkschrauben ist der größere der Werte: 0,8 t oder t_s nach Bild 3-6 einzusetzen
	Grenzgleitkraft für gleitfeste planmässig vorgespannte Verbindungen GV, GVP	$$V_{g,R,d} = \mu \cdot F_v \cdot \frac{1 - N/F_v}{1{,}15 \cdot \gamma_M} \quad (3\text{-}9)$$ μ = 0,5 = Reibungszahl γ_M = 1,0 F_V = Vorspannkraft nach Tabelle 3.42 N = anteilig, auf die Schraube entfallende Zugkraft
	Für nicht zugbeanspruchte Schrauben	$$V_{g,R,d} = \frac{\mu \cdot F_v}{1{,}15 \cdot \gamma_M} \quad (3\text{-}9a)$$
Bolzen	Grenzabscherkraft	Nach Formel (3-7)
	Grenzlochleibungskraft Lochspiel: $\Delta d \leq 0{,}1 \cdot d_L < 3\,\text{mm}$	$$V_{l,R,d} = t \cdot d_{Sch} \cdot 1{,}5 \cdot \frac{f_{y,k}}{\gamma_M} \quad (3\text{-}10)$$
	Grenzbiegemoment Lochspiel: $\Delta d \leq 0{,}1 \cdot d_L < 3\,\text{mm}$	$$M_{R,d} = W_{Sch} \cdot \frac{f_{y,b,k}}{1{,}25 \cdot \gamma_M} \quad (3\text{-}11)$$ W_{Sch} = Widerstandsmoment des Bolzenschaftes
Schweißverbindungen	Grenzschweißnahtspannung - alle Nähte	$$\sigma_{w,R,d} = \alpha_w \cdot \frac{f_{y,k}}{\gamma_M} \quad (3\text{-}12)$$ α_w nach Tabelle 3.53
	- Stumpfstöße von Formstahl bei Zugbeanspruchung	$$\sigma_{w,R,d} = 0{,}55 \cdot \frac{f_{y,k}}{\gamma_M} \quad (3\text{-}13)$$
	- Bolzenschweißung	$$\sigma_{b,R,d} = \frac{f_{y,b,k}}{\gamma_M} \quad (3\text{-}14)$$
		$$\tau_{b,R,d} = 0{,}7 \cdot \frac{f_{y,k}}{\gamma_M} \quad (3\text{-}15)$$

3.2.1 Fortsetzung

Andere	Grenzgleitkraft von Seilen auf Sattellagern und von Klemmen und Schellen auf Seilen	$G_{R,d} = \mu \cdot \dfrac{U \cdot \alpha_u + K \cdot \alpha_k}{\gamma_M}$ (3-16) U = Summe der Umlenkkräfte K = Summe der Klemmkräfte α_u = Umlenkkraftbeiwert α_k = 0,1 = Reibungszahl γ_M = 1,65; Gleiten auf Sattellagern γ_M = 1,10; Gleiten von Klemmen und Schellen
	Grenzzugkraft von hochfesten Zuggliedern	$Z_{R,d} = \min \begin{cases} Z_{b,k} / 1{,}5 \cdot \gamma_M \\ Z_{D,k} / 1{,}0 \cdot \gamma_M \end{cases}$ (3-17)
Lager und Gelenke	Grenzgleitkraft - parallel zur Lagerfuge	$V_{R,d} = \mu_d \cdot \dfrac{N_{z,d}}{1{,}5} + V_{a,R,d}$ (3-18) Reibungszahl: Stahl/Stahl $\mu_d = 0{,}2$ Stahl/Beton $\mu_d = 0{,}5$ $V_{a,R,d}$ = Grenzabscherkraft der Schubsicherung
	Grenztragfähigkeit der Anker	$Z_{A,R,d} = N_{R,d}$ $N_{R,d}$ nach Formel (3-5)
	Grenzpressung in Lagerfugen aus Beton	$\sigma_{La,R,d} = \dfrac{\beta_R}{1{,}3}$ (3-19) β_R = Rechenwert der Betondruckspannung nach Tabelle 3.60

Tabelle 3.1 Lochleibungswerte α_l

Maßgebend in Kraftrichtung	für: $e_2 \geq 1{,}5 \cdot d_L$ und $e_3 \geq 3 \cdot d_L$	$e_2 = 1{,}2 \cdot d_L$ $e_3 = 2{,}4 \cdot d_L$
Lochabstand	$\alpha_l = 1{,}08 \cdot \dfrac{e}{d_L} - 0{,}77$	$\alpha_l = 0{,}72 \cdot \dfrac{e}{d_L} - 0{,}51$
Randabstand	$\alpha_l = 1{,}1 \cdot \dfrac{e_1}{d_L} - 0{,}30$	$\alpha_l = 0{,}73 \cdot \dfrac{e_1}{d_L} - 0{,}20$

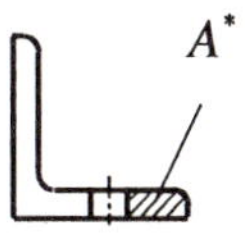

$A_{Netto} = 2 \cdot A^*$

Bild 3-5 Nettoquerschnitt von Winkelanschlüssen

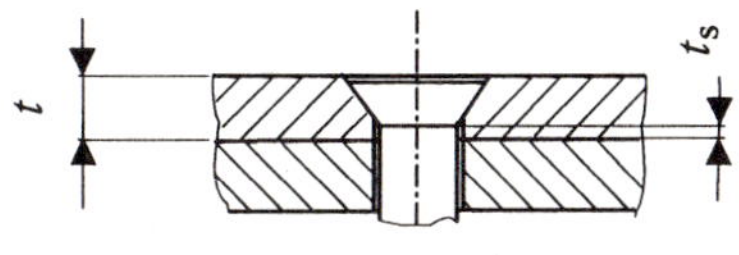

Bild 3-6 Verbindung mit Senkschraube

Tabelle 3.2 Mittragende Längen bei steifenlosen Lasteinleitungen

Trägerende

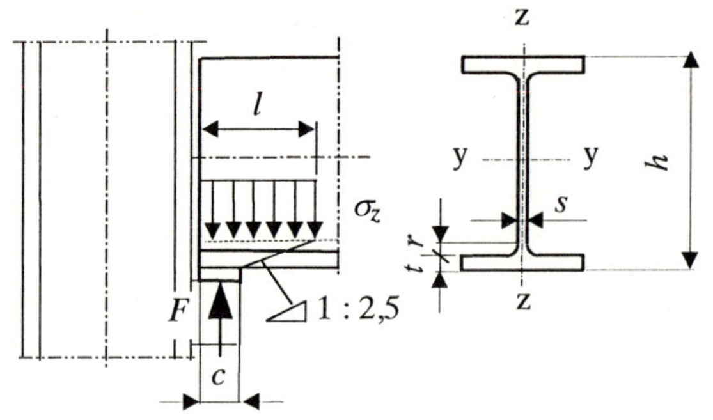

$$l = c + 2{,}5(t + r) \qquad (3\text{-}20)$$

Auflager im Feld

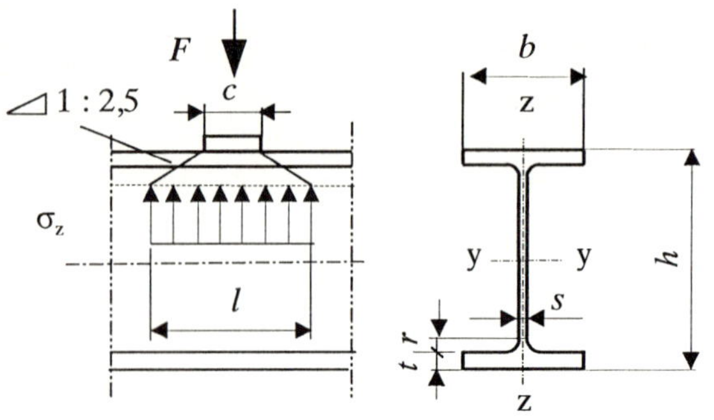

$$l = c + 5(t + r) \qquad (3\text{-}20a)$$

Trägerkreuzung

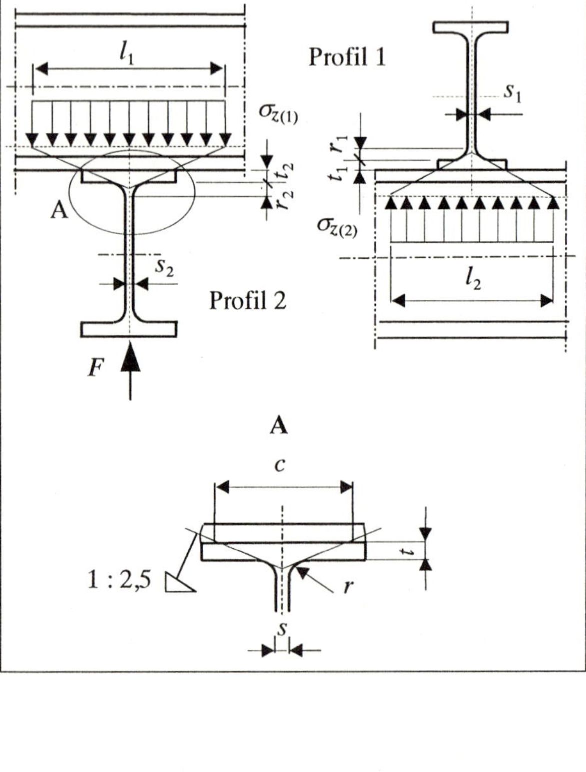

$$c = s + 1{,}61r + 5t \qquad (3\text{-}20b)$$

$$l_1 = c_2 + 5(t_1 + r_1) \qquad (3\text{-}20c)$$

$$l_2 = c_1 + 5(t_2 + r_2) \qquad (3\text{-}20d)$$

3.2.2 Beanspruchungen und Nachweise nach dem Verfahren Elastisch-Elastisch

		Beanspruchung S_d	Nachweis S_d/R_d
Normalspannungen $\sigma_x, \sigma_y, \sigma_z$	Biegemoment M_y oder M_z	$\sigma_d = \frac{M_d}{W_{el}}$ (3-21)	
	Normalkraft N	$\sigma_d = \frac{N_d}{A}$ (3-22) A = Nettoquerschnitt (Lochschwächung)	
	Normalkraft N und Biegemomente M_y, M_z	$\sigma_d = \frac{N}{A} + \frac{M_y}{I_y} \cdot z - \frac{M_z}{I_z} \cdot y$ (3-23)	$\frac{\sigma_d}{\sigma_{R,d}} \le 1$
	- doppeltsymmetrischer I-Querschnitt	$\sigma_d = \frac{N_d}{A} \pm \frac{M_{y,d}}{W_y} \pm \frac{M_{z,d}}{W_z}$ (3-24)	
	- doppeltsymmetrischer I-Querschnitt; örtliche Plastizierung zugelassen	$\sigma_d = \left\lvert \frac{N}{A} \pm \frac{M_y}{\alpha^*_{pl,y} \cdot W_y} \pm \frac{M_z}{\alpha^*_{pl,z} \cdot W_z} \right\rvert$ (3-25) Für Walzprofile gilt vereinfacht: $\alpha^*_{pl,y} = 1{,}14$; $\alpha^*_{pl,z} = 1{,}25$	
Schubspannungen $\tau_{xy}, \tau_{xz}, \tau_{yz}$	Alleinige Wirkung von V_z bzw. V_y	$\max \tau = \frac{V \cdot S_y}{I_y \cdot s}$ (3-26)	
	Gleichzeitige Wirkung von V_z und V_y	$\tau = \left\lvert \frac{V_z \cdot S_y}{I_y \cdot t} \pm \frac{V_y \cdot S_z}{I_z \cdot t} \right\rvert$ (3-27) Für Schubspannung im Steg infolge V_z gilt: $t = s$	$\frac{\tau_d}{\tau_{R,d}} \le 1$
	Vereinfacht für Stäbe mit I-förmigem Querschnitt mit $A_{Gurt}/A_{Steg} > 0{,}6$	$\tau_m = \left\lvert \frac{V_z}{A_{Steg}} \right\rvert$ (3-28) $A_{Steg} = (h - t) \cdot s$	
Vergleichsspannung	für gleichzeitige Wirkung mehrerer Spannungen	(3-29) $\sigma_V = \sqrt{\sigma_x^2 + \sigma_y^2 + \sigma_z^2 - \sigma_x \cdot \sigma_y - \sigma_x \cdot \sigma_z - \sigma_y \cdot \sigma_z + 3 \cdot (\tau_{xy}^2 + \tau_{xz}^2 + \tau_{yz}^2)}$	$\frac{\sigma_V}{\sigma_{R,d}} \le 1$
	Doppeltsymmetrische I-Profile bei Beanspruchung mit: N, M_y, V_z	$\sigma_V = \sqrt{\sigma^2 + 3 \cdot \tau^2}$ (3-30) mit: $\sigma = \left\lvert \frac{N}{A} \pm \frac{M_y}{I_y} \cdot \frac{h - t}{2} \right\rvert$ (3-31)	$\frac{\sigma_V}{\sigma_{R,d}} \le 1$

3.2.2 Fortsetzung

	Beanspruchung S_d		Nachweis S_d/R_d
Vergleichsspannung	Alleinige Wirkung von: σ_x und τ oder σ_y und τ	wenn: $\frac{\sigma_d}{\sigma_{R,d}} \leq 0{,}5$ oder $\frac{\tau}{\tau_{R,d}} \leq 0{,}5$	Nachweis nicht erforderlich
	Erlaubnis örtlich begrenzter Plastizierung	wenn: $\left\lvert \frac{N}{A} \pm \frac{M_y}{I_y} \cdot z \right\rvert \leq 0{,}8 \cdot \sigma_{R,d}$ und $\left\lvert \frac{N}{A} \pm \frac{M_z}{I_z} \cdot y \right\rvert \leq 0{,}8 \cdot \sigma_{R,d}$	$\frac{\sigma_V}{\sigma_{R,d}} \leq 1{,}1$
	Der Vergleichsspannungsnachweis ist nicht maßgebend bei: • Einfeldträgern mit Beanspruchung aus Gleichstreckenlast, wenn in Feldmitte $\frac{\sigma_d}{\sigma_{R,d}} \leq 1$ und am Auflager $\frac{\tau_d}{\tau_{R,d}} \leq 1$ ist • Rechteck- oder T-Querschnitten mit Beanspruchungen M_y und V_z, z.B. bei Ausklinkungen in Trägern.		

Erhöhung der Grenzspannungen nach DIN 18800-1/A1

Bei Nachweisen nach dem Verfahren Elastisch-Elastisch dürfen die Beanspruchbarkeiten (Grenzspannungen $\sigma_{R,d}$ und $\tau_{R,d}$) um 10% erhöht werden, wenn folgenden Voraussetzungen erfüllt sind:

- Die Erlaubnis örtlich begrenzter Plastizierung wird nicht in Anspruch genommen.
- Es sind keine Nachweise nach DIN 18800 Teil 2 erforderlich.

Die Grenzwerte für (b/t)- und (d/t)-Verhältnisse sind eingehalten, d.h. es sind keine Beulnachweise nach DIN 18800 Teil 3 und DIN 18800 Teil 4 erforderlich.

3.2.3 Nachweise nach den Verfahren Elastisch-Plastisch; Plastisch-Plastisch

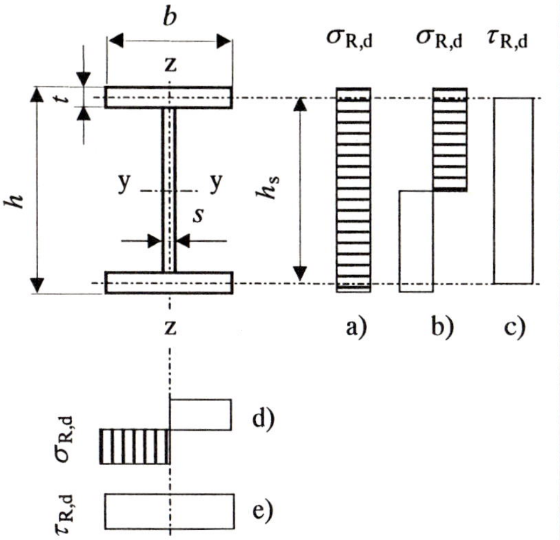

a)	$N_{pl,d} = \sigma_{R,d} \cdot A$	(3-32)
b)	$M_{pl,y,d} = \sigma_{R,d} \cdot 2 \cdot S_y$	(3-33)
c)	$V_{pl,z,d} = \tau_{R,d} \cdot h_s \cdot s$	(3-34)
d)	$M_{pl,y,z} = \sigma_{R,d} \cdot 2 \cdot S_z$	3-35)
e)	$V_{pl,y,d} = \tau_{R,d} \cdot 2 \cdot b \cdot t$	(3-36)

Bild 3-7 Schnittgrößen im vollplastischen Zustand

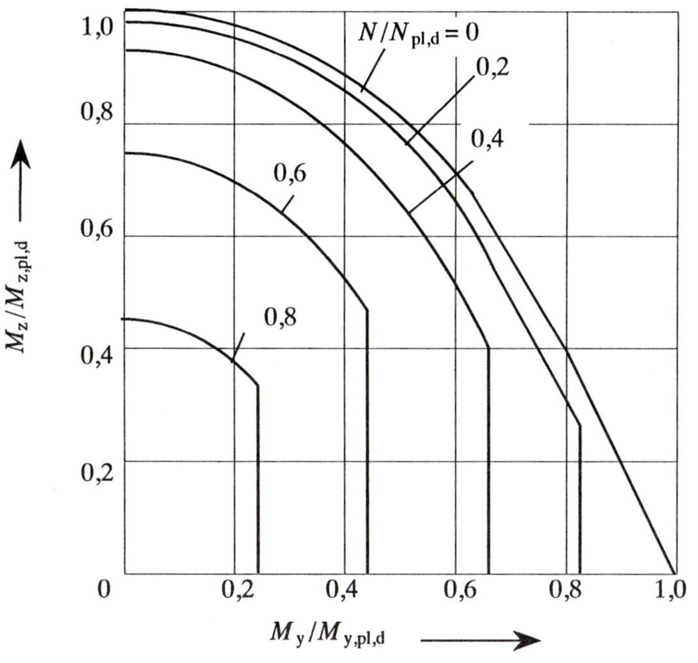

Bild 3-8 Interaktion für die Normalkraft N und die Biegemomente M_y und M_z

Tabelle 3.3 Vereinfachte Tragsicherheitsnachweise für doppeltsymmetrische I-Querschnitte

Interaktion N, M_y, V_z

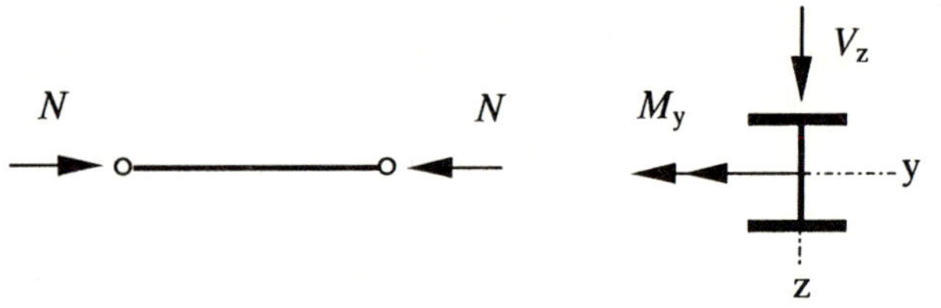

Gültigkeitsbereich: Normalkraft	Gültigkeitsbereich: Querkraft	Nachweis	
$\frac{N}{N_{pl,d}} \le 0{,}1$	$\frac{V}{V_{pl,d}} \le 0{,}33$	$\frac{M}{M_{pl,d}} \le 1$	(3-37)
	$0{,}33 < \frac{V}{V_{pl,d}} \le 0{,}9$	$0{,}88\frac{M}{M_{pl,d}} + 0{,}37\frac{V}{V_{pl,d}} \le 1$	(3-38)
$0{,}1 < \frac{N}{N_{pl,d}} \le 1$	$\frac{V}{V_{pl,d}} \le 0{,}33$	$0{,}9\frac{M}{M_{pl,d}} + \frac{N}{N_{pl,d}} \le 1$	(3-39)
	$0{,}33 < \frac{V}{V_{pl,d}} \le 0{,}9$	$0{,}8\frac{M}{M_{pl,d}} + 0{,}89\frac{N}{N_{pl,d}} + 0{,}33\frac{V}{V_{pl,d}} \le 1$	(3-40)

Interaktion N, M_z, V_y

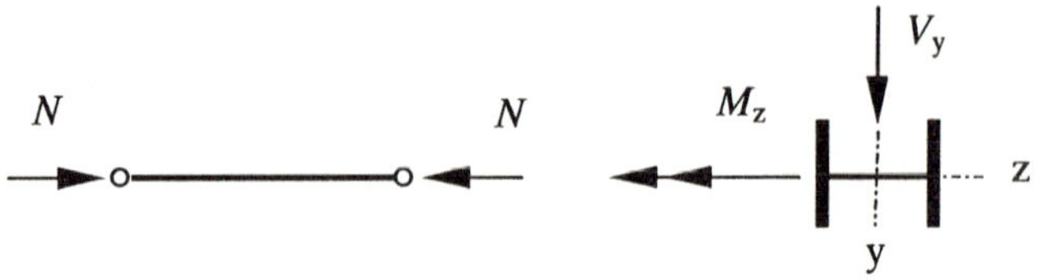

Gültigkeitsbereich: Normalkraft	Gültigkeitsbereich: Querkraft	Nachweis	
$\frac{N}{N_{pl,d}} \le 0{,}3$	$\frac{V}{V_{pl,d}} \le 0{,}25$	$\frac{M}{M_{pl,d}} \le 1$	
	$0{,}25 < \frac{V}{V_{pl,d}} \le 0{,}9$	$0{,}95\frac{M}{M_{pl,d}} + 0{,}82\left(\frac{V}{V_{pl,d}}\right)^2 \le 1$	(3-41)
$0{,}3 < \frac{N}{N_{pl,d}} \le 1$	$\frac{V}{V_{pl,d}} \le 0{,}25$	$0{,}91\frac{M}{M_{pl,d}} + \left(\frac{N}{N_{pl,d}}\right)^2 \le 1$	(3-42)
	$0{,}25 < \frac{V}{V_{pl,d}} \le 0{,}9$	$0{,}87\frac{M}{M_{pl,d}} + 0{,}95\left(\frac{N}{N_{pl,d}}\right)^2 + 0{,}75\left(\frac{V}{V_{pl,d}}\right)^2$	(3-43)

Tabelle 3.3 Fortsetzung

Interaktion N, M_y, V_z, M_z, V_y

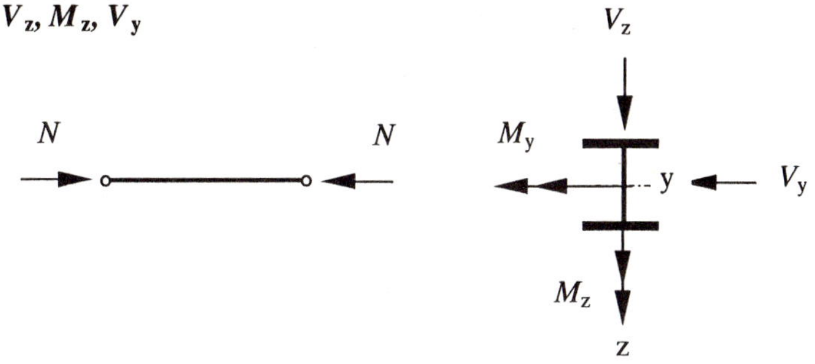

Hilfsgrößen	$$M_y^* = \left[1 - \left(\frac{N}{N_{pl,d}}\right)^{1,2}\right] \cdot M_{pl,y,d} \qquad (3\text{-}44)$$
	$$c_1 = \left(\frac{N}{N_{pl,d}}\right)^{2,6} \qquad (3\text{-}45)$$
	$$c_2 = (1 - c_1)^{-N_{pl,d}/N} \qquad (3\text{-}46)$$
	$$\frac{M_z^*}{M_{pl,z,d}} = 1 - c_1 - c_2 \cdot \left(\frac{M_y^*}{M_{pl,y,d}}\right)^{2,3} \qquad (3\text{-}47)$$
Gültigkeitsbereich:	$V_{z,d} \leq 0{,}33 \cdot V_{pl,z,d}$ und $V_{y,d} \leq 0{,}25 \cdot V_{pl,y,d}$
	Nachweis
$M_y \leq M_y^*$	$$\frac{M_z}{M_{pl,z,d}} + c_1 + c_2\left(\frac{M_y}{M_{pl,y,d}}\right)^{2,3} \leq 1 \qquad (3\text{-}48)$$
$M_y > M_y^*$	$$\frac{1}{40}\left(\frac{M_z}{M_{pl,z,d}} - \frac{M_z^*}{M_{pl,z,d}}\right) + \left(\frac{N}{N_{pl,d}}\right)^{1,2} + \frac{M_y}{M_{pl,y,d}} \leq 1 \qquad (3\text{-}49)$$

3.2.4 Nachweis ausreichender Bauteildicke

Grenzwerte grenz(*b*/*t*) und grenz(*d*/*t*) von Querschnittsteilen

Die Einhaltung der Grenzwerte *grenz(b/t)* und *grenz(d/t)* gewährleistet das volle Mitwirken der Querschnittsteile unter Druckbeanspruchungen. Eine Beulgefährdung ist nicht vorhanden, der Beulsicherheitsnachweis nach DIN 18800 Teil 3 ist nicht erforderlich.

Wird beim Nachweisverfahren Elastisch-Elastisch eine örtlich begrenzte Plastizierung zugelassen, so sind Werte *grenz(b/t)* bzw. *grenz(d/t)* nach dem Verfahren Elastisch-Plastisch einzuhalten.

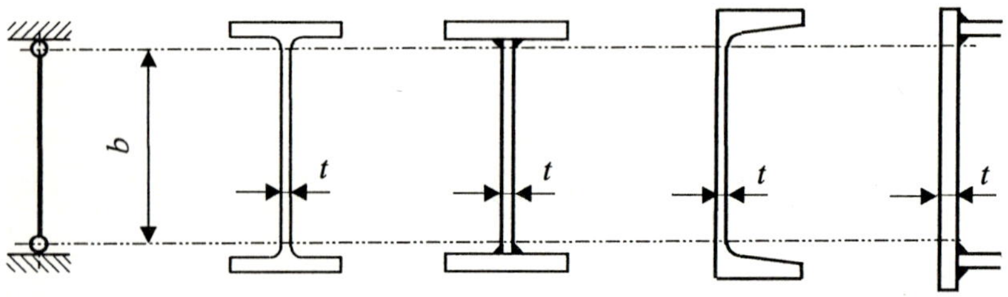

Bild 3-9 Beidseitig gelagerte Plattenstreifen

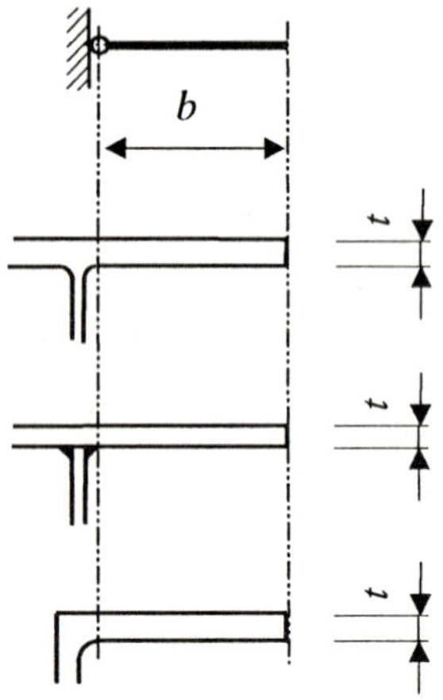

Bild 3-10 Einseitig gelagerte Plattenstreifen

Nachweisformat

Nachweis
$\frac{vorh(b/t)}{grenz(b/t)} \leq 1$

Tabelle 3.4 Grenzwerte (b/t) für beidseitig gelagerte Plattenstreifen

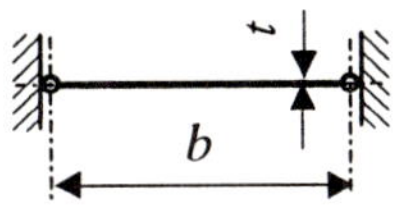

σ_1 = Größtwert der Druckspannungen σ_x in N/mm²

$\psi = \dfrac{\sigma_2}{\sigma_1}$

Verfahren	Randspannungen	Allgemein mit Beulwerten k_σ			
Elastisch-Elastisch	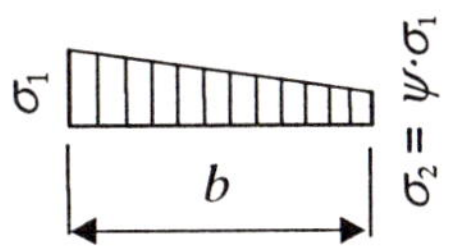	$0 < \psi \le 1$ $grenz(b/t) = 420{,}4 \cdot (1 - 0{,}278\psi - 0{,}025\psi^2) \cdot \sqrt{\dfrac{k_\sigma}{\sigma_1 \cdot \gamma_M}}$ $0 < \psi < 1 \Rightarrow k_\sigma = \dfrac{8{,}2}{\psi + 1{,}05}$			(3-50)
	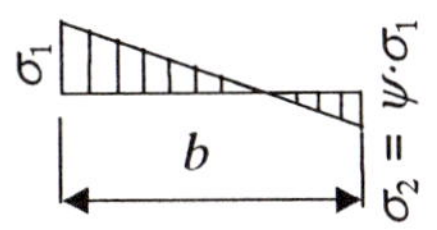	$\psi \le 0$	$grenz(b/t) = 420{,}4 \cdot \sqrt{\dfrac{k_\sigma}{\sigma_1 \cdot \gamma_M}}$ $\psi = 0 \Rightarrow k_\sigma = 7{,}81$ $0 > \psi > -1 \Rightarrow k_\sigma = 7{,}81 - 6{,}29\,\psi + 9{,}78\,\psi^2$		(3-51)
		Sonderfälle			
		$\psi = 0$	$grenz(b/t) = 75{,}8 \cdot \sqrt{\dfrac{240}{\sigma_1 \cdot \gamma_M}}$		(3-52)
	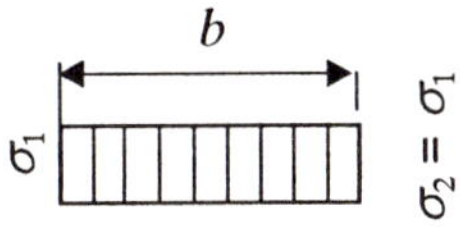	$\psi = 1$	$M = 0$ $N \ne 0$	$grenz(b/t) = 37{,}8 \cdot \sqrt{\dfrac{240}{\sigma_1 \cdot \gamma_M}}$	(3-53)
	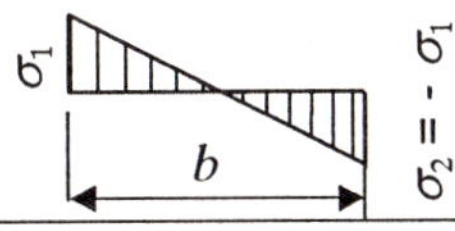	$\psi = -1$	$M \ne 0$ $N = 0$	$grenz(b/t) = 133 \cdot \sqrt{\dfrac{240}{\sigma_1 \cdot \gamma_M}}$	(3-54)
Elast.-Plast.	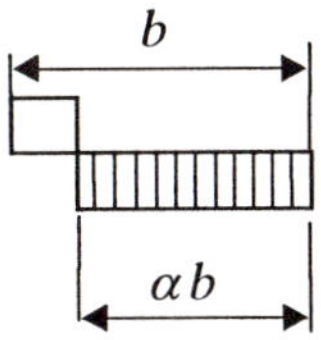	$grenz(b/t) = \dfrac{37}{\alpha} \cdot \sqrt{\dfrac{240}{f_{y,k}}}$			(3-55)
Plast.-Plast.	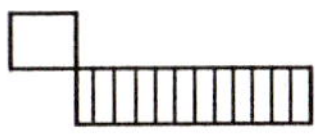	$grenz(b/t) = \dfrac{32}{\alpha} \cdot \sqrt{\dfrac{240}{f_{y,k}}}$			(3-56)

Tabelle 3.5 Grenzwerte (b/t) für einseitig gelagerte Plattenstreifen

σ_1 = Größtwert der Druckspannungen σ_x in N/mm²; $\psi = \dfrac{\sigma_2}{\sigma_1}$

Verfahren	Randspannungen		Allgemein mit Beulwerten k_σ		
Elastisch-Elastisch			$grenz(b/t) = 305 \cdot \sqrt{\dfrac{k_\sigma}{\sigma_1 \cdot \gamma_M}}$		(3-57)
Elastisch-Elastisch	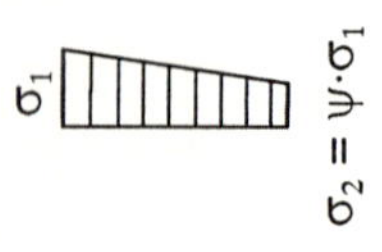		$\psi = 0$ $0 < \psi < 1$ $-1 < \psi < 0$	$k_\sigma = 1{,}70$ $k_\sigma = 0{,}578/(\psi + 0{,}34)$ $k_\sigma = 1{,}70 - 5 \cdot \psi + 17{,}1 \cdot \psi^2$	
Elastisch-Elastisch	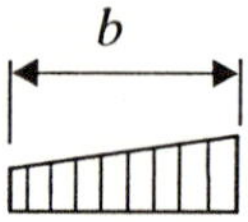		$0 < \psi < 1$ $\psi = 0$ $-1 < \psi < 0$	$k_\sigma = 0{,}57 - 0{,}21 \cdot \psi + 0{,}07 \cdot \psi^2$ $k_\sigma = 0{,}57$ $k_\sigma = 0{,}57 - 0{,}21 \cdot \psi + 0{,}07 \cdot \psi^2$	
Elastisch-Elastisch	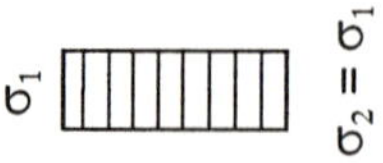	Sonderfälle	$\psi = 1$	$grenz(b/t) = 12{,}9 \cdot \sqrt{\dfrac{240}{\sigma_1 \cdot \gamma_M}}$	(3-58)
Elastisch-Elastisch	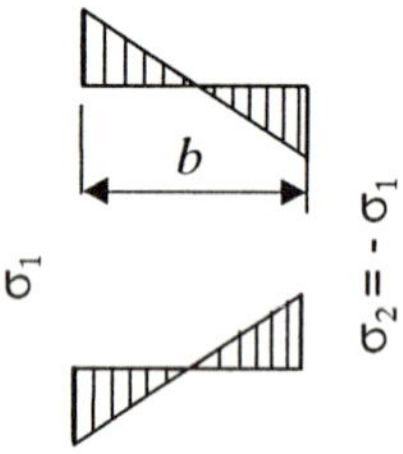	Sonderfälle	$\psi = -1$	$grenz(b/t) = 96{,}1 \cdot \sqrt{\dfrac{240}{\sigma_1 \cdot \gamma_M}}$	(3-59)
Elastisch-Elastisch		Sonderfälle	$\psi = -1$	$grenz(b/t) = 18{,}2 \cdot \sqrt{\dfrac{240}{\sigma_1 \cdot \gamma_M}}$	(3-60)
Elastisch.-Plastisch	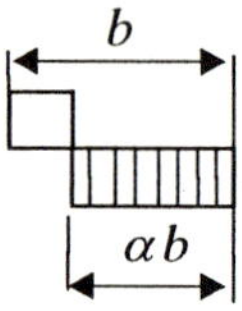		$grenz(b/t) = \dfrac{11}{\alpha \cdot \sqrt{\alpha}} \cdot \sqrt{\dfrac{240}{f_{y,k}}}$		(3-61)
Elastisch.-Plastisch	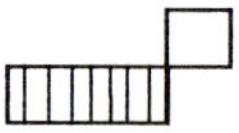		$grenz(b/t) = \dfrac{11}{\alpha} \cdot \sqrt{\dfrac{240}{f_{y,k}}}$		(3-62)
Plastisch-Plastisch	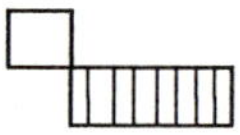		$grenz(b/t) = \dfrac{9}{\alpha \cdot \sqrt{\alpha}} \cdot \sqrt{\dfrac{240}{f_{y,k}}}$		(3-63)
Plastisch-Plastisch	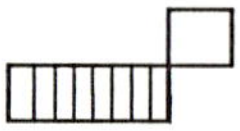		$grenz(b/t) = \dfrac{9}{\alpha} \cdot \sqrt{\dfrac{240}{f_{y,k}}}$		(3-64)

Tabelle 3.6 Grenzwerte (d/t) für Kreiszylinder für volles Mittragen unter Druckspannungen

Verfahren	
Elastisch - Elastisch 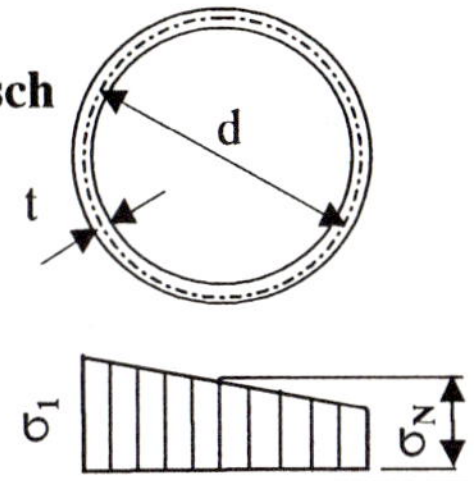	$$grenz(d/t) = \left(90 - 20\frac{\sigma_N}{\sigma_1}\right) \cdot \frac{240}{\sigma_1 \cdot \gamma_M}$$ (3-65)
Elastisch - Plastisch	$$grenz(d/t) = 70 \cdot \frac{240}{f_{y,k}}$$ (3-66)
Plastisch - Plastisch	$$grenz(d/t) = 50 \cdot \frac{240}{f_{y,k}}$$ (3-67)

Tabelle 3.7 Grenzwerte (b/t) für beidseitig gelagerte Streifen mit $\sigma_1 \cdot \gamma_M = f_{y,k}$ und $\alpha = 1$

System	Stahl	Verfahren				
		Elastisch-Elastisch			Elastisch-Plastisch	Plastisch-Plastisch
		Randspannungsverhältnis				
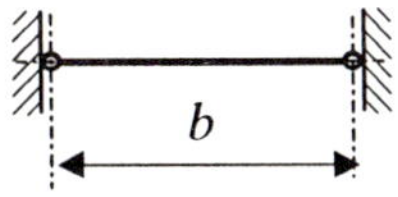		$\psi = 1$	$\psi = 0$	$\psi = -1$		
	S 235	37,8	74	133	37	32
	S 355	30,9	60,4	109	30,2	26,1

Tabelle 3.8 Grenzwerte (b/t) für einseitig gelagerte Streifen mit $\sigma_1 \cdot \gamma_M = f_{y,k}$ und $\alpha = 1$

System	Stahl	Verfahren				
		Elastisch-Elastisch			Elastisch-Plastisch	Plastisch-Plastisch
		Randspannungsverhältnis				
		$\psi = 1$	$\psi = 0$	$\psi = -1$		
		Größte Druckspannung am gelagerten Rand				
	S 235	12,9	25,7	96,1	11	9
	S 355	10,5	21,1	78,8	9	7,4
		Größte Druckspannung am freien Rand				
	S 235	12,9	14,9	18,2	11	9
	S 355	10,5	12,2	14,9	9	7,4

3.2.5 Werte vorh(*b*/*t*)

Genormte Walzprofile mit I-Querschnitt

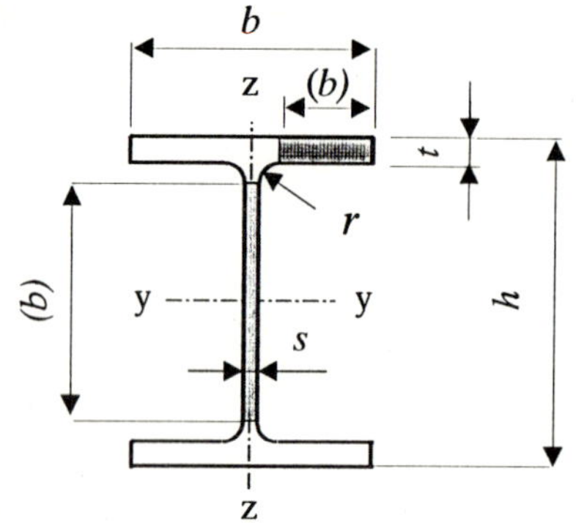

Steg	$vorh(b/t) = \frac{h - 2 \cdot r - 2 \cdot t}{s}$	(3-68)
Flansch	$vorh(b/t) = \frac{b - s - 2 \cdot r}{2 \cdot t}$	(3-69)

Tabelle 3.9 *vorh*(*b*/*t*) für warmgewalzte I-Profile

Nenn-höhe	I		IPE		IPBl = HE-A		IPB = HE-B		IPBv = HE-M	
	Steg	Flansch	Steg	Flansch	Steg	Flansch	Steg	Flansch	Steg	Flansch
80	15,1	2,57	15,7	3,1	-	-	-	-	-	-
100	16,7	2,68	18,2	3,2	11,2	4,4	9,3	3,5	4,7	1,8
120	18,0	2,77	21,2	3,6	14,8	5,7	11,4	4,1	5,9	2,1
140	19,1	2,84	23,9	3,9	16,7	6,5	13,1	4,5	7,1	2,5
160	19,8	2,90	25,4	4,0	17,3	6,9	13,0	4,7	7,4	2,7
180	20,6	2,95	27,5	4,2	20,3	7,6	14,4	5,1	8,4	2,9
200	21,2	2,99	28,4	4,1	20,6	7,9	14,9	5,2	8,9	3,1
220	2,17	3,02	30,1	4,4	21,7	8,0	16,0	5,5	9,8	3,4
240	22,1	3,05	30,7	4,3	21,9	7,9	16,4	5,5	9,1	2,9
260	22,1	3,01	-	-	23,6	8,2	17,7	5,8	9,8	3,1
270	-	-	33,3	4,8	-	-	-	-	-	-
280	22,3	2,92	-	-	24,5	8,6	18,7	6,2	10,6	3,4
300	22,3	2,86	35,0	5,3	24,5	8,5	18,9	6,2	9,9	3,0
320	22,4	2,79	-	-	25,0	7,6	19,6	5,7	10,7	2,9
330	-	-	36,1	5,1	-	-	-	-	-	-
340	22,5	2,74	-	-	25,6	7,2	20,3	5,4	11,6	2,9
360	22,3	2,67	37,3	5,0	26,1	6,7	20,9	5,2	12,4	2,9
400	22,4	2,59	38,5	4,8	27,1	6,2	22,1	4,8	14,2	2,9
450	22,4	2,50	40,3	4,7	29,9	5,6	24,6	4,5	16,4	2,9
500	22,4	2,43	41,8	4,6	32,5	5,1	26,9	4,1	18,6	2,9
550	23,4	2,38	42,1	4,4	35,0	4,9	29,2	4,0	20,9	2,9
600	-	-	42,8	4,2	37,4	4,7	31,4	3,8	23,1	2,9
650	-	-	-	-	39,6	4,5	33,4	3,7	25,4	2,9
700	-	-	-	-	40,1	4,3	34,2	3,6	27,7	2,9
800	-	-	-	-	44,9	4,0	38,5	3,4	32,1	2,8
900	-	-	-	-	48,1	3,7	41,6	3,2	36,7	2,8
1000	-	-	-	-	52,6	3,6	45,7	3,1	41,3	2,8

Tabelle 3.10 Verhältnis *vorh(b/t)* für Plattenstreifen 100 – 2000 mm

Breite b mm	Dicke t in mm										
	10	**12**	**15**	**20**	**25**	**30**	**35**	**40**	**45**	**50**	**60**
100	10	8,3	6,7	5,0	4,0	3,3	2,9	2,5	2,2	2,0	1,7
110	11	9,2	7,3	5,5	4,4	3,7	3,1	2,8	2,4	2,2	1,8
120	12	10,0	8,0	6,0	4,8	4,0	3,4	3,0	2,7	2,4	2,0
130	13	10,8	8,7	6,5	5,2	4,3	3,7	3,3	2,9	2,6	2,2
140	14	11,7	9,3	7,0	5,6	4,7	4,0	3,5	3,1	2,8	2,3
150	15	12,5	10,0	7,5	6,0	5,0	4,3	3,8	3,3	3,0	2,5
160	16	13,3	10,7	8,0	6,4	5,3	4,6	4,0	3,6	3,2	2,7
170	17	14,2	11,3	8,5	6,8	5,7	4,9	4,3	3,8	3,4	2,8
180	18	15,0	12,0	9,0	7,2	6,0	5,1	4,5	4,0	3,6	3,0
190	19	15,8	12,7	9,5	7,6	6,3	5,4	4,8	4,2	3,8	3,2
200	20	16,7	13,3	10,0	8,0	6,7	5,7	5,0	4,4	4,0	3,3
210	21	17,5	14,0	10,5	8,4	7,0	6,0	5,3	4,7	4,2	3,5
220	22	18,3	14,7	11,0	8,8	7,3	6,3	5,5	4,9	4,4	3,7
230	23	19,2	15,3	11,5	9,2	7,7	6,6	5,8	5,1	4,6	3,8
240	24	20,0	16,0	12,0	9,6	8,0	6,9	6,0	5,3	4,8	4,0
250	25	20,8	16,7	12,5	10,0	8,3	7,1	6,3	5,6	5,0	4,2
260	26	21,7	17,3	13,0	10,4	8,7	7,4	6,5	5,8	5,2	4,3
270	27	22,5	18,0	13,5	10,8	9,0	7,7	6,8	6,0	5,4	4,5
280	28	23,3	18,7	14,0	11,2	9,3	8,0	7,0	6,2	5,6	4,7
290	29	24,2	19,3	14,5	11,6	9,7	8,3	7,3	6,4	5,8	4,8
300	30	25,0	20,0	15,0	12,0	10,0	8,6	7,5	6,7	6,0	5,0
310	31	25,8	20,7	15,5	12,4	10,3	8,9	7,8	6,9	6,2	5,2
320	32	26,7	21,3	16,0	12,8	10,7	9,1	8,0	7,1	6,4	5,3
330	33	27,5	22,0	16,5	13,2	11,0	9,4	8,3	7,3	6,6	5,5
340	34	28,3	22,7	17,0	13,6	11,3	9,7	8,5	7,6	6,8	5,7
350	35	29,2	23,3	17,5	14,0	11,7	10,0	8,8	7,8	7,0	5,8
360	36	30,0	24,0	18,0	14,4	12,0	10,3	9,0	8,0	7,2	6,0
370	37	30,8	24,7	18,5	14,8	12,3	10,6	9,3	8,2	7,4	6,2
380	38	31,7	25,3	19,0	15,2	12,7	10,9	9,5	8,4	7,6	6,3
390	39	32,5	26,0	19,5	15,6	13,0	11,1	9,8	8,7	7,8	6,5
400	40	33,3	26,7	20,0	16,0	13,3	11,4	10,0	8,9	8,0	6,7
410	41	34,2	27,3	20,5	16,4	13,7	11,7	10,3	9,1	8,2	6,8
420	42	35,0	28,0	21,0	16,8	14,0	12,0	10,5	9,3	8,4	7,0
430	43	35,8	28,7	21,5	17,2	14,3	12,3	10,8	9,6	8,6	7,2
440	44	36,7	29,3	22,0	17,6	14,7	12,6	11,0	9,8	8,8	7,3
450	45	37,5	30,0	22,5	18,0	15,0	12,9	11,3	10,0	9,0	7,5
460	46	38,3	30,7	23,0	18,4	15,3	13,1	11,5	10,2	9,2	7,7
470	47	39,2	31,3	23,5	18,8	15,7	13,4	11,8	10,4	9,4	7,8
480	48	40,0	32,0	24,0	19,2	16,0	13,7	12,0	10,7	9,6	8,0
490	49	40,8	32,7	24,5	19,6	16,3	14,0	12,3	10,9	9,8	8,2

Tabelle 3.10 Fortsetzung

Breite *b* mm	Dicke *t* in mm										
	10	**12**	**15**	**20**	**25**	**30**	**35**	**40**	**45**	**50**	**60**
500	50	41,7	33,3	25,0	20,0	16,7	14,3	12,5	11,1	10,0	8,3
510	51	42,5	34,0	25,5	20,4	17,0	14,6	12,8	11,3	10,2	8,5
520	52	43,3	34,7	26,0	20,8	17,3	14,9	13,0	11,6	10,4	8,7
530	53	44,2	35,3	26,5	21,2	17,7	15,1	13,3	11,8	10,6	8,8
540	54	45,0	36,0	27,0	21,6	18,0	15,4	13,5	12,0	10,8	9,0
550	55	45,8	36,7	27,5	22,0	18,3	15,7	13,8	12,2	11,0	9,2
560	56	46,7	37,3	28,0	22,4	18,7	16,0	14,0	12,4	11,2	9,3
570	57	47,5	38,0	28,5	22,8	19,0	16,3	14,3	12,7	11,4	9,5
580	58	48,3	38,7	29,0	23,2	19,3	16,6	14,5	12,9	11,6	9,7
590	59	49,2	39,3	29,5	23,6	19,7	16,9	14,8	13,1	11,8	9,8
600	60	50,0	40,0	30,0	24,0	20,0	17,1	15,0	13,3	12,0	10,0
610	61	50,8	40,7	30,5	24,4	20,3	17,4	15,3	13,6	12,2	10,2
620	62	51,7	41,3	31,0	24,8	20,7	17,7	15,5	13,8	12,4	10,3
630	63	52,5	42,0	31,5	25,2	21,0	18,0	15,8	14,0	12,6	10,5
640	64	53,3	42,7	32,0	25,6	21,3	18,3	16,0	14,2	12,8	10,7
650	65	54,2	43,3	32,5	26,0	21,7	18,6	16,3	14,4	13,0	10,8
660	66	55,0	44,0	33,0	26,4	22,0	18,9	16,5	14,7	13,2	11,0
670	67	55,8	44,7	33,5	26,8	22,3	19,1	16,8	14,9	13,4	11,2
680	68	56,7	45,3	34,0	27,2	22,7	19,4	17,0	15,1	13,6	11,3
690	69	57,5	46,0	34,5	27,6	23,0	19,7	17,3	15,3	13,8	11,5
700	70	58,3	46,7	35,0	28,0	23,3	20,0	17,5	15,6	14,0	11,7
710	71	59,2	47,3	35,5	28,4	23,7	20,3	17,8	15,8	14,2	11,8
720	72	60,0	48,0	36,0	28,8	24,0	20,6	18,0	16,0	14,4	12,0
730	73	60,8	48,7	36,5	29,2	24,3	20,9	18,3	16,2	14,6	12,2
740	74	61,7	49,3	37,0	29,6	24,7	21,1	18,5	16,4	14,8	12,3
750	75	62,5	50,0	37,5	30,0	25,0	21,4	18,8	16,7	15,0	12,5
760	76	63,3	50,7	38,0	30,4	25,3	21,7	19,0	16,9	15,2	12,7
770	77	64,2	51,3	38,5	30,8	25,7	22,0	19,3	17,1	15,4	12,8
780	78	65,0	52,0	39,0	31,2	26,0	22,3	19,5	17,3	15,6	13,0
790	79	65,8	52,7	39,5	31,6	26,3	22,6	19,8	17,6	15,8	13,2
800	80	66,7	53,3	40,0	32,0	26,7	22,9	20,0	17,8	16,0	13,3
810	81	67,5	54,0	40,5	32,4	27,0	23,1	20,3	18,0	16,2	13,5
820	82	68,3	54,7	41,0	32,8	27,3	23,4	20,5	18,2	16,4	13,7
830	83	69,2	55,3	41,5	33,2	27,7	23,7	20,8	18,4	16,6	13,8
840	84	70,0	56,0	42,0	33,6	28,0	24,0	21,0	18,7	16,8	14,0
850	85	70,8	56,7	42,5	34,0	28,3	24,3	21,3	18,9	17,0	14,2
860	86	71,7	57,3	43,0	34,4	28,7	24,6	21,5	19,1	17,2	14,3
870	87	72,5	58,0	43,5	34,8	29,0	24,9	21,8	19,3	17,4	14,5
880	88	73,3	58,7	44,0	35,2	29,3	25,1	22,0	19,6	17,6	14,7
890	89	74,2	59,3	44,5	35,6	29,7	25,4	22,3	19,8	17,8	14,8

Tabelle 3.10 Fortsetzung

Breite *b* mm	Dicke *t* in mm										
	10	**12**	**15**	**20**	**25**	**30**	**35**	**40**	**45**	**50**	**60**
900	90	75,0	60,0	45,0	36,0	30,0	25,7	22,5	20,0	18,0	15,0
910	91	75,8	60,7	45,5	36,4	30,3	26,0	22,8	20,2	18,2	15,2
920	92	76,7	61,3	46,0	36,8	30,7	26,3	23,0	20,4	18,4	15,3
930	93	77,5	62,0	46,5	37,2	31,0	26,6	23,3	20,7	18,6	15,5
940	94	78,3	62,7	47,0	37,6	31,3	26,9	23,5	20,9	18,8	15,7
950	95	79,2	63,3	47,5	38,0	31,7	27,1	23,8	21,1	19,0	15,8
960	96	80,0	64,0	48,0	38,4	32,0	27,4	24,0	21,3	19,2	16,0
970	97	80,8	64,7	48,5	38,8	32,3	27,7	24,3	21,6	19,4	16,2
980	98	81,7	65,3	49,0	39,2	32,7	28,0	24,5	21,8	19,6	16,3
990	99	82,5	66,0	49,5	39,6	33,0	28,3	24,8	22,0	19,8	16,5
1000	100	83,3	66,7	50,0	40,0	33,3	28,6	25,0	22,2	20,0	16,7
1010	101	84,2	67,3	50,5	40,4	33,7	28,9	25,3	22,4	20,2	16,8
1020	102	85,0	68,0	51,0	40,8	34,0	29,1	25,5	22,7	20,4	17,0
1030	103	85,8	68,7	51,5	41,2	34,3	29,4	25,8	22,9	20,6	17,2
1040	104	86,7	69,3	52,0	41,6	34,7	29,7	26,0	23,1	20,8	17,3
1050	105	87,5	70,0	52,5	42,0	35,0	30,0	26,3	23,3	21,0	17,5
1060	106	88,3	70,7	53,0	42,4	35,3	30,3	26,5	23,6	21,2	17,7
1070	107	89,2	71,3	53,5	42,8	35,7	30,6	26,8	23,8	21,4	17,8
1080	108	90,0	72,0	54,0	43,2	36,0	30,9	27,0	24,0	21,6	18,0
1090	109	90,8	72,7	54,5	43,6	36,3	31,1	27,3	24,2	21,8	18,2
1100	110	91,7	73,3	55,0	44,0	36,7	31,4	27,5	24,4	22,0	18,3
1120	112	93,3	74,7	56,0	44,8	37,3	32,0	28,0	24,9	22,4	18,7
1140	114	95,0	76,0	57,0	45,6	38,0	32,6	28,5	25,3	22,8	19,0
1160	116	96,7	77,3	58,0	46,4	38,7	33,1	29,0	25,8	23,2	19,3
1180	118	98,3	78,7	59,0	47,2	39,3	33,7	29,5	26,2	23,6	19,7
1200	120	100,0	80,0	60,0	48,0	40,0	34,3	30,0	26,7	24,0	20,0
1250	125	104,2	83,3	62,5	50,0	41,7	35,7	31,3	27,8	25,0	20,8
1300	130	108,3	86,7	65,0	52,0	43,3	37,1	32,5	28,9	26,0	21,7
1350	135	112,5	90,0	67,5	54,0	45,0	38,6	33,8	30,0	27,0	22,5
1400		116,7	93,3	70,0	56,0	46,7	40,0	35,0	31,1	28,0	23,3
1450		120,8	96,7	72,5	58,0	48,3	41,4	36,3	32,2	29,0	24,2
1500		125,0	100,0	75,0	60,0	50,0	42,9	37,5	33,3	30,0	25,0
1550		129,2	103,3	77,5	62,0	51,7	44,3	38,8	34,4	31,0	25,8
1600		133,3	106,7	80,0	64,0	53,3	45,7	40,0	35,6	32,0	26,7
1650			110,0	82,5	66,0	55,0	47,1	41,3	36,7	33,0	27,5
1700			113,3	85,0	68,0	56,7	48,6	42,5	37,8	34,0	28,3
1750			116,7	87,5	70,0	58,3	50,0	43,8	38,9	35,0	29,2
1800			120,0	90,0	72,0	60,0	51,4	45,0	40,0	36,0	30,0
1850			123,3	92,5	74,0	61,7	52,9	46,3	41,1	37,0	30,8
1900			126,7	95,0	76,0	63,3	54,3	47,5	42,2	38,0	31,7
1950			130,0	97,5	78,0	65,0	55,7	48,8	43,3	39,0	32,5
2000			133,3	100,0	80,0	66,7	57,1	50,0	44,4	40,0	33,3

3.3 Stabilitätsnachweise, einteilige Stäbe

3.3.1 Systemgrößen bei Druckbeanspruchung

Knicklänge eines Stabes	$s_K = \beta \cdot l$ $\beta = 2$ | $\beta = 1$ | $\beta = 0{,}7$ | $\beta = 0{,}5$ 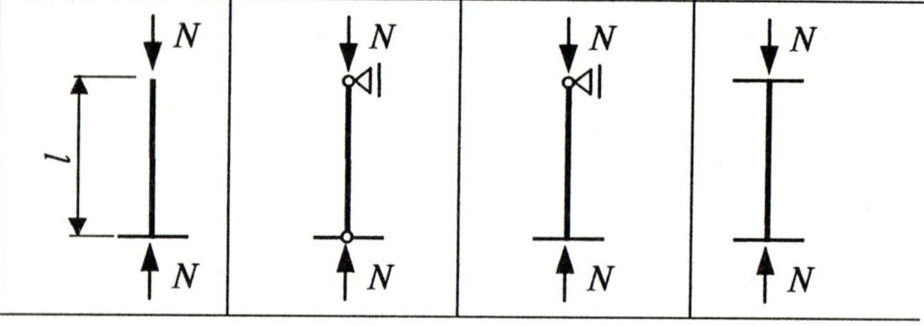	
Schlankheitsgrad	$\lambda_K = \frac{s_K}{i}$	(3-70)
Bezugsschlankheitsgrad	$\lambda_a = \pi \cdot \sqrt{\frac{E}{f_{y,k}}}$ λ_a = 92,9 für Stahl S 235 mit $f_{y,k}$ = 240 N/mm² λ_a = 75,9 für Stahl S 355 mit $f_{y,k}$= 360 N/mm²	(3-71)
Bezogener Schlankheitsgrad bei Druckbeanspruchung	$\bar{\lambda}_K = \frac{\lambda_K}{\lambda_a} = \sqrt{\frac{N_{pl}}{N_{Ki}}}$	(3-72)
Bezogener Schlankheitsgrad bei Biegemomentenbeanspruchung	$\bar{\lambda}_M = \sqrt{\frac{M_{pl,y}}{M_{Ki,y}}}$	(3-73)
Quadrat des Drehradius bei Gabellagerung	$c^2 = \frac{I_\omega + 0{,}039 \cdot l^2 \cdot I_T}{I_z}$ bei Winkeln I_η für I_T	(3-74)
Polarer Trägheitsradius bezogen auf den Schwerpunkt	$i_p = \sqrt{i_y^2 + i_z^2}$	(3-75)
Polarer Trägheitsradius bezogen auf den Schubmittelpunkt	${i_M}^2 = {i_p}^2 + {z_M}^2$ z_M nach Kapitel 3.3.2	(3-76)
Ideeller Vergleichsschlankheitsgrad $M = 0$ $\beta = \beta_0 = 1$	$\lambda_{Vi} = \frac{\beta \cdot l}{i_z} \cdot \sqrt{\frac{c^2 + {i_M}^2}{2 \cdot c^2} \cdot \left[1 + \sqrt{1 - \frac{4 \cdot c^2 \cdot {i_y}^2}{\left(c^2 + {i_M}^2\right)^2}}\right]}$ bei Winkeln i_η für i_z	(3-77)

3.3.1 Fortsetzung

$M=0$ $\beta<1$ und/oder $\beta_0<1$	(3-78) $\lambda_{Vi}=\frac{\beta\cdot l}{i_z}\cdot\sqrt{\frac{c^2+i_M{}^2}{2\cdot c^2}\cdot\left[1+\sqrt{1-\frac{4\cdot c^2\cdot[i_p{}^2+0{,}093\cdot(\beta^2/\beta_0^2-1)]\cdot z_M{}^2}{(c^2+i_M{}^2)^2}}\right]}$ β und β_0 nach Tabelle 3.11

Für einfachsymmetrische Druckstäbe, die in der Symmetrieachse an gegengleichen Hebelarmen a exzentrisch gedrückt werden, gilt:

(3-79)

$$\lambda_{Vi}=\frac{\beta\cdot l}{i_z}\sqrt{\frac{c^2+i_M^2+a\cdot(2z_M-r_y)}{2\cdot c^2}\left[1\pm\sqrt{1-\frac{4\cdot c^2\cdot[i_p^2-(r_y+a)a+0{,}093\cdot(\beta^2/\beta_0^2-1)]\cdot(a+z_M)^2}{[c^2+i_M^2+a\cdot(2z_M-r_y)]^2}}\right]}$$

z_M und r_y sind vorzeichenbehaftet

Bezogener ideeller Schlankheitsgrad	$\bar{\lambda}_{Vi}=\frac{\lambda_{Vi}}{\lambda_a}$	(3-80)
Stabkennzahl	$\varepsilon=l\cdot\sqrt{\frac{N}{(E\cdot I)_d}}$	(3-81)
Verzweigungslastfaktor des Systems	$\eta_{Ki}=\frac{N_{Ki}}{N}$	(3-82)
Normalkraft unter der kleinsten Verzweigungslast nach der Elastizitätstheorie	$N_{Ki}=\frac{\pi^2\cdot E\cdot I}{s_K{}^2}$	(3-83)
Plastisches Widerstandsmoment	$W_{pl}=2\cdot S$	(3-84)
Plastischer Formbeiwert	$\alpha_{pl}=\frac{M_{pl}}{M_{el}}$	(3-85)

Tabelle 3.11 Grad der Biege- und Wölbeinspannung

Einspannwerte für Biegung		Kennwert für Verwölbung	
Gelenkige Lagerung	$\beta=1$	Gabellagerung	$\beta_0=1$
Starre Einspannung	$\beta=0{,}5$	Starre Wölbeinspannung	$\beta_0=0{,}5$
Im Zweifelsfalle setzen: $\beta=\beta_0=1$			

3.3.2 Querschnittswerte für das Biegedrillknicken [9]

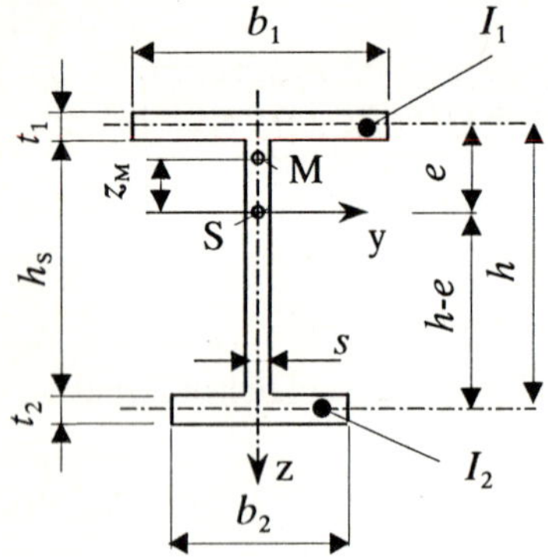

$$e = e_y - \frac{t_1}{2} \quad \text{mit } e_y \text{ nach Kapitel 4.2.3}$$

$$z_M = \frac{I_2}{I_z} \cdot h - e$$

$$I_\omega = \frac{I_1 \cdot I_2}{I_z} \cdot h^2$$

$$I_T = \frac{1}{3} \cdot (b_1 \cdot t_1^3 + b_2 \cdot t_2^3 + h_s \cdot s^3)$$

$$r_y \cdot I_y = -\left\{ -z_M \cdot I_z + b_1 \cdot t_1 \cdot e^3 - b_2 \cdot t_2 \cdot (h-e)^3 + \frac{s}{4}[e^4 - (h-e)^4] \right\}$$

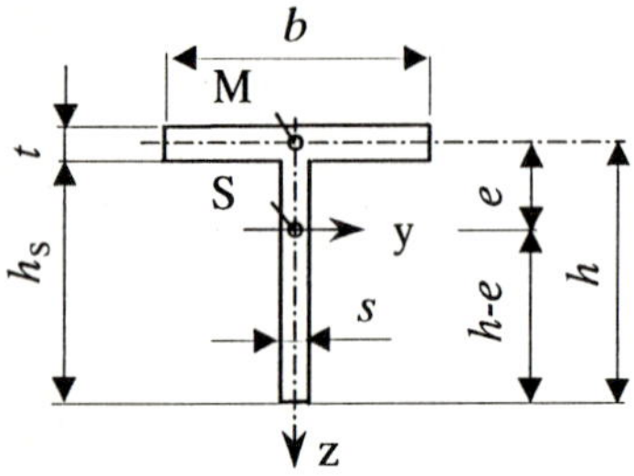

$$z_M = -e$$

$$I_\omega = 0$$

$$I_T = \frac{1}{3} \cdot (b \cdot t^3 + h_s \cdot s^3)$$

$$r_y \cdot I_y = -\left\{ e \cdot I_z + b \cdot t \cdot e^3 + \frac{s}{4}[e^4 - (h-e)^4] \right\}$$

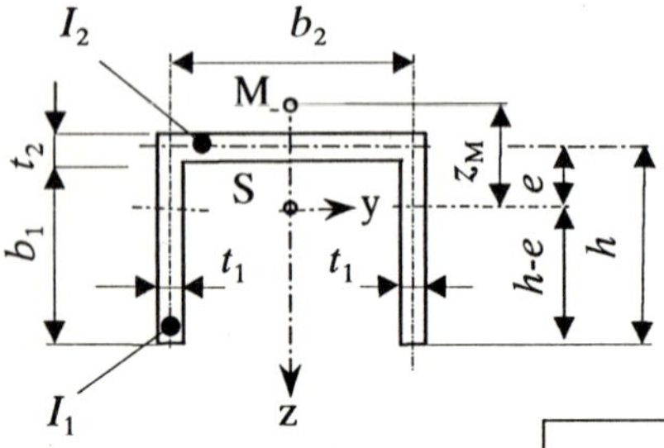

$$z_M = -(e + \frac{I_1}{I_z} \cdot h)$$

$$I_\omega = \frac{I_1^2 + 2 \cdot I_1 \cdot I_2}{I_z} \cdot \frac{h^2}{3}$$

$$I_T = \frac{1}{3} \cdot (2 \cdot b_1 \cdot t_1^3 + b_2 \cdot t_2^3)$$

$$r_y \cdot I_y = -\left\{ e \cdot (b_2 \cdot t_2 \cdot e^2 + I_2) + (2e - h) \cdot I_1 + \frac{t_1}{2}[e^4 - (h-e)^4] \right\}$$

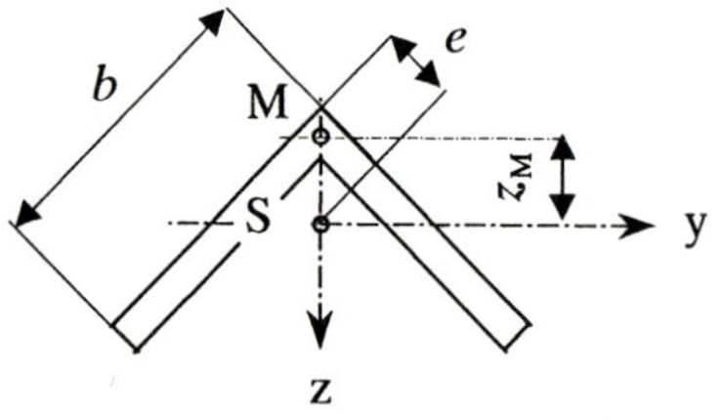

$$z_M = -(e - t/2) \cdot \sqrt{2}$$

$$I_\omega = 0$$

$$I_T = \frac{1}{3} \cdot (2b - t) \cdot t^3)$$

$$r_y = -\frac{b - t/2}{\sqrt{2}}$$

S = Schwerpunkt; M = Schubmittelpunkt

I_1, I_2 = Flächenmomente 2. Grades der Teilflächen bezogen auf die z-Achse

3.3.3 Planmäßig mittiger Druck

Abgrenzungskriterien

- Biegeknicken; der Nachweis darf entfallen, wenn die maßgebenden Biegemomente nach Theorie II. Ordnung nicht größer sind als die 1,1 - fachen maßgebenden Biegemomente nach Theorie I. Ordnung.
- Biegedrillknicken; der Nachweis nach DIN 18800 Teil 2 darf entfallen für:
  - Walzträger mit I-Querschnitt und I-Träger mit ähnlichen Abmessungen
  - Stäbe mit Hohlquerschnitten

Nachweisformat $M = 0;\; N \neq 0$

Biegeknicken	Nachweis	$\dfrac{N}{\kappa \cdot N_{\mathrm{pl,d}}} \le 1$ (3-86)	
	Abminderungsfaktor κ nach den Europäischen Knickspannungslinien	$\bar{\lambda}_{\mathrm{K}}$ nach Formel (3-72) maßgebend ist der größere Wert $\bar{\lambda}_{\mathrm{K,y}}$ oder $\bar{\lambda}_{\mathrm{K,z}}$	
		$\bar{\lambda}_{\mathrm{K}} \le 0{,}2$	$\kappa = 1$
		$\bar{\lambda}_{\mathrm{K}} > 0{,}2$	$\kappa = \dfrac{1}{k + \sqrt{k^2 - \bar{\lambda}_{\mathrm{K}}^2}}$ (3-87) $k = 0{,}5 \cdot \left[1 + \alpha \cdot (\bar{\lambda}_{\mathrm{K}} - 0{,}2) + \bar{\lambda}_{\mathrm{K}}^2\right]$ Parameter α nach Tabelle 3.12
		$\bar{\lambda}_{\mathrm{K}} > 3$	$\kappa = \dfrac{1}{\bar{\lambda}_{\mathrm{K}} \cdot (\bar{\lambda}_{\mathrm{K}} + \alpha)}$ (3-87a)
Biegedrillknicken		$\dfrac{N}{\kappa \cdot N_{\mathrm{pl,d}}} \le$ mit κ nach Formel (3-87); an Stelle von $\bar{\lambda}_{\mathrm{K}}$ ist bei der Berechnung $\bar{\lambda}_{\mathrm{Vi}}$ zu setzen. λ_{Vi} nach Formel (3-78)	

Europäische Knickspannungslinien

Knickspannungslinien; Zuordnung nach Tabelle 3.13 bzw. nach Tabellen 3.14 und 3.15.

Tabelle 3.12 Parameter α zur Berechnung des Abminderungsfaktors κ

Knickspannungslinie	a	b	c	d
α	0,21	0,34	0,49	0,76

Tabelle 3.13 Zuordnung der Querschnitte zu den europäischen Knickspannungslinien

Querschnitt		Ausweichen rechtwinklig zur Achse	Knick-spannungslinie
Hohlprofile 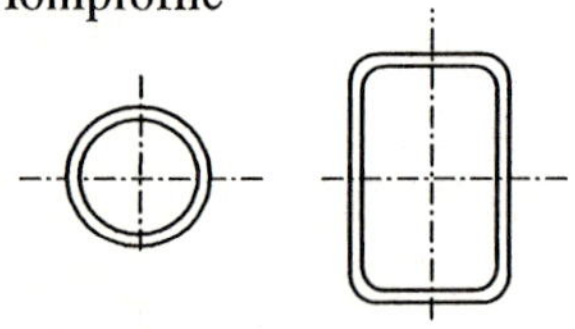	warm gefertigt	y - y z - z	a
	kalt gefertigt	y - y z - z	b
geschweißte Kastenprofile 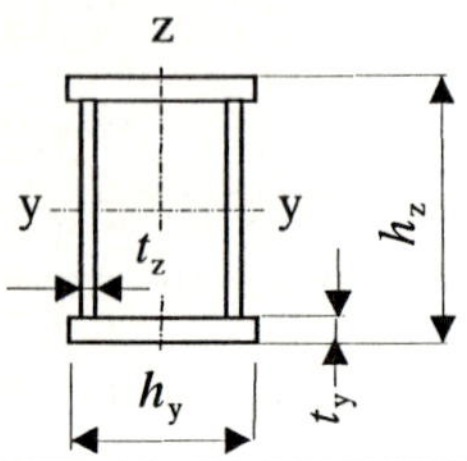 		y - y z - z	b
	Dicke Schweißnaht und $h_y/t_y < 30$ $h_z/t_z < 30$	y - y z - z	c
gewalzte Profile 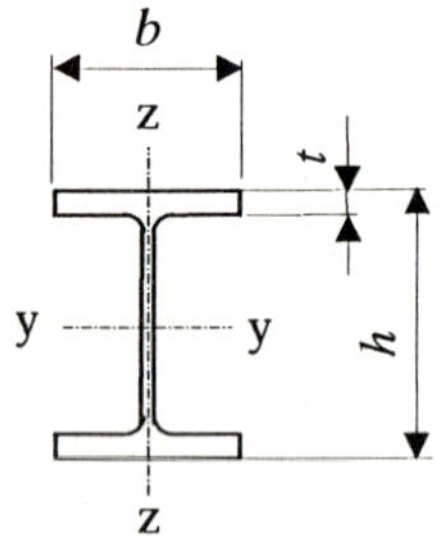 	$h/b > 1{,}2$; $t \le 40$ mm	y - y z - z	a b
	$h/b > 1{,}2$; $40 < t \le 80$ mm $h/b \le 1{,}2$; $t \le 80$ mm	y - y z - z	b c
	$t > 80$ mm	y - y z - z	d d
geschweißte Querschnitte 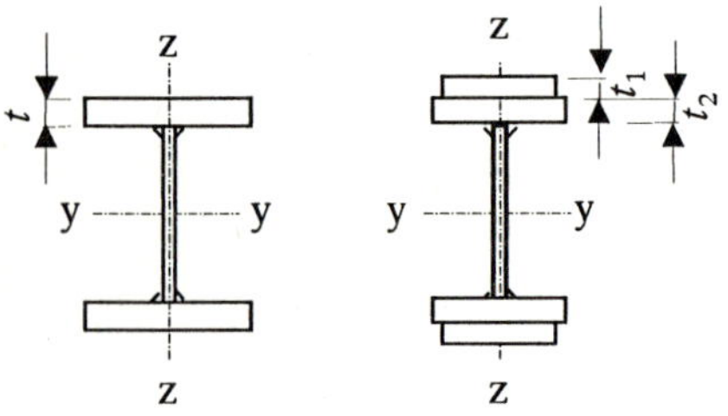 	$t_i \le 40$ mm	y - y z - z	b c
	$t_i > 40$ mm	y - y z - z	c d
U-, L- und Vollquerschnitte 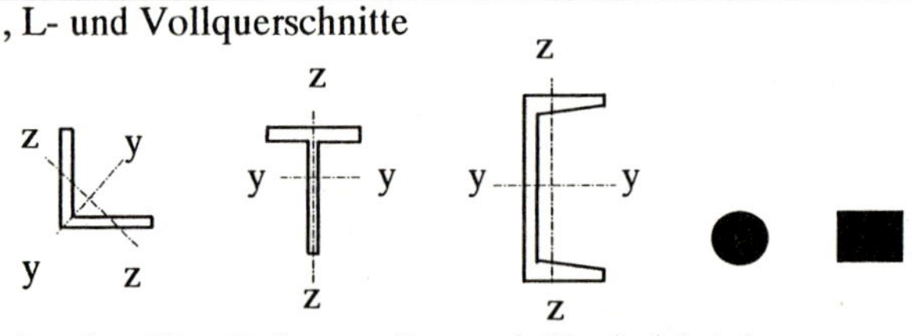 Und mehrteilige Rahmenstäbe nach Kapitel 3.4.6		y - y z - z	c

Zuordnung von genormten Walzprofilen zu den Knickspannungslinien (KSL)

Tabelle 3.14 Knickspannungslinien für warmgewalzte I-Träger

Nenn-höhe	I		IPE		IPBl = HE-A		IPB = HE-B		IPBv = HE-M	
	KSL	KSL	KSL	KSL	KSL	KSL	KSL	KSL	KSL	KSL
	⊥ y-y	⊥ z-z	⊥ y-y	⊥ z-z	⊥ y-y	⊥ z-z	⊥ y-y	⊥ z-z	⊥ y-y	⊥ z-z
80	a	b	a	b	-	-	-	-	-	-
100	a	b	a	b	b	c	b	c	b	c
120	a	b	a	b	b	c	b	c	b	c
140	a	b	a	b	b	c	b	c	b	c
160	a	b	a	b	b	c	b	c	b	c
180	a	b	a	b	b	c	b	c	b	c
200	a	b	a	b	b	c	b	c	b	c
220	a	b	a	b	b	c	b	c	b	c
240	a	b	a	b	b	c	b	c	b	c
260	a	b	-	-	b	c	b	c	b	c
270	-	-	a	b	-	-	-	-	-	-
280	a	b	a	b	b	c	b	c	b	c
300	a	b	a	b	b	c	b	c	b	c
320	a	b	-	-	b	c	b	c	b	c
330	-	-	a	b	-	-	-	-	-	-
340	a	b	-	-	b	c	b	c	a	b
360	a	b	a	b	b	c	b	c	a	b
400	a	b	a	b	a	b	a	b	a	b
450	a	b	a	b	a	b	a	b	a	b
500	a	b	a	b	a	b	a	b	a	b
550	a	b	a	b	a	b	a	b	a	b
600	-	-	a	b	a	b	a	b	a	b
650	-	-	-	-	a	b	a	b	a	b
700	-	-	-	-	a	b	a	b	a	b
800	-	-	-	-	a	b	a	b	a	b
900	-	-	-	-	a	b	a	b	a	b
1000	-	-	-	-	a	b	a	b	a	b

Tabelle 3.15 Knickspannungslinien für diverse warmgewalzte Profile

Profil	⊥ y - y	⊥ z - z
	KSL	KSL
U-Stahl	c	c
L-Stahl	c	c
T-Stahl	c	c

Abminderungsfaktoren

Biegeknicken: für $\bar{\lambda}_K \leq 0{,}2 \Rightarrow \kappa = 1$

Werte in Tabelle 3.16 für $\bar{\lambda}_K > 0{,}2 \leq 3{,}0 \Rightarrow \kappa$ nach Formel (3-87)

$\bar{\lambda}_K > 3{,}0 \Rightarrow \kappa$ nach Formel (3-87a)

Biegedrillknicken: $\bar{\lambda}_M \leq 0{,}4 \Rightarrow \kappa_M = 1$

Werte in Tabelle 3.17 für $\bar{\lambda}_M > 0{,}4 \Rightarrow \kappa_M$ nach Formel (3-101) mit Trägerbeiwert n nach Tabelle 3.25

Tabelle 3.16 Werte der Abminderungsfaktoren für den Biegeknicknachweis: κ

$\bar{\lambda}_K$	κ für Knickspannungslinie				$\bar{\lambda}_K$	κ für Knickspannungslinie			
	a $\alpha = 0{,}21$	b $\alpha = 0{,}34$	c $\alpha = 0{,}49$	d $\alpha = 0{,}76$		a	b	c	d
≤ 0,20	1	1	1	1	**0,76**	0,818	0,749	0,687	0,605
0,22	0,996	0,993	0,990	0,984	**0,78**	0,807	0,737	0,675	0,592
0,24	0,991	0,986	0,980	0,969	**0,80**	0,796	0,724	0,662	0,580
0,26	0,987	0,979	0,969	0,954	**0,82**	0,784	0,712	0,650	0,568
0,28	0,982	0,971	0,959	0,938	**0,84**	0,772	0,699	0,637	0,556
0,30	0,977	0,964	0,949	0,923	**0,86**	0,760	0,687	0,625	0,544
0,32	0,973	0,957	0,939	0,909	**0,88**	0,747	0,674	0,612	0,532
0,34	0,968	0,949	0,929	0,894	**0,90**	0,734	0,661	0,600	0,521
0,36	0,963	0,942	0,918	0,879	**0,92**	0,721	0,648	0,588	0,510
0,38	0,958	0,934	0,908	0,865	**0,94**	0,707	0,635	0,575	0,499
0,40	0,953	0,926	0,897	0,850	**0,96**	0,693	0,623	0,563	0,488
0,42	0,947	0,918	0,887	0,836	**0,98**	0,680	0,610	0,552	0,477
0,44	0,942	0,910	0,876	0,822	**1,00**	0,666	0,597	0,540	0,467
0,46	0,936	0,902	0,865	0,808	**1,02**	0,652	0,584	0,528	0,457
0,48	0,930	0,893	0,854	0,793	**1,04**	0,638	0,572	0,517	0,447
0,50	0,924	0,884	0,843	0,779	**1,06**	0,624	0,559	0,506	0,438
0,52	0,918	0,875	0,832	0,765	**1,08**	0,610	0,547	0,495	0,428
0,54	0,911	0,866	0,820	0,751	**1,10**	0,596	0,535	0,484	0,419
0,56	0,905	0,857	0,809	0,738	**1,12**	0,582	0,523	0,474	0,410
0,58	0,897	0,847	0,797	0,724	**1,14**	0,569	0,512	0,463	0,401
0,60	0,890	0,837	0,785	0,710	**1,16**	0,556	0,500	0,453	0,393
0,62	0,882	0,827	0,773	0,696	**1,18**	0,543	0,489	0,443	0,384
0,64	0,874	0,816	0,761	0,683	**1,20**	0,530	0,478	0,434	0,376
0,66	0,866	0,806	0,749	0,670	**1,22**	0,518	0,467	0,424	0,368
0,68	0,857	0,795	0,737	0,656	**1,24**	0,505	0,457	0,415	0,361
0,70	0,848	0,784	0,725	0,643	**1,26**	0,493	0,447	0,406	0,353
0,72	0,838	0,772	0,712	0,630	**1,28**	0,482	0,437	0,397	0,346
0,74	0,828	0,761	0,700	0,617	**1,30**	0,470	0,427	0,389	0,339

Tabelle 3.16 Fortsetzung

$\bar{\lambda}_K$	a	b	c	d	$\bar{\lambda}_K$	a	b	c	d
1,32	0,459	0,417	0,380	0,332	**2,18**	0,190	0,179	0,169	0,153
1,34	0,448	0,408	0,372	0,325	**2,20**	0,187	0,176	0,166	0,151
1,36	0,438	0,399	0,364	0,318	**2,22**	0,184	0,174	0,164	0,149
1,38	0,428	0,390	0,357	0,312	**2,24**	0,180	0,171	0,161	0,146
1,40	0,418	0,382	0,349	0,306	**2,26**	0,178	0,168	0,159	0,144
1,42	0,408	0,373	0,342	0,299	**2,28**	0,175	0,165	0,156	0,142
1,44	0,399	0,365	0,335	0,293	**2,30**	0,172	0,163	0,154	0,140
1,46	0,390	0,357	0,328	0,288	**2,32**	0,169	0,160	0,151	0,138
1,48	0,381	0,350	0,321	0,282	**2,34**	0,166	0,158	0,149	0,136
1,50	0,372	0,342	0,315	0,277	**2,36**	0,164	0,155	0,147	0,134
1,52	0,364	0,335	0,308	0,271	**2,38**	0,161	0,153	0,145	0,132
1,54	0,356	0,328	0,302	0,266	**2,40**	0,159	0,151	0,143	0,130
1,56	0,348	0,321	0,296	0,261	**2,42**	0,156	0,148	0,140	0,128
1,58	0,341	0,314	0,290	0,256	**2,44**	0,154	0,146	0,138	0,127
1,60	0,333	0,308	0,284	0,251	**2,46**	0,151	0,144	0,136	0,125
1,62	0,326	0,302	0,279	0,247	**2,48**	0,149	0,142	0,134	0,123
1,64	0,319	0,295	0,273	0,242	**2,50**	0,147	0,140	0,132	0,121
1,66	0,312	0,289	0,268	0,237	**2,52**	0,145	0,138	0,131	0,120
1,68	0,306	0,284	0,263	0,233	**2,54**	0,142	0,136	0,129	0,118
1,70	0,299	0,278	0,258	0,229	**2,56**	0,140	0,134	0,127	0,116
1,72	0,293	0,273	0,253	0,225	**2,58**	0,138	0,132	0,125	0,115
1,74	0,287	0,267	0,248	0,221	**2,60**	0,136	0,130	0,123	0,113
1,76	0,281	0,262	0,243	0,217	**2,62**	0,134	0,128	0,122	0,112
1,78	0,276	0,257	0,239	0,213	**2,64**	0,132	0,126	0,120	0,110
1,80	0,270	0,252	0,235	0,209	**2,66**	0,130	0,125	0,118	0,109
1,82	0,265	0,247	0,230	0,206	**2,68**	0,129	0,123	0,117	0,108
1,84	0,260	0,243	0,226	0,202	**2,70**	0,127	0,121	0,115	0,106
1,86	0,255	0,238	0,222	0,199	**2,72**	0,125	0,119	0,114	0,105
1,88	0,250	0,234	0,218	0,195	**2,74**	0,123	0,118	0,112	0,104
1,90	0,245	0,229	0,214	0,192	**2,76**	0,122	0,116	0,111	0,102
1,92	0,240	0,225	0,210	0,189	**2,78**	0,120	0,115	0,109	0,101
1,94	0,236	0,221	0,207	0,186	**2,80**	0,118	0,113	0,108	0,100
1,96	0,231	0,217	0,203	0,183	**2,82**	0,117	0,112	0,107	0,098
1,98	0,227	0,213	0,200	0,180	**2,84**	0,115	0,110	0,105	0,097
2,00	0,223	0,209	0,196	0,177	**2,86**	0,114	0,109	0,104	0,096
2,02	0,219	0,206	0,193	0,174	**2,88**	0,112	0,107	0,102	0,095
2,04	0,215	0,202	0,190	0,171	**2,90**	0,111	0,106	0,101	0,094
2,06	0,211	0,199	0,186	0,168	**2,92**	0,109	0,105	0,100	0,093
2,08	0,207	0,195	0,183	0,166	**2,94**	0,108	0,103	0,099	0,091
2,10	0,204	0,192	0,180	0,163	**2,96**	0,106	0,102	0,097	0,090
2,12	0,200	0,189	0,177	0,160	**2,98**	0,105	0,101	0,096	0,089
2,14	0,197	0,186	0,174	0,158	**3,00**	0,104	0,099	0,095	0,088
2,16	0,193	0,182	0,172	0,156	**3,02**	0,102	0,098	0,094	0,087

Tabelle 3.17 Werte der Abminderungsfaktoren für den Biegedrillknicknachweis: κ_M

$\bar{\lambda}_M$	n = 1,5	n = 2	n = 2,5	$\bar{\lambda}_M$	n = 1,5	n = 2	n = 2,5	$\bar{\lambda}_M$	n = 1,5	n = 2	n = 2,5
≤ 0,40	1	1	1	**1,26**	0,481	0,533	0,565	**2,12**	0,208	0,217	0,220
0,42	0,953	0,985	0,995	**1,28**	0,471	0,521	0,551	**2,14**	0,205	0,213	0,216
0,44	0,947	0,982	0,993	**1,30**	0,461	0,509	0,538	**2,16**	0,201	0,210	0,213
0,46	0,940	0,978	0,992	**1,32**	0,451	0,498	0,525	**2,18**	0,198	0,206	0,209
0,48	0,932	0,974	0,990	**1,34**	0,442	0,487	0,512	**2,2**	0,195	0,202	0,205
0,50	0,924	0,970	0,988	**1,36**	0,433	0,476	0,500	**2,22**	0,191	0,199	0,201
0,52	0,916	0,965	0,985	**1,38**	0,424	0,465	0,488	**2,24**	0,188	0,195	0,198
0,54	0,907	0,960	0,982	**1,40**	0,415	0,454	0,477	**2,26**	0,185	0,192	0,194
0,56	0,898	0,954	0,979	**1,42**	0,406	0,444	0,465	**2,28**	0,182	0,189	0,191
0,58	0,888	0,948	0,975	**1,44**	0,398	0,434	0,454	**2,3**	0,179	0,186	0,188
0,60	0,878	0,941	0,970	**1,46**	0,390	0,425	0,444	**2,32**	0,176	0,183	0,185
0,62	0,867	0,933	0,966	**1,48**	0,382	0,415	0,433	**2,34**	0,174	0,180	0,182
0,64	0,856	0,925	0,960	**1,50**	0,374	0,406	0,423	**2,36**	0,171	0,177	0,179
0,66	0,845	0,917	0,954	**1,52**	0,366	0,397	0,413	**2,38**	0,168	0,174	0,176
0,68	0,833	0,908	0,947	**1,54**	0,359	0,389	0,404	**2,4**	0,166	0,171	0,173
0,70	0,822	0,898	0,940	**1,56**	0,352	0,380	0,394	**2,42**	0,163	0,168	0,170
0,72	0,809	0,888	0,932	**1,58**	0,345	0,372	0,385	**2,44**	0,161	0,166	0,167
0,74	0,797	0,877	0,923	**1,60**	0,338	0,364	0,377	**2,46**	0,158	0,163	0,165
0,76	0,785	0,866	0,914	**1,62**	0,331	0,356	0,368	**2,48**	0,156	0,160	0,162
0,78	0,772	0,854	0,904	**1,64**	0,324	0,348	0,36	**2,50**	0,154	0,158	0,159
0,80	0,759	0,842	0,893	**1,66**	0,318	0,341	0,352	**2,52**	0,151	0,156	0,157
0,82	0,746	0,830	0,881	**1,68**	0,312	0,334	0,344	**2,54**	0,149	0,153	0,154
0,84	0,733	0,817	0,870	**1,70**	0,306	0,327	0,337	**2,56**	0,147	0,151	0,152
0,86	0,720	0,804	0,857	**1,72**	0,300	0,320	0,329	**2,58**	0,145	0,149	0,150
0,88	0,707	0,791	0,844	**1,74**	0,294	0,314	0,322	**2,6**	0,143	0,146	0,147
0,90	0,694	0,777	0,831	**1,76**	0,289	0,307	0,315	**2,62**	0,141	0,144	0,145
0,92	0,681	0,763	0,817	**1,78**	0,283	0,301	0,309	**2,64**	0,139	0,142	0,143
0,94	0,668	0,749	0,802	**1,80**	0,278	0,295	0,302	**2,66**	0,137	0,140	0,141
0,96	0,655	0,735	0,788	**1,82**	0,273	0,289	0,296	**2,68**	0,135	0,138	0,139
0,98	0,643	0,721	0,773	**1,84**	0,267	0,283	0,290	**2,7**	0,133	0,136	0,137
1,00	0,630	0,707	0,758	**1,86**	0,263	0,278	0,284	**2,72**	0,131	0,134	0,135
1,02	0,617	0,693	0,743	**1,88**	0,258	0,272	0,278	**2,74**	0,129	0,132	0,133
1,04	0,605	0,679	0,727	**1,90**	0,253	0,267	0,273	**2,76**	0,127	0,130	0,131
1,06	0,593	0,665	0,712	**1,92**	0,248	0,262	0,267	**2,78**	0,126	0,128	0,129
1,08	0,581	0,651	0,697	**1,94**	0,244	0,257	0,262	**2,8**	0,124	0,127	0,127
1,10	0,569	0,637	0,681	**1,96**	0,24	0,252	0,257	**2,82**	0,122	0,125	0,125
1,12	0,557	0,623	0,666	**1,98**	0,235	0,247	0,252	**2,84**	0,121	0,123	0,124
1,14	0,546	0,610	0,651	**2,00**	0,231	0,243	0,247	**2,86**	0,119	0,121	0,122
1,16	0,534	0,596	0,636	**2,02**	0,227	0,238	0,242	**2,88**	0,117	0,120	0,12
1,18	0,523	0,583	0,621	**2,04**	0,223	0,234	0,238	**2,9**	0,116	0,118	0,119
1,20	0,512	0,570	0,607	**2,06**	0,219	0,229	0,233	**2,92**	0,114	0,116	0,117
1,22	0,501	0,558	0,592	**2,08**	0,215	0,225	0,229	**2,94**	0,113	0,115	0,115
1,24	0,491	0,545	0,578	**2,10**	0,212	0,221	0,225	**3**	0,108	0,11	0,111

3.3.4 Einachsige Biegung ohne Normalkraft

Es ist ein Biegedrillknicknachweis nach DIN 18800 Teil 2 zu führen.

Dieser Nachweis darf entfallen bei:

- Biegung um die z-Achse
- Ausreichender Behinderung der Verformungen des Trägers
  - Behinderung der seitlichen Verschiebung
  - Behinderung der Verdrehung durch Nachweis ausreichender Drehbettung
  - Nachweis des Druckgurtes als Druckstab

Behinderung der seitlichen Verschiebung

1. Durch ständig am Druckgurt anschließendes Mauerwerk nach Bild 3-11

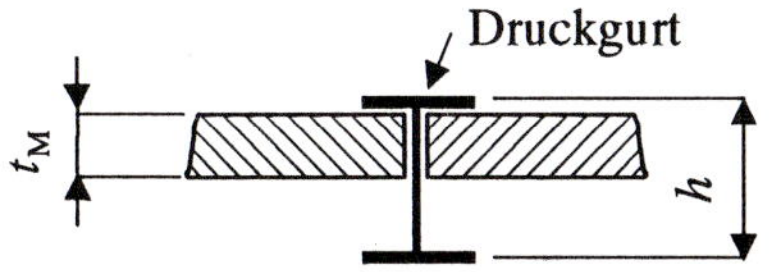

Eine ausreichende Behinderung besteht wenn: $t_M \geq 0{,}3 \cdot h$

Bild 3-11 Trägerausteifung durch Mauerwerk

2. Aussteifung durch Trapezbleche nach Bild 3-12

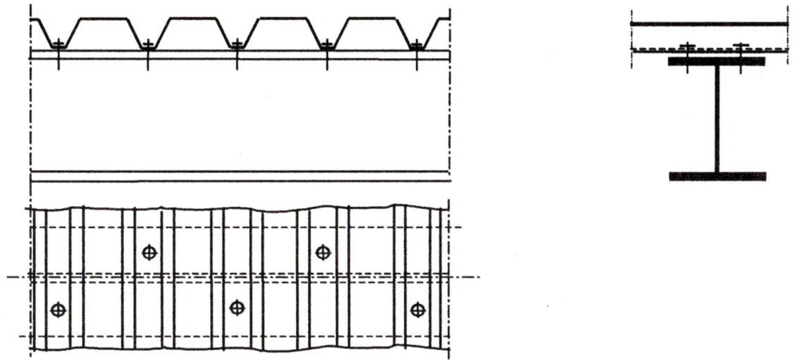

Bild 3-12 Aussteifung des Druckgurtes durch Trapezbleche

Der Träger gilt als unverschieblich gehalten unter folgender Bedingung:

$$S \geq \left(EI_{\omega} \cdot \frac{\pi^2}{l^2} + GI_T + EI_z \cdot \frac{\pi^2}{l^2} \cdot 0{,}25 \cdot h^2 \right) \cdot \frac{70}{h^2} \qquad (3\text{-}88)$$

S = Schubsteifigkeit des Trapezbleches berechnet nach DIN 18807 Teil 1

EI_{ω}, GI_T, EI_z = Wölb-, Biege- und Drillsteifigkeit des Trägers

l = Trägerlänge

Bei Befestigung in jeder zweiten Rippe darf die Schubsteifigkeit S des Trapezbleches nur mit 20% in Rechnung gestellt werden, d.h. in Bedingung (3-88) wird S durch $0{,}2\,S$ ersetzt.

Bei Einhaltung der Bedingung (3-88) ist ein Nachweis mit gebundener Drehachse zu führen.

Bei entsprechender Ausbildung der Anschlussstellen kann die Bestimmung der seitlichen Unverschieblichkeit eines Trägergurtes mit Bedingung (3-88) auch für andere Bekleidungen als Trapezbleche angewandt werden.

Behinderung der Verdrehung durch Nachweis ausreichender Drehbettung

Doppeltsymmetrische I-Träger mit Abmessungen nach DIN 1025		
Erforderliche Drehbettung		$c_{\vartheta,k} \geq \dfrac{M_{pl,k}^{2}}{EI_{z,k}} \cdot k_{\vartheta} \cdot k_{v}$ (3-89) k_ϑ = Beiwert nach Tabelle 3.18 $k_v = 1{,}0$ Nachweisverfahren El.-Pl. und Pl.-Pl. $k_v = 0{,}35$ Nachweisverfahren El.-El.
Theoretische Drehbettung		$c_{\vartheta M,k} = k \cdot \dfrac{(E \cdot I_a)_k}{a}$ (3-90) $k = 2$ für Ein- und Zweifeldträger $k = 4$ für Durchlaufträger mit 3 oder mehr Feldern a = Stützweite des abstützenden Bauteils $(E \cdot I_a)_k$ = Biegesteifigkeit des abstützenden Bauteils
Drehbettung aus der Verformung des Anschlusses für Trapezprofile	$\dfrac{\text{vorh } b}{100} \leq 1{,}25$	$c_{\vartheta A,k} = \bar{c}_{\vartheta A,k} \cdot \left(\dfrac{\text{vorh } b}{100}\right)^2$ (3-91)
	$\dfrac{\text{vorh } b}{100} \leq 2{,}0$	$c_{\vartheta A,k} = \bar{c}_{\vartheta A,k} \cdot \left(\dfrac{\text{vorh } b}{100}\right) \cdot 1{,}25$ (3-91a) vorh b = vorhandene Gurtbreite des gestützten Trägers
Wirksame, vorhandene Drehbettung		$\dfrac{1}{c_{\vartheta,k}} = \dfrac{1}{c_{\vartheta M,k}} + \dfrac{1}{c_{\vartheta A,k}} + \dfrac{1}{c_{\vartheta P,k}}$ (3-92)

Anstelle des Nachweises mit Bedingung (3-89) kann die wirksame vorhandene Drehbettung $c_{\vartheta,k}$ auch bei der Ermittlung des idealen Biegemomentes $M_{Ki,y}$ berücksichtigt werden. Durchzuführen ist dann der genaue Biegedrillknicknachweis.

Tabelle 3.18 Beiwerte k_9

Momentenverlauf	Drehachse		Momentenverlauf	Drehachse	
	frei	gebunden		frei	gebunden
1	2	3	1	2	3
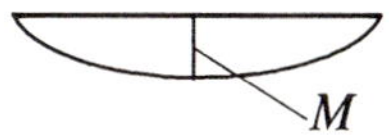	4,0	0,0	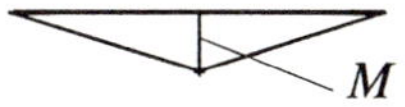	2,8	0
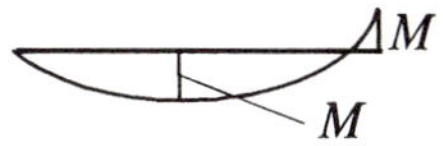	3,5	0,12		1,6	1,0
	3,5	0,23	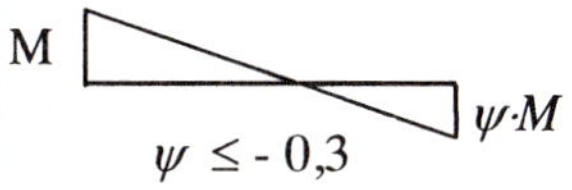	1,0	0,70

Tabelle 3.19 Charakteristische Werte für Anschlusssteifigkeiten

Zeile	Trapezprofillage		Schrauben im		Schraubenabstand		Scheibendurchmesser	$\bar{c}_{9A,k}$	max b_t
	positiv	negativ	Untergurt	Obergurt	b_r	$2\,b_r$	mm	kNm/m	mm
	Auflast								
1	×		×		×		22	5,2	40
2	×		×			×	22	3,1	40
3		×		×	×		Ka	10,0	40
4		×		×		×	Ka	5,2	40
5		×	×		×		22	3,1	120
6		×	×			×	22	2,0	120
	Sog								
7	×		×		×		16	2,6	40
8	×		×			×	16	1,7	40

b_r = Rippenabstand

b_t = Breite des angeschlossenen Gurtes des Trapezprofils

Ka = Abdeckkappen aus Stahl mit $t \geq 0{,}75$ mm

Die Werte gelten für Schrauben mit Durchmesser $d \geq 6{,}3$ mm nach Bild 3-12 sowie für Unterlegscheiben aus Stahl mit der Dicke $t \geq 1{,}0$ und aufvulkanisierter Neoprendichtung.

Biegedrillknicknachweise $M_y \neq 0, N = 0$

Vereinfachter Nachweis, Druckgurt als Druckstab	Trägheitsradius des maßgebenden Druckgurtes um die z-Achse	$i_{z,g} = \sqrt{\dfrac{I_z}{A - 0{,}6 \cdot A_s}}$ A_s = Stegfläche A, I_z = Werte des Gesamtquerschnittes	(3-93)
	Schlankheit des Druckgurtes	$\bar{\lambda} = \dfrac{c \cdot k_c}{i_{z,g} \cdot \lambda_a}$ c = Abstand der Abstützung k_c = Beiwert nach Tabelle 3.20	(3-94)
	Keine Kippgefahr, genauer Nachweis nicht erforderlich.	$\bar{\lambda} \leq 0{,}5 \cdot \dfrac{M_{pl,y,d}}{M_{y,d}}$	(3-95)
	Knicknachweis des Druckgurtes	$\dfrac{0{,}843 \cdot \left\| \max M_{y,d} \right\|}{\kappa \cdot M_{pl,y,d}} \leq 1$ mit κ nach Formel (3-87)	(3-96)
genauer Nachweis	Normalkraft unter der kleinsten Verzweigungslast nach der Elastizitätstheorie	$N_{Ki,z} = \dfrac{\pi^2 \cdot E \cdot I_z}{l^2}$	(3-97)
	Quadrat des Drehradius	$c^2 = \dfrac{I_\omega + 0{,}039 \cdot l^2 \cdot I_T}{I_z}$	(3-98)
	Biegedrillknickmoment (Gleichbleibender doppeltsymmetrischer Querschnitt)	$M_{Ki,y} = \zeta \cdot N_{Ki,z} \cdot \left(\sqrt{c^2 + 0{,}25 \cdot z_p^2} + 0{,}5 \cdot z_p \right)$ ζ = Momentenbeiwert nach Tabelle 3.24 z_p = Lastangriff siehe Bild 3-13	(3-99)
	Trägerhöhen h ≤ 600 mm (Darf-Bestimmung)	$M_{Ki,y} = \dfrac{1{,}32 \cdot b \cdot t \cdot E \cdot I_y}{l \cdot h^2}$	(3-100)
	Abminderungsfaktor für das Biegedrillknicken	$\bar{\lambda}_M \leq 0{,}4$: $\kappa_M = 1$	
		$\bar{\lambda}_M > 0{,}4$: $\kappa_M = \left(\dfrac{1}{1 + \bar{\lambda}_M^{2n}} \right)^{1/n}$ n = Trägerbeiwert nach Tabelle 3.25	(3-101)
	Nachweis	$\dfrac{M_{y,d}}{\kappa_M \cdot M_{pl,y,d}} \leq 1$	(3-102)

Tabelle 3.20 Druckkraftbeiwerte k_c

Normalkraftverlauf	k_c	Normalkraftverlauf	k_c
	1,00	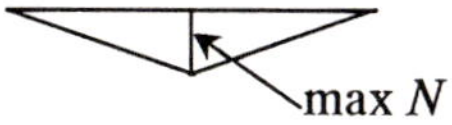	0,86
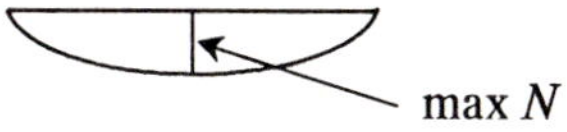	0,94	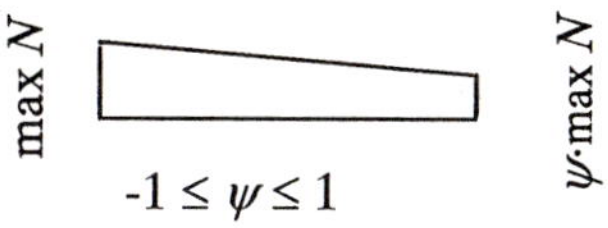	$\frac{1}{1{,}33-0{,}33\cdot\psi}$

Tabelle 3.21 Trägheitsradius der Druckfläche um die z - Achse für gewalzte I-Träger

Formel (3-93)

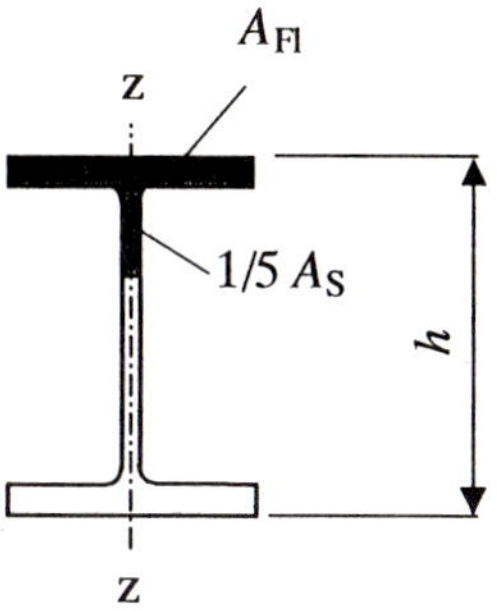

Nennhöhe h	$i_{z,g}$ in cm I	IPE	IPBl HE-A	IPB HE-B	IPBv HE-M
80	1,02	1,18	-	-	-
100	1,21	1,40	2,67	2,69	2,90
120	1,40	1,63	3,21	3,25	3,45
140	1,58	1,87	3,76	3,80	3,99
160	1,76	2,08	4,26	4,31	4,53
180	1,95	2,32	4,82	4,86	5,09
200	2,14	2,52	5,33	5,39	5,62
220	2,32	2,79	5,88	5,95	6,17
240	2,51	3,03	6,40	6,47	6,77
260	2,68	-	6,92	7,01	7,31
270	-	3,41	-	-	-
280	2,81	-	7,46	7,55	7,86
300	2,94	3,80	8,00	8,06	8,48
320	3,09	-	8,01	8,06	8,44
330	-	4,02	-	-	-
340	3,23	-	8,01	8,05	8,41
360	3,36	4,29	7,97	8,03	8,36
380	3,51	-	-	-	-
400	3,64	4,50	7,94	7,99	8,29
450	4,00	4,73	7,93	7,97	8,23
500	4,34	4,95	7,90	7,94	8,15
550	4,72	5,18	7,86	7,90	8,10
600	-	5,42	7,83	7,85	8,01
650	-	-	7,77	7,80	7,96
700	-	-	7,71	7,74	7,88
800	-	-	7,58	7,62	7,73
900	-	-	7,51	7,53	7,60
1000	-	-	7,41	7,44	7,51

Abstand c einer unverschieblichen Halterung für I-förmige Walzprofile

Mit $M_{pl,y,d}/M_{y,d} = 1$ und $i_{z,g}$ nach Tabelle 3.21 ist:

$$c = 0{,}5 \frac{\lambda_a \cdot i_{z,g}}{k_c} \cdot \frac{M_{pl,y,d}}{M_{y,d}} = 0{,}5 \cdot \frac{\lambda_a \cdot i_{z,g}}{k_c}$$

Bei Einhaltung der Werte aus Tabelle 3.22 für Profile aus S 235 bzw. aus Tabelle 3.23 für Profile aus S 355 besteht keine Kippgefahr. Ein genauer Nachweis ist nicht erforderlich.

Tabelle 3.22 Abstand c für I-Träger aus S 235, $\lambda_a = 92{,}9$

Nenn-höhe	*c* in cm											S 235
	IPE			IPBl = HE-A			IPB = HE-B			IPBv = HE-M		
h	k_c			k_c			k_c			k_c		
mm	0,86	0,94	1,0	0,86	0,94	1,0	0,86	0,94	1,0	0,86	0,94	1,0
80	64	59	55	-	-	-	-	-	-	-	-	-
100	76	69	65	144	132	124	145	133	125	157	143	135
120	88	81	76	174	159	149	175	160	151	186	170	160
140	101	92	87	203	186	175	205	188	177	216	198	186
160	113	103	97	230	210	198	233	213	200	245	224	210
180	125	115	108	260	238	224	263	241	226	274	251	236
200	136	125	117	287	263	247	291	266	250	303	277	261
220	151	138	130	318	291	273	321	294	276	333	305	286
240	164	150	141	346	316	297	350	320	301	366	335	315
260	-	-	-	373	342	321	378	346	325	395	361	340
270	184	169	159	-	-	-	-	-	-	-	-	-
280	-	-	-	403	369	347	407	373	350	424	388	365
300	205	188	176	431	394	370	435	398	374	458	419	394
320	-	-	-	432	395	371	435	398	374	456	417	392
330	217	199	187	-	-	-	-	-	-	-	-	-
340	-	-	-	431	395	371	435	398	374	454	416	391
360	232	212	199	431	394	371	434	397	373	452	413	388
400	243	222	209	429	392	369	432	395	371	448	410	385
450	255	233	219	428	392	368	430	394	370	445	407	382
500	268	245	231	427	391	367	429	393	369	440	403	379
550	279	255	240	425	389	365	426	390	367	437	400	376
600	292	268	251	422	386	363	424	388	364	433	396	372
650				420	384	361	421	385	362	430	393	370
700				416	381	358	418	382	359	425	389	366
800				409	375	352	411	376	354	417	382	359
900				405	371	348	406	372	350	411	376	353
1000				400	366	344	402	367	345	406	371	349

Tabelle 3.23 Abstand c für I-Träger aus S 355, $\lambda_a = 75{,}9$

Nenn-höhe h	c in cm											**S 355**
	IPE			**IPBl = HE-A**			**IPB = HE-B**			**IPBv = HE-M**		
	k_c			k_c			k_c			k_c		
mm	0,86	0,94	1,0	0,86	0,94	1,0	0,86	0,94	1,0	0,86	0,94	1,0
80	52	59	55	-	-	-	-	-	-	-	-	-
100	62	69	65	118	132	124	119	133	125	128	143	135
120	72	81	76	142	159	149	143	160	151	152	170	160
140	83	92	87	166	186	175	168	188	177	177	198	186
160	92	103	97	188	210	198	190	213	200	200	224	210
180	102	115	108	213	238	224	215	241	226	224	251	236
200	112	125	117	235	263	247	238	266	250	248	277	261
220	123	138	130	260	291	273	263	294	276	272	305	286
240	134	150	141	282	316	297	286	320	301	299	335	315
260	-	-	-	305	342	321	309	346	325	323	361	340
270	151	169	159	-	-	-	-	-	-	-	-	-
280	-	-	-	329	369	347	333	373	350	347	388	365
300	167	188	176	352	394	370	356	398	374	374	419	394
320	-	-	-	353	395	371	356	398	374	372	417	392
330	177	199	187	-	-	-	-	-	-	-	-	-
340	-	-	-	352	395	371	355	398	374	371	416	391
360	189	212	199	352	394	371	355	397	373	369	413	388
400	198	222	209	350	392	369	353	395	371	366	410	385
450	208	233	219	350	392	368	352	394	370	363	407	382
500	219	245	231	349	391	367	351	393	369	360	403	379
550	228	255	240	347	389	365	348	390	367	357	400	376
600	239	268	251	345	386	363	346	388	364	353	396	372
650	-	-	-	343	384	361	344	385	362	351	393	370
700	-	-	-	340	381	358	341	382	359	348	389	366
800	-	-	-	335	375	352	336	376	354	341	382	359
900	-	-	-	331	371	348	332	372	350	335	376	353
1000	-	-	-	327	366	344	328	367	345	331	371	349

Tabelle 3.24 Momentenbeiwerte ζ

Momentenverlauf	ζ	Momentenverlauf	ζ
	1,00	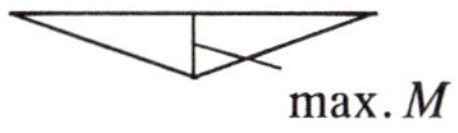	1,35
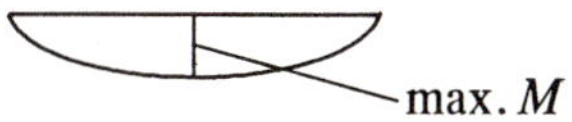	1,12	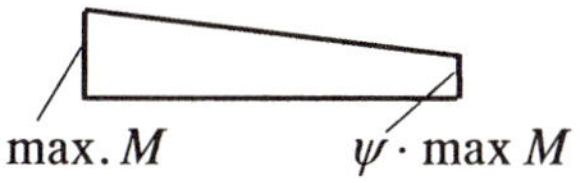 $-1 \leq \psi \leq 1$	$1{,}77 - 0{,}77\psi$

Lastangriff am Träger

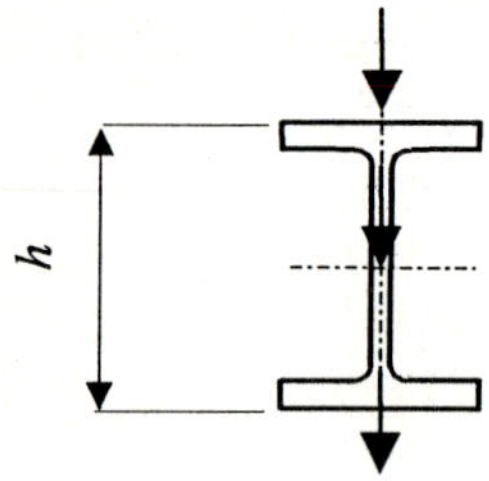

Last an Obergurt $\Rightarrow z_p = -\frac{h}{2}$

Last in Stabachse $\Rightarrow z_p = 0$

Last an Untergurt $\Rightarrow z_p = \frac{h}{2}$

Bild 3-13 Beiwert z_p in Abhängigkeit vom Lastangriffspunkt

Tabelle 3.25 Trägerbeiwert n

gewalzte Träger	geschweißte Träger	Wabenträger	Ausgeklinkte Träger	Voutenträger*)
n = 2,5	n = 2,0	n = 1,5	n = 2,0	$n = 0{,}7 + 1{,}8\, h_1/h_2$
	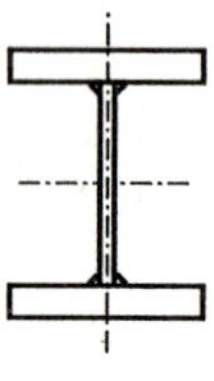	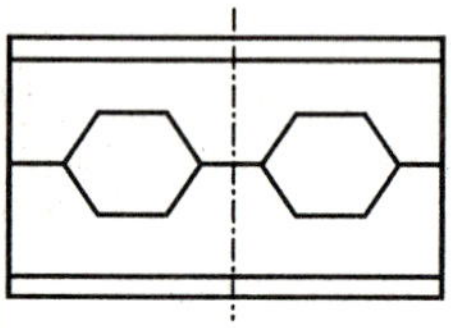		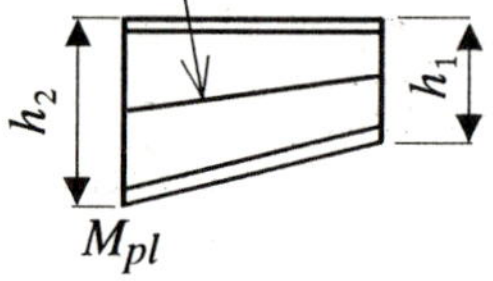 $\frac{h_1}{h_2} \geq 0{,}25$

*) Wenn die Flansche an den Steg geschweißt sind, ist der Trägerbeiwert n zusätzlich mit 0,8 zu multiplizieren.

3.3.5 Einachsige Biegung mit Normalkraft

Stäbe mit geringer Normalkraft, welche die nachfolgende Bedingung erfüllen, dürfen unter Vernachlässigung dieser Normalkraft nach Kapitel 3.3.4 nachgewiesen werden.

Bedingung: $\dfrac{N}{\kappa \cdot N_{\text{pl,d}}} < 0{,}1$

Nachweis nach dem Ersatzstabverfahren **$M_y \neq 0, N \neq 0$**

Biegeknicken	Anteil der Normalkraft	$\Delta n = \dfrac{N}{\kappa \cdot N_{\text{pl,d}}} \cdot \left(1 - \dfrac{N}{\kappa \cdot N_{\text{pl,d}}}\right) \cdot \kappa^2 \cdot \bar{\lambda}_K^2 \leq 0{,}1$ (3-103) Faktor κ nach Formel (3-87)
	Nachweis	$\dfrac{N}{\kappa \cdot N_{\text{pl,d}}} + \dfrac{\beta_m \cdot M}{M_{\text{pl,d}}} + \Delta n \leq 1$ (3-104) β_m = Momentenbeiwert nach Tabelle 3.26, Spalte 2 κ = Abminderungsfaktor nach Formel (3-87) $M_{\text{pl,d}}$ = Plastisches Moment mit $\alpha_{\text{pl}} \leq 1{,}25$
	Doppeltsymmetrischer Querschnitt mit $A_{\text{Steg}} \geq 0{,}18 \cdot A$	wenn: $\dfrac{N}{N_{\text{pl,d}}} > 0{,}2$ $\dfrac{N}{\kappa \cdot N_{\text{pl,d}}} + \dfrac{\beta_m \cdot M}{1{,}1 \cdot M_{\text{pl,d}}} + \Delta n \leq 1$ (3-104a)
Biegedrillknicken	Beiwert zur Berücksichtigung des Momentenverlaufs	$a_y = 0{,}15 \cdot (\bar{\lambda}_{K,z} \cdot \beta_{M,y} - 1{,}0) \leq 0{,}9$ (3-105) $\beta_{M,y}$ = Momentenbeiwert nach Tabelle 3.26
		$k_y = 1 - \dfrac{N}{\kappa_z \cdot N_{\text{pl,d}}} \cdot a_y \leq 1$ (3-106) κ_z nach Formel (3-87)
	Nachweis	$\dfrac{N}{\kappa_z \cdot N_{\text{pl,d}}} + \dfrac{M_y}{\kappa_M \cdot M_{\text{pl,y,d}}} \cdot k_y \leq 1$ (3-107) κ_z nach Formel (3-87) κ_M nach Formel (3-101)

3.3.6 Zweiachsige Biegung mit oder ohne Normalkraft $M_y \neq 0, M_z \neq 0, N$

<table>
<tr><td rowspan="10">Biegeknicken</td><td colspan="2">Nachweismethode 1</td></tr>
<tr><td rowspan="4">Beiwert zur Berücksichtigung des Momentenverlaufs $M_{y/z}$ und des bezogenen Schlankheitsgrades $\bar{\lambda}_{K,y/z}$</td><td>$$a_y = \bar{\lambda}_{K,y} \cdot (2 \cdot \beta_{M,y} - 4) + (\alpha_{pl,y} - 1) \leq 0{,}8 \quad (3\text{-}108)$$ $\beta_{M,y}$ = Momentenbeiwert nach Tabelle 3.26</td></tr>
<tr><td>$$a_z = \bar{\lambda}_{K,z} \cdot (2 \cdot \beta_{M,z} - 4) + (\alpha_{pl,z} - 1) \leq 0{,}8 \quad (3\text{-}108a)$$ $\beta_{M,z}$ = Momentenbeiwert nach Tabelle 3.26</td></tr>
<tr><td>$$k_y = 1 - \frac{N}{\kappa_y \cdot N_{pl,d}} \cdot a_y \leq 1{,}5 \quad (3\text{-}109)$$</td></tr>
<tr><td>$$k_z = 1 - \frac{N}{\kappa_z \cdot N_{pl,d}} \cdot a_z \leq 1{,}5 \quad (3\text{-}109a)$$</td></tr>
<tr><td>Nachweis</td><td>$$\frac{N}{\kappa \cdot N_{pl,d}} + \frac{M_y}{M_{pl,y,d}} \cdot k_y + \frac{M_z}{M_{pl,z,d}} \cdot k_z \leq 1 \quad (3\text{-}110)$$</td></tr>
<tr><td colspan="2">Nachweismethode 2</td></tr>
<tr><td rowspan="2">Abminderungsfaktor</td><td>$\kappa = \min(\kappa_y, \kappa_z)$ nach Formel (3-87)
<table>
<tr><td>$\kappa_y < \kappa_z$</td><td>$k_y = 1$</td><td>$k_z = c_z$</td></tr>
<tr><td>$\kappa_y = \kappa_z$</td><td>$k_y = 1$</td><td>$k_z = 1$</td></tr>
<tr><td>$\kappa_y > \kappa_z$</td><td>$k_y = c_y$</td><td>$k_z = 1$</td></tr>
</table></td></tr>
<tr><td>$$c_z = \frac{1}{c_y} = \frac{1 - \frac{N}{N_{pl,d}} \cdot \bar{\lambda}_{K,y}^2}{1 - \frac{N}{N_{pl,d}} \cdot \bar{\lambda}_{K,z}^2} \quad (3\text{-}111)$$</td></tr>
<tr><td>Nachweis</td><td>$$\frac{N}{\kappa \cdot N_{pl,d}} + \frac{\beta_{m,y} \cdot M_y}{M_{pl,y,d}} \cdot k_y + \frac{\beta_{m,z} \cdot M_z}{M_{pl,z,d}} \cdot k_z + \Delta n \leq 1 \quad (3\text{-}112)$$ Δn nach Formel (3-103)</td></tr>
<tr><td>Biegedrillknicken</td><td>Nachweis</td><td>$$\frac{N}{\kappa_z \cdot N_{pl,d}} + \frac{M_y}{\kappa_M \cdot M_{pl,y,d}} \cdot k_y + \frac{M_z}{M_{pl,z,d}} \cdot k_z \leq 1 \quad (3\text{-}113)$$ k_y nach Formel (3-106)
k_z nach Formel (3-109a)
κ_M nach Formel (3-101)</td></tr>
</table>

Tabelle 3.26 Momentenbeiwerte β_m und β_M für Biegeknicken und Biegedrillknicken

Momentenverlauf	Momentenbeiwert β_m für Biegeknicken	Momentenbeiwert β_M für Biegedrillknicken
1	2	3
Stabendmomente  $-1 \le \psi \le 1$	$\beta_{m,\psi} = 0{,}66 + 0{,}44 \cdot \psi$ jedoch $\beta_{m,\psi} \ge 1 - \frac{1}{\eta_{Ki}}$ und $\beta_{m,\psi} \ge 0{,}44$	$\beta_{M,\psi} = 1{,}8 - 0{,}7 \cdot \psi$
Momente aus Querlast 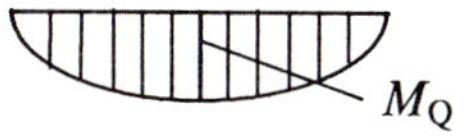	$\beta_{m,Q} = 1{,}0$	$\beta_{M,Q} = 1{,}3$
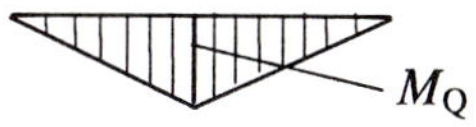		$\beta_{M,Q} = 1{,}4$
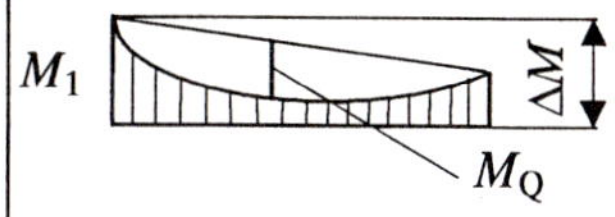	$\psi \le 0{,}77$ $\beta_m = 1{,}0$	
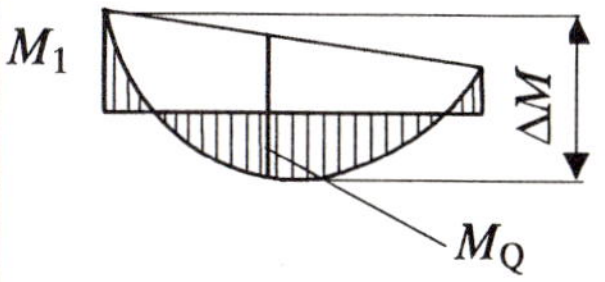	$\psi > 0{,}77$ $\beta_m = \frac{M_Q + M_1 \cdot \beta_{m,\psi}}{M_Q + M_1}$	$\beta_M = \beta_{M,\psi} + \frac{M_Q}{\Delta M} \cdot (\beta_{M,Q} - \beta_{M,\psi})$ $M_Q = \lvert \max M \rvert$ nur aus Querlast $\Delta M = \lvert \max M \rvert$ bei nicht durchschlagendem Momentenverlauf
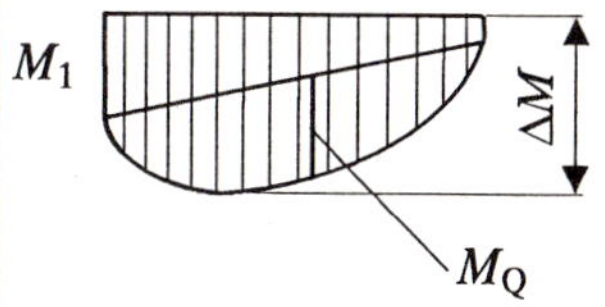		$\Delta M = \lvert \max M \rvert + \lvert \min M \rvert$ bei durchschlagendem Momentenverlauf

Tabelle 3.27 Plastische Schnittgrößen M_{pl}, V_{pl}, N_{pl} für Walzprofile aus Stahl S 235 **IPE**

	Charakteristische Werte					Bemessungswerte mit $\gamma_M = 1{,}1$				
Nenn-höhe	$M_{pl,y}$ kNm	$V_{pl,z}$ kN	$M_{pl,z}$ kNm	$V_{pl,y}$ kN	N_{pl} kN	$M_{pl,y,d}$ kNm	$V_{pl,z,d}$ kN	$M_{pl,z,d}$ kNm	$V_{pl,y,d}$ kN	$N_{pl,d}$ kN
80	5,56	39,4	1,4	66,3	183	5,06	35,8	1,3	60,3	167
100	9,46	53,6	2,2	86,9	248	8,60	48,7	2,0	79,0	225
120	14,6	69,3	3,3	111,7	317	13,2	63,0	3,0	101,6	288
140	21,2	86,7	4,6	139,6	394	19,3	78,8	4,2	126,9	358
160	29,7	105,7	6,3	168,2	482	27,0	96,1	5,7	152,9	438
180	39,9	126,3	8,3	201,7	575	36,3	114,8	7,5	183,4	522
200	53,0	148,6	10,7	235,6	684	48,1	135,1	9,7	214,1	621
220	68,5	172,3	13,9	280,5	801	62,3	156,7	12,7	255,0	728
240	88,0	197,8	17,7	325,9	939	80,0	179,8	16,1	296,3	853
270	116,2	237,6	23,3	381,6	1103	106	216,0	21,2	346,9	1002
300	150,8	284,6	30,1	444,8	1291	137	258,7	27,3	404,4	1174
330	193,0	331,0	36,9	509,9	1503	175	300,9	33,5	463,6	1366
360	244,6	385,0	45,9	598,3	1746	222	350,0	41,7	543,9	1587
400	313,7	460,6	55,0	673,4	2027	285	418,7	50,0	612,2	1843
450	408,4	567,1	66,3	768,8	2372	371	515,6	60,3	698,9	2156
500	526,6	684,1	80,6	886,8	2773	479	621,9	73,3	806,2	2520
550	668,9	819,5	96,1	1001	3226	608	745,0	87,4	910,0	2933
600	843,0	966,1	117	1158	3744	766	878,2	106	1053	3403

Für Baustähle S 355 gelten die 1,5 fachen Werte.

Tabelle 3.28 Plastische Schnittgrößen M_{pl}, V_{pl}, N_{pl} für Walzprofile aus Stahl S 235 **HE-A**

	Charakteristische Werte					Bemessungswerte mit $\gamma_M = 1{,}1$				
Nenn-höhe	$M_{pl,y}$ kNm	$V_{pl,z}$ kN	$M_{pl,z}$ kNm	$V_{pl,y}$ kN	N_{pl} kN	$M_{pl,y,d}$ kNm	$V_{pl,z,d}$ kN	$M_{pl,z,d}$ kNm	$V_{pl,y,d}$ kN	$N_{pl,d}$ kN
100	19,9	61,0	9,9	221,7	510	18,1	55,4	9,0	201,5	463
120	28,7	73,4	14,1	266,0	608	26,1	66,8	12,8	241,9	553
140	41,6	94,9	20,4	329,8	754	37,9	86,3	18,5	299,8	685
160	58,8	118,9	28,2	399,1	931	53,5	108,1	25,7	362,8	846
180	78,0	134,3	37,6	473,9	1086	70,9	122,1	34,1	430,8	987
200	103,1	162,1	48,9	554,3	1292	93,7	147,4	44,5	503,9	1174
220	136,4	193,0	64,9	670,7	1544	124,0	175,5	59,0	609,7	1404
240	178,7	226,6	84,4	798,1	1844	162,5	206,0	76,7	725,6	1676
260	220,7	246,8	103,2	900,7	2084	200,7	224,4	93,9	818,8	1894
280	266,9	284,9	124,4	1009	2334	242,7	259,0	113,0	917,0	2122
300	332,0	325,1	153,9	1164	2701	301,8	295,5	139,9	1058	2455
320	390,7	367,3	170,3	1289	2985	355,2	333,9	154,9	1171	2713
340	444,1	412,7	181,4	1372	3203	403,7	375,2	164,9	1247	2912

Tabelle 3.28 Fortsetzung **HE-A**

	Charakteristische Werte					Bemessungswerte mit $\gamma_M = 1{,}1$				
Nenn-höhe	$M_{pl,y}$ kNm	$V_{pl,z}$ kN	$M_{pl,z}$ kNm	$V_{pl,y}$ kN	N_{pl} kN	$M_{pl,y,d}$ kNm	$V_{pl,z,d}$ kN	$M_{pl,z,d}$ kNm	$V_{pl,y,d}$ kN	$N_{pl,d}$ kN
360	501,2	460,7	192,5	1455	3426	455,7	418,8	175,0	1323	3115
400	614,8	565,5	209,5	1580	3815	558,9	514,1	190,4	1436	3469
450	771,8	667,7	231,7	1746	4273	701,6	607,0	210,7	1587	3884
500	947,7	776,5	254,0	1912	4741	861,6	705,9	230,9	1738	4310
550	1109	893,7	265,7	1995	5082	1008	812,5	241,5	1814	4620
600	1284	1018	277,4	2078	5435	1167	925,2	252,1	1889	4941
650	1473	1149	289,1	2162	5799	1339	1044	262,9	1965	5272
700	1688	1332	301,6	2245	6251	1534	1211	274,2	2041	5683
800	2088	1584	314,9	2328	6860	1898	1440	286,3	2116	6236
900	2595	1907	339,5	2494	7693	2359	1733	308,6	2267	6993
1000	3078	2193	352,7	2577	8324	2798	1993	320,7	2343	7568

Für Baustähle S 355 gelten die 1,5 fachen Werte.

Tabelle 3.29 Plastische Schnittgrößen M_{pl}, V_{pl}, N_{pl} für Walzprofile aus Stahl S 235 **HE-B**

	Charakteristische Werte					Bemessungswerte mit $\gamma_M = 1{,}1$				
Nenn-höhe	$M_{pl,y}$ kNm	$V_{pl,z}$ kN	$M_{pl,z}$ kNm	$V_{pl,y}$ kN	N_{pl} kN	$M_{pl,y,d}$ kNm	$V_{pl,z,d}$ kN	$M_{pl,z,d}$ kNm	$V_{pl,y,d}$ kN	$N_{pl,d}$ kN
100	25,0	74,8	277,1	12,3	625	22,7	68,0	11,2	251,9	568
120	39,7	98,2	365,8	19,4	816	36,0	89,2	17,7	332,6	742
140	58,9	124,2	465,6	28,7	1031	53,5	112,9	26,1	423,3	937
160	85,0	163,0	576,4	40,8	1302	77,2	148,1	37,1	524,0	1184
180	115,5	195,5	698,4	55,4	1566	105,0	177,7	50,4	634,9	1424
200	154,2	230,7	831,4	73,4	1874	140,2	209,7	66,7	755,8	1704
220	198,5	268,5	975,5	94,5	2185	180,4	244,1	85,9	886,8	1986
240	252,8	309,0	1131	119,6	2544	229,8	280,9	108,7	1028	2312
260	307,9	336,0	1261	144,5	2843	279,9	305,5	131,4	1146	2584
280	368,3	381,2	1397	172,2	3153	334,8	346,5	156,6	1270	2866
300	448,5	428,3	1580	208,8	3578	407,7	389,4	189,8	1436	3253
320	515,8	477,2	1704	225,4	3872	468,9	433,9	204,9	1549	3520
340	577,9	529,6	1787	236,6	4102	525,4	481,4	215,1	1625	3729
360	643,9	584,6	1871	247,8	4335	585,4	531,4	225,3	1701	3941
400	775,6	703,4	1995	265,0	4747	705,1	639,4	240,9	1814	4315
450	955,8	822,5	2162	287,4	5231	868,9	747,7	261,3	1965	4756
500	1156	948,3	2328	310,0	5727	1051	862,1	281,8	2116	5207
550	1342	1083	2411	321,9	6097	1220	984,4	292,6	2192	5543
600	1542	1224	2494	333,9	6479	1402	1113	303,5	2267	5890

Tabelle 3.29 Fortsetzung **HE-B**

	Charakteristische Werte					Bemessungswerte mit $\gamma_M = 1{,}1$				
Nenn-	$M_{pl,y}$	$V_{pl,z}$	$M_{pl,z}$	$V_{pl,y}$	N_{pl}	$M_{pl,y,d}$	$V_{pl,z,d}$	$M_{pl,z,d}$	$V_{pl,y,d}$	$N_{pl,d}$
höhe	KNm	kN	kNm	kN	kN	kNm	kN	kNm	kN	kN
650	1757	1372	2577	345,9	6872	1597	1248	314,5	2343	6247
700	1998	1573	2660	358,8	7353	1817	1430	326,2	2419	6685
800	2455	1860	2744	372,8	8020	2232	1691	338,9	2494	7291
900	3020	2217	2910	398,0	8911	2746	2016	361,8	2645	8101
1000	3565	2538	2993	411,9	9601	3241	2307	374,5	2721	8728

Für Baustähle S 355 gelten die 1,5 fachen Werte.

Tabelle 3.30 Plastische Schnittgrößen M_{pl}, V_{pl}, N_{pl} für Walzprofile aus Stahl S 235 **HE-M**

	Charakteristische Werte					Bemessungswerte mit $\gamma_M = 1{,}1$				
Nenn-	$M_{pl,y}$	$V_{pl,z}$	$M_{pl,z}$	$V_{pl,y}$	N_{pl}	$M_{pl,y,d}$	$V_{pl,z,d}$	$M_{pl,z,d}$	$V_{pl,y,d}$	$N_{pl,d}$
höhe	kNm	kN	kNm	kN	kN	kNm	kN	kNm	kN	kN
100	56,6	166,3	27,9	587,5	1278	51,5	151,2	25,4	534,1	1162
120	84,1	206,1	41,2	733,3	1594	76,5	187,4	37,4	666,6	1449
140	118,5	248,6	57,7	890,1	1933	107,7	226,0	52,5	809,2	1758
160	161,9	304,6	78,1	1058	2329	147,2	276,9	71,0	961,9	2117
180	212,0	353,6	102,0	1237	2718	192,8	321,5	92,8	1125	2471
200	272,4	405,3	130,4	1427	3151	247,7	368,5	118,5	1297	2864
220	340,7	459,6	162,9	1628	3587	309,7	417,8	148,0	1480	3261
240	508,1	593,6	241,4	2199	4790	461,9	539,6	219,5	2000	4355
260	605,7	642,2	286,2	2414	5271	550,6	583,9	260,2	2194	4792
280	711,8	710,1	335,2	2634	5764	647,0	645,5	304,7	2394	5240
300	978,6	875,9	459,2	3351	7274	889,7	796,2	417,4	3046	6613
320	1064	928,2	468,2	3425	7489	967,6	843,9	425,6	3114	6808
340	1132	980,6	468,7	3425	7580	1029	891,5	426,0	3114	6891
360	1197	1033	466,2	3414	7651	1088	939,1	423,8	3104	6956
400	1337	1141	464,2	3403	7819	1215	1037	422,0	3094	7108
450	1519	1274	465,4	3403	8051	1381	1159	423,1	3094	7319
500	1703	1408	463,7	3392	8263	1548	1280	421,5	3084	7512
550	1904	1548	465,0	3392	8505	1731	1407	422,7	3084	7732
600	2105	1688	463,3	3381	8728	1914	1534	421,2	3073	7934
650	2318	1827	464,6	3381	8970	2107	1661	422,3	3073	8154
700	2529	1967	462,9	3370	9192	2299	1788	420,8	3063	8357
800	2997	2252	463,3	3359	9702	2725	2048	421,2	3053	8820
900	3466	2532	462,9	3348	10167	3151	2301	420,8	3043	9243
1000	3976	2817	465,5	3348	10661	3615	2561	423,2	3043	9692

Für Baustähle S 355 gelten die 1,5 fachen Werte.

3.4 Stabilitätsnachweise, mehrteilige einfeldrige Stäbe

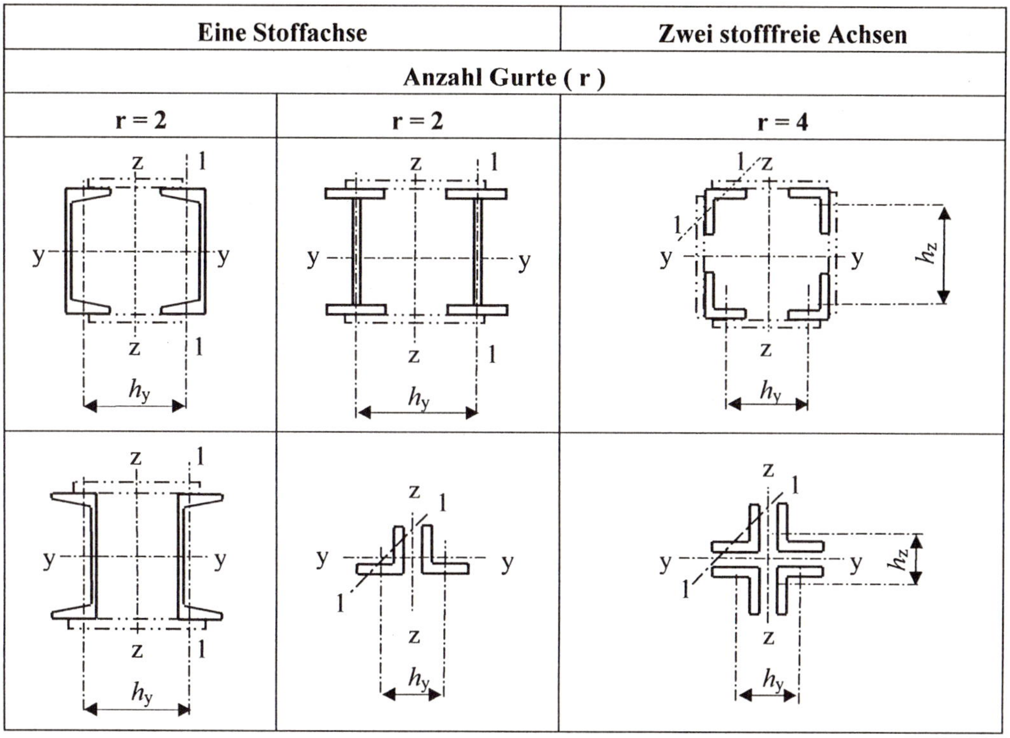

Bild 3-14 Allgemein gebräuchliche Querschnitte

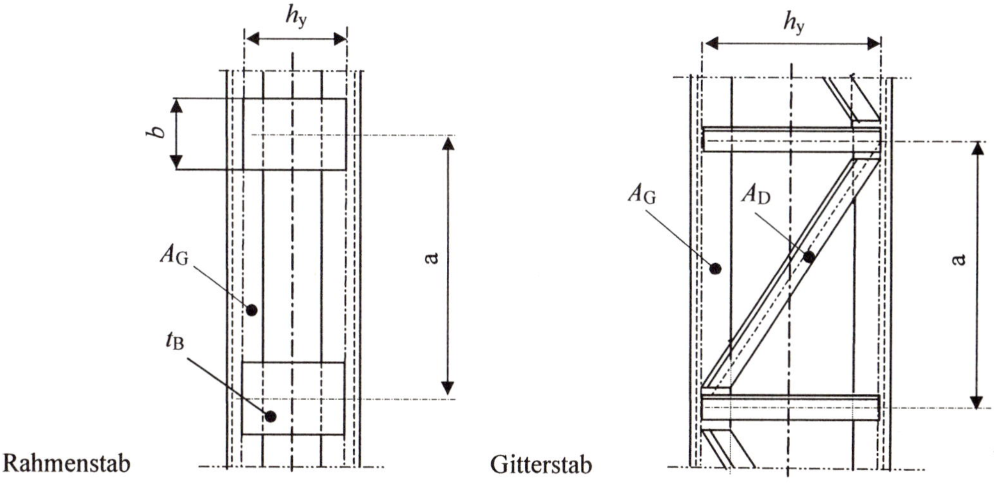

Bild 3-15 Mehrteilige Stäbe, Beispiele

3.4.1 System- und Querschnittsgrößen für mehrteilige Stäbe

Einzelstab	Schlankheitsgrad des Gurtabschnittes	$$\lambda_{K,1} = \frac{s_{K,1}}{i_1}$$ $s_{K,1}$ = Knicklänge des Gurtabschnittes nach Tabelle 3.31
Gesamtstab	Schlankheitsgrad des Ersatzstabes ohne Berücksichtigung der Querkraftverformung	$$\lambda_{K,z} = \frac{s_{K,z}}{i_z} \qquad (3\text{-}114)$$ $s_{K,z}$ = Knicklänge des Ersatzstabes
	Ungeschwächte Querschnittsfläche des Gesamtstabes	$$A = \sum A_G$$
	Flächenmoment 2. Grades des Gesamtquerschnitts um die stofffreie z-Achse	$$I_z = \sum (A_G \cdot y_s^2 + I_{z,G}) \qquad (3\text{-}115)$$ y_s = Schwerpunktabstand des einzelnen Gurtquerschnittes von der z-Achse Annahme: schubstarre Verbindung der Gurte
	Trägheitsradius des Gesamtstabes	$$i_z = \sqrt{\frac{I_z}{A}}$$
	Rechenwert für das Flächenmoment 2. Grades des Gesamtquerschnitts bei: - Rahmenstäben	$$I_z^* = \sum (A_G \cdot y_s^2 + \eta \cdot I_{z,G}) \qquad (3\text{-}116)$$ Korrekturwerte η $\lambda_{K,z} \leq 75$: $\eta = 1$ $75 < \lambda_{K,z} \leq 150$: $\eta = 2 - \frac{\lambda_{K,z}}{75}$ $\lambda_{K,z} > 150$: $\eta = 0$
	- Gitterstäben	$$I_z^* = \sum (A_G \cdot y_s^2) \qquad (3\text{-}117)$$
	Widerstandsmoment des Gesamtquerschnitts, bezogen auf die Schwerachse des Gurtes	$$W_z^* = \frac{I_z^*}{y_s}$$
	Bemessungswert der Schubsteifigkeit des Ersatzstabes für: - Rahmenstäbe	$$S_{z,d}^* = \frac{2 \cdot \pi^2 \cdot (E \cdot I_{z,G})_d}{a^2} \qquad (3\text{-}118)$$ a = Abstand zwischen 2 Knotenpunkten
	- Gitterstäbe	$$S_{z,d}^* = m \cdot (E \cdot A_D)_d \cdot \cos\alpha \cdot \sin^2\alpha$$ m = Anzahl der zur stofffreien Achse rechtwinkligen Verbände A_D = ungeschwächte Querschnittsfläche eines Gurtes α nach Tabelle 3.31

Tabelle 3.31 Knicklängen $s_{K,1}$ von mehrteiligen Stäben

Gitterstäbe					Rahmenstäbe
1	2	3	4	5	6
$s_{K,1} = 1{,}52 \cdot a$	$s_{K,1} = 1{,}28 \cdot a$	$s_{K,1} = a$	$s_{K,1} = a$	$s_{K,1} = a$	$s_{K,1} = a$

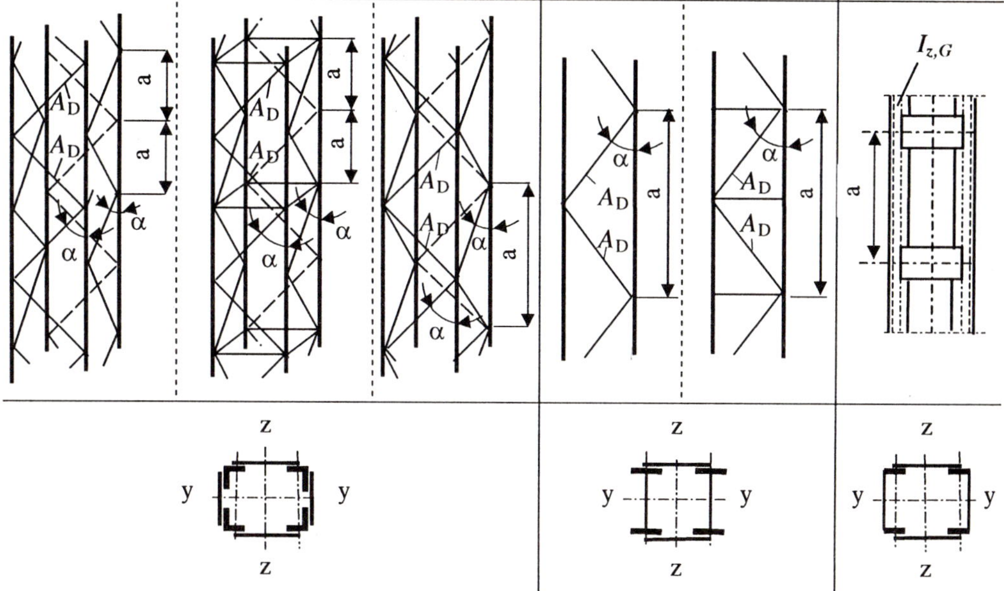

Die Knicklängen $s_{K,1}$ nach Spalte 1 und 2 gelten nur für Gurte aus Winkelstählen, wobei der Schlankheitsgrad λ_i mit dem kleinsten Trägheitsradius i_1 gebildet wird.

Werden ausnahmsweise Verbindungsmittel mit Schlupf verwendet, so darf dies durch entsprechende Erhöhung der geometrischen Ersatzimperfektionen berücksichtigt werden.

3.4.2 Schnittgrößen am Gesamtstab

Verzweigungslast	$N_{Ki,z,d} = \dfrac{1}{\dfrac{l^2}{\pi^2 \cdot (E \cdot I_z^*)_d} + \dfrac{1}{S_{z,d}^*}}$	(3-119)
Biegemoment in Stabmitte	$M_z = \dfrac{N \cdot v_0}{1 - \dfrac{N}{N_{Ki,z,d}}}$	(3-120)
Max. Querkraft am Stabende	$\max V = \dfrac{\pi \cdot M_z}{l}$	(3-121)

3.4.3 Nachweis Gesamtstab

- **Ausweichen rechtwinklig zur Stoffachse.** Stäbe mit einer Stoffachse sind für das Ausweichen rechtwinklig zu dieser Achse wie einteilige Stäbe nach Kapitel 3.3 zu bemessen und nachzuweisen. Für Druck und planmässige Biegung M_y gilt das nur, wenn kein planmässiges Biegemoment M_z vorhanden ist.
- **Ausweichen rechtwinklig zur stofffreien Achse.** Die Einzelglieder sind für die sich aus den Schnittgrößen des Gesamtsystems nach Kapitel 3.4.2 ergebenden Schnittgrößen zu bemessen und nachzuweisen.

3.4.4 Nachweis der Einzelstäbe

Gurte - Normalkraft des meistbeanspruchten Gurtes von Rahmen- und Gitterstäben.	$N_G = \frac{N}{r} \pm \frac{M_z}{W_z^*} \cdot A_G$ (3-122) r = Anzahl Gurte
- Einzelgurt; Nachweis nach Kapitel 3.3.3 für planmässig mittigen Druck mit beidseitig gelenkiger Lagerung.	$\frac{N_G}{\kappa \cdot N_{pl,d}} \leq 1$ (3-123) Abminderungsfaktor κ mit $\lambda_{K,1}$
Füllstäbe von Gitterstäben - Normalkraft N_D	$N_D = \frac{\max V_y}{\sin\alpha}$ (3-124) α = Neigungswinkel der Diagonalen
- Nachweis nach Kapitel 3.3.3, planmässig mittiger Druck unter Annahme beidseitig gelenkiger Lagerung.	$\frac{N_D}{\kappa \cdot N_{pl,d}} \leq 1$ Abminderungsfaktor κ mit der Knicklänge $s_{K,D}$ bei Ausweichen: - in Füllstabebene; $s_{K,D} = 0{,}9 \cdot l$ - rechtwinklig zur Füllstabebene; $s_{K,D} = 1{,}0 \cdot l$
Einzelfelder von Rahmenstäben zwischen zwei Bindeblechen. Schnittgrössen:	Nachweis nach Kapitel 3.3.5
- Stabendmoment - Querkraft - Normalkraft	$M_G = \frac{\max V_y}{r} \cdot \frac{a}{2}$ (3-125) $V_G = \frac{\max V_y}{r}$ (3-126) $N_G = \frac{N}{r} \pm \frac{M_z(x_B)}{W_z^*} \cdot A_G$ (3-127) x_B = Längskoordinate an der Stelle des Bindebleches

Allgemeine Regeln

- Einfachsymmetrische Querschnitte. Das aufnehmbare Moment M an den Enden des Gurtabschnittes darf aus dem Mittelwert der aus der Interaktionsbedingung zu entnehmenden Momente $\pm M_{pl,NG}$ gebildet werden.
- Die plastische Tragfähigkeit nach den Interaktionsbedingungen darf ausgenutzt werden, die Querkraft V_G, ist dabei im Allgemeinen vernachlässigbar.
- Die aufnehmbaren Momente $M_{pl,NG}$ der Gurte am Bindeblechanschluss sind wegen der unterschiedlichen Drehrichtung verschieden groß. Das Rahmenfeld versagt erst bei Ausnutzung aller $M_{pl,NG}$-Werte.
- Gurte aus Winkelprofilen. Die Momentenachsen sind parallel zur stofffreien Achse anzunehmen.

3.4.5 Nachweis der Bindebleche

Bindebleche bei Rahmenstäben sind folgendermaßen anzuordnen:

- an den Stabenden
- in gleichen bzw. annähernd gleichen Abständen mit $a \leq 70 \cdot i_1$
- Anzahl Felder $n \geq 3$

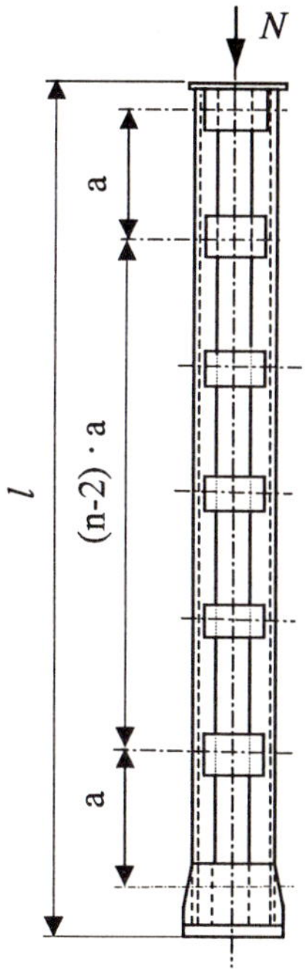

Bild 3-16 Rahmenstütze

Tabelle 3.32 Schnittgrößenverteilung in Bindeblechen von Rahmenstäben

1	Querschnitt mehrteiliger Rahmenstäbe	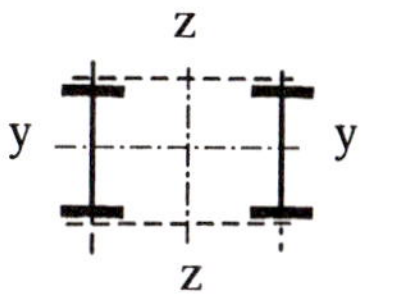
2	Statisches Model	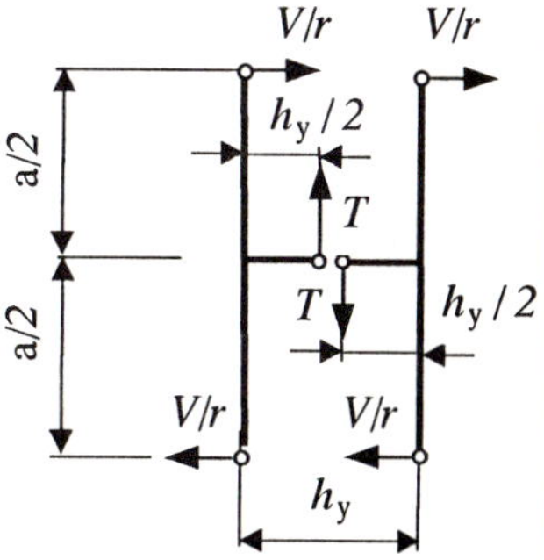
3	Biegemomentenverteilung in der Querverbindung unter den Schubkräften T	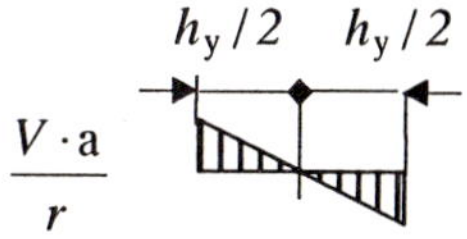
4	Schubkraft T in der Querverbindung	$T = \frac{V \cdot a}{h_y}$

3.4.6 Mehrteilige Rahmenstäbe mit geringer Spreizung

Querschnitte mit einer stofffreien Achse nach Tabelle 3.33, bei denen der lichte Abstand der Einzelstäbe nicht / oder nur wenig größer ist als die Dicke des Bindebleches.

Diese Stäbe dürfen auch für das Ausweichen der Stäbe rechtwinklig zur stofffreien Achse wie einteilige Stäbe nach Kapitel 3.3 berechnet werden, unter folgenden Voraussetzungen:

- Die Abstände der Bindebleche oder Flachfutterstücke betragen: $a \leq 15\, i_1$

oder

- Zur Verbindung wird ein durchgehendes Flachstahlfutter verwendet, das in Abständen $a \leq 15\, i_1$ angeschlossen wird.

Tabelle 3.33 Querschnitte von mehrteiligen Rahmenstäben mit geringer Spreizung

<table>
<tr><td colspan="3">Anzahl</td></tr>
<tr><td colspan="2">Stoffachsen</td><td>stofffreie Achsen</td></tr>
<tr><td>1</td><td>1</td><td>2</td></tr>
<tr><td>$r = 2$</td><td>$r = 2$</td><td>$r = 4$</td></tr>
<tr><td>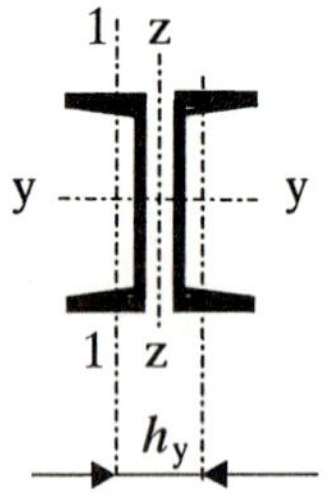
</td><td>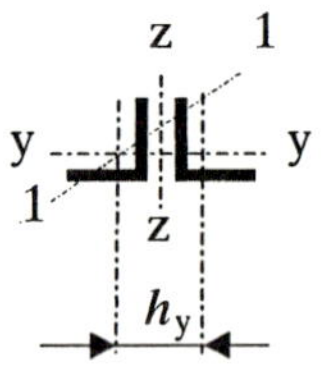
</td><td>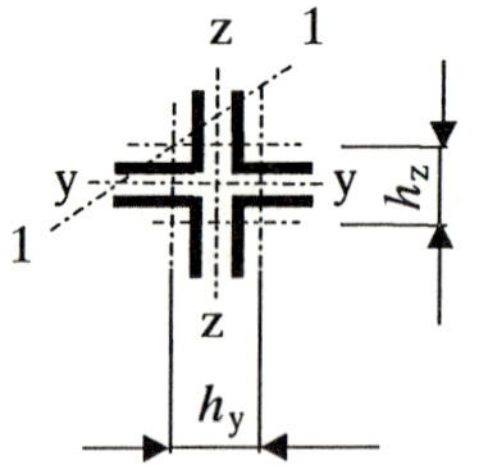
</td></tr>
</table>

Winkel über Eck

<table>
<tr><td colspan="2">$r = 2$</td></tr>
<tr><td rowspan="2">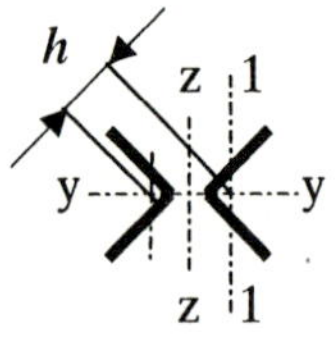
</td><td>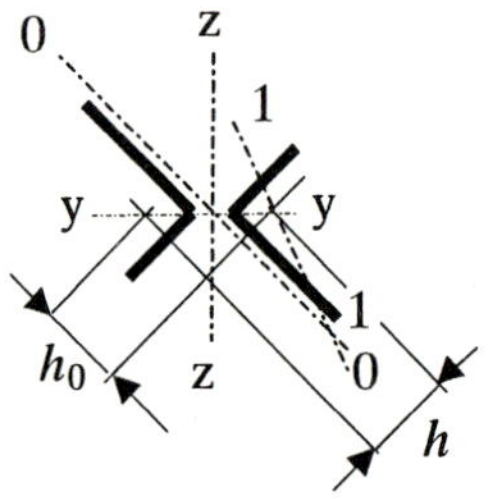
</td></tr>
<tr><td>$i_y = \frac{i_0}{1{,}15}$</td></tr>
<tr><td colspan="2">$\lambda_{K,i} = \frac{s_{K,i}}{i_y}$</td></tr>
</table>

3.5 Stabwerke

Die Berechnung von Stabwerken, Rahmen und Durchlaufträgern erfolgt heute in der Regel elektronisch, mit einem entsprechenden Stabwerksprogramm. Das gilt vor allem für Schnittgrößenermittlungen nach Theorie II. Ordnung. Es werden hier somit nur Teilbereiche behandelt. Wiedergegeben sind Formeln und Regeln für einfache Systeme, für welche der Eingabeaufwand bei EDV-Berechnungen eventuell zu umfangreich ist.

Bei Bedarf siehe DIN 18800 Teil 2 (1990) El. 505 bis 531.

3.5.1 Fachwerke

Allgemeines

- Die Stabkräfte eines Fachwerkes dürfen unter Annahme gelenkiger Knotenpunktausbildungen berechnet werden. Nebenspannungen infolge der Knotenausbildung brauchen nicht berücksichtigt zu werden.
- Bei Druckgurten mit veränderlichem Querschnitt darf in der Regel die Außermittigkeit des Kraftangriffes im Einzelstab unberücksichtigt bleiben, wenn die gemittelte Schwerachse der Einzelquerschnitte in die Systemlinie des Druckgurtes gelegt wird.
- Druckbeanspruchte Stäbe dürfen nach Kapitel 3.3 bzw. Kapitel 3.4 nachgewiesen werden. Bei Überschreitung der Grenzwerte grenz(b/t) einzelner Querschnittsteile ist der Nachweis nach DIN 18800 Teil 2 (1990) Abschnitt 7 „Planmäßig gerade Stäbe mit ebenen dünnwandigen Querschnittsteilen“ zu führen.
- Knicklängen planmäßig mittig gedrückter Stäbe mit: l = Netzlänge.
  1. Knoten sind gegen Ausweichen aus der Fachwerkebene unverschieblich gehalten, Anschluss geschweißt oder mit mindestens 2 Schrauben.
     - In der Fachwerkebene:

       Gurte $s_K = l$

       Füllstäbe $s_K = 0{,}9\, l$
     - Rechtwinklig zur Fachwerksebene:

       Gurte s_K = Abstand der unverschieblich gehaltenen Punkte

       Füllstäbe $s_K = l$
  2. Knoten sind rechtwinklig zur Fachwerksebene durch Querträger- oder Riegel horizontal gehalten; Knicklängen nach DIN 18800 Teil 2 Abschnitt 5.
- Füllstäbe aus einem einteiligen Winkelprofil.
  - Bei Winkelprofilen, die gelenkig z. B. mit nur einer Schraube angeschlossen sind, ist der Einfluss der Exzentrizität zu berücksichtigen.
  - Wenn einer der beiden Winkelschenkel im Knoten biegesteif angeschlossen ist, darf der Einfluss der Exzentrizität vernachlässigt und die Biegeknickuntersuchung nach Kapitel 3.3.1 mit einem bezogenen Ersatzschlankheitsgrad nach Tabelle 3.34 geführt werden.

Bild 3-17 Beispiele für biegesteif angeschlossene Winkelprofile

Tabelle 3.34 Bezogener Schlankheitsgrad und Ersatzschlankheitsgrad für Füllstäbe

Bezogener Schlankheitsgrad des Füllstabes	$\bar{\lambda}_K = \dfrac{l}{i_1 \cdot \lambda_a}$ l = Systemlänge des Füllstabes i_1 = min. Trägheitsradius des Winkelquerschnittes	
Bezogener Ersatzschlankheitsgrad des Füllstabes	$0 < \bar{\lambda} \leq \sqrt{2}$	$\bar{\lambda}'_K = 0{,}35 + 0{,}753 \cdot \bar{\lambda}_K$
	$\sqrt{2} < \bar{\lambda} \leq 3{,}0$	$\bar{\lambda}'_K = 0{,}35 + 0{,}753 \cdot \bar{\lambda}_K$

3.5.2 Rahmen und Durchlaufträger mit unverschieblichen Knotenpunkten

Tabelle 3.35 Steifigkeit einzelner Aussteifungselemente

Wandscheibe z.B. Mauerwerk	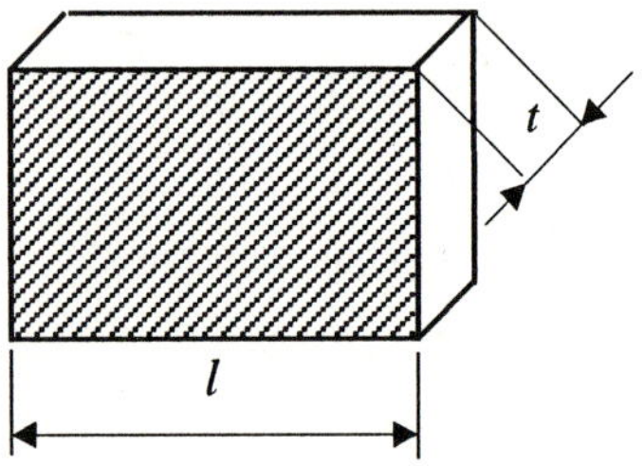	$S_{Ausst} = G \cdot t \cdot l$
Verband; eine Diagonale wirksam	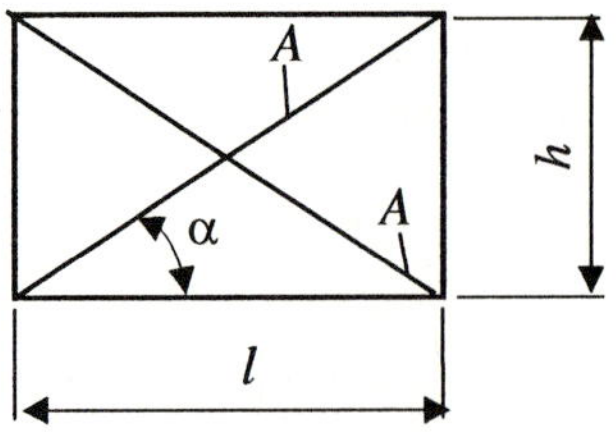	$S_{Ausst} = E \cdot A \cdot \sin\alpha \cdot \cos^2\alpha$ doppelter Wert bei ausreichender Vorspannung des Verbandes

3.5.3 Knicklängenbeiwerte für freistehende Rahmen

Tabelle 3.36 Knicklängenbeiwerte der Stiele freistehender Rechteckrahmen nach DIN 4114 Blatt 1

<table>
<tr><td>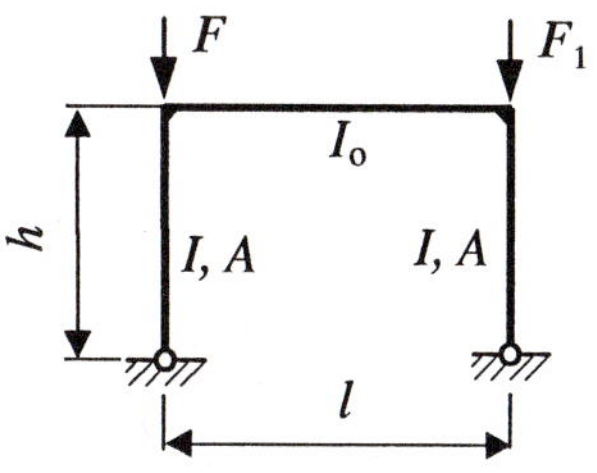
</td><td>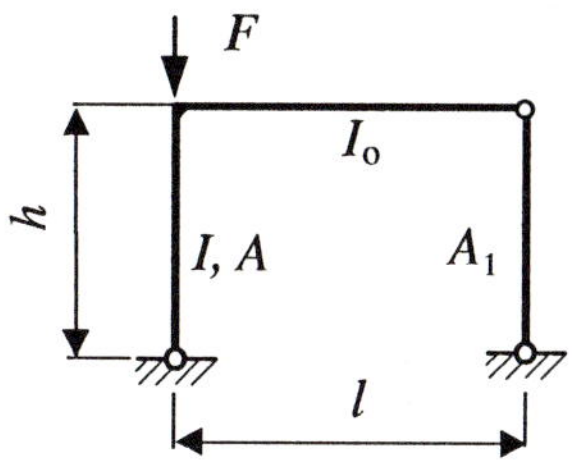
</td><td>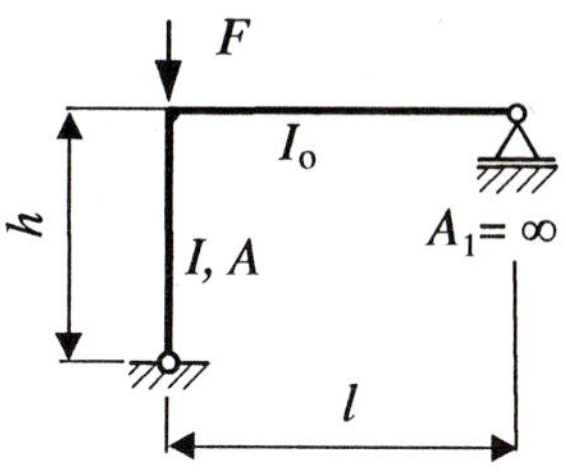
</td></tr>
<tr><td>$m = \frac{F_1}{F} \le 1$</td><td colspan="2">$m = 1$</td></tr>
<tr><td>$c = \frac{I \cdot l}{I_0 \cdot h} \le 10$</td><td colspan="2">$c = \frac{2 \cdot I \cdot l}{I_0 \cdot h}$</td></tr>
<tr><td>$\alpha = \frac{4 \cdot I}{l^2 \cdot A} \le 0{,}2$</td><td colspan="2">$\alpha = \frac{I}{l^2} \cdot \left(\frac{1}{A} + \frac{1}{A_1} \right)$</td></tr>
<tr><td colspan="3">$\beta = \sqrt{\frac{1+m}{2}} \cdot \sqrt{4 + 1{,}4 \cdot (c + 6 \cdot \alpha) + 0{,}02 \cdot (c + 6 \cdot \alpha)^2}$</td></tr>
<tr><td colspan="3">Stützen eingespannt</td></tr>
<tr><td>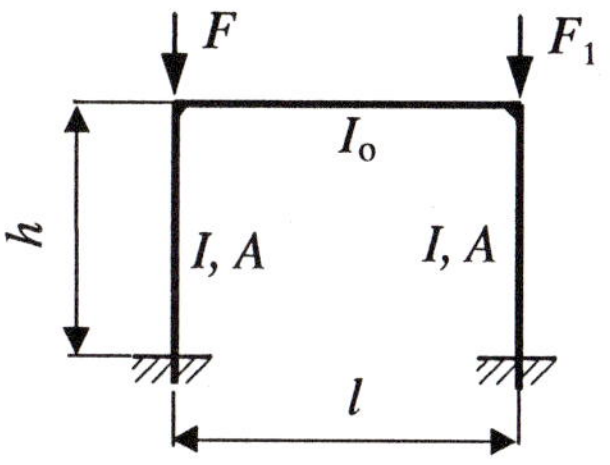
</td><td>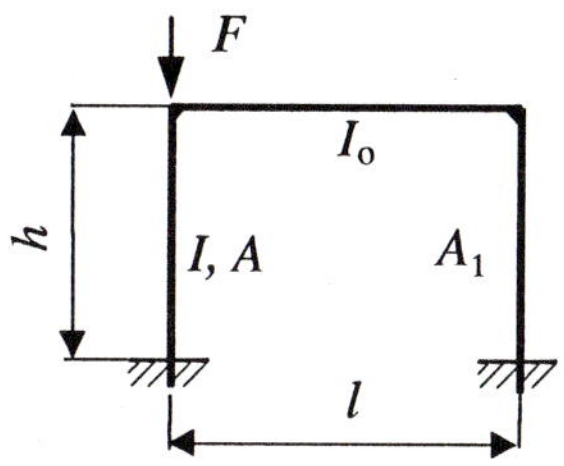
</td><td>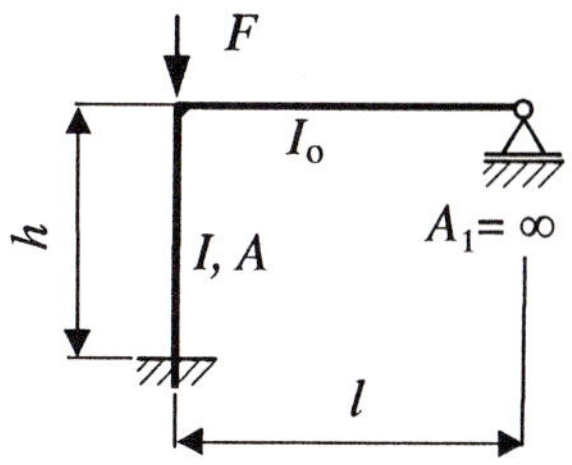
</td></tr>
<tr><td>$m = \frac{F_1}{F} \le 1$</td><td colspan="2">$m = 1$</td></tr>
<tr><td>$c = \frac{I \cdot l}{I_0 \cdot h} \le 10$</td><td colspan="2">$c = \frac{2 \cdot I \cdot l}{I_0 \cdot h}$</td></tr>
<tr><td>$\alpha = \frac{4 \cdot I}{l^2 \cdot A} \le 0{,}2$</td><td colspan="2">$\alpha = \frac{I}{l^2} \cdot \left(\frac{1}{A} + \frac{1}{A_1} \right)$</td></tr>
<tr><td colspan="3">$\beta = \sqrt{\frac{1+m}{2}} \cdot \sqrt{4 + 0{,}35 \cdot (c + 6 \cdot \alpha) - 0{,}017 \cdot (c + 6 \cdot \alpha)^2}$</td></tr>
</table>

3.6 Plattenbeulen

Beulen: Versagen einer Platte durch Verschiebungen rechtwinklig zu ihrer Ebene.

3.6.1 Beulfelder

Gesamtfelder: Versteifte oder unversteifte Platten, die in der Regel an ihren Längs- oder Querrändern unverschieblich gelagert sind. Siehe Bild 3-18.

Ränder können auch elastisch gestützt, Längsränder auch frei sein.

Teilfelder: Längsversteifte oder unversteifte Platten, die zwischen benachbarten Quersteifen oder zwischen einem Querrand und einer benachbarten Quersteife und den Längsrändern des Gesamtfeldes liegen.

Einzelfelder: Unversteifte Platten, die zwischen Steifen oder zwischen Steifen und Rändern längsversteifter Teilfelder liegen. Querschnittsteile von Steifen sind ebenfalls Einzelfelder.

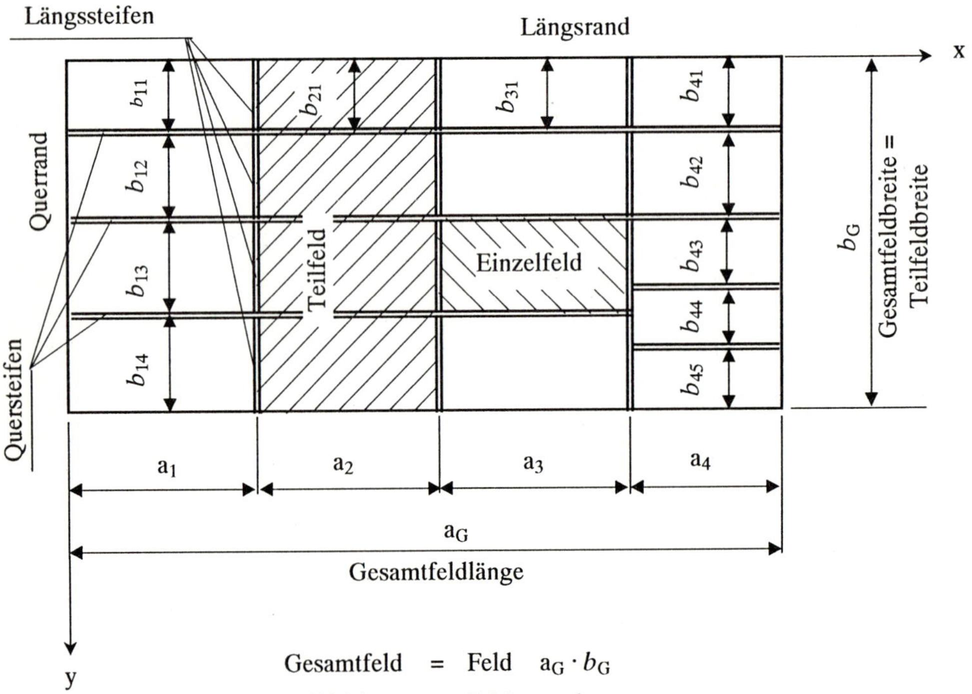

Gesamtfeld = Feld $a_G \cdot b_G$

Teilfelder = Felder $a_i \cdot b_G$

Einzelfelder = Felder $a_i \cdot b_{ik}$

Bild 3-18 Beulfelder

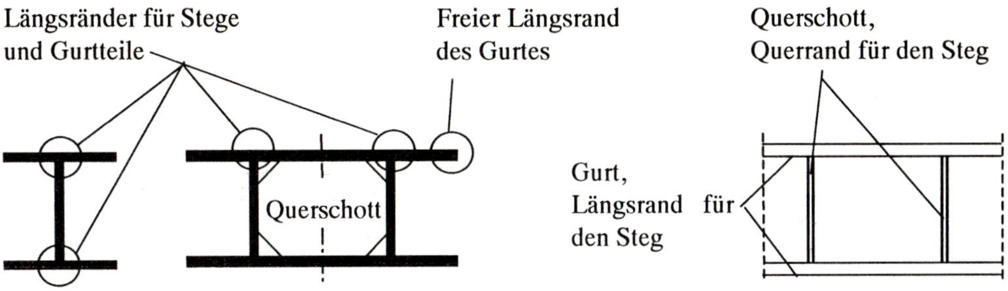

Bild 3-19 Beispiele für Plattenränder von Stegen und Gurtteilen

3.6.2 Maßgebende Beulfeldbreite

Die Beulfeldbreiten b_G und b_{ik} dürfen in Übereinstimmung mit DIN 18800 Teil 1, Tabellen 12 und 13, als Abstände der Schweißnähte festgelegt werden.

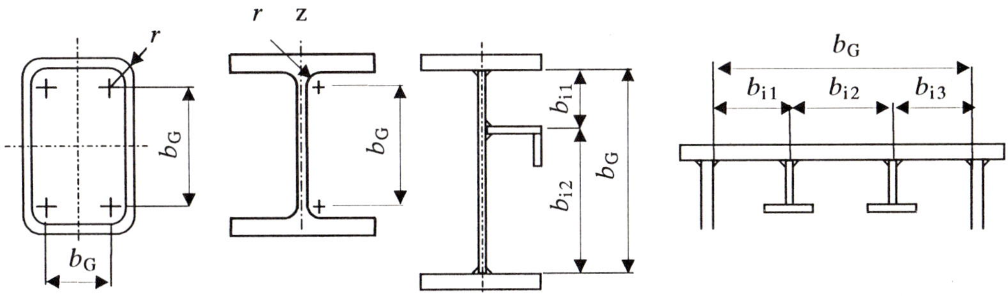

Bild 3-20 Maßgebende Beulfeldbreite b_G oder b_{ik}

3.6.3 Beanspruchungen

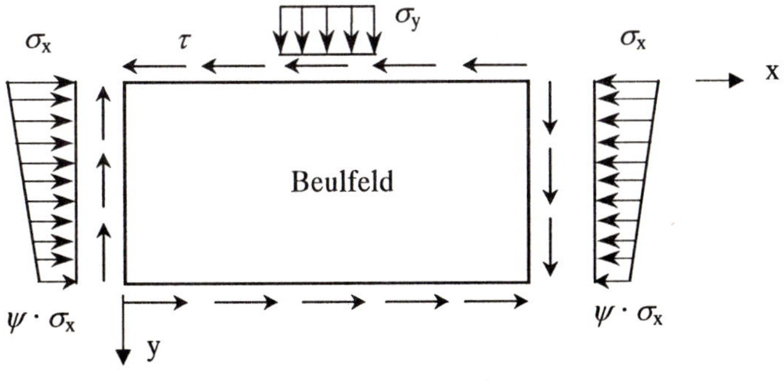

Bild 3-21 Spannungen im Beulfeld

3.6.4 Systemgrößen für Plattenbeulen

Platten	Seitenverhältnis		$$\alpha = \frac{a}{b}$$ a = Länge des Beulfeldes, b = Breite des Beulfeldes
	Bezugsspannung		$$\sigma_e = \frac{\pi^2 \cdot E}{12 \cdot (1-\mu^2)} \cdot \left(\frac{t}{b}\right)^2$$ t = Plattendicke bei E = 210000 N/mm² und μ = 0,3 (Querdehnzahl) $$\sigma_e = 189800 \cdot \left(\frac{t}{b}\right)^2 \text{ N/mm}^2$$
	Ideale Beulspannung bei alleiniger Wirkung von Randspannungen	σ_x	$$\sigma_{x\,Pi} = k_{\sigma x} \cdot \sigma_e$$
		σ_y	$$\sigma_{y\,Pi} = k_{\sigma y} \cdot \sigma_e$$
		τ	$$\tau_{x\,Pi} = k_\tau \cdot \sigma_e$$ $k_{\sigma x}, k_{\sigma y}, k_\tau$ = Beulwerte bei alleiniger Wirkung von σ_x, σ_y, τ nach Tabelle 3.37
	Plattenschlankheitsgrad		$$\lambda_P = \pi \cdot \sqrt{\frac{E}{\sigma_{Pi}}}$$ bzw. $$\lambda_P = \pi \cdot \sqrt{\frac{E}{\tau_{Pi}}}$$
	Bezogener Plattenschlankheitsgrad		$$\bar{\lambda}_P = \frac{\lambda_P}{\lambda_a}$$ Ansatz nach Tabelle 3.38
Steifen	Bezogene Querschnittsfläche		$$\delta = \frac{A}{b_G \cdot t}$$ A = Querschnittsfläche ohne wirksame Plattenanteile
	Bezogenes Flächenmoment 2. Grades		$$y = 12 \cdot (1-\mu^2) \cdot \frac{I}{b_G \cdot t^3}$$ I = Flächenmoment 2. Grades der Steife, berechnet mit den wirksamen Gurtbreiten b_G mit $\mu = 0{,}3$: $$y = 10{,}92 \cdot \frac{I}{b_G \cdot t^3}$$

3.6.5 Beulsteifen

Wirksame Gurtbreite gedrückter Längssteifen

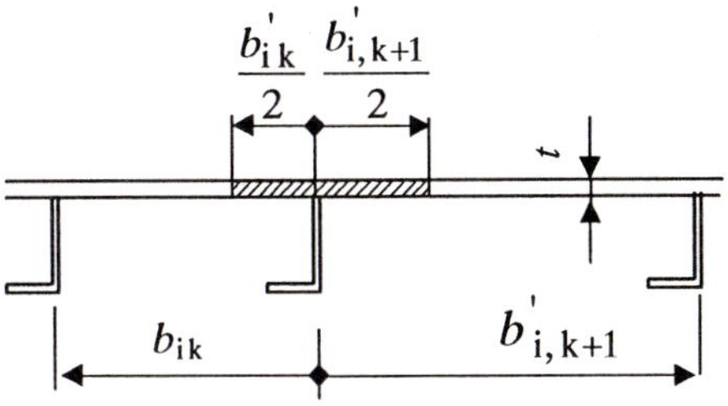

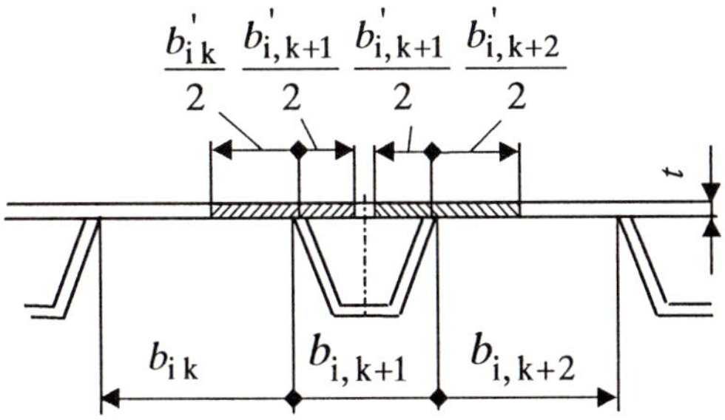

$$b' = \frac{b'_{ik}}{2} + \frac{b'_{i,k+1}}{2}$$

$$b'_{ik} = 0{,}605 \cdot t \cdot \lambda_a \cdot \left(1 - 0{,}133 \cdot \frac{t - \lambda_a}{b_{ik}}\right)$$

jedoch:

$$b'_{ik} \le b_{ik} \quad \text{und} \quad b'_{ik} \le \frac{a_i}{3}$$

Wirksame Gurtbreite gedrückter Randsteifen

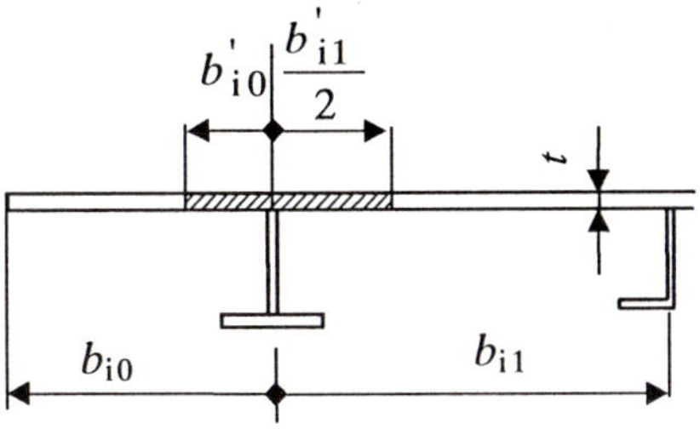

$$b' = b'_{i0} + \frac{b'_{i1}}{2}$$

$$b'_{i0} = 0{,}138 \cdot t \cdot \lambda_a = \frac{0{,}7}{\lambda_p} \cdot b_{i0}$$

jedoch:

$$b'_{i0} \le b_{i0} \quad \text{und} \quad b'_{i0} \le \frac{a_i}{6}$$

Wirksame Gurtbreite nicht gedrückter Längs- und Randsteifen

$$b'_{ik} = b_{ik} \le \frac{a_i}{3}$$

$$b'_{i0} = b_{i0} \le \frac{a_i}{6}$$

Wirksame Gurtbreite von Quersteifen

Die wirksame Gurtbreite ist sinngemäß wie für Längssteifen zu berechnen.

Wirksame Gurtbreite anderer Steifenteile

Die wirksame Breite anderer Steifenteile und ihre Aufteilung ist nach DIN 18800 Teil 2 Abschnitt 7.3 zu ermitteln.

3.6.6 Beulwerte und Abminderungsfaktoren für Beulfelder

Tabelle 3.37 Beulwerte k_σ und k_τ für unversteifte Beulfelder

Beanspruchung		Beulspannung	Gültigkeitsbereich	Beulwert
Geradlinig verteilte Druckspannungen $0 \le \psi \le 1$	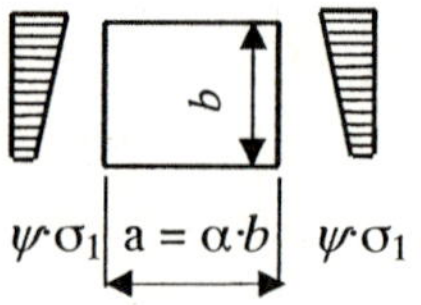	$\sigma_{x,Pi} = k_\sigma \cdot \sigma_e$	$\alpha \ge 1$	$k_\sigma = \frac{8{,}4}{\psi + 1{,}1}$
			$\alpha < 1$	$k_\sigma = \left[\alpha + \frac{1}{\alpha}\right]^2 \cdot \frac{2{,}1}{\psi \cdot 1{,}1}$
Geradlinig verteilte Druck- und Zugspannungen mit überwiegendem Druck $-1 < \psi < 0$	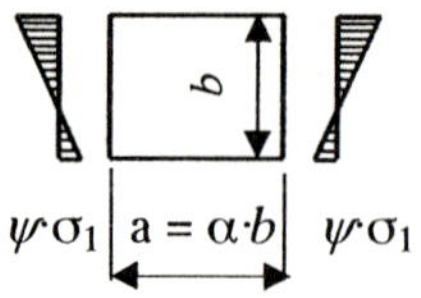	$\sigma_{x,Pi} = k_\sigma \cdot \sigma_e$		$k_\sigma = (1+\psi) \cdot k' - \psi \cdot k'' + 10\,\psi \cdot (1+\psi)$ k' = Beulwert für $\psi = 0$ k'' = Beulwert für $\psi = -1$
Geradlinig verteilte Druck- und Zugbeanspruchung mit gegengleichen Randwerten $\psi = -1$	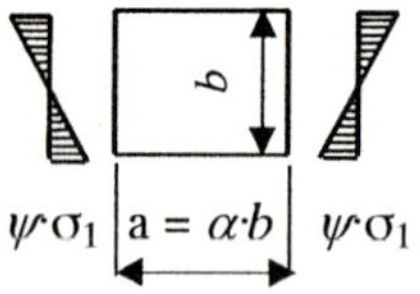	$\sigma_{x,Pi} = k_\sigma \cdot \sigma_e$	$\alpha \ge \frac{2}{3}$	$k_\sigma = 23{,}9$
Oder mit überwiegendem Zug *) $\psi < -1$	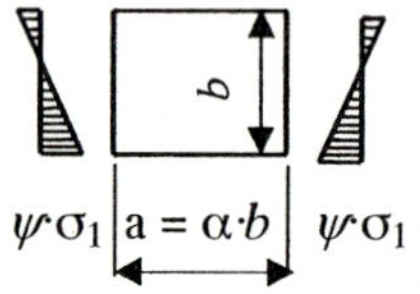		$\alpha < \frac{2}{3}$	$k_\sigma = 15{,}87 + \frac{1{,}87}{\alpha^2} + 8{,}6 \cdot \alpha^2$
Gleichmäßig verteilte Schubspannungen	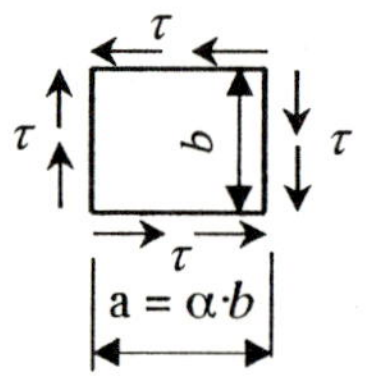	$\tau_{Pi} = k_\tau \cdot \sigma_e$	$\alpha \ge 1$	$k_\tau = 5{,}34 + \frac{4}{\alpha^2}$
			$\alpha < 1$	$k_\tau = 4 + \frac{5{,}34}{\alpha^2}$

*) Bei der Berechnung des Seitenverhältnisses α und der Eulerspannung σ_e ist hier b durch den ideellen Wert $b_i = 2\,b_D$ zu ersetzen, wobei $b_D < 0{,}5\,b$ die Breite der Druckzone ist. Dies ist jedoch nicht zulässig für die Berechnung des Beulwertes k_τ gleichzeitig wirkender Schubspannungen und der Bezugsspannung σ_e zur Ermittlung der Beulspannung τ_{Pi}.

Tabelle 3.38 Abminderungsfaktoren κ (= bezogene Tragbeulspannungen) bei alleiniger Wirkung von σ_x, σ_y, oder τ

Beulfeld	Lagerung	Beanspruchung	Bezogener Schlankheitsgrad	Abminderungsfaktor
Einzelfeld	Allseitig gelagert	Normalspannungen σ mit dem Randspannungsverhältnis $\psi_T \leq 1$ *)	$\bar{\lambda}_p = \sqrt{\frac{f_{y,k}}{\sigma_{Pi}}}$	$\kappa = c \cdot \left(\frac{1}{\bar{\lambda}_P} - \frac{0{,}22}{\bar{\lambda}_P^2} \right) \leq 1$ mit: $c = 1{,}25 - 0{,}12 \cdot \psi_T \leq 1{,}25$
Einzelfeld	Allseitig gelagert	Schubspannungen τ	$\bar{\lambda}_p = \sqrt{\frac{f_{y,k}}{\tau_{Pi} \cdot \sqrt{3}}}$	$\kappa_T = \frac{0{,}84}{\bar{\lambda}_P} \leq 1$
Teil- und Gesamtfeld	Allseitig gelagert	Normalspannungen σ mit dem Randspannungsverhältnis $\psi \leq 1$	$\bar{\lambda}_p = \sqrt{\frac{f_{y,k}}{\sigma_{Pi}}}$	$\kappa = c \cdot \left(\frac{1}{\bar{\lambda}_P} - \frac{0{,}22}{\bar{\lambda}_P^2} \right) \leq 1$ mit $c = 1{,}25 - 0{,}25 \cdot \psi \leq 1{,}25$
Teil- und Gesamtfeld	Dreiseitig gelagert	Normalspannungen σ	$\bar{\lambda}_p = \sqrt{\frac{f_{y,k}}{\sigma_{Pi}}}$ **)	$\kappa = \frac{1}{\bar{\lambda}_P^2 + 0{,}51} \leq 1$
Teil- und Gesamtfeld	Dreiseitig gelagert	Konstante Randverschiebung u	$\bar{\lambda}_p = \sqrt{\frac{f_{y,k}}{\sigma_{Pi}}}$ **)	$\kappa = \frac{0{,}7}{\bar{\lambda}_P} \leq 1$
Teil- und Gesamtfeld	Allseitig gelagert, ohne Längssteifen	Schubspannungen τ	$\bar{\lambda}_p = \sqrt{\frac{f_{y,k}}{\tau_{Pi} \cdot \sqrt{3}}}$	$\kappa_T = \frac{0{,}84}{\bar{\lambda}_P} \leq 1$
Teil- und Gesamtfeld	Allseitig gelagert, mit Längssteifen	Schubspannungen τ	$\bar{\lambda}_p = \sqrt{\frac{f_{y,k}}{\tau_{Pi} \cdot \sqrt{3}}}$	für $\bar{\lambda}_P \leq 1{,}38$: $\kappa_T = \frac{0{,}84}{\bar{\lambda}_P} \leq 1$ für $\bar{\lambda}_P > 1{,}38$: $\kappa_T = \frac{1{,}16}{\bar{\lambda}_P}$

*) Bei Einzelfeldern ist ψ_T das Randspannungsverhältnis des Teilfeldes in dem das Einzelfeld liegt.

**) Zur Ermittlung von σ_{Pi} ist der Beulwert min k_σ(a) für ψ = 1 einzusetzen.

3.6.7 Nachweise, Abgrenzungskriterien

Keine Beulsicherheitsnachweise erforderlich:

- für Platten, deren Ausbeulen durch angrenzende Bauteile verhindert wird.
- für Stege, die nur durch Spannungen σ_x und τ und keine oder vernachlässigbare Spannungen σ_y beansprucht werden.
  - Von Walzprofilen nach DIN 1025 Teil 1 (I-Profile) und DIN 1026 (U-Profile) mit der Streckgrenze $f_{y,k}$ = 240 oder 360 N/mm², und beliebigem Randspannungsverhältnis ψ.
  - Von Walzprofilen nach DIN 1025 Teil 2 bis Teil 5 (IPE, HE-A, HE-B, HE-M) mit der Streckgrenze $f_{y,k}$ = 240 N/mm² und dem Randspannungsverhältnis $\psi \leq 0{,}7$.
  - Von Walzprofilen nach DIN 1025 Teil 2 bis Teil 5 (IPE, HE-A, HE-B, HE-M) mit der Streckgrenze $f_{y,k}$ = 360 N/mm² und dem Randspannungsverhältnis $\psi \leq 0{,}4$.
- Platten mit gedrungenen Querschnitten, unversteifte Teil- und Gesamtfelder mit unverschieblich gelagerten Längsrändern, die durch Spannungen σ_x und τ beansprucht werden, wenn: $b/t \leq 0{,}64 \cdot \sqrt{k_{\sigma_x} \cdot E / f_{y,k}}$

3.6.8 Vereinfachter Nachweis

Durch Nachweis der Bedingung $b/t \leq grenz\ (b/t)$. Die Werte für unversteifte allseitig gelagerte Teil-und Gesamtfelder bei gleichzeitiger Wirkung von Randspannungen σ_x und τ können den Bildern 3-22 bis 3-26 entnommen werden [7].

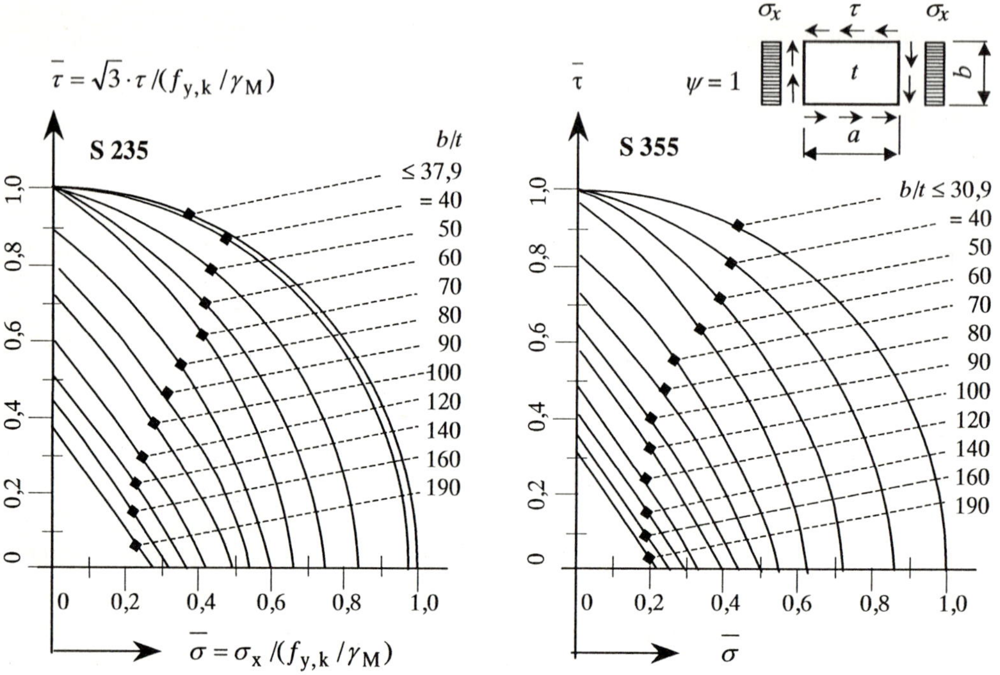

Bild 3-22 grenz (b/t) für $\psi = 1$ [7]

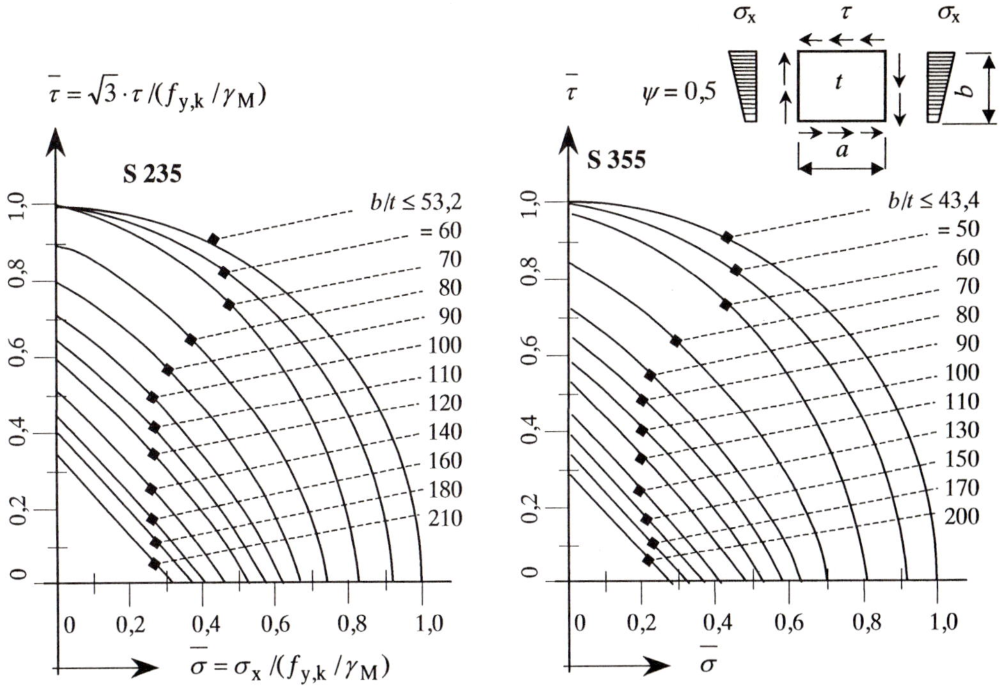

Bild 3-23 grenz(b/t) für $\psi = 0{,}5$

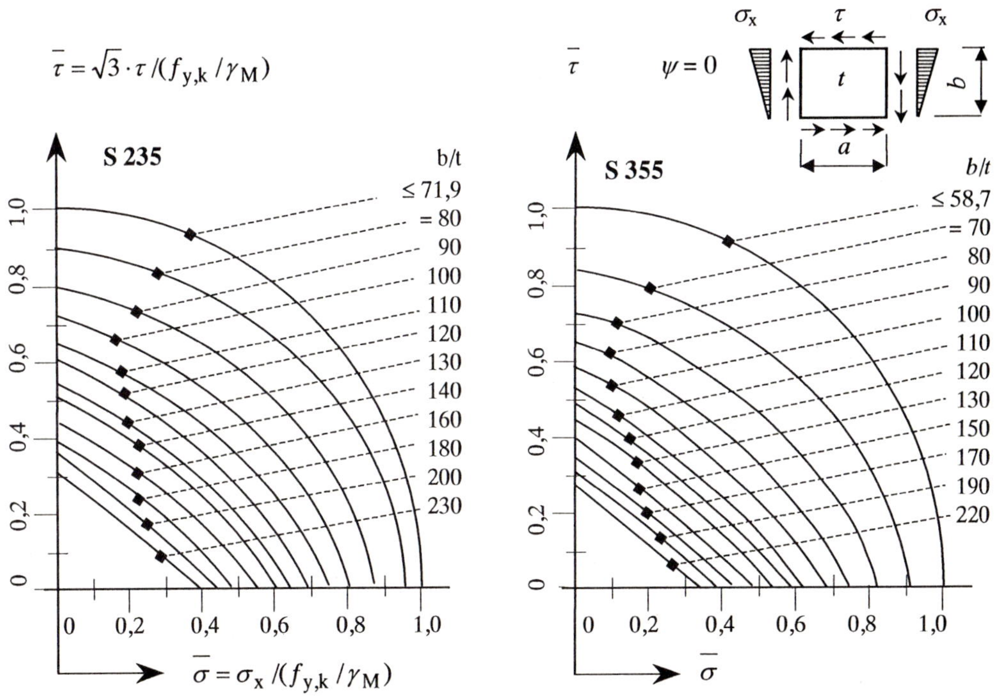

Bild 3-24 grenz (b/t) für $\psi = 0$

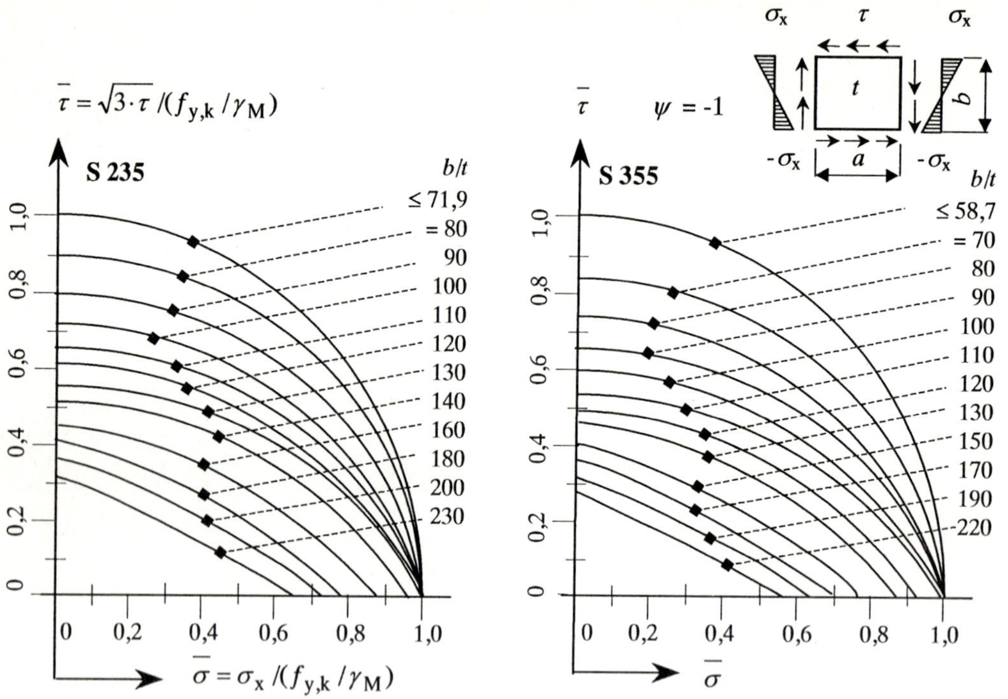

Bild 3-25 grenz (b/t) für $\psi = -1$

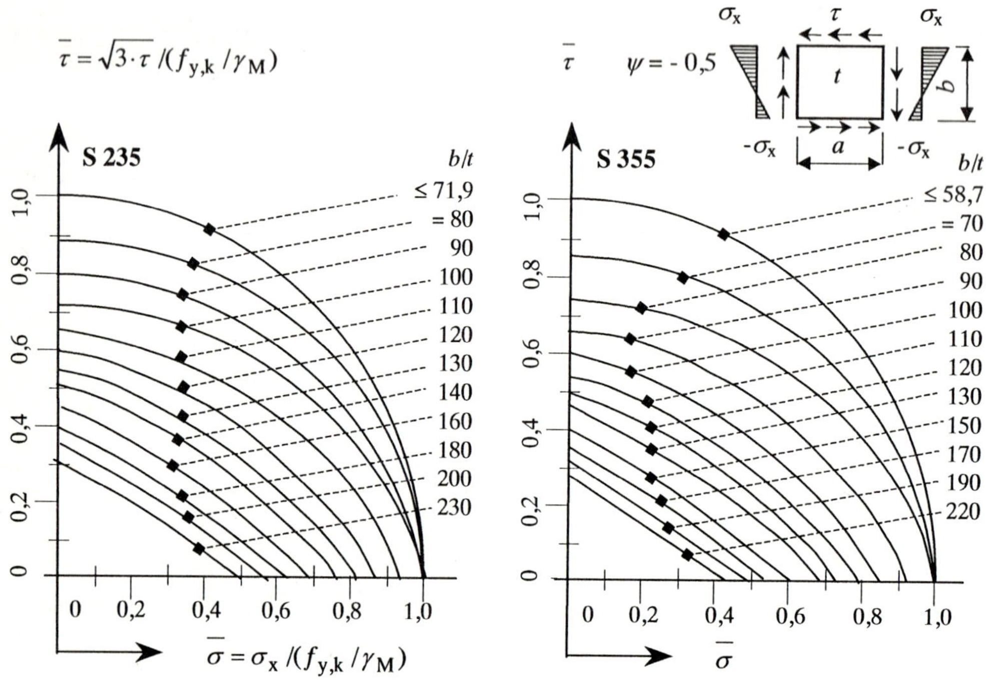

Bild 3-26 grenz (b/t) für $\psi = -0,5$

3.6.9 Grenzspannungen und Nachweise

Grenzspannungen	Grenzbeulspannungen ohne Knickeinfluss		$\sigma_{P,R,d} = \kappa \cdot \frac{f_{y,k}}{\gamma_M}$
			$\tau_{P,R,d} = \kappa_\tau \cdot \frac{f_{y,k}}{\sqrt{3} \cdot \gamma_M}$
	Grenzbeulspannungen mit Knickeinfluss		$\sigma_{xP,R,d} = \kappa_K \cdot \kappa_x \cdot \frac{f_{y,k}}{\gamma_M}$
Nachweise	Alleinige Wirkung von Randspannungen	σ_x	$\frac{\sigma_x}{\sigma_{P,R,d}} \le 1$
		σ_y	$\frac{\sigma_y}{\sigma_{P,R,d}} \le 1$
		τ	$\frac{\tau}{\tau_{P,R,d}} \le 1$
	Gleichzeitige Wirkung von Randspannungen σ_x, σ_y, τ		$\left(\frac{\lvert\sigma_x\rvert}{\sigma_{xP,R,d}}\right)^{e_1} + \left(\frac{\lvert\sigma_y\rvert}{\sigma_{yP,R,d}}\right)^{e_2} - V \cdot \left(\frac{\lvert\sigma_x \cdot \sigma_y\rvert}{\sigma_{xP,R,d} \cdot \sigma_{yP,R,d}}\right) + \left(\frac{\tau}{\tau_{P,R,d}}\right)^{e_3} \le 1$
	Es bedeuten:		$e_1 = 1 + \kappa_x^4$ $e_2 = 1 + \kappa_y^4$ $e_3 = 1 + \kappa_x \cdot \kappa_y \cdot \kappa_\tau^2$
	Einzelne Spannungen sind nicht vorhanden, $\kappa = 1$ Normalspannungen σ_x oder σ_y sind Zugspannungen, dann: $\kappa_x = 1$ bzw. $\kappa_y = 1$		σ_x und σ_y sind beide Druckspannungen $V = (\kappa_x \cdot \kappa_y)^2$ sonst: $V = \frac{\sigma_x \cdot \sigma_y}{\lvert\sigma_x \cdot \sigma_y\rvert}$

3.6.10 Herstellungsbedingte Abweichungen von der Sollform

Tabelle 3.39 Höchstwerte der Verformungen f für Platten und Steifen

Unversteifte Beulfelder	Allgemein	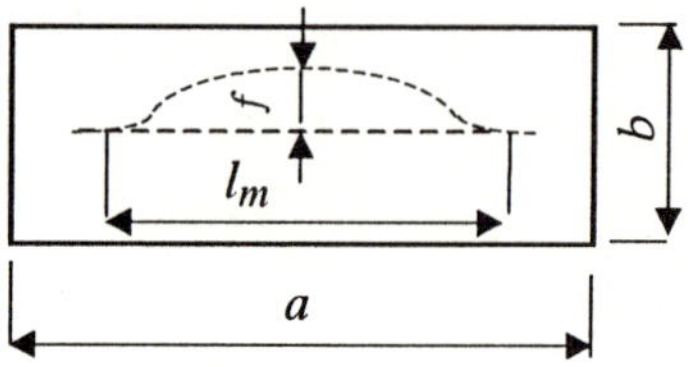	$f = \frac{l_m}{250}$ $l_m = a$, wenn $a \leq 2\,b$ $l_m = 2\,b$, wenn $a > 2\,b$
	Mit Druckbeanspruchung in Querrichtung	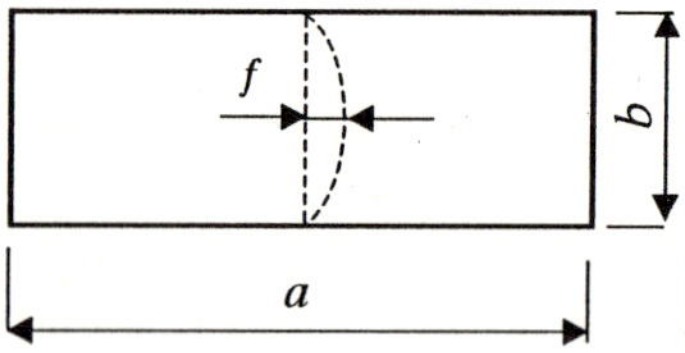	$f = \frac{l_m}{250}$ $l_m = b$, wenn $b \leq 2\,a$ $l_m = 2\,a$, wenn $b > 2\,a$
Längssteifen in längsversteiften Beulfeldern		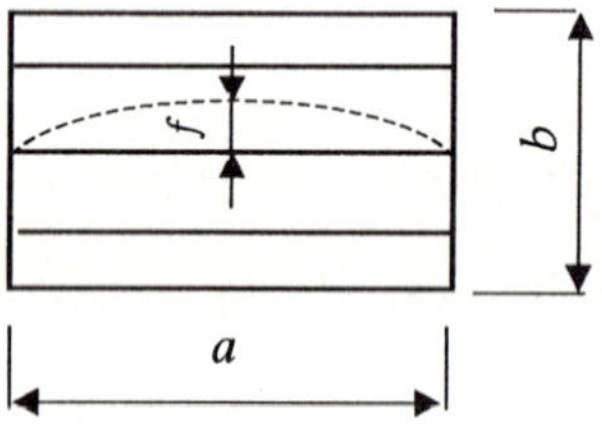	$f = \frac{a}{400}$
Quersteifen in längs- und querversteiften Beulfeldern		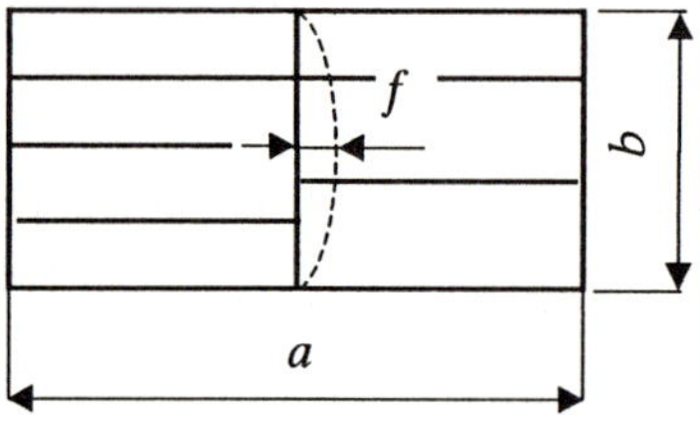	$f = \frac{a}{400}$ $f = \frac{b}{400}$

Das Maß f ist senkrecht zur Plattenebene gerichtet.

l_m = Messlänge

3.7 Schraubenverbindungen

3.7.1 Allgemeine Regeln für Verbindungen

- Querschnittsteile von Stäben, wie z.B. Flansche, Stege, sind im Allgemeinen, jedes gesondert für sich, mit den anteiligen Schnittgrößen anzuschließen bzw. zu stoßen. Dabei ist zu beachten, dass in Schraubenverbindungen Abstützkräfte entstehen und die Beanspruchungen beeinflussen können.
- In doppeltsymmetrischen I-Trägern mit den Beanspruchungen N, M_y, V_z, dürfen die Verbindungen mit Schnittgrößenanteilen nach Tabelle 3.40 nachgewiesen werden.

Tabelle 3.40 Schnittgrößen für vereinfachte Tragsicherheitsnachweise

Zugflansch	$N_z = \frac{N}{2} + \frac{M_y}{h_p}$ h_p = Schwerpunktabstand der Flansche
Druckflansch	$N_D = \frac{N}{2} - \frac{M_y}{h_p}$
Steg	$V_{St} = V$

3.7.2 Regeln für Verbindungen mit Schrauben

- Die Ausführungsformen für Schraubenverbindungen sind in Tabelle 3.41 enthalten.
- Für planmäßig vorgespannte Verbindungen sind Schrauben (HV) der Festigkeitsklasse 8.8 oder 10.9 zu verwenden. Vorspannung nach Tabelle 3.42.
- Als nicht planmäßig vorgespannt gelten Schrauben bzw. Verbindungen, wenn die Schrauben entsprechend der Montagepraxis ohne Kontrolle des Anziehmomentes angezogen werden.
- Zur Verwendung bei gleitfesten und/oder feuerverzinkten HV-Verbindungen dürfen nur komplette Garnituren (Schraube, Mutter, Unterlegscheiben) eines Herstellers verwendet werden (Übereinstimmungszertifikat erforderlich).
- Zugbeanspruchte Verbindungen mit Schrauben der Festigkeitsklassen 8.8 oder 10.9 sind planmäßig vorzuspannen.
- Auf planmäßiges Vorspannen darf verzichtet werden, wenn Verformungen in Form von Klaffungen beim Tragsicherheitsnachweis berücksichtigt werden.
- Bei hochfesten Schrauben sind Unterlegscheiben kopf- und mutterseitig anzuordnen. Beträgt das Lochspiel 2 mm, so darf auf die kopfseitige Unterlegscheibe verzichtet werden.
- Auflageflächen am Bauteil dürfen planmäßig nicht mehr als 2% gegen die Auflageflächen von Schraubenkopf und Mutter geneigt sein.

3.7.3 Ausführungsformen von Schraubenverbindungen

1. Verbindungen ohne Vorspannung, bzw. mit nicht planmäßiger Vorspannung
   - SL = Scher-Lochleibungsverbindung
   - SLP = Scher-Lochleibungs-Passverbindung
2. Verbindungen mit planmäßiger Vorspannung
   - SLV = Scher-Lochleibungsverbindung
   - SLVP = Scher-Lochleibungs-Passverbindung
   - GV = Gleitfeste Verbindung
   - GVP = Gleitfeste Passverbindung

Tabelle 3.41 Anwendung von Schraubenverbindungen

Verbindungsart:	Lochspiel Δd in mm	Schrauben	FK	Vorspannung	Bauteile aus
SL Nur für Bauteile mit vorwiegend ruhender Belastung. Nicht in seitenverschieblichen Rahmen bei Berechnung nach der Fließgelenktheorie	≤ 2	Rohe Schrauben DIN 7990	4.6	keine	S 235 S 355
			5.6	keine	
		Hochfeste Schrauben DIN 6914	8.8	$0{,}5 \div 1{,}0\ F_V$	S 235 S 355
			10.9		
	≤ 1	Senkschrauben DIN 7969	4.6	keine	S 235 S 355
			5.6	keine	
SLP	≤ 0,3	Passschrauben DIN 7968	5.6	keine	S 235 S 355
		Hochfeste Passschrauben DIN 7999	8.8	$0{,}5 \div 1{,}0\ F_V$	S 235 S 355
			10.9		
SLV	< 2	Hochfeste Schrauben DIN 6914	8.8	$1{,}0\ F_V$	S 235 S 355
			10.9		
SLVP	< 0,3	Hochfeste Passschrauben DIN 7999	8.8	$1{,}0\ F_V$	S 235 S 355
			10.9		
GV	2	Hochfeste Schrauben DIN 6914	8.8	$1{,}0\ F_V$	S 235 S 355
			10.9		
GVP	0,3	Hochfeste Passschrauben DIN 7999	8.8	$1{,}0\ F_V$	S 235 S 355
			10.9		

Anmerkungen:

- Bei Anschlüssen und Stößen in seitenverschieblichen Rahmen ist $\Delta d \leq 1$ mm einzuhalten.
- Bei Senkschrauben eventuell zusätzliche Nachweise, siehe DIN 18800 Teil 1 Abschnitt 8.2.

Tabelle 3.42 Vorspannkräfte für HV-Schrauben, F_V in kN

Festigkeitsklasse	Schraubengröße							
FK	M12	M16	M20	M22	M24	M27	M30	M36
10.9 [1)]	50	100	160	190	220	290	350	510
8.8 [2)]	35	70	112	133	154	203	245	357

[1)] Nach DIN 18800 Teil 7 (1981)

[2)] Mit Faktor 0,7 berechnet

3.7.4 Nachweise

1. Tragsicherheitsnachweis

Für alle Ausführungsformen von Schraubenverbindungen sind folgende Tragsicherheitsnachweise mit Grenzkräften nach Kapitel 3.2.1 zu führen auf:

- Abscheren
- Lochleibung

Bei Zugbeanspruchung ist zusätzlich der Tragsicherheitsnachweis auf Zug bzw. auf Zug und Abscheren zu führen. Bei Bedarf ist ein Betriebsfestigkeitsnachweis zu führen.

2. Gebrauchstauglichkeitsnachweis

Dieser Nachweis ist für gleitfeste planmäßig vorgespannte Verbindungen (GV, GVP) zu führen.

Begrenzung der Anzahl von Schrauben

Bei unmittelbaren Laschen- und Stabanschlüssen dürfen in Kraftrichtung hintereinanderliegend höchstens 8 Schrauben für den Nachweis berücksichtigt werden.

Unsymmetrische Anschlüsse mit nur einer Schraube dürfen ausgeführt werden, wenn bei Zugstäben der Nettoquerschnitt nach Bild 3-5 berücksichtigt wird.

Mittelbare Stoßdeckung über m Zwischenlagen zwischen Stoß und dem zu stoßenden Teil. Die Anzahl der Schrauben ist gegenüber der bei unmittelbarer Deckung rechnerisch erforderlichen Anzahl n auf n´ zu erhöhen. In GVP-Verbindungen darf auf die Erhöhung verzichtet werden.

$$n' = n \cdot (1 + 0{,}3 \cdot m)$$

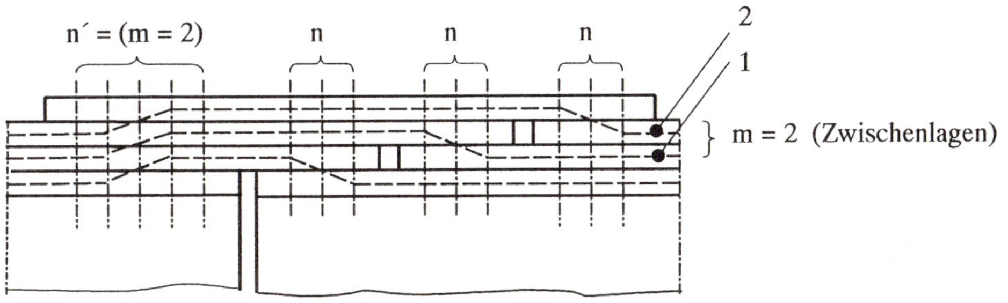

Bild 3-27 Mittelbare Stoßdeckung

Tabelle 3.43 Rand- und Lochabstände von Schrauben

1	Randabstände				Lochabstände			
2	min	In Kraftrichtung e_1	$\parallel$	1,2 d_L	min	In Kraftrichtung e	$\parallel$	2,2 d_L
3		Rechtwinklig zur Kraftrichtung e_2	$\perp$	1,2 d_L		Rechtwinklig zur Kraftrichtung e_3	$\perp$	2,4 d_L
4	max	In und rechtwinklig zur Kraftrichtung e_1 bzw. e_2		3 d_L oder 6 t	max	Sicherung gegen lokales Beulen		6 d_L oder 12 t
5						lokale Beulgefahr besteht nicht		10 d_L oder 20 t

Löcher gestanzt: kleinste Randabstände e_1 bzw. e_2 = 1,5 d_L

kleinste Lochabstände e bzw. e_3 = 3,0 d_L

Rand- und Lochabstände nach Zeile 5 dürfen vergrößert werden, wenn durch besondere Maßnahmen ein ausreichender Korrosionsschutz gewährleistet ist.

t = Dicke des dünnsten der außenliegenden Teile der Verbindung

Bei Anschlüssen mit mehr als 2 Lochreihen in und rechtwinklig zur Kraftrichtung brauchen die größten Lochabstände e und e_3 nach Tabelle 3.43, Zeile 5 nur für die äußeren Reihen eingehalten werden.

Wird ein freier Rand z.B. durch die Profilform versteift (Bild 3-29), so darf der maximale Randabstand 8 t betragen.

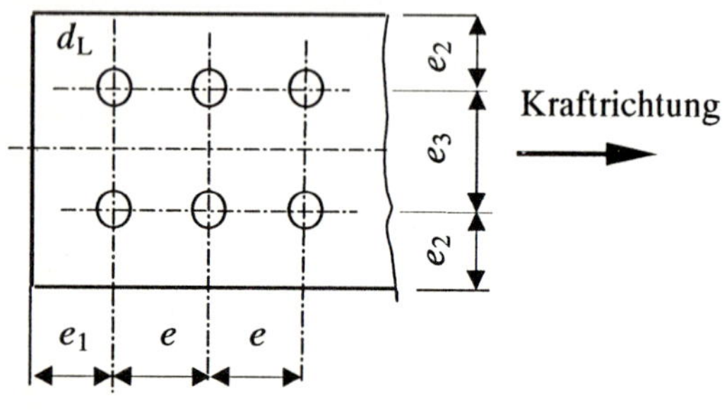

Bild 3-28 Rand-und Lochabstände

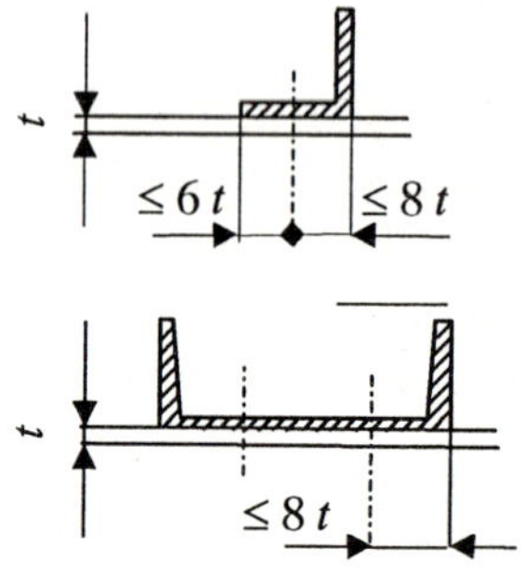

Bild 3-29 Versteifung freier Ränder, Beispiele

Randabstände für einschnittige ungestützte Verbindungen mit nur einer Schraubenreihe senkrecht zur Kraftrichtung:

$e_1 \geq 2 \cdot d_L$ und $e_2 \geq 1{,}5 \cdot d_L$

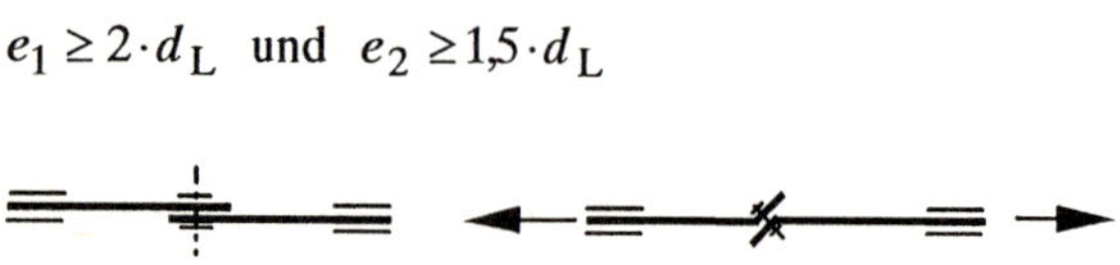

Bild 3-30 Einschnittige ungestützte Verbindungen

Tabelle 3.44 Rand- und Lochabstände, für die größtmögliche Beanspruchbarkeit auf Lochleibung

Randabstände		Lochabstände	
e_1	e_2	e	e_3
$3{,}0\ d_L$	$1{,}5\ d_L$	$3{,}5\ d_L$	$3\ d_L$

3.7.5 Beanspruchungen und Nachweise von Schraubenverbindungen

Beanspruchung je Scherfuge und Schraube: $\mathbf{S_d}$		Nachweis: $\mathbf{S_d/R_d}$
Abscheren	$V_a = \frac{F}{n}$ n = Anzahl Schrauben	$\frac{V_a}{V_{a,R,d}} \le 1$
Lochleibung	$V_l = \frac{F}{n}$	$\frac{V_l}{V_{l,R,d}} \le 1$
- Einschnittige ungestützte Verbindung mit einer Schraube in Kraftrichtung	$V_l = F$	$\frac{V_l}{V_{l,R,d}} \le \frac{1}{1{,}12}$
Zug	$N = \frac{F}{n}$	$\frac{N}{N_{R,d}} \le 1$
Zug + Abscheren Interaktion In gestützten Verbindungen ist der Nachweis wie folgt durchzuführen:	$V_a = \frac{F}{n}$ $N = \frac{F}{n}$	$\left(\frac{N}{N_{R,d}}\right)^2 + \left(\frac{V_a}{V_{a,R,d}}\right)^2 \le 1$
1. für Zugbeanspruchung 2. Interaktionsnachweis, wobei für $N_{R,d}$ der Querschnitt in der Scherfuge anzusetzen ist	$V_a = \frac{F}{n} < 0{,}25$ oder $N = \frac{F}{n} < 0{,}25$	Interaktionsnachweis nicht erforderlich
Gleitfeste Verbindungen GV, GVP	$V_g = \frac{F}{n}$	Gebrauchstauglichkeitsnachweis $\frac{V_g}{V_{g,R,d}} \le 1$

Grenzkräfte $V_{a,R,d}$, $V_{l,R,d}$, $N_{R,d}$, $V_{g,R,d}$ nach Kapitel 3.2.1

Betriebsfestigkeitsnachweis, bei Bedarf ist ein Nachweis nach DIN 18800 Teil 1 El. 811 zu führen.

Zusätzliche Bedingungen für den Nachweis nach dem Verfahren Plastisch-Plastisch

Bei Berechnung der Schnittgrößen nach dem Verfahren Plastisch-Plastisch und Verwendung von Schrauben der Festigkeitsklasse 8.8 oder 10.9 in SL-Verbindungen mit Lochspiel > 1mm ist Folgendes zu beachten:

Wenn die Beanspruchbarkeit der Verbindung kleiner ist als die Beanspruchbarkeit des Querschnitts und der Ausnutzungsgrad auf Abscheren ist größer als 50%, dann muss für alle Schrauben der Verbindung die Bedingung (3-128) erfüllt sein.

Ausnutzungsgrad	Nachweis	
$\frac{V_a}{V_{a,R,d}} > 0{,}5$	$\frac{V_l}{V_{l,R,d}} \geq \frac{V_a}{V_{a,R,d}}$	(3-128)

Tabelle 3.45 Grenzabscherkräfte $V_{a,R,d}$ in kN je Scherfuge

				Schraube	M12	M16	M20	M22	M24	M27	M30	M36
					Querschnitt in cm²							
Schaftquerschnitt: Schraube				A_{Sch}	1,131	2,01	3,14	3,80	4,52	5,73	7,07	10,18
Passschraube				A_{Sch}	1,327	2,27	3,46	4,15	4,91	6,16	7,55	10,75
Spannungsquerschnitt				A_{Sp}	0,843	1,57	2,45	3,03	3,53	4,59	5,61	8,17
Kernquerschnitt				A_K	0,763	1,44	2,25	2,82	3,34	4,27	5,17	7,59
FK	$f_{u,b,k}$ kN/cm²	α_a	Typ*)	Scherfuge im	Grenzabscherkraft: $V_{a,R,d} = \frac{\alpha_a \cdot f_{u,b,k}}{\gamma_M} \cdot A$							
4,6	40	0,60	S	Schaft	24,7	43,9	68,5	82,9	98,6	125,0	154,3	222,1
				Gewinde	18,4	34,3	53,5	66,1	77,0	100,2	122,4	178,3
5.6	50	0,60	S	Schaft	30,9	54,8	85,6	103,6	123,3	156,3	192,8	277,6
				Gewinde	23,0	42,8	66,8	82,6	96,3	125,2	153,0	222,8
			P	Schaft	36,2	61,9	94,4	113,2	133,9	168,0	205,9	293,2
				Gewinde	23,0	42,8	66,8	82,6	96,3	125,2	153,0	222,8
8.8	80	0,60	S	Schaft	49,4	87,7	137,0	165,8	197,2	250,0	308,5	444,2
				Gewinde	36,8	68,5	106,9	132,2	154,0	200,3	244,8	355,5
			P	Schaft	57,9	99,1	151,0	181,1	214,3	268,8	329,5	469,1
				Gewinde	36,8	68,5	106,9	132,2	154,0	200,3	244,8	355,5
10.9	100	0,55	S	Schaft	56,6	100,5	157,0	190,0	226,0	286,5	353,5	509,0
				Gewinde	42,2	78,5	122,5	151,5	176,5	229,5	280,5	408,5
			P	Schaft	66,4	113,5	173,0	207,5	244,5	308,0	377,5	537,5
				Gewinde	42,2	78,5	122,5	151,5	176,5	229,5	280,5	408,5
					M12	M16	M20	M22	M24	M27	M30	M36

*) Typ: S = Schraube; P = Passschraube

Tabelle 3.46 Grenzlochleibungskräfte für SL-, SLV- und GV-Verbindungen

Lochabstand
$e_2 \geq 1{,}5\, d_L$
$e_3 \geq 3{,}0\, d_L$

$$\alpha_l = 1{,}08 \frac{e}{d_L} - 0{,}77$$

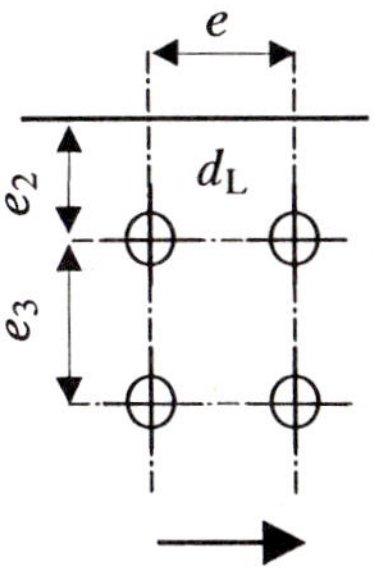

Kraftrichtung

$V_{l,\,R,d}$ nach Formel (3-8) in kN für 10 mm tragende Materialdicke mit: 3 mm ≤ t ≤ 40 mm

Stahl: S 235
Für S 355 Werte x 1,5

e mm	Schrauben (alle Festigkeitsklassen)							
	M12	M16	M20	M22	M24	M27	M30	M36
	d_{Sch} = 12	16	20	22	24	27	30	36
	d_L = 13	17	21	23	25	28	31	37
30	45,1							
35	56,0							
40	66,8	61,8						
45	77,7	72,9						
50	78,8	84,0	78,6					
55	78,8	95,1	89,8	87,0	84,1			
60	78,8	105,1	101,0	98,3	95,4			
65	78,8	105,1	112,3	109,5	106,7	102,3		
70	78,8	105,1	123,5	120,8	118,0	113,7	109,2	
75	78,8	105,1	131,3	132,1	129,3	125,1	120,6	
80		105,1	131,3	143,4	140,6	136,4	132,0	
85		105,1	131,3	144,5	152,0	147,8	143,4	134,4
90		105,1	131,3	144,5	157,6	159,1	154,8	145,9
95		105,1	131,3	144,5	157,6	170,5	166,2	157,3
100		105,1	131,3	144,5	157,6	177,3	177,6	168,8
105			131,3	144,5	157,6	177,3	189,0	180,3
110			131,3	144,5	157,6	177,3	197,0	191,7
115			131,3	144,5	157,6	177,3	197,0	203,2
120			131,3	144,5	157,6	177,3	197,0	214,6
125			131,3	144,5	157,6	177,3	197,0	226,1
130				144,5	157,6	177,3	197,0	236,4

Lochabstand
$e_2 = 1{,}2\, d_L$
$e_3 = 2{,}4\, d_L$

$$\alpha_l = 0{,}72 \frac{e}{d_L} - 0{,}51$$

Zwischenwerte können interpoliert werden

e mm	Schrauben (alle Festigkeitsklassen)							
	M12	M16	M20	M22	M24	M27	M30	M36
30	30,1							
35	37,4							
40	44,7	41,3						
45	51,9	48,7						
50	52,6	56,1	52,6					
55	52,6	63,5	60,0	58,2	56,2			
60	52,6	70,2	67,5	65,7	63,8			
65	52,6	70,2	75,0	73,2	71,3	68,4		
70	52,6	70,2	82,5	80,7	78,9	76,0	73,0	
75	52,6	70,2	87,7	88,2	86,4	83,6	80,6	
80		70,2	87,7	95,7	93,9	91,1	88,2	
85		70,2	87,7	96,5	101,5	98,7	95,8	89,9
90		70,2	87,7	96,5	105,3	106,3	103,4	97,5
95		70,2	87,7	96,5	105,3	113,9	111,0	105,1
100		70,2	87,7	96,5	105,3	118,4	118,6	112,8
105			87,7	96,5	105,3	118,4	126,2	120,4
110			87,7	96,5	105,3	118,4	131,6	128,1
115			87,7	96,5	105,3	118,4	131,6	135,7
120			87,7	96,5	105,3	118,4	131,6	143,4
125			87,7	96,5	105,3	118,4	131,6	151,0
130				96,5	105,3	118,4	131,6	157,9

Tabelle 3.46 Fortsetzung

Randabstand

$e_2 \geq 1{,}5\,d_L$

$e_3 \geq 3{,}0\,d_L$

$$\alpha_1 = 1{,}1\frac{e_1}{d_L} - 0{,}30$$

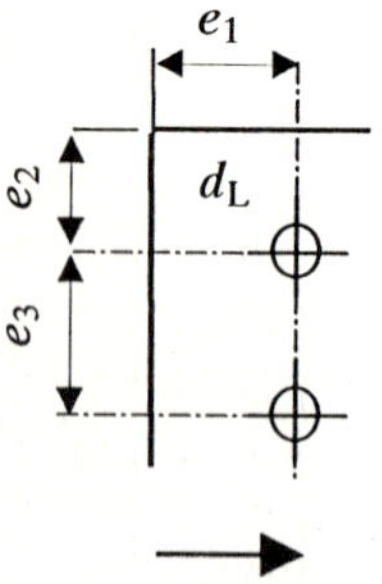

Kraftrichtung

e_1 mm	M12	M16	M20	M22	M24	M27	M30	M36
	d_{Sch} = 12	16	20	22	24	27	30	36
	d_L = 13	17	21	23	25	28	31	37
16	27,6							
20	36,5							
25	47,5	46,0						
30	58,6	57,3	55,5	54,5	53,4			
35	69,7	68,6	66,9	65,9	64,9	63,3		
40	78,5	79,9	78,3	77,4	76,5	74,9	73,3	
45		91,2	89,8	88,9	88,0	86,5	84,9	81,5
50		102,5	101,2	100,4	99,5	98,0	96,5	93,2
55		104,7	112,6	111,9	111,0	109,6	108,1	104,9
60			124,1	123,3	122,5	121,2	119,7	116,5
65			130,9	134,8	134,1	132,8	131,3	128,2
70				144,0	145,6	144,3	142,9	139,9
75					157,1	155,9	154,6	151,6
80						167,5	166,2	163,2
85						176,7	177,8	174,9
90							189,4	186,6
95							196,4	198,3
100								209,9
105								221,6
110								233,3
115								235,6

Schrauben (alle Festigkeitsklassen): $V_{1,R,d}$ nach Formel (3-8) in kN für 10 mm tragende Materialdicke mit: 3 mm ≤ t ≤ 40 mm

Randabstand

$e_2 = 1{,}2\,d_L$

$e_3 = 2{,}4\,d_L$

$$\alpha_1 = 0{,}73\frac{e_1}{d_L} - 0{,}20$$

e_1 mm	M12	M16	M20	M22	M24	M27	M30	M36
16	18,3							
20	24,2							
25	31,5	30,5						
30	38,9	38,0	36,8	36,1	35,4			
35	46,2	45,5	44,4	43,7	43,0	42,0		
40	52,1	53,0	51,9	51,3	50,7	49,7	48,6	
45	52,1	60,5	59,5	59,0	58,3	57,3	56,3	54,0
50	52,1	68,0	67,1	66,6	66,0	65,0	64,0	61,8
55		69,5	74,7	74,2	73,6	72,7	71,7	69,5
60			82,3	81,8	81,3	80,4	79,4	77,3
65			86,8	89,4	88,9	88,0	87,1	85,0
70				95,5	96,6	95,7	94,8	92,8
75					104,2	103,4	102,5	100,5
80						111,1	110,2	108,3
85						117,2	117,9	116,0
90							125,6	123,8
95							130,3	131,5
100								139,3
105								147,0
110								154,8
115								156,3

Schrauben (alle Festigkeitsklassen): Zwischenwerte können interpoliert werden

Tabelle 3.47 Grenzlochleibungskräfte für SLP-, SLVP- und GVP-Verbindungen

Lochabstand $e_2 \ge 1{,}5\,d_L$ $e_3 \ge 3{,}0\,d_L$	e mm	Passschrauben (alle Festigkeitsklassen)							
		M12	**M16**	**M20**	**M22**	**M24**	**M27**	**M30**	**M36**
		d_{Sch} =13	17	21	23	25	28	31	37
		d_L =13	17	21	23	25	28	31	37
	30	48,9	$V_{l,R,d}$ nach Formel (3-8) in kN für 10 mm tragende Materialdicke mit: 3 mm $\le t \le$ 40 mm						
$\alpha_1 = 1{,}08\dfrac{e}{d_L} - 0{,}77$	35	60,6							
	40	72,4	65,7						
	45	84,2	77,5						
	50	85,4	89,3	82,5					
	55	85,4	101,0	94,3	91,0	87,6			
	60	85,4	111,6	106,1	102,7	99,4			
	65	85,4	111,6	117,9	114,5	111,2	106,1		
	70	85,4	111,6	129,7	126,3	122,9	117,9	112,9	
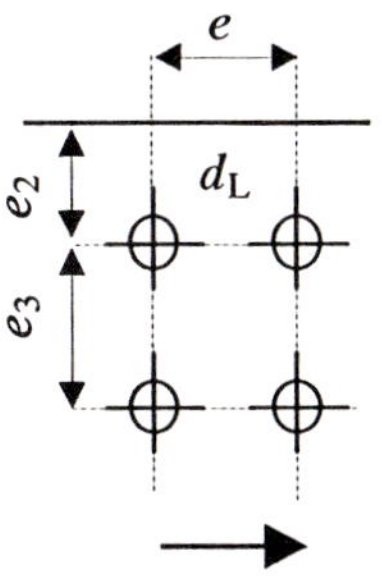	75	85,4	111,6	137,9	138,1	134,7	129,7	124,6	
	80		111,6	137,9	149,9	146,5	141,5	136,4	
	85		111,6	137,9	151,0	158,3	153,3	148,2	138,1
	90		111,6	137,9	151,0	164,2	165,0	160,0	149,9
	95		111,6	137,9	151,0	164,2	176,8	171,8	161,7
	100		111,6	137,9	151,0	164,2	183,9	183,6	173,5
	105			137,9	151,0	164,2	183,9	195,3	185,3
Kraftrichtung	110			137,9	151,0	164,2	183,9	203,6	197,0
	115			137,9	151,0	164,2	183,9	203,6	208,8
	120			137,9	151,0	164,2	183,9	203,6	220,6
	125			137,9	151,0	164,2	183,9	203,6	232,4
	130				151,0	164,2	183,9	203,6	243,0
Lochabstand $e_2 = 1{,}2\,d_L$ $e_3 = 2{,}4\,d_L$	e mm	Passschrauben (alle Festigkeitsklassen)							
		M12	**M16**	**M20**	**M22**	**M24**	**M27**	**M30**	**M36**
	30	32,7							
	35	40,5	36,1	Zwischenwerte können interpoliert werden					
	40	48,4	43,9						
	45	56,2	51,8						
$\alpha_1 = 0{,}72\dfrac{e}{d_L} - 0{,}51$	50	57,0	59,6						
	55	57,0	67,5	63,0	60,8	58,6			
	60	57,0	74,6	70,9	68,7	66,4			
	65	57,0	74,6	78,7	76,5	74,3	71,0		
	70	57,0	74,6	86,6	84,4	82,1	78,8	75,5	
	75	57,0	74,6	92,1	92,2	90,0	86,7	83,3	
	80		74,6	92,1	100,1	97,9	94,5	91,2	
	85		74,6	92,1	100,9	105,7	102,4	99,0	92,4
	90		74,6	92,1	100,9	109,6	110,2	106,9	100,2
	95		74,6	92,1	100,9	109,6	118,1	114,7	108,1
	100		74,6	92,1	100,9	109,6	122,8	122,6	115,9
	105			92,1	100,9	109,6	122,8	130,5	123,8
	110			92,1	100,9	109,6	122,8	135,9	131,6
	115			92,1	100,9	109,6	122,8	135,9	139,5
	120			92,1	100,9	109,6	122,8	135,9	147,3
	125			92,1	100,9	109,6	122,8	135,9	155,2
	130				100,9	109,6	122,8	135,9	162,3

Tabelle 3.47 Fortsetzung

Randabstand

$e_2 \geq 1{,}5\, d_L$

$e_3 \geq 3{,}0\, d_L$

$$\alpha_l = 1{,}1 \frac{e_1}{d_L} - 0{,}30$$

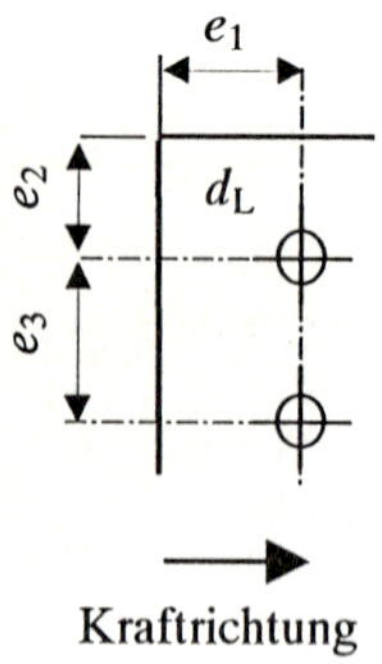

Passschrauben (alle Festigkeitsklassen)

$V_{l,R,d}$ nach Formel (3-8) in kN für 10 mm tragende Materialdicke mit: 3 mm $\leq t \leq$ 40 mm

e_1 mm	M12	M16	M20	M22	M24	M27	M30	M36
	d_{Sch} =13	17	21	23	25	28	31	37
	d_L =13	17	21	23	25	28	31	37
16	29,9							
20	39,5							
25	51,5	48,9						
30	63,5	60,9	58,3	56,9	55,6			
35	75,5	72,9	70,3	68,9	67,6	65,7		
40	85,1	84,9	82,3	80,9	79,6	77,7	75,7	
45		96,9	94,3	92,9	91,6	89,7	87,7	83,8
50		108,9	106,3	104,9	103,6	101,7	99,7	93,2
55		111,3	118,3	116,9	115,6	113,7	111,7	104,9
60			130,3	128,9	127,6	125,7	123,7	116,5
65			137,5	140,9	139,6	137,7	135,7	128,2
70				150,5	151,6	149,7	147,7	139,9
75					163,6	161,7	159,7	151,6
80						173,7	171,7	163,2
85						183,3	183,7	174,9
90							195,7	186,6
95							202,9	198,3
100								209,9
105								221,6
110								233,3
115								235,6

Randabstand

$e_2 = 1{,}2\, d_L$

$e_3 = 2{,}4\, d_L$

$$\alpha_l = 0{,}73 \frac{e_1}{d_L} - 0{,}20$$

Passschrauben (alle Festigkeitsklassen)

Zwischenwerte können interpoliert werden

e_1 mm	M12	M16	M20	M22	M24	M27	M30	M36
16	19,8							
20	26,2							
25	34,1	32,4						
30	42,1	40,4	38,6	37,7	36,9			
35	50,1	48,3	46,6	45,7	44,8	43,5		
40	56,4	56,3	54,5	53,7	52,8	51,5	50,2	
45		64,3	62,5	61,6	60,8	59,5	58,1	55,5
50		72,2	70,5	69,6	68,7	67,4	66,1	63,5
55		73,8	78,4	77,6	76,7	75,4	74,1	71,5
60			86,4	85,5	84,7	83,3	82,0	79,4
65			91,2	93,5	92,6	91,3	90,0	87,4
70				99,9	100,6	99,3	98,0	95,3
75					108,5	107,2	105,9	103,3
80						115,2	113,9	111,3
85							121,9	119,2
90							129,8	127,2
95							134,6	135,2
100								143,1
105								151,1
110								159,1
115								160,6

Tabelle 3.48 Grenzgleitkräfte $V_{g,R,d}$ in kN, je Scherfuge für gleitfeste Verbindungen, $N = 0$

Verbindung	FK	M12	M16	M20	M22	M24	M27	M30	M36
GV, GVP	**8.8**	15,2	30,5	48,7	57,8	67,0	88,2	106	155
	10.9	21,7	43,5	69,6	82,6	95,7	126	152	222

Tabelle 3.49 Abstände für maximale und minimale Beanspruchbarkeit auf Lochleibung

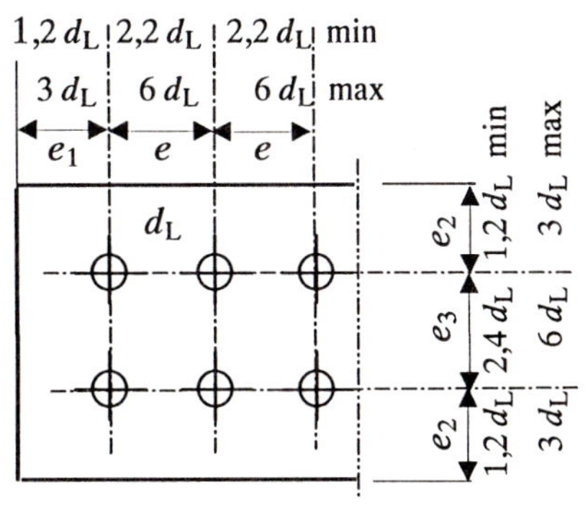

d_L	Abstände in mm				
	min			max	
mm	1,2 d_L	2,2 d_L	2,4 d_L	3 d_L	6 d_L
13	15,6	28,6	31,2	39	78
17	20,4	37,4	40,8	51	102
21	25,2	43,2	50,4	63	126
23	27,6	50,6	55,2	69	138
25	30,0	55,0	60,0	75	150
28	33,6	61,6	67,2	84	168
31	37,2	68,2	74,4	93	186
37	44,4	81,4	88,8	111	222

3.7.6 Darstellung von Schraubverbindungen

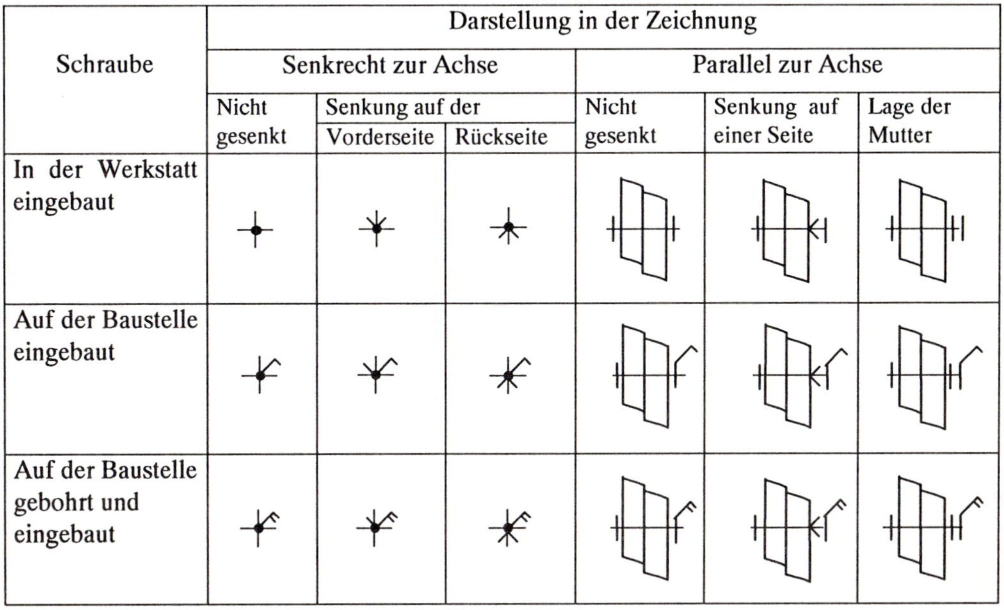

Bild 3-31 Sinnbilder für eingebaute Schrauben

3.7.7 Augenstäbe

Augenstäbe finden Anwendung bei Gelenken. Auf einen Tragsicherheitsnachweis kann verzichtet werden für Augen mit Abmessungen größer oder gleich den Grenzabmessungen (Mindestwerte) nach Tabelle 3.50.

Bedingung: Lochspiel des Bolzens $\Delta d_{\mathrm{L}} \leq 0{,}1 \cdot d_{\mathrm{L}} < 3mm$

Tabelle 3.50 Grenzabmessungen für Augenstäbe ohne genaueren Nachweis

Form A	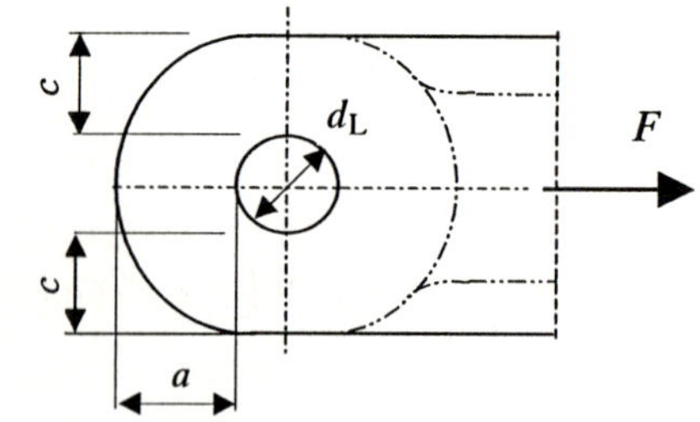	$grenz\ a = \dfrac{F}{2 \cdot t \cdot f_{y,k} / \gamma_M} + \dfrac{2}{3} d_L$
	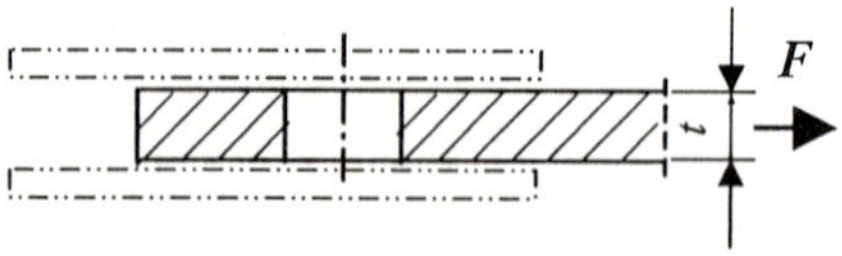	$grenz\ c = \dfrac{F}{2 \cdot t \cdot f_{y,k} / \gamma_M} + \dfrac{1}{3} d_L$
Form B	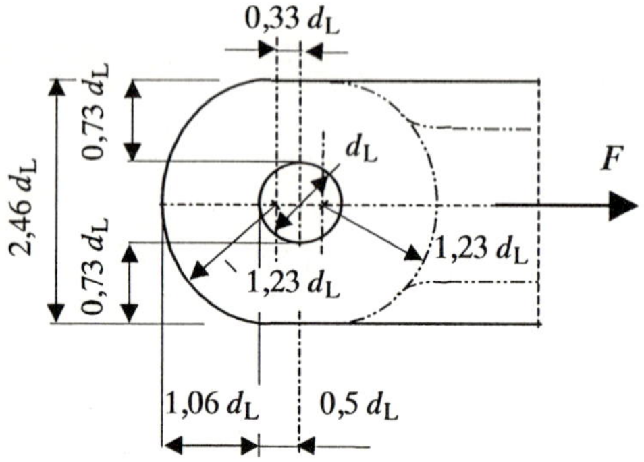	$grenz\ t = 0{,}7 \cdot \sqrt{\dfrac{F}{f_{y,k} / \gamma_M}}$
	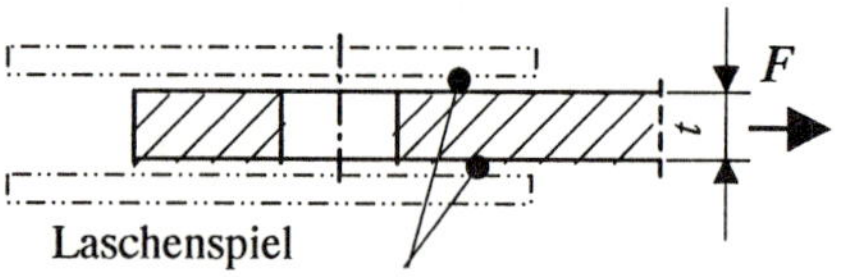	$grenz\ d_L = 2{,}5\, grenz\ t$

Anwendung:

- Form A, Einwirkungen vorwiegend ruhend
- Form B, Einwirkungen nicht vorwiegend ruhend

3.7.8 Beanspruchungen und Nachweise von Bolzen

Beanspruchung S_d		Nachweis S_d/R_d
Abscheren	$V_a = \frac{F}{m}$ m = 2 = Anzahl Scherflächen	$\frac{V_a}{V_{a,R,d}} \leq 1$ mit: $V_{a,R,d}$ nach Formel (3-7)
Lochleibung $\Delta d_L \leq 0{,}1 \cdot d_L < 3mm$	$V_l = F$	$\frac{V_l}{V_{l,R,d}} \leq 1$ mit: $V_{l,R,d}$ nach Formel (3-8)
Biegung	$M = \frac{p \cdot t_2}{8} \cdot (t_2 + 4 \cdot s + 2 \cdot t_1)$	$\frac{M}{M_{R,d}} \leq 1$ mit: $M_{R,d}$ nach Formel (3-11)
Biegung + Abscheren Interaktion System siehe Bild 3-32	wenn: $\frac{V_a}{V_{a,R,d}} < 0{,}25$ oder $\frac{M}{M_{R,d}} < 0{,}25$	Interaktionsnachweis nicht erforderlich
	sonst: Interaktionsnachweis	$\left(\frac{M}{M_{R,d}}\right)^2 + \left(\frac{V_a}{V_{a,R,d}}\right)^2 \leq 1$

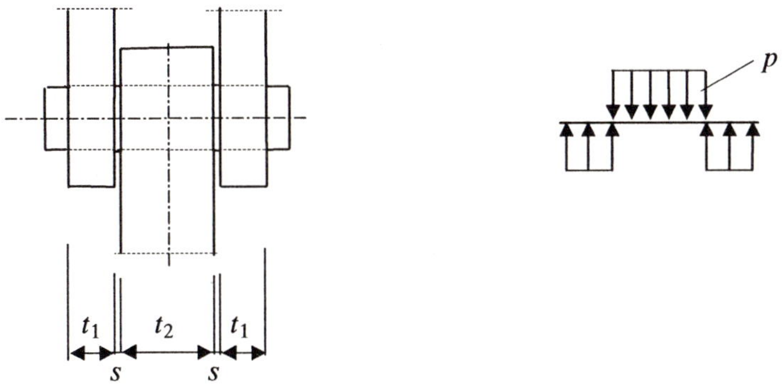

Bild 3-32 Biegemoment in einem Bolzen; Berechnungsmodel

3.8 Schweißverbindungen

3.8.1 Allgemeine Grundsätze

- Die allgemeinen Regeln für Verbindungen nach Kapitel 3.7.1 sind auch für die Ermittlung der Beanspruchungen von Schweißverbindungen gültig.
- Bauteile und ihre Verbindungen sind schweißgerecht zu konstruieren. Anhäufungen von Schweißnähten sind zu vermeiden.
- Stahlsorten sind entsprechend dem Verwendungszweck und ihrer Schweißeignung zu wählen, die Auswahl sollte nach folgenden Richtlinien erfolgen:
  - DASt-Richtlinie 009 „Empfehlungen zur Wahl der Stahlgütegruppen für geschweißte Stahlbauten“
  - DASt-Richtlinie 014 „Empfehlungen zum Vermeiden von Terrassenbrüchen in geschweißten Konstruktionen“
- In Hohlkehlen von Walzprofilen aus unberuhigt vergossenen Stählen sind Schweißnähte in Längsrichtung nicht zulässig.
- In kaltgeformten Bauteilen darf im kaltgeformten und im angrenzenden Bereich mit einer Breite von 5 *t* nur geschweißt werden, wenn die Grenzwerte min (*r*/*t*) nach Tabelle 3.51 eingehalten sind. Diese Regelung gilt nicht für Bauteile, die vor dem Schweißen normalgeglüht werden.
- Bei besonderer Korrosionsbeanspruchung dürfen unterbrochene und einseitig nicht durchgeschweißte Nähte nur ausgeführt werden, wenn entsprechende Maßnahmen einen ausreichenden Korrosionschutz sicherstellen, z.B. durch Versiegelung des Spaltes.

Tabelle 3.51 Grenzwerte min (*r*/*t*) für das Schweißen in kaltgeformten Bereichen

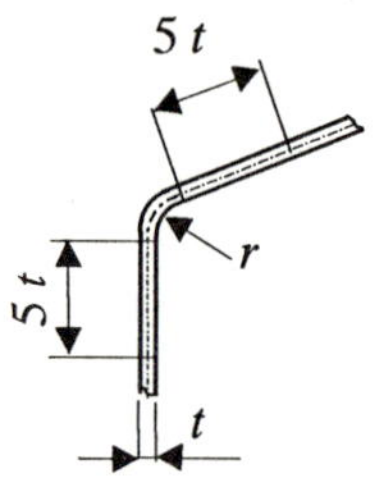

	max *t* mm	min (*r*/*t*) [mm]
	50	10
	24	3
	12	2
	8	1,5
	4 (6)	1
	< 4 (6)	1

- Klammerwerte für Stahl S 235
- Zwischen Werten ≥ 4 (6) darf linear interpoliert werden

3.8.2 Ausführung von Stößen

Stumpfstoß von Querschnittsteilen verschiedener Dicke

Die Kanten sind bei Dickenunterschieden > 10 mm im Verhältnis ≤ 1:1 zu brechen. Maße in mm

Einseitig bündiger Stoß

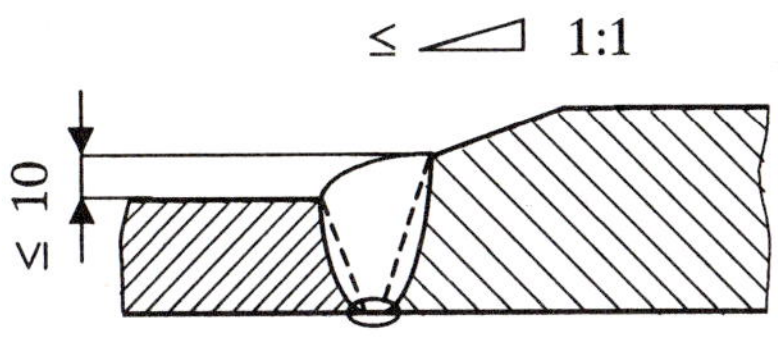

Zentrischer Stoß

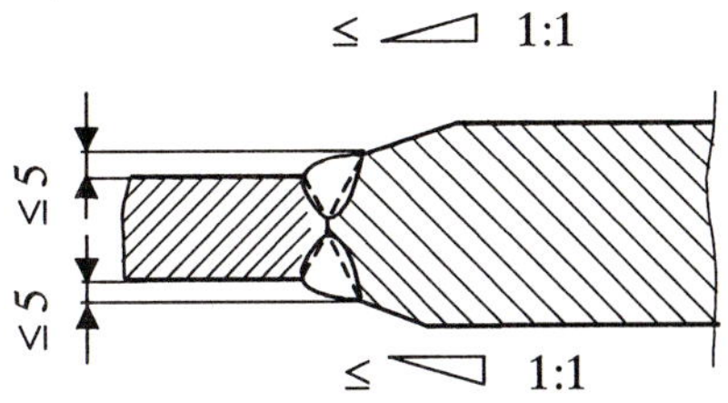

Gurtplattenstöße

Für Stöße von aufeinanderliegenden Gurtplatten an der gleichen Stelle ist der Stoß mit Stirnfugennähten vorzubereiten.

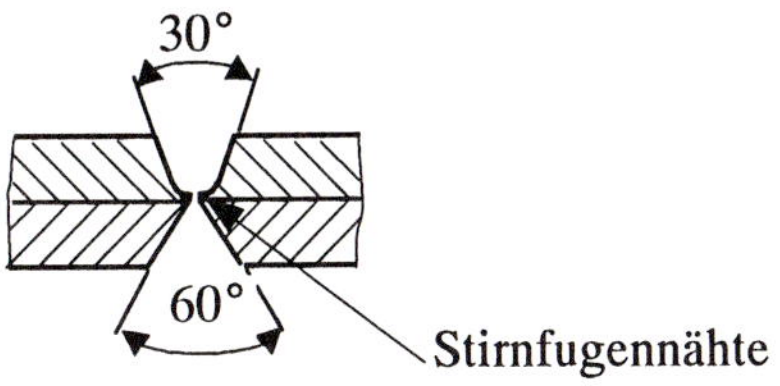

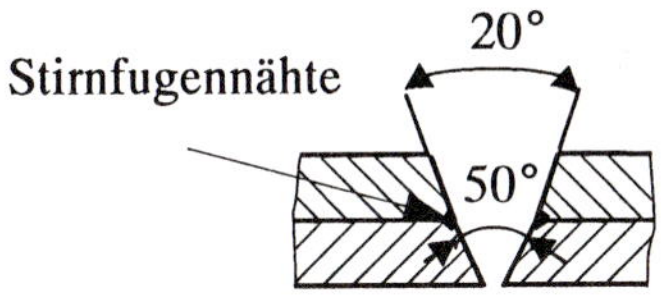

Geschweißte Endanschlüsse zusätzlicher Gurtplatten

Gurtplattenanschluss ohne Nachweis

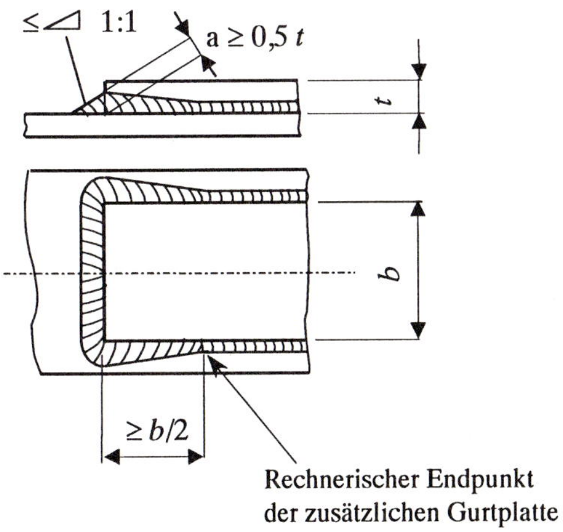

Gurtplattenanschluss mit t > 20 mm

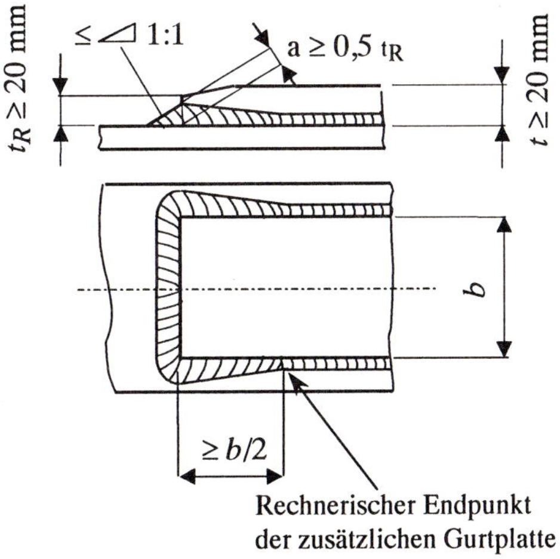

Bild 3-33 Ausführung von Stößen

Mittelbarer Anschluß

Bei zusammengesetzten Querschnitten ist auch die Schweißverbindung zwischen mittelbar und unmittelbar angeschlossenen Querschnittsteilen nachzuweisen.

Wenn Teile von Querschnitten im Anschlussbereich von Stäben zur Aufnahme von Schnittgrößen nicht erforderlich sind, brauchen deren Anschlüsse in der Regel nicht nachgewiesen zu werden.

Als rechnerische Nahtlänge des mittelbaren Anschlusses gilt die Nahtlänge *l* vom Beginn des unmittelbaren Anschlusses bis zum Ende des mittelbaren Anschlusses.

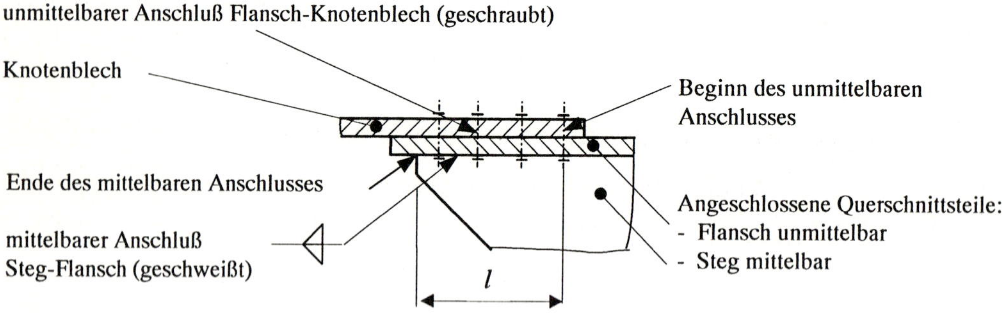

Bild 3-34 Mittelbarer Anschluß bei zusammengesetzten Querschnitten

Anschluß oder Querstoß von Walzträgern mit I-förmigem Querschnitt und I-Trägern mit ähnlichen Abmessungen, d.h. geschweißten Trägern, die in Form und Abmessungen nur unwesentlich von Trägern nach DIN 1025 abweichen.

Ein Nachweis ist nicht erforderlich, wenn Nahtdicken nach Tabelle 3.52 eingehalten sind (alle Verfahren).

Tabelle 3.52 Nahtdicken beim Anschluß von I-Trägern

	Werkstoff	Nahtdicke
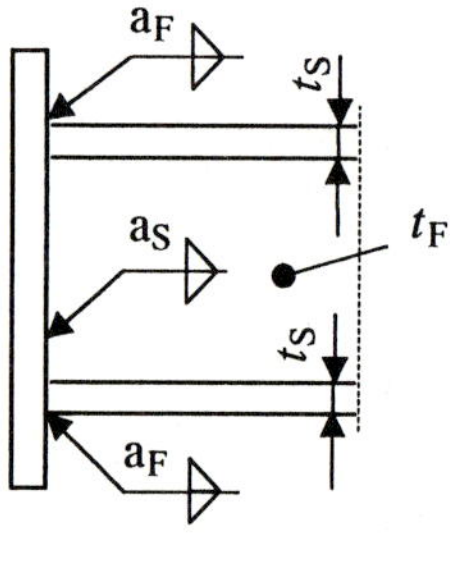	S 235	$a_F \geq 0{,}5\, t_F$ $a_S \geq 0{,}5\, t_S$
	S 355 S 355 NL	$a_F \geq 0{,}7\, t_F$ $a_S \geq 0{,}7\, t_S$

Tabelle 3.53 α_w Werte für Grenzschweißnahtspannungen nach DIN 18800 Teil 1, Tabelle 21

Nähte nach Tabelle 3.54	Nahtgüte	Beanspruchungsart	Werkstoff	
			S 325	S 355
Teil 1 Durch- oder gegengeschweißte Nähte	Alle Nahtgüten	Druck	1	1
	Nahtgüte nachgewiesen	Zug	1	1
	Nahtgüte nicht nachgewiesen		0,95	0,8
Teil 2 und Teil 3	Alle Nahtgüten	Druck, Zug	0,95	0,8
Alle Nähte (Teil 1, 2, 3)	Alle Nahtgüten	Schub	0,95	0,8

Nähte nach Teil 1 mit dem Faktor 1,0 brauchen im Allgemeinen rechnerisch nicht nachgewiesen zu werden, da der Bauteilwiderstand maßgebend ist.

3.8.3 Beanspruchungen und Nachweise von Schweißnähten

Beanspruchung: S_d		Nachweis: S_d/R_d
Rechnerische Schweißnahtfläche	$A_w = \sum_i (a_i \cdot l_i)$ mit: a_i = Einzelnahtdicke, l_i = Einzelnahtlänge	
Längskraft	$\sigma_\perp = \dfrac{N}{A_w}$	$\dfrac{\sigma_\perp}{\sigma_{w,R,d}} \le 1$
Biegemoment M_y; bei Biegemoment M_z, Vertauschung von y und z	$\sigma_\perp = \dfrac{M_y}{I_{w,y}} \cdot z$	$\sigma_{w,R,d}$ nach Formel (3-12)
Querkraft	$\tau_\perp = \dfrac{V \cdot S_w}{I_w \cdot A_w}$	$\dfrac{\tau_\perp}{\sigma_{w,R,d}} \le 1$
	$\tau_{II} = \dfrac{V}{A_w}$	$\dfrac{\tau_{II}}{\sigma_{w,R,d}} \le 1$
Schubspannung in der Steg-Flanschverbindung bei Schweißträgern	$\tau_{II} = \dfrac{V \cdot S}{I \cdot \sum a}$ mit: S = Flächenmoment 1. Grades der angeschlossenen Gurtfläche, I = Flächenmoment 2. Grades des Gesamtquerschnitts	$\dfrac{\tau_{II}}{\sigma_{w,R,d}} \le 1$
Zusammengesetzte Beanspruchung	$\sigma_{w,v} = \sqrt{\sigma_\perp^2 + \tau_{II}^2 + \tau^2}$	$\dfrac{\sigma_{w,v}}{\sigma_{w,R,d}} \le 1$

Tabelle 3.54 Rechnerische Schweißnahtdicke nach DIN 18800 Teil 1, Tabelle 19

	Nahtart [1)], Benennung			Bild	Rechnerische Nahtdicke a
Teil 1, Durch- oder gegengeschweißte Nähte	V	Stumpfnaht		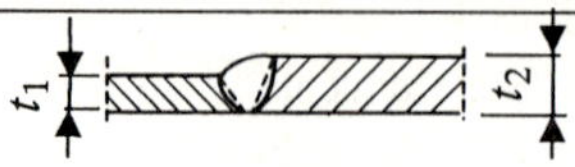	a = t_1
	K	D(oppel) HV Naht (K-Naht)		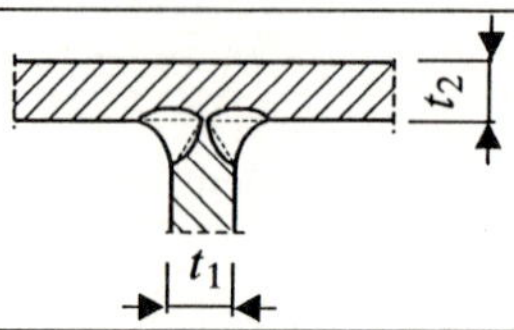	a = t_1
	V	HV Naht	Kapplage	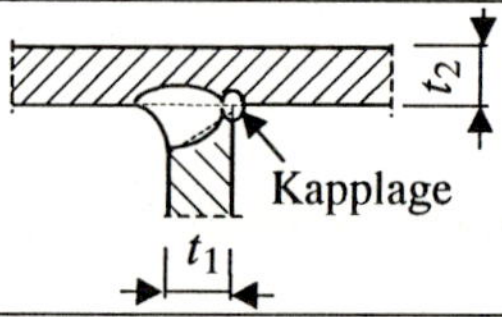	
			Wurzel durchgeschweißt	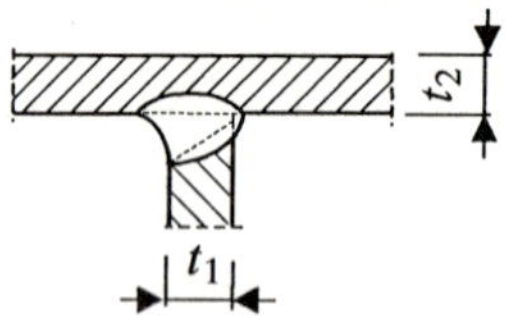	
Teil 2, Nicht durchgeschweißte Nähte	Y	HY-Naht mit Kehlnaht		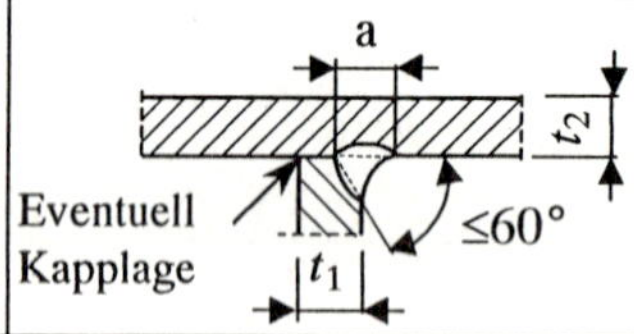	Die Nahtdicke a ist gleich dem Abstand vom theoretischem Wurzelpunkt zur Nahtoberfläche. Bei Nähten mit einem Öffnungswinkel < 45° ist das rechnerische a-Maß um 2 mm zu vermindern oder durch eine Verfahrensprüfung festzulegen. Ausgenommen sind Nähte, die in (*w*) Wannenposition und (*h*) Horizontalposition mit Schutzgasschweißung ausgeführt werden.
		HY-Naht		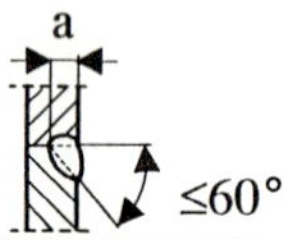	
	K	D(oppel)HY-Naht mit Doppelkehlnaht		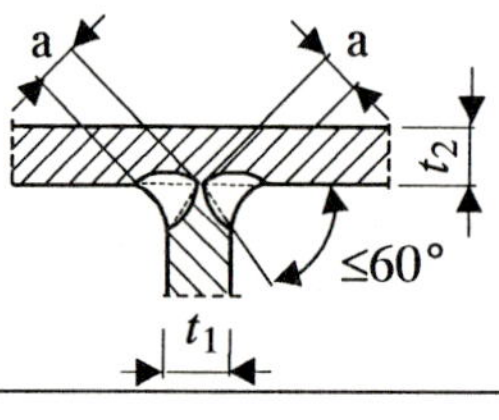	
		D(oppel)HY-Naht		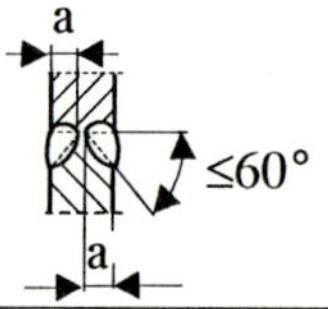	
	ǀǀ	Doppel I- Naht ohne Nahtvorbereitung Vollmech. Naht		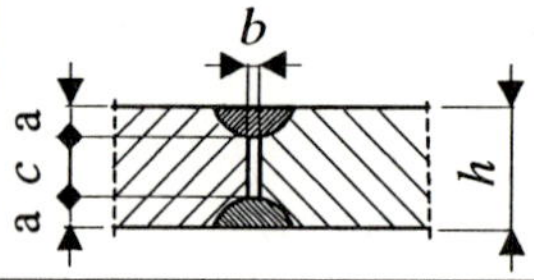	Nahtdicke a mit Verfahrensprüfung festlegen. Spalt *b* ist Verfahrensabhängig. UP-Schweißung: *b* = 0

Tabelle 3.54 Fortsetzung

<table>
<tr><th colspan="4">Nahtart [1], Benennung</th><th>Bild</th><th colspan="3">Rechnerische Nahtdicke a</th></tr>
<tr><td rowspan="4">Teil 3, Kehlnähte</td><td>◺</td><td colspan="2">Kehlnaht</td><td>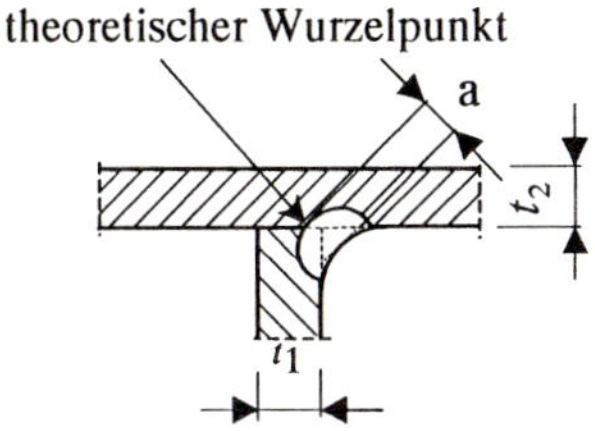
</td><td colspan="3" rowspan="2">Die Nahtdicke ist gleich der bis zum theoretischen Wurzelpunkt gemessenen Höhe des einschreibbaren gleichschenkligen Dreiecks.</td></tr>
<tr><td>⊳</td><td colspan="2">Doppel Kehlnaht</td><td>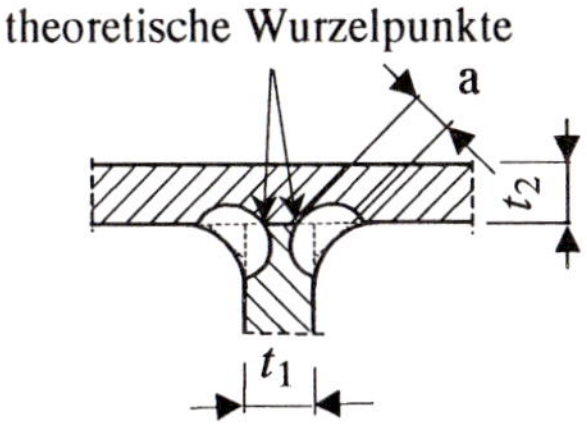
</td></tr>
<tr><td>◺</td><td>Kehlnaht</td><td rowspan="2">Mit tiefem Einbrand</td><td>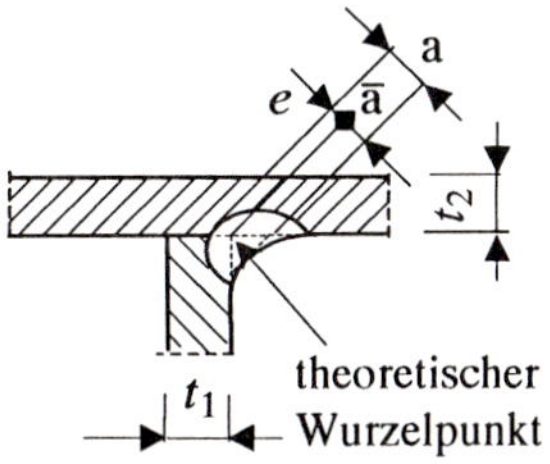
</td><td colspan="3" rowspan="2">$a = \bar{a} + e$

$\bar{a}$: entspricht Nahtdicke a der Kehl- bzw. Doppelkehlnaht

e mit Verfahrensprüfung festlegen (siehe DIN 18800 Teil 7 (1983) Abschnitt 3.4.2a)</td></tr>
<tr><td>⊳</td><td>Doppel-Kehlnaht</td><td>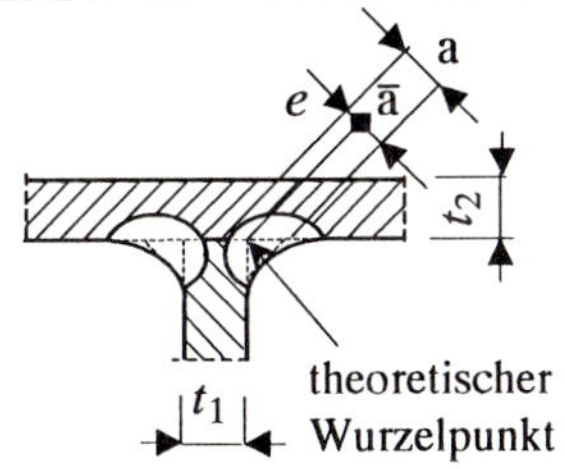
</td></tr>
<tr><td></td><td>⋁</td><td colspan="2">Dreiblechnaht Steilflankennaht</td><td>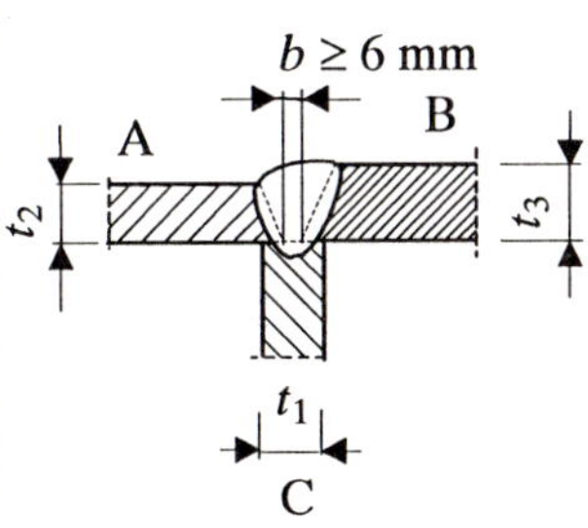
</td><td rowspan="2">Kraftübertragung</td><td>Von A nach B</td><td>$a = t_2$ für $t_2 < t_3$</td></tr>
<tr><td colspan="5"></td><td>Von C nach A und B</td><td>$a = b$</td></tr>
</table>

[1]) Ausführung nach DIN 18800 Teil 7 (1983)

Tabelle 3.55 Rechnerische Schweißnahtlängen bei unmittelbaren Anschlüssen

Allgemein gilt bei Stabanschlüssen: $6\,a < l < 150\,a$, aber $l > 30$ mm		
Nahtart	Bild	Rechnerische Nahtlänge
Flankenkehlnaht	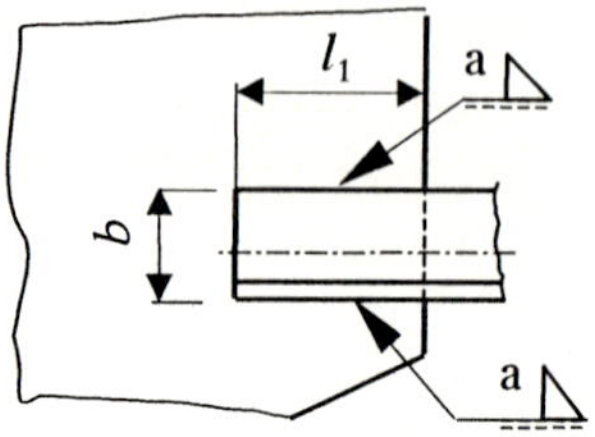	$\Sigma l = 2\,l_1$
Stirn- und Flankenkehlnähte	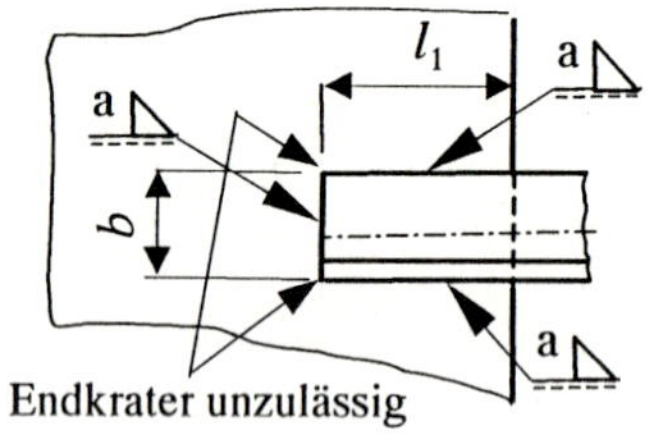	$\Sigma l = b + 2\,l_1$
Ringsumlaufende Kehlnaht mit Schwerachse näher zur längeren Naht	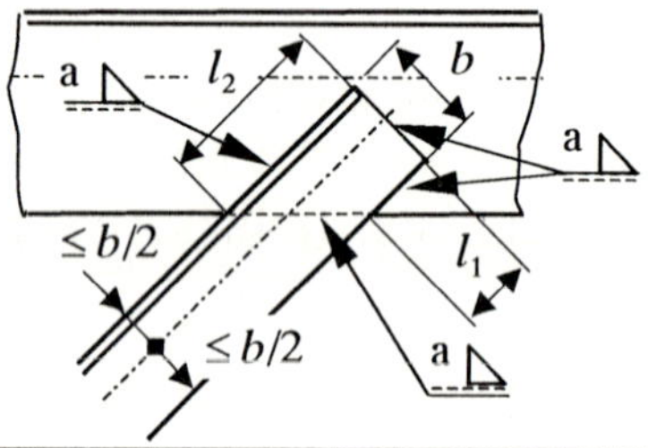	$\Sigma l = l_1 + l_1 + 2\,b$
Ringsumlaufende Kehlnaht mit Schwerachse näher zur kürzeren Naht	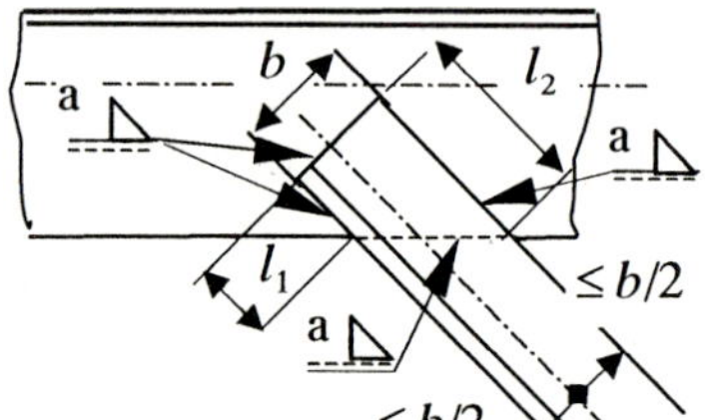	$\Sigma l = 2\,l_1 + 2\,b$
Kehlnaht oder HV-Naht bei geschlitzten Profilen	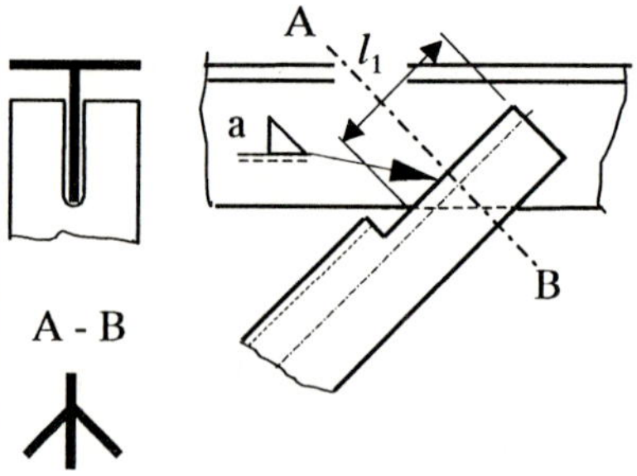	$\Sigma l = 2\,l_1$

3.8.4 Wahl der Stahlgütegruppen für geschweißte Stahlbauten

nach DASt – Richtlinie 009

Tabelle 3.56 Bestimmung der Stahlgütegruppe

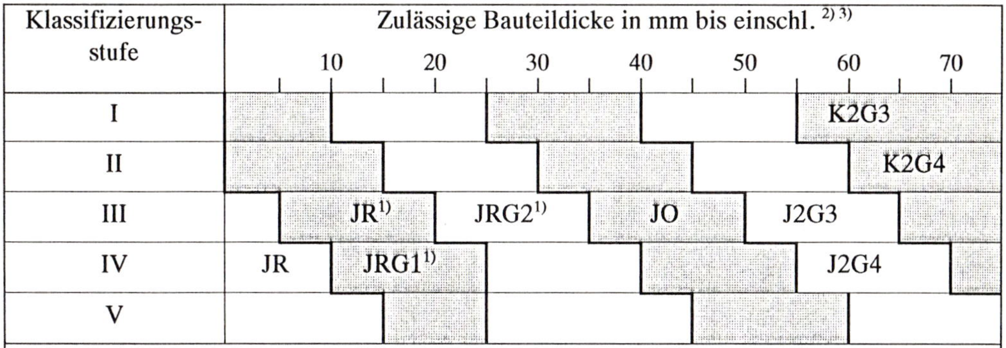

[1] mit zusätzlicher Prüfung der Kerbschlagarbeit

[2] Bauteildicken sind nur in dem Rahmen zulässig, wie die Fachnormen dies ausweisen.

[3] Der in den Fachnormen geforderte Sprödbruchnachweis, z.B. durch den Aufschweißbiegeversuch, ist ab den dort genannten Grenzwanddicken zu führen.

Die Stähle der in Tabelle 3.56 aufgeführten Gütegruppen sind im Allgemeinen zum Schweißen nach allen Verfahren geeignet.

Bedeutung der Kennzeichen für Stahlgütegruppen in Hinsicht auf die Schweißeignung und die Kerbschlagarbeit:

JR: Grundstähle

JO: Qualitätsstähle

J2: Qualitätsstähle

K2: Qualitätsstähle, nur Stähle S 335

Tabelle 3.57 Kerbschlagarbeit für Grund und Qualitätsstähle für Nenndicken $10 < t \leq 150$ mm

Prüftemperatur in °C		+ 20	0	- 20
Kerbschlagarbeit, minimum	27 J	JR	JO	J2
	40 J	KR		

Kennzeichnung der Desoxidationsart

G1: unberuhigt (FU)

G2: nicht unberuhigt (FN)

G3: voll beruhigt (FF); Lieferzustand N bei Flacherzeugnissen, sonst nach Wahl

G4 : voll beruhigt (FF); Lieferzustand nach Wahl des Herstellers

Tabelle 3.58 Beispiele für die Klassifizierung der Bauteile nach ihrem Spannungszustand

Spannungs-zustand	Bauteile	Ferner:
niedrig	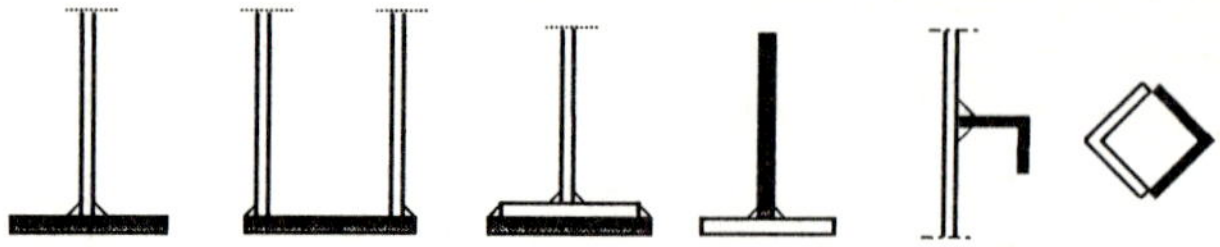	Aussteifungen, Schotte, Verbände, spannungsarm geglühte Bauteile des Spannungszustandes „mittel“
mittel	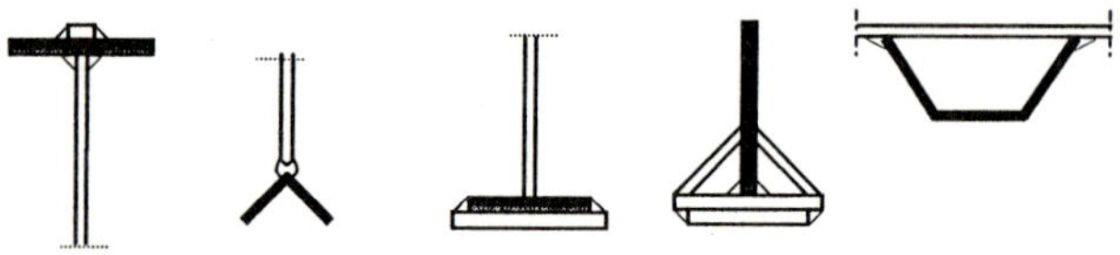	Knotenbleche an Zuggurten, spannungsarm geglühte Bauteile des Spannungszustandes „hoch“
hoch	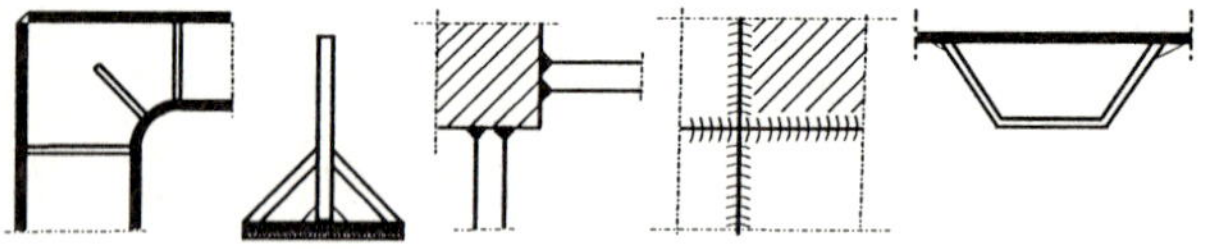	Bauteile im Bereich von schroffen Querschnittsübergängen, Spannungsspitzen, räumlichen Zugspannungszuständen

Die zu klassifizierenden Bauteile sind durch Schwärzung oder Schraffur gekennzeichnet. Gleichwertige Fälle sind sinngemäß einzuordnen.

Tabelle 3.59 Bestimmung der Klassifizierungsstufen

Spannungs-zustand	Bedeutung des Bauteils	Beanspruchung bei Gebrauchslast			
		Druck		Zug	
		angenommene tiefste Temperatur			
		bis - 10°C	von - 10°C bis - 30°C	bis - 10°C	von - 10°C bis - 30°
hoch	1. Ordnung	IV	III	II	I
	2. Ordnung	V	IV	III	II
mittel	1. Ordnung	V	IV	III	II
	2. Ordnung	V	V	IV	III
niedrig	1. Ordnung	V	V	IV	III
	2. Ordnung	V	V	V	IV

1. Ordnung: Bauteile, von deren Funktionsfähigkeit der Bestand oder der Verwendungszweck des Gesamttragwerkes oder seiner wichtigsten Teile abhängen oder bei denen die Grenzspannungen durch langzeitige ständige Beanspruchungen zu mehr als 70% ausgenutzt sind.

2. Ordnung: Die übrigen Bauteile, deren Versagen nur örtliche Schäden verursachen.

3.9 Verankerungen, Lagesicherheit

Im Rahmen des Tragsicherheitsnachweises ist auch der Nachweis der Lagesicherheit für das Bauwerk als Ganzes wie auch der einzelnen Bauteile zu führen.

3.9.1 Gleiten

Es ist nachzuweisen, dass die ein Verschieben verursachende Gleitkraft (parallel zur Lagerfuge) kleiner ist als die Grenzgleitkraft (DIN 4141 Teil 1).

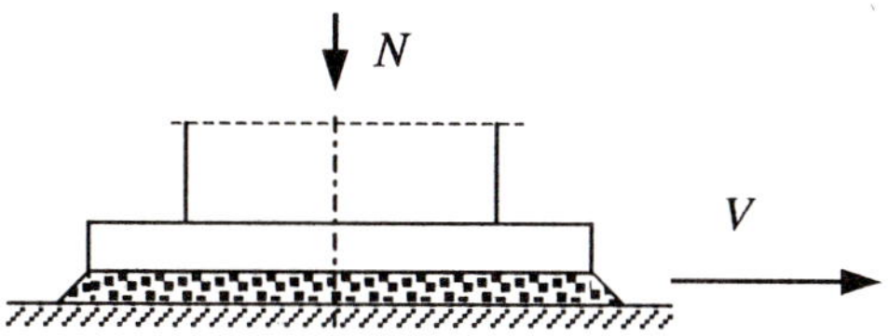

Bild 3-35 Kraftwirkung in der Lagerfuge bei $N \neq 0$ und $V \neq 0$

3.9.2 Umkippen

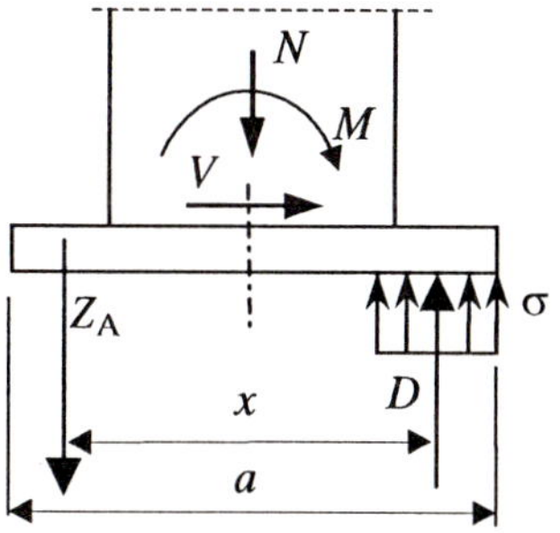

Bild 3-36 Kraftwirkung in der Lagerfuge bei $N \neq 0, M \neq 0$ und $V \neq 0$

3.9.3 Abheben

Für unverankerte Lagerfugen ist nachzuweisen, dass abhebende Kräfte normal zur Lagerfuge nicht auftreten.

Für verankerte Lagerfugen ist nachzuweisen, dass die Beanspruchung der Verankerung nicht größer als deren Beanspruchbarkeit ist.

Tabelle 3.60 Betondruckspannung, Rechenwerte nach DIN 1045 (1988) und Grenzpressung in N/mm²

Beton	B15	B25	B35	B45
Betondruckspannung β_R	10,5	17,5	23,0	27,0
Grenzpressung der Lagerfuge $\sigma_{La,R,d} = \frac{\beta_R}{1{,}3}$	8,08	13,5	17,7	20,8

3.9.4 Beanspruchungen und Nachweise von Verankerungen

Beanspruchung: $\mathbf{S_d}$		Nachweis: $\mathbf{S_d/R_d}$
Gleiten	$V_d = \sqrt{F_x^2 + F_y^2}$	$\frac{V_d}{V_{R,d}} \le 1$ $V_{R,d}$ nach Formel (3-18)
Umkippen	Ankerzugkraft	$\frac{Z_d}{Z_{A,R,d}} \le 1$ und $\frac{\sigma}{\sigma_{La,R,d}} \le 1$ mit: $Z_{A,R,d} = N_{R,d}$ nach Formel (3-5)
Abheben	$Z_d = Z - N_{Ständig}$	$\frac{Z_d}{Z_{A,R,d}} \le 1$

3.9.5 Berührungsdruck für Lagerteile und Gelenke

Berührungsdruck nach Hertz	
Walze gegen Ebene	$\sigma_H = 0{,}418 \cdot \sqrt{\frac{F \cdot E}{l \cdot r}}$ F = Auflagerkraft l = tragende Länge der Walze r = Walzenhalbmesser
Vollkugel gegen Ebene	$\sigma_H = 0{,}388 \cdot \sqrt{\frac{F \cdot E^2}{r^2}}$ r = Kugelhalbmesser
Vollkugel gegen Vollkugel	$\sigma_H = 0{,}388 \cdot \sqrt[3]{F \cdot E^2 \cdot \left(\frac{1}{r_1} - \frac{1}{r_2}\right)^2}$ r_1, r_2 = Kugelhalbmesser
Charakteristischer Grenzdruck für Lager mit max. 2 Rollen	$\sigma_{H,k}$ nach Tabelle 2.8

4 Statik und Festigkeitslehre

4.1 Formeln für ausgewählte Bereiche der Statik

Tabelle 4.1 Einfeldträger

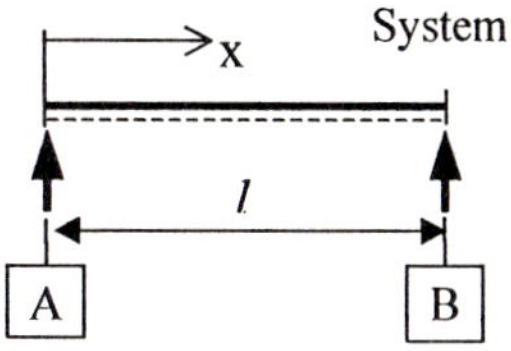 System	Auflagerkräfte	Biegemoment M_A, M_B max M_F (an der Stelle x)	Durchbiegung $v = v_{max}$
1. Streckenlast q 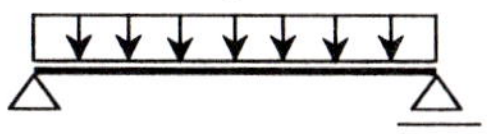	$A = B = \frac{q \cdot l}{2}$	$M_F = \frac{q \cdot l^2}{8}$ bei x = $l/2$	$v = \frac{5}{384 \cdot EI} q \cdot l^4$ bei x = $l/2$
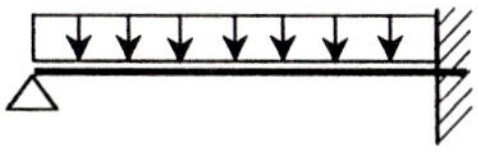	$A = \frac{3}{8} q \cdot l$ $B = \frac{5}{8} q \cdot l$	$M_B = -\frac{q \cdot l^2}{8}$ $M_F = \frac{9 \cdot q \cdot l^2}{128}$ bei x = 3/8 l	$v = \frac{2 \cdot q \cdot l^4}{369 \cdot EI}$ bei x = 0,4215 l
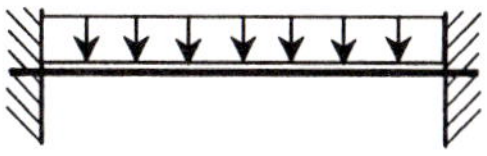	$A = B = \frac{q \cdot l}{2}$	$M_A = M_B = -\frac{q \cdot l^2}{12}$ $M_F = \frac{q \cdot l^2}{24}$	$v = \frac{q \cdot l^4}{384 \cdot EI}$ bei x = $l/2$
2. Einzellast F 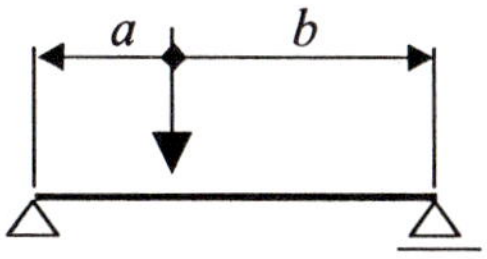	$A = \frac{F \cdot b}{l}$ $B = \frac{F \cdot a}{l}$	$M_F = \frac{Fab}{l}$ bei x = a	$v = \frac{F \cdot l^3}{48 \cdot EI} \cdot \left(\frac{3a}{l} - \frac{4a^3}{l^3} \right)$ für $a < b$
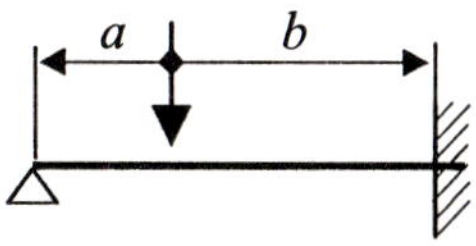	$A = \frac{F \cdot b^2 (a + 2l)}{2 \cdot l^3}$ $B = F - A$	$M_B = -\frac{Fab}{2 \cdot l} \left(1 + \frac{a}{l} \right)$ $M_F = \frac{Fab^2 \cdot (3a + 2b)}{2 \cdot l^3}$ bei x = a	$v = \frac{Fa^2 b^3}{12 \cdot EI \cdot l^3} \cdot (3l + a)$ bei x = a

Tabelle 4.1 Fortsetzung

System 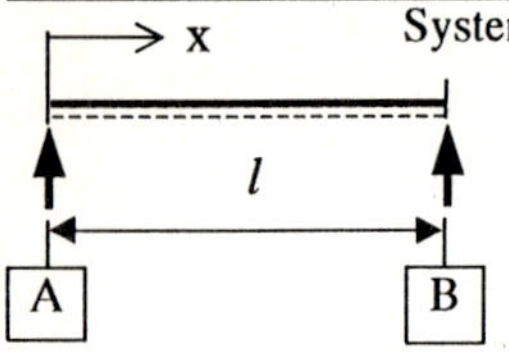	Auflagerkräfte	Biegemoment M_A, M_B max M_F (an der Stelle x)	Durchbiegung $v = v_{max}$
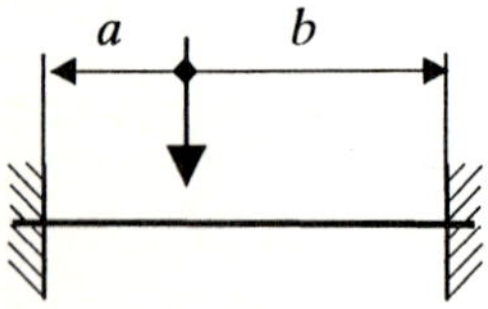	$A = \frac{F \cdot b^2 (l + 2a)}{l^3}$ $B = F - A$	$M_A = -\frac{F \cdot a \cdot b^2}{l^2}$ $M_B = -\frac{F \cdot b \cdot a^2}{l^2}$ $M_F = \frac{2 \cdot F \cdot a^2 \cdot b^2}{l^3}$ bei x = a	$v = \frac{F \cdot a^3 \cdot b^3}{3 \cdot EI \cdot l^3}$ bei x = a
F in Trägermitte 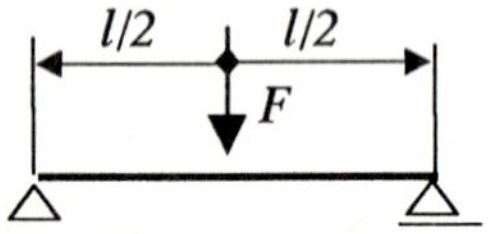	$A = B = \frac{F}{2}$	$M_F = \frac{F \cdot l}{4}$	$v = \frac{F \cdot l^3}{48 \cdot EI}$
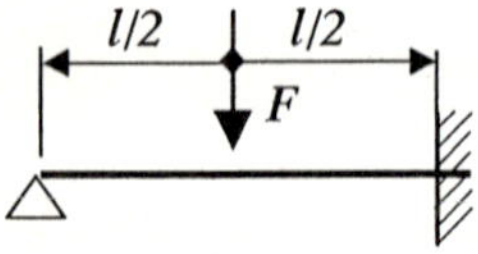	$A = \frac{5 \cdot F}{16}$ $B = \frac{11 \cdot F}{16}$	$M_B = -\frac{3 \cdot F \cdot l}{16}$ $\max M = \frac{5 \cdot F \cdot l}{32}$	$v = \frac{F \cdot l^3}{48 \cdot \sqrt{5} \cdot EI}$
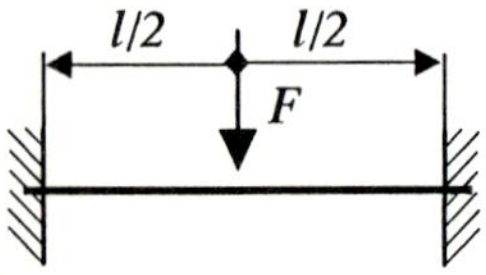	$A = B = \frac{F}{2}$	$M_A = M_B = -\frac{F \cdot l}{8}$ $M_F = \frac{F \cdot l}{8}$ bei x = $l/2$	$v = \frac{F \cdot l^3}{192 \cdot EI}$
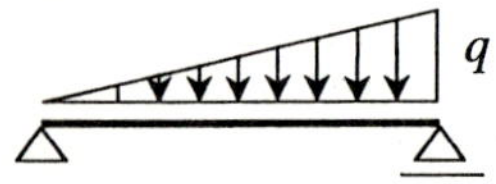	$A = \frac{q \cdot l}{6}$ $B = \frac{q \cdot l}{3}$	$\max M = \frac{q \cdot l^2}{15{,}6}$ bei x = $0{,}577 \cdot l$	$v = 0{,}00651 \cdot \frac{q \cdot l^4}{EI}$ bei x = $0{,}5193 \cdot l$
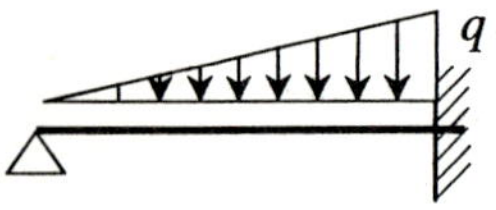	$A = \frac{q \cdot l}{10}$ $B = \frac{2 \cdot q \cdot l}{5}$	$M_B = -\frac{q \cdot l^2}{15}$ $M_F = \frac{q \cdot l^2}{33{,}54}$ bei x = $0{,}447 \cdot l$	$v = \frac{q \cdot l^4}{419{,}3 \cdot EI}$ bei x = $0{,}447 \cdot l$

Tabelle 4.1 Fortsetzung

System	Auflagerkräfte	Biegemoment M_A, M_B max M_F (an der Stelle x)	Durchbiegung $v = v_{max}$
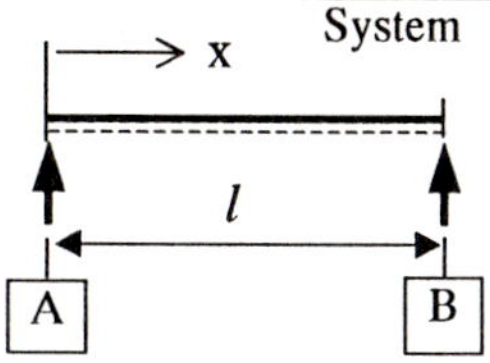			
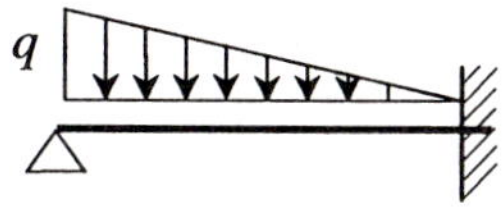	$A=\frac{11}{40}\cdot q\cdot l$ $B=\frac{9}{40}\cdot q\cdot l$	$M_F=\frac{q\cdot l^2}{23{,}6}$ bei x = 0,329 l	$v=\frac{q\cdot l^4}{328{,}1\cdot EI}$ bei x = 0,402 l
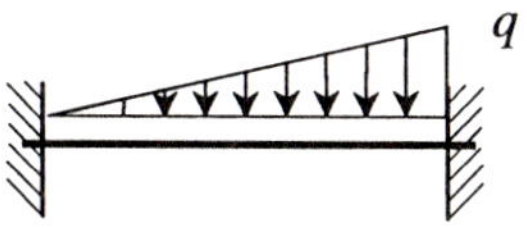	$A=\frac{3}{20}\cdot q\cdot l$ $B=\frac{7}{20}\cdot q\cdot l$	$M_F=\frac{q\cdot l^2}{46{,}6}$ bei x = 0,548 l	$v=\frac{q\cdot l^4}{764\cdot EI}$ bei x = 0,525 l
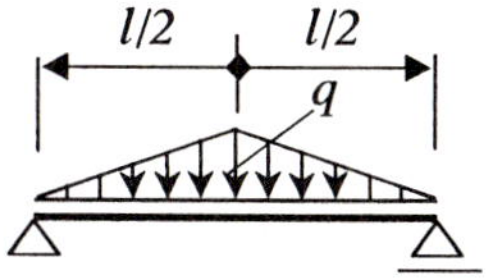	$A=B=\frac{q\cdot l}{4}$	$M_F=\frac{q\cdot l^2}{12}$	$v\approx\frac{q\cdot l^4}{549\cdot EI}$
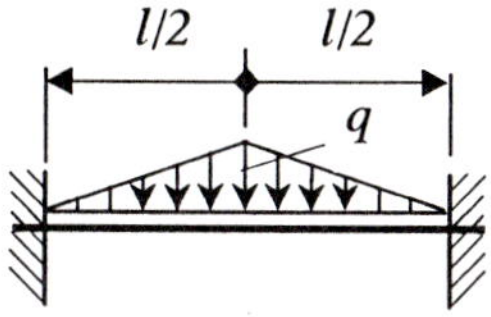	$A=B=\frac{q\cdot l}{4}$	$M_A=M_B=-\frac{5\cdot q\cdot l^2}{96}$ $M_F=\frac{q\cdot l^2}{32}$	$v=\frac{q\cdot l^4}{120\cdot EI}$
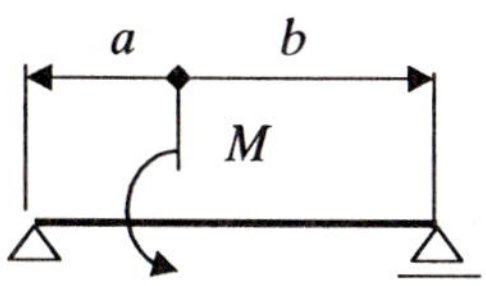	$A=-B=\frac{M}{l}$	$M_x=M\cdot\frac{x}{l}$ $\quad x\le a$ $M_x=-M\cdot\frac{l-x}{l}$ $\quad x\ge a$	
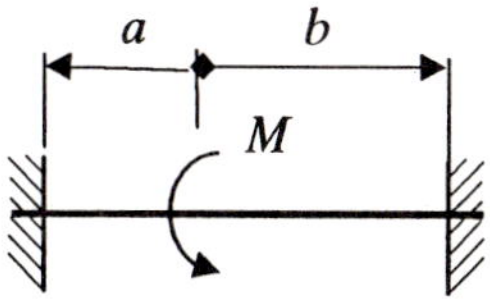	$A=-B=$ $=6\cdot M\cdot\frac{a\cdot b}{l^3}$	$M_A=-M\cdot\frac{b}{l^2}\cdot(3\cdot a-l)$ $M_B=M\cdot\frac{a}{l^2}\cdot(3\cdot b-l)$	

Tabelle 4.2 Kragträger

System 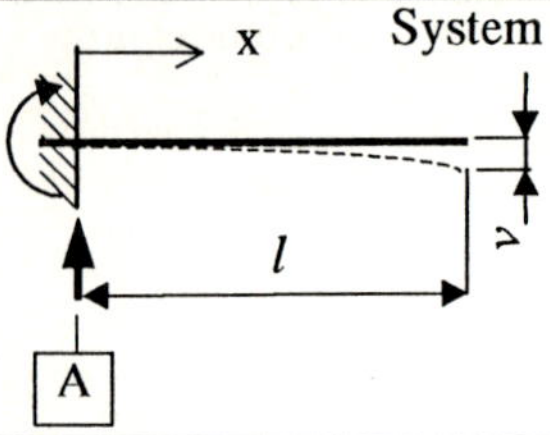	Auflagerkräfte	Biegemoment M_A, M_B max M_F (an der Stelle x)	Durchbiegung $v = v_{max}$
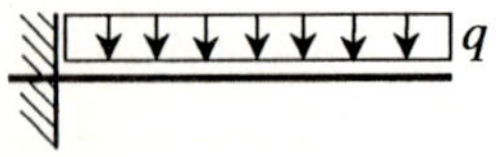	$A = q \cdot l$	$M_A = -\frac{q \cdot l}{2}$	$v = \frac{q \cdot l^4}{8 \cdot EI}$
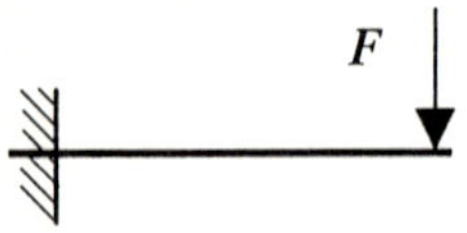	$A = F$	$M_A = -F \cdot l$	$v = \frac{F \cdot l^3}{3 \cdot EI}$
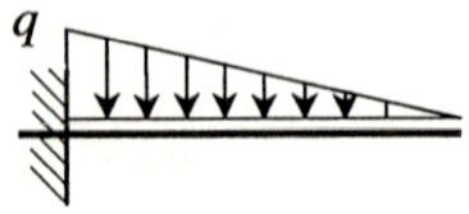	$A = \frac{q \cdot l}{2}$	$M_A = -\frac{q \cdot l^2}{6}$	$v = \frac{q \cdot l^4}{30 \cdot EI}$
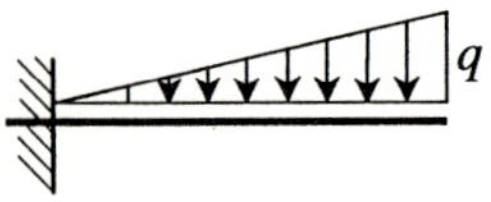	$A = \frac{q \cdot l}{2}$	$M_A = -\frac{q \cdot l^2}{3}$	$v = \frac{11 \cdot q \cdot l^4}{120 \cdot EI}$
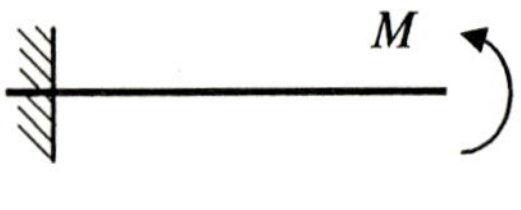	0	$M_A = M$	$v = -\frac{M \cdot l^2}{2 \cdot EI}$

Tabelle 4.3 Träger auf 2 Stützen mit Auskragungen

System	Auflagerkräfte	Biegemoment	Durchbiegung
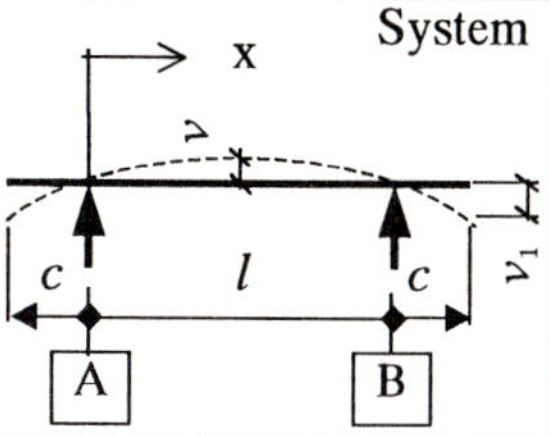		M_A, M_B max M_F (an der Stelle x)	$v = v_{\text{max}}$
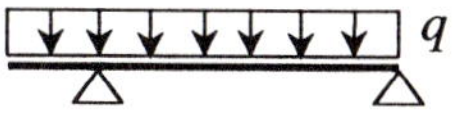	$A = \frac{q \cdot (l+c)^2}{2 \cdot l}$ $B = \frac{q \cdot (l^2 - c^2)}{2 \cdot l}$	$M_A = -\frac{q \cdot c^2}{2}$	$v = \frac{ql^2 \cdot (5l^2 - 12c^2)}{384 \cdot EI}$ bei x = $l/2$ $v_1 = \frac{qc \cdot [c^2 \cdot (4l + 3c) - l^3]}{24 \cdot EI}$
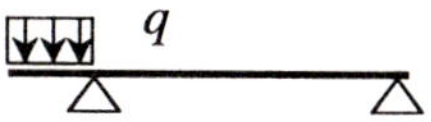	$A = \frac{q \cdot (c^2 + 2 \cdot c \cdot l)}{2 \cdot l}$ $B = -\frac{q \cdot c^2}{2 \cdot l}$	$M_A = -\frac{q \cdot c^2}{2}$	$v_1 = \frac{q \cdot c^3 \cdot (3c + 4l)}{24 \cdot EI}$
	$A = \frac{F \cdot (l + c)}{l}$ $B = -\frac{F \cdot c}{l}$	$M_A = -F \cdot c$	$v = \frac{F \cdot l^2 \cdot c}{9 \cdot EI \cdot \sqrt{3}}$ bei x = 0,432 l $v_1 = \frac{F \cdot c^2 \cdot (l + c)}{3 \cdot EI}$
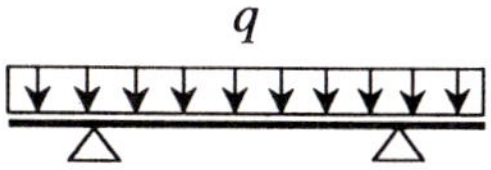	$A = \frac{q \cdot (2 \cdot c + l)}{2}$ $B = A$	$M_A = M_B = -\frac{q \cdot c^2}{2}$ $M_F = \frac{q \cdot (l^2 - 4 \cdot c^2)}{8}$	$v = \frac{q \cdot l^4}{16 \cdot EI} \cdot \left(\frac{5}{24} - \frac{c^2}{l^2} \right)$ $v_1 = \frac{ql^4}{24 \cdot EI} \cdot \left(\frac{3 \cdot c^4}{l^4} + \frac{6 \cdot c^3}{l^3} - \frac{c}{l} \right)$
	$A = B = F$	$M_A = -F \cdot c$	$v = \frac{F \cdot l^2 \cdot c}{8 \cdot EI}$ $v_1 = \frac{F \cdot c^2}{3 \cdot EI} \cdot \left(c + \frac{3l}{2} \right)$

Tabelle 4.4 Rahmen

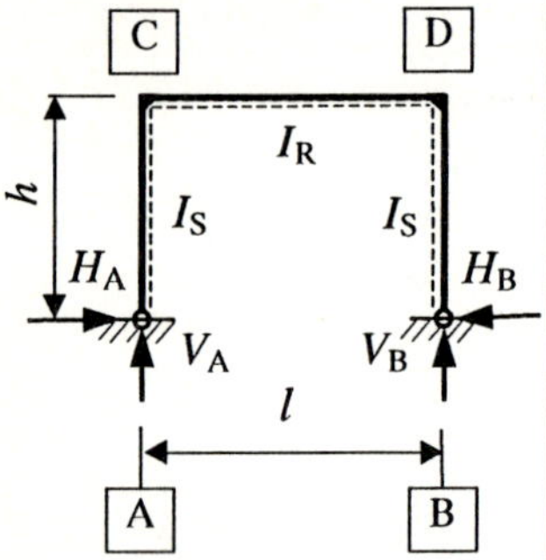	Zweigelenkrahmen, n = 1 $k = \frac{I_R}{I_S} \cdot \frac{h}{l}$	
	Auflagerkräfte	Biegemomente $M_A = 0$ $M_B = 0$
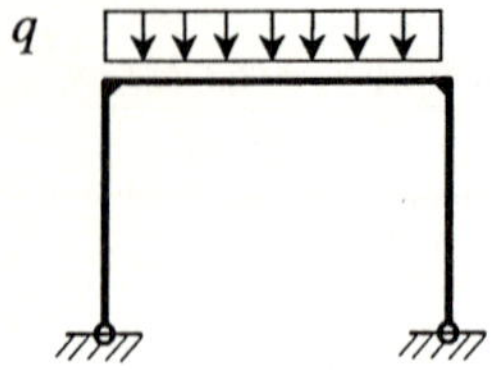	$V_A = V_B = \frac{q \cdot l}{2}$ $H_A = H_B = \frac{q \cdot l^2}{4 \cdot h \cdot (2 \cdot k + 3)}$	$M_C = M_D = -H_A \cdot h$ $M_F = \frac{q \cdot l^2}{8} - M_C$
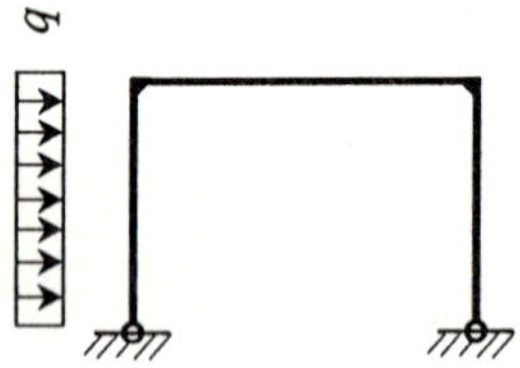	$V_A = -V_B = -\frac{q \cdot h^2}{2 \cdot l}$ $H_A = -\frac{q \cdot h}{8} \cdot \frac{11 \cdot k + 18}{2 \cdot k + 3}$ $H_B = \frac{q \cdot h}{8} \cdot \frac{5 \cdot k + 6}{2 \cdot k + 3}$	$M_C = \frac{q \cdot h^2}{2} + H_A \cdot h$ $M_D = -H_B \cdot h$
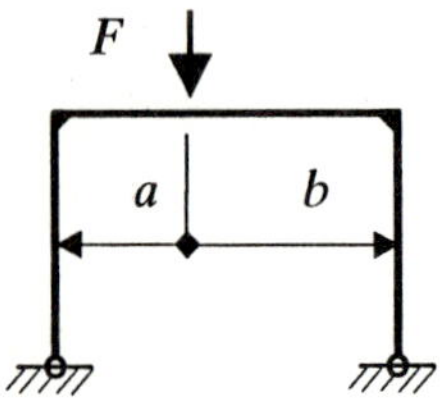	$V_A = \frac{F \cdot b}{l}$ $V_B = \frac{F \cdot a}{l}$ $H_A = H_B = \frac{3 \cdot F \cdot a \cdot b}{2 \cdot h \cdot l \cdot (2 \cdot k + 3)}$	$M_C = M_D = -\frac{3 \cdot F \cdot a \cdot b}{2 \cdot l \cdot (2 \cdot k + 3)}$
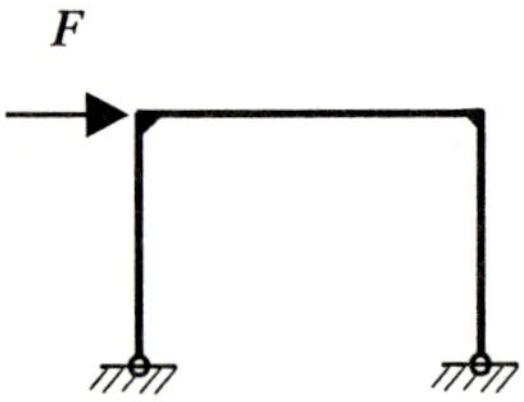	$V_A = -V_B = -\frac{F \cdot h}{l}$ $H_A = -H_B = -\frac{F}{2}$	$M_C = -M_D = \frac{F \cdot h}{2}$

Tabelle 4.4 Fortsetzung

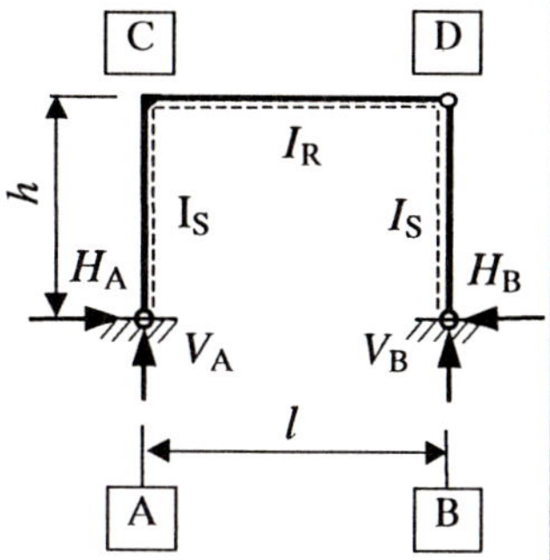	Gelenkiger einhüftiger Rahmen, n = 0 $k = \frac{I_R}{I_S} \cdot \frac{h}{l}$	
	Auflagerkräfte	**Biegemomente** $M_A = 0$ $M_B = 0$
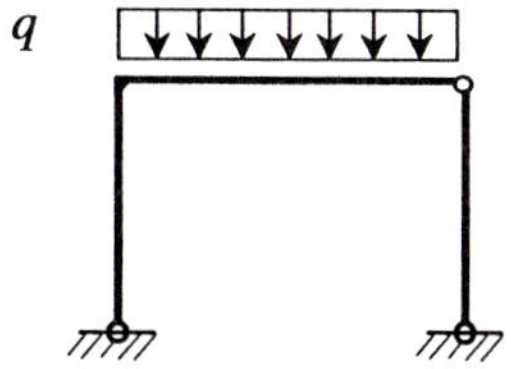	$V_A = V_B = \frac{q \cdot l}{2}$ $H_A = H_B = 0$	$M_C = 0$
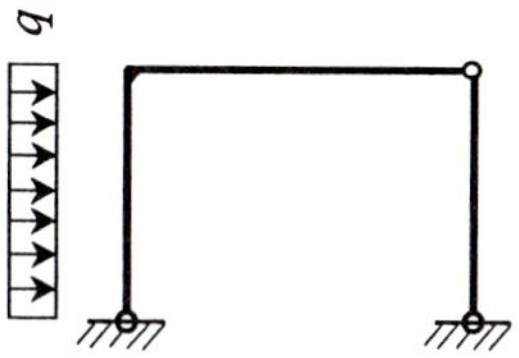	$V_A = -V_B = -\frac{q \cdot h^2}{2 \cdot l}$	$M_C = \frac{q \cdot h^2}{2}$
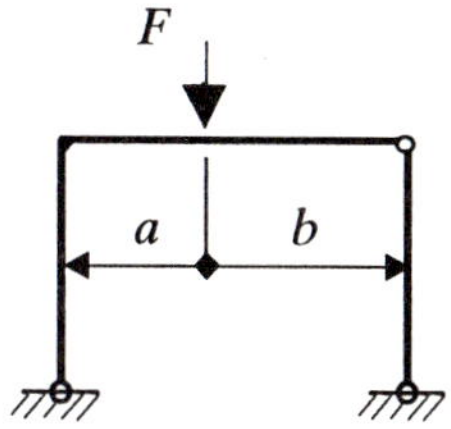	$V_A = \frac{F \cdot b}{l}$ $V_B = \frac{F \cdot a}{l}$ $H_A = H_B = 0$	$M_C = 0$
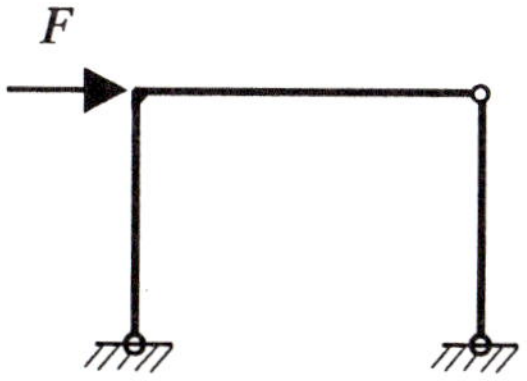	$V_A = -V_B = -\frac{F \cdot h}{l}$ $H_A = -F$ $H_B = 0$	$M_C = F \cdot h$

Tabelle 4.4 Fortsetzung

<table>
<tr>
<td rowspan="2">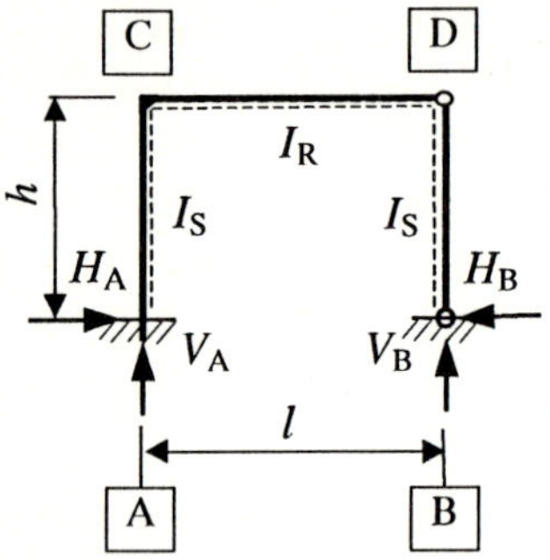
</td>
<td colspan="2">Eingespannter einhüftiger Rahmen, n = 1
$$k = \frac{I_R}{I_S} \cdot \frac{h}{l}$$</td>
</tr>
<tr>
<td>Auflagerkräfte</td>
<td>Biegemomente
$M_B = 0$
$M_D = 0$</td>
</tr>
<tr>
<td>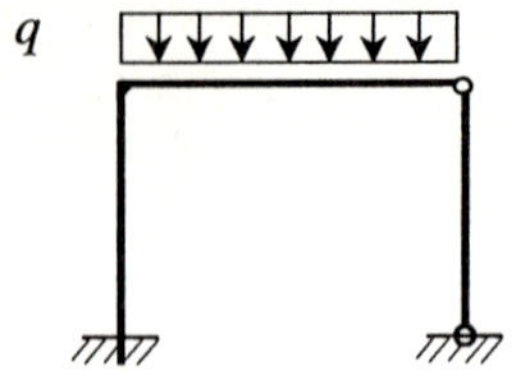
</td>
<td>$V_A = \frac{q \cdot l}{2} - \frac{M_C}{l}$
$V_B = \frac{q \cdot l}{2} + \frac{M_C}{l}$
$H_A = H_B = 0$</td>
<td>$M_A = M_C = -\frac{q \cdot l^2}{8 \cdot (3 \cdot k + 1)}$</td>
</tr>
<tr>
<td>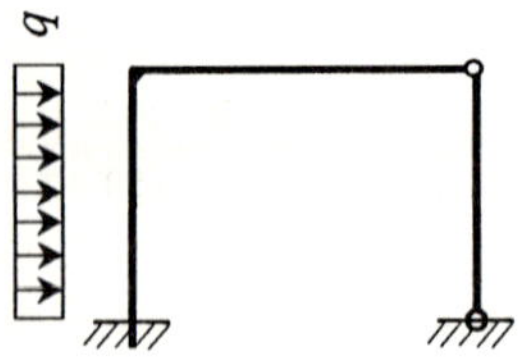
</td>
<td>$V_A = -V_B = -\frac{M_C}{l}$
$H_A = -q \cdot h$
$H_B = 0$</td>
<td>$M_A = -\frac{q \cdot h^2}{2} + M_C$
$M_C = \frac{q \cdot h^2 \cdot k}{6 \cdot k + 2}$</td>
</tr>
<tr>
<td>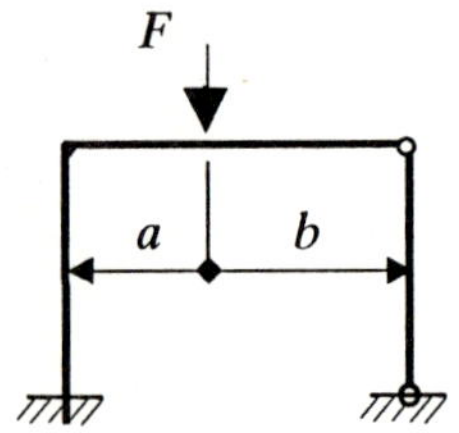
</td>
<td>$V_A = \frac{F \cdot b - M_C}{l}$
$V_B = \frac{F \cdot a + M_C}{l}$
$H_A = H_B = 0$</td>
<td>$M_A = M_C = -\frac{F \cdot a \cdot b \cdot (1 + b)}{2 \cdot l^2 \cdot (3 \cdot k + 1)}$</td>
</tr>
<tr>
<td>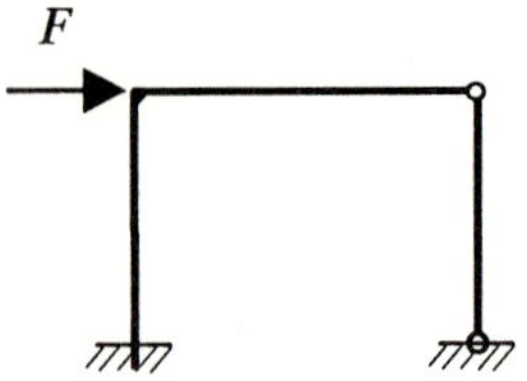
</td>
<td>$V_A = -V_B = -\frac{M_C}{l}$
$H_A = -F$
$H_B = 0$</td>
<td>$M_A = -F \cdot h + M_C$
$M_C = \frac{3 \cdot F \cdot h \cdot k}{6 \cdot k + 2}$</td>
</tr>
</table>

Tabelle 4.5 Dachrahmen

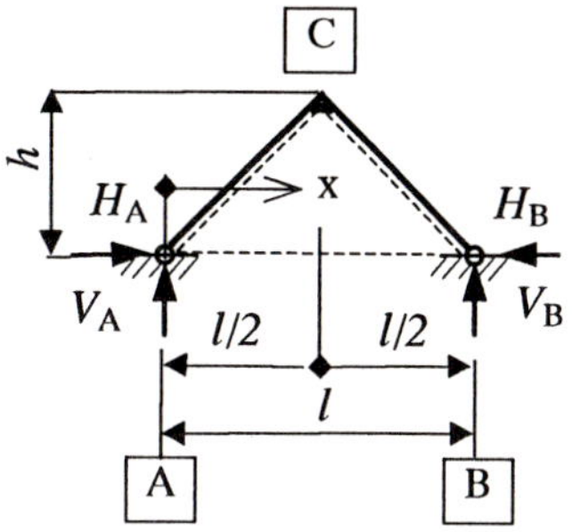	Gleichschenkliger Dachrahmen EI = konstant	
	Auflagerkräfte	Biegemomente $M_A = 0$ $M_B = 0$
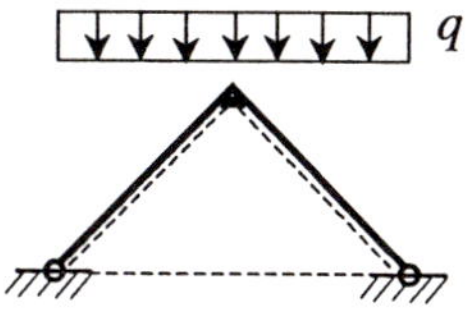	$V_A = V_B = \frac{q \cdot l}{2}$ $H_A = H_B = \frac{5}{32} \cdot \frac{q \cdot l^2}{h}$	$M_C = -\frac{q \cdot l^2}{32}$ $\max M_F = \frac{9 \cdot q \cdot l^2}{512}$ bei $x = \frac{3}{16} \cdot l$
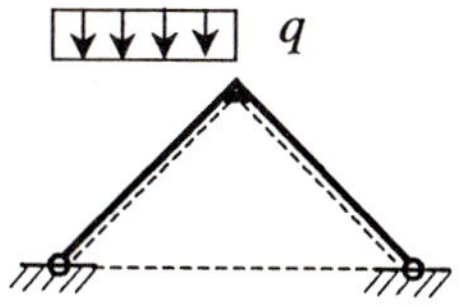	$V_A = \frac{3}{8} \cdot q \cdot l$ $V_B = \frac{1}{8} \cdot q \cdot l$ $H_A = H_B = \frac{5}{64} \cdot \frac{q \cdot l^2}{h}$	$M_C = -\frac{q \cdot l^2}{64}$ $\max M_F = \frac{49 \cdot q \cdot l^2}{2049}$ bei $x = \frac{7}{32} \cdot l$
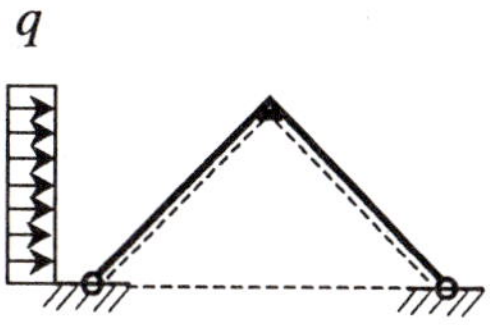	$V_A = V_B = \frac{q \cdot h^2}{2 \cdot l}$ $H_A = \frac{11}{16} \cdot q \cdot h$ $H_B = \frac{5}{16} \cdot q \cdot h$	$M_C = -\frac{1}{16} \cdot q \cdot h^2$ $\max M_F = \frac{49 \cdot q \cdot h^2}{512}$
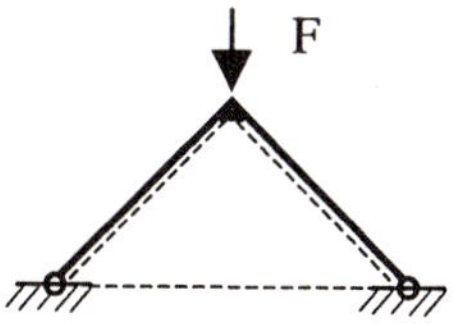	$V_A = V_B = \frac{F}{2}$ $H_A = H_B = \frac{F}{4} \cdot \frac{l}{h}$	$M_C = 0$ $M_F = 0$

Tabelle 4.6 Geschlossener Rechteckrahmen

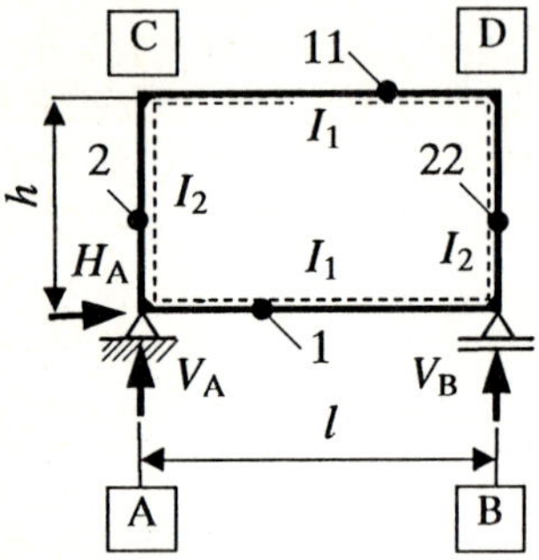	Geschlossener Rechteckrahmen $k_1 = \frac{I_1}{I_2} \cdot \frac{h}{l}$ $k_2 = 3 \cdot (k_1^2 + 4 \cdot k_1 + 3)$ $k_3 = 6 \cdot k_1 + 2$	
	Auflagerkräfte	Normalkräfte
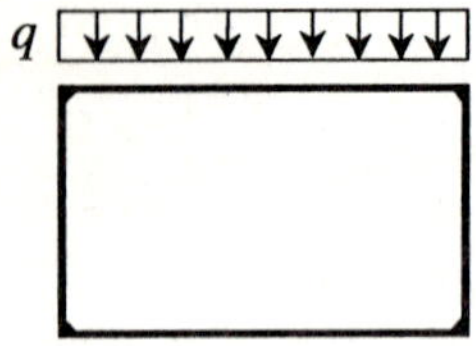	$V_A = V_B = q \cdot l/2$ $H_A = 0$	$N_2 = N_{22} = q \cdot l/2$ $N_1 = -N_{11} = \frac{M_A - M_C}{h}$
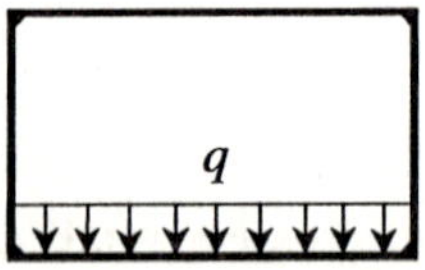	$V_A = V_B = q \cdot l/2$ $H_A = 0$	$N_1 = -N_{11} = \frac{M_A - M_C}{h}$ $N_2 = N_{22} = 0$
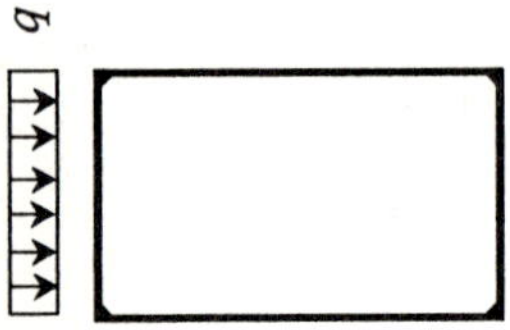	$V_A = -V_B = -\frac{q \cdot h^2}{2 \cdot l}$ $H_A = -q \cdot h$	$N_1 = -N_{11} = \frac{M_B - M_D}{h}$
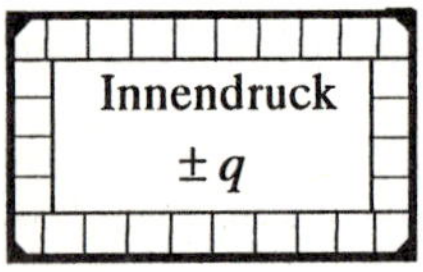	$V_A = V_B = 0$ $H_A = 0$	$N_1 = N_{11} = q \cdot h/2$ $N_2 = N_{22} = q \cdot l/2$

Biegemomente	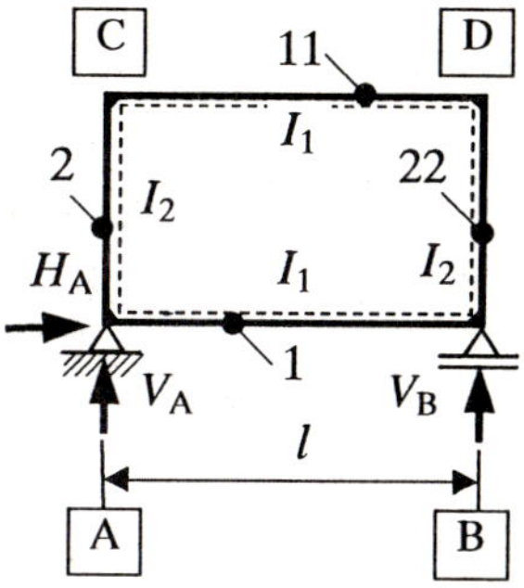
$M_A = M_B = \frac{q \cdot l^2}{4} \cdot \frac{k_1}{k_2}$ $M_C = M_D = -\frac{q \cdot l^2}{4} \cdot \frac{2 \cdot k_1 + 3}{k_2}$	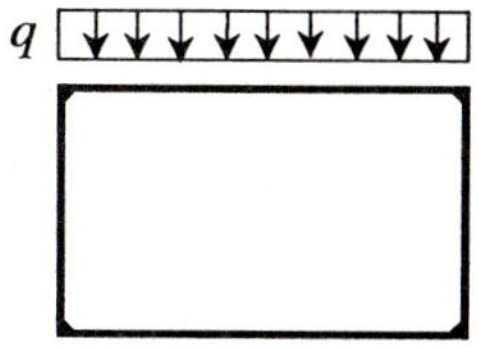
$M_A = M_B = -\frac{q \cdot l^2}{4} \cdot \frac{2 \cdot k_1 + 3}{k_2}$ $M_C = M_D = \frac{q \cdot l^2}{4} \cdot \frac{k_1}{k_2}$	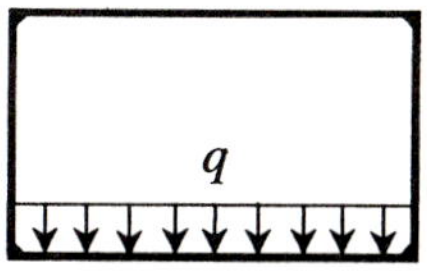
$M_A = -\frac{q \cdot h^2}{4}\left(\frac{k_1^2 + 3 \cdot k_1}{2 \cdot k_2} + \frac{4 \cdot k_1 + 1}{k_3}\right)$ $M_C = -\frac{q \cdot h^2}{4}\left(\frac{3 \cdot k_1(1 - k_1)}{2 \cdot k_2} - \frac{4 \cdot k_1 + 1}{k_3}\right)$ $M_B = -\frac{q \cdot h^2}{4}\left(\frac{k_1^2 + 3 \cdot k_1}{2 \cdot k_2} - \frac{4 \cdot k_1 + 1}{k_3}\right)$ $M_D = -\frac{q \cdot h^2}{4}\left(\frac{3 \cdot k_1(1 - k_1)}{2 \cdot k_2} + \frac{4 \cdot k_1 + 1}{k_3}\right)$	
$M_A = M_B = M_C = M_D = \frac{q \cdot l^2}{4} \cdot \left(\frac{k_1 + 3}{k_2}\right) + \frac{q \cdot h^2}{4} \cdot \left(\frac{k_1^2 + 3 \cdot k_1}{k_2}\right)$	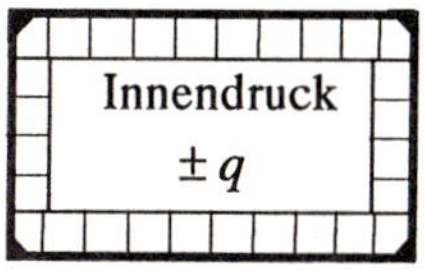

4.2 Formeln für ausgewählte Bereiche der Festigkeitslehre

Tabelle 4.7 Allgemeine Querschnittswerte

Querschnitt	Fläche A	Schwerpunkts-abstand	Flächenmoment	Widerstandsmo-ment
Rechteck 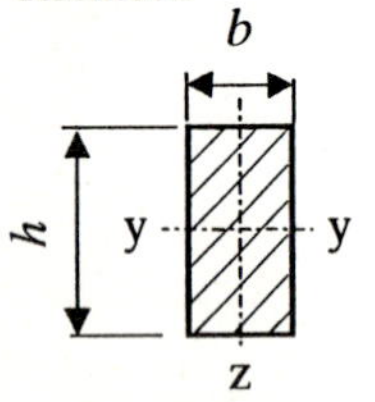	$A=b\cdot h$	$e_y=\frac{h}{2}$ $e_z=\frac{b}{2}$	$I_y=\frac{b\cdot h^3}{12}$ $I_z=\frac{h\cdot b^3}{12}$	$W_y=\frac{b\cdot h^2}{6}$ $W_z=\frac{h\cdot b^2}{6}$
Quadrat 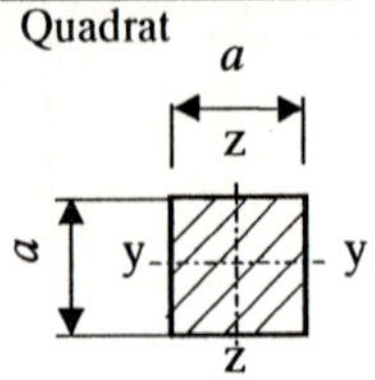	$A=a^2$	$e_y=e_z=\frac{a}{2}$	$I_y=I_z=\frac{a^4}{12}$	$W_y=W_z=\frac{a^3}{6}$
Raute 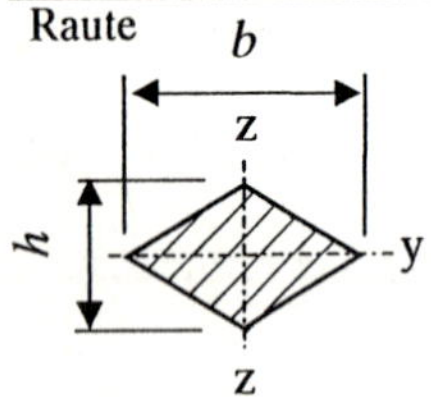	$A=\frac{b\cdot h}{2}$	$e_y=\frac{h}{2}$ $e_z=\frac{b}{2}$	$I_y=\frac{b\cdot h^3}{48}$ $I_z=\frac{h\cdot b^3}{48}$	$W_y=\frac{b\cdot h^2}{24}$ $W_z=\frac{h\cdot b^2}{24}$
Dreieck 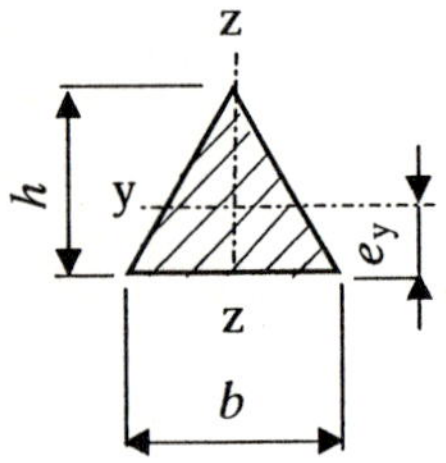	$A=\frac{b\cdot h}{2}$	$e_y=\frac{h}{3}$ $e_z=\frac{b}{2}$	$I_y=\frac{b\cdot h^3}{36}$ $I_z=\frac{h\cdot b^3}{48}$	$W_y=\frac{b\cdot h^2}{24}$ $W_z=\frac{h\cdot b^2}{24}$
	Gleichseitiges Dreieck $h=0{,}866\,b$			
	$A=0{,}433\cdot b^2$	$e_y=0{,}2887\cdot b$ $e_z=0{,}5\cdot b$	$I=I_y=I_z$ $I=0{,}01804\cdot b^4$	$W_y=0{,}03125\cdot b^3$ $W_z=0{,}03608\cdot b^3$
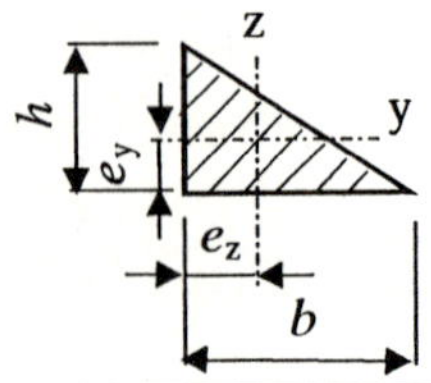	$A=\frac{b\cdot h}{2}$	$e_y=\frac{h}{3}$ $e_z=\frac{b}{3}$	$I_y=\frac{b\cdot h^3}{36}$ $I_z=\frac{h\cdot b^3}{36}$	$W_y=\frac{b\cdot h^2}{24}$ $W_z=\frac{h\cdot b^2}{24}$

Querschnitt	Fläche A	Schwerpunkts-abstand	Flächenmoment	Widerstandsmo-ment
Regelm. 6-Eck 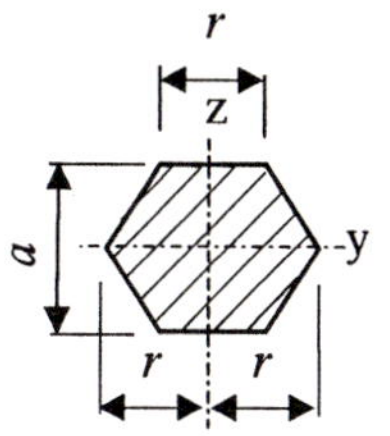	$A=\frac{\sqrt{3}}{2}\cdot a^2$ mit $a=r\cdot\sqrt{3}$	$e_y=\frac{a}{2}$ $e_z=r$	$I=I_y=I_z$ $I=\frac{5\sqrt{3}}{144}\cdot a^4$	$W_y=\frac{5\sqrt{3}}{72}\cdot a^3$ $W_z=\frac{5\sqrt{3}}{48}\cdot a^3$
Vollkreis 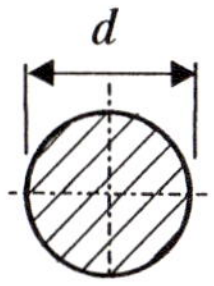	$A=\frac{\pi\cdot d^2}{4}$	$e=\frac{d}{2}=r$	$I=\frac{\pi\cdot d^4}{64}$	$W=\frac{\pi\cdot d^3}{32}$
Hohlquadrat 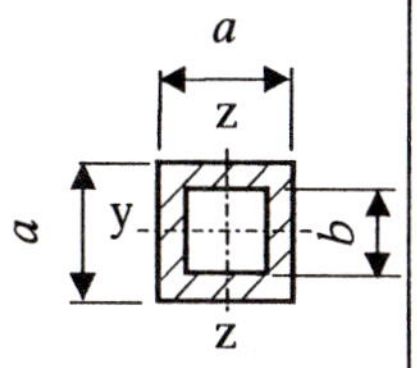	$A=a^2-b^2$	$e_y=e_z=\frac{a}{2}$	$I=I_y=I_z$ $I=\frac{a^2-b^2}{12}$	$W=W_y=W_z$ $W=\frac{1}{6}\cdot\frac{a^2-b^2}{a}$
Halbkreis 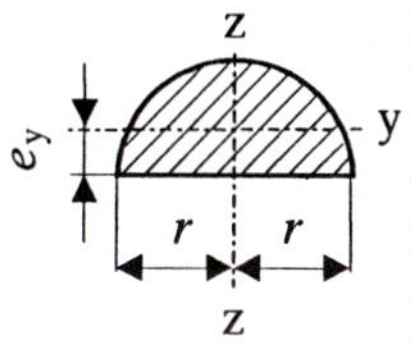	$A=\frac{\pi}{2}\cdot r^2$ $A\approx 1{,}5708\cdot r^2$	$e_y=\frac{4\cdot r}{3\cdot\pi}$ $e_y\approx 0{,}4244\cdot r$	$I_y\approx 0{,}1098 r^4$ $I_z\approx 0{,}3297\cdot r^4$	$W_y\approx 0{,}1907\cdot r^3$ $W_z\approx 0{,}3927\cdot r^3$
Viertelkreis 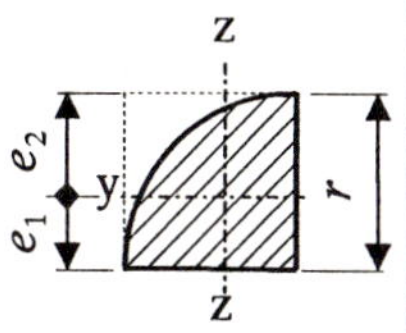	$A\approx 0{,}7854\cdot r^2$	$e_1\approx 0{,}4244\cdot r$ $e_2\approx 0{,}5756\cdot r$	$I=I_y=I_z$ $I\approx 0{,}05488\cdot r^4$	$W=W_y=W_z$ $W\approx 0{,}09534\cdot r^3$
Kreis-Hohlkehle 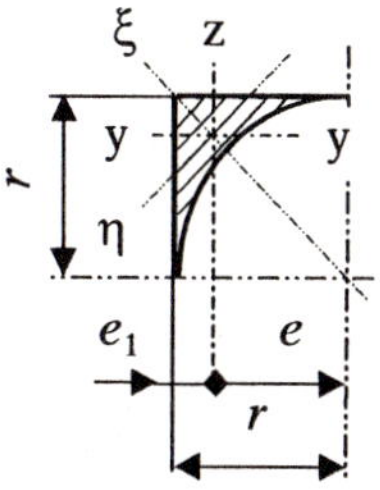	$A\approx 0{,}2146\cdot r^2$	$e_1\approx 0{,}2234\cdot r$ $e\approx 0{,}7766\cdot r$	$I=I_y=I_z$ $I\approx 0{,}00755\cdot r^4$	$W=W_y=W_z$ $W\approx 0{,}00972\cdot r^3$

4.2.1 Träger mit I-förmigem Querschnitt

Tabelle 4.8 Querschnittswerte von I-Trägern

Fläche			$A = 2 \cdot b \cdot t + (h - 2 \cdot t) \cdot s + 4 \cdot 0{,}2146 \cdot r^2$	(4-1)
Mantelfläche			$U = 4 \cdot b - 2 \cdot s - 8 \cdot r + 2 \cdot h + 2 \cdot r \cdot \pi$	(4-2)
Eigengewicht			$G = A \cdot G_E$ mit: $G_E = 0{,}785$ kg/(cm² · m)	(4-3)
Statisches Moment des halben Querschnitts	Achse y-y		$S_y = b \cdot t \cdot \frac{h-t}{2} + s \cdot \left(\frac{h}{2} - t\right) \cdot \frac{h_s}{4}$	(4-4)
Statisches Moment des halben Querschnitts	Achse y-y	Walzprofil	$S_y = b \cdot t \cdot \frac{h-t}{2} + s \cdot \left(\frac{h}{2} - t\right) \cdot \frac{h_s}{4} + 2 \cdot \alpha$ $\alpha = 0{,}2146 \cdot r^2 \cdot \left(\frac{h}{2} - t - 0{,}2234 \cdot r\right)$	(4-4a)
Statisches Moment des halben Querschnitts	z-z		$S_z = \frac{1}{4} \cdot b^2 \cdot t + \frac{1}{8} \cdot h_s \cdot s^2$	(4-5)
Statisches Moment des halben Querschnitts	z-z	Walzprofil	$S_z = \frac{1}{4} \cdot b^2 \cdot t + \frac{1}{8} \cdot h_s \cdot s^2 + 2 \cdot \alpha$ $\alpha = 0{,}2146 \cdot r^2 \cdot \left(\frac{s}{2} + 0{,}2234 \cdot r\right)$	(4-5a)
Flächenmoment 2. Grades	y-y		$I_y = \frac{s \cdot h_s^3}{12} + \frac{b \cdot t^3}{6} + \frac{b \cdot t \cdot (h-t)^2}{2}$	(4-6)
Flächenmoment 2. Grades	y-y	Walzprofil	$I_y = \frac{s \cdot h_s^3}{12} + \frac{b \cdot t^3}{6} + \frac{b \cdot t \cdot (h-t)^2}{2} + 4 \cdot \alpha$ $\alpha = 0{,}2146 \cdot r^2 \cdot \left(\frac{h}{2} - t - 0{,}2234 \cdot r\right)^2$	(4-6a)

Tabelle 4.8 Fortsetzung

Flächenmoment 2. Grades	Achse z-z		$I_z = \frac{t \cdot b^3}{6} + \frac{h_s \cdot s^3}{12}$	(4-7)
		Walzprofil	$I_z = \frac{t \cdot b^3}{6} + \frac{h_s \cdot s^3}{12} + 4 \cdot \alpha$ $\alpha = 0{,}2146 \cdot r^2 \cdot \left(\frac{s}{2} + 0{,}2234 \cdot r\right)^2$	(4-7a)
Widerstandsmoment	elastisches		$W_y = \frac{2 \cdot I_y}{h}$ $W_z = \frac{2 \cdot I_z}{b}$	(4-8)
	plastisches		$W_{pl,y} = 2 \cdot S_y$ $W_{pl,z} = 2 \cdot S_z$	(4-9)
Trägheitsradius			$i_y = \sqrt{\frac{I_y}{A}}$ $i_z = \sqrt{\frac{I_z}{A}}$	(4-10)
Torsionsflächenmoment 2. Grades			$I_T = \frac{2}{3} \cdot b \cdot t^3 + \frac{(h - 2 \cdot t) \cdot s^3}{3}$	(4-11)
		Walzprofil	$I_T = \frac{2}{3} \cdot b \cdot t^3 \cdot \left(1 - 0{,}630 \cdot \frac{t}{b}\right) + \frac{h_s \cdot s^3}{3} + 2 \cdot \alpha \cdot D^4$ $\alpha = \left(0{,}1 \cdot \frac{r}{t} + 0{,}15\right) \cdot \frac{s}{t}$ $D = \left[(t + r)^2 + s \cdot (r + \frac{s}{4})\right] \cdot \frac{1}{2 \cdot r + t}$	
Wölbflächenmoment 2. Grades			$I_\omega = \frac{t \cdot b^3 \cdot (h - t)^2}{24}$	(4-12)

Bei Schweißprofilen wird r = a, bei Berechnung der statischen Werte wird a vernachlässigt.

4.2.2 T-Profil

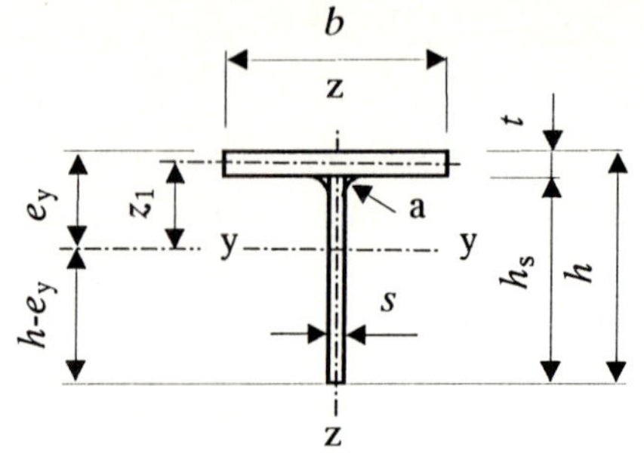

Tabelle 4.9 Werte von T-Profilen

Fläche		$A = b \cdot t + h_s \cdot s$	(4-13)
Mantelfläche		$U = 2 \cdot b + 2 \cdot h$	(4-14)
Eigengewicht		$G = A \cdot G_E$ mit: G_E = 0,785 kg/(cm² · m)	
Schwerpunktabstand		$e_y = \dfrac{b \cdot t^2 + (h^2 - t^2) \cdot s}{2 \cdot A}$	(4-15)
Flächenmoment 2.Grades	y-y	$I_y = \dfrac{s \cdot h_s^3}{12} + \dfrac{b \cdot t^3}{12} + b \cdot t \cdot z_1^2 + h_s \cdot s \cdot z_2^2$ mit: $z_1 = e_y - \dfrac{t}{2}$ und $z_2 = \dfrac{h+t}{2} - e_y$	(4-16)
	z-z	$I_z = \dfrac{t \cdot b^3}{12} + \dfrac{h_s \cdot s^3}{12}$	(4-17)
Elastisches Widerstandsmoment		$W_y = \dfrac{I_y}{h - e_y}$	(4-18)
		$W_z = \dfrac{I_z \cdot 2}{b}$	(4-19)
Trägheitsradius		$i_y = \sqrt{\dfrac{I_y}{A}}$	(4-20)
		$i_z = \sqrt{\dfrac{I_z}{A}}$	
Torsionsflächenmoment 2. Grades		$I_T = \dfrac{b \cdot t^3}{3} + \dfrac{h_s \cdot s^3}{3}$	(4-21)
Wölbflächenmoment 2. Grades		$I_\omega = 0$	

4.2.3 I- Träger einfachsymmetrisch

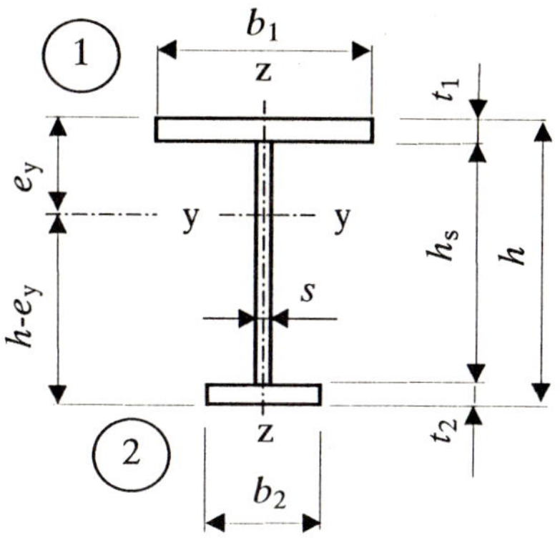

Tabelle 4.10 Werte von einfachsymmetrischen I-Trägern mit unterschiedlichen Flanschen

Fläche		$A = b_1 \cdot t_1 + b_2 \cdot t_2 + h_s \cdot s$		(4-22)
Mantelfläche		$U = 2 \cdot b_1 + 2 \cdot b_2 + 2 \cdot h - 2 \cdot s$		(4-23)
Eigengewicht		$G = A \cdot G_E$	mit: G_E = 0,785 kg/(cm² · m)	
Schwerpunktabstand		$e_y = \dfrac{\dfrac{b_1 \cdot t_1^2}{2} + h_s \cdot s \cdot \left(\dfrac{h_s}{2} + t_1\right) + b_2 \cdot t_2 \cdot \left(t_1 + h_s + \dfrac{t_2}{2}\right)}{A}$		(4-24)
Flächenmoment 2. Grades	y-y	$I_y = \dfrac{b_1 \cdot t_1^3 + b_2 \cdot t_2^3 + s \cdot h_s^3}{12} + b_1 \cdot t_1 \cdot z_1^2 + b_2 \cdot t_2 \cdot z_2^2 + h_s \cdot s \cdot z_3^2$ $z_1 = e_y - \dfrac{t_1}{2}$ und $z_2 = h - e_y - \dfrac{t_2}{2}$ und $z_3 = \dfrac{h_s}{2} + t_1 - e_y$		(4-25)
	z-z	$I_z = \dfrac{t_1 \cdot b_1^3 + t_2 \cdot b_2^3 + h_s \cdot s^3}{12}$		(4-26)
Elastisches Widerstandsmoment		$W_{y1} = \dfrac{I_y}{e_y}$	$W_{y2} = \dfrac{I_y}{h - e_y}$	
		min $W_z = \dfrac{2 \cdot I_z}{b_1}$		(4-27)
Trägheitsradius		$i_y = \sqrt{\dfrac{I_y}{A}}$	$i_z = \sqrt{\dfrac{I_z}{A}}$	
Torsionsflächen-moment 2. Grades		$I_T = \dfrac{b_1 \cdot t_1^3 + b_2 \cdot t_2^3 + h_s \cdot s^3}{3}$		(4-28)

4.2.4 Rechteckige Hohlprofile

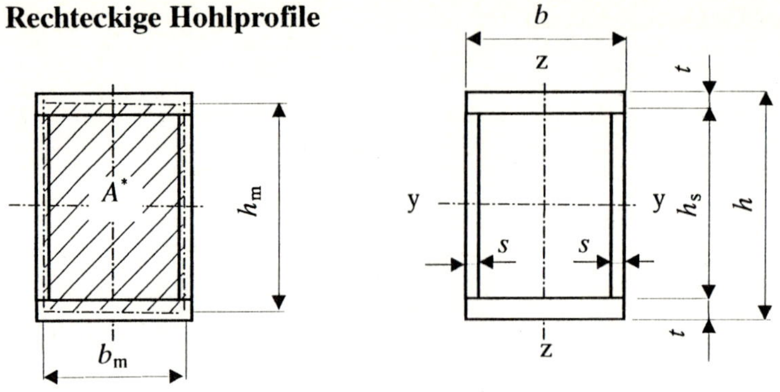

Tabelle 4.11 Werte von rechteckigen Hohlquerschnitten

Querschnittsfläche		$A = 2 \cdot (b \cdot t + h_s \cdot s)$	(4-29)
Mantelfläche	innen	$U_i = 2 \cdot (b - 2 \cdot s) + 2 \cdot h_s$	(4-30)
	außen	$U_a = 2 \cdot b + 2 \cdot h$	(4-30a)
Eigengewicht in kg/m		$G = A \cdot G_E$ mit: G_E = 0,785 kg/(cm² · m)	
Flächenmoment 2.Grades	y-y	$I_y = \frac{s \cdot (h - 2 \cdot t)^3}{6} + \frac{b \cdot t^3}{6} + \frac{b \cdot t \cdot (h - t)^2}{2}$	(4-31)
	z-z	$I_z = \frac{t \cdot b^3}{6} + \frac{(h - 2 \cdot t) \cdot s}{6} + \frac{(h - 2 \cdot t) \cdot s \cdot (b - s)^2}{2}$	(4-32)
Widerstandsmoment	Elastisches	$W_y = \frac{2 \cdot I_y}{h}$; $W_z = \frac{2 \cdot I_z}{b}$	
	Plastisches	$W_{pl,y} = b \cdot t \cdot h_m + 2 \cdot s \cdot \left(\frac{h}{2} - t \right)^2$	(4-33)
		$W_{pl,z} = \frac{b^2 \cdot t}{2} + (h - 2 \cdot t) \cdot s \cdot b_m$	(4-34)
Trägheitsradius		$i_y = \sqrt{\frac{I_y}{A}}$; $i_z = \sqrt{\frac{I_z}{A}}$	
Torsionsflächenmoment 2. Grades		$I_T = \frac{2 \cdot (h_m \cdot b_m)^2}{h_m / s + b_m / t}$ mit: $h_m = h - t$ und $b_m = b - s$	(4-35)
Torsionswiderstands-moment		$C_{1min} = 2 \cdot h_m \cdot b_m \cdot t_{min}$ t_{min} ist der kleinere Wert der Wanddicke s bzw. t	(4-36)

4.2.5 Runde Hohlprofile

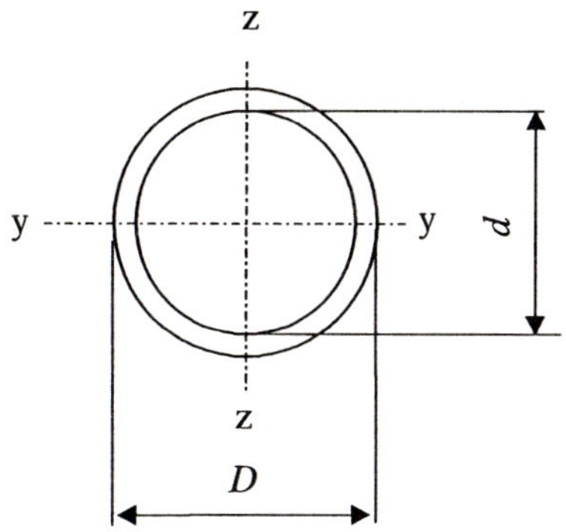

Tabelle 4.12 Werte von runden Hohlquerschnitten

Querschnittsfläche	$A = \frac{\pi \cdot (D^2 - d^2)}{4}$	(4-37)
Mantelfläche außen	$U_a = \pi \cdot D$	(4-38)
Eigengewicht	$G = A \cdot G_E$ mit: $G_E = 0{,}785$ kg/(cm² · m)	
Flächenmoment 2. Grades	$I = I_y = I_z = \frac{\pi}{64} \cdot (D^4 - d^4)$	(4-39)
Elastisches Widerstandsmoment	$W_{el} = W_{el,y} = W_{el,z} = \frac{\pi}{32} \cdot \frac{D^4 - d^4}{D}$	(4-40)
Plastisches Widerstandsmoment	$W_{pl} = \frac{D^3 - d^3}{6}$	(4-41)
Trägheitsradius	$i = \sqrt{\frac{I}{A}}$	
Torsionsflächenmoment 2. Grades	$I_T = \frac{\pi}{32} \cdot (D^4 - d^4)$	(4-42)
Torsionswiderstand (Konstante des Torsionsmoduls)	$C_1 = \frac{\pi}{16} \cdot \frac{D^4 - d^4}{D}$	(4-43)

4.2.6 Zusammengesetzte Stützenprofile, einfachsymmetrisch

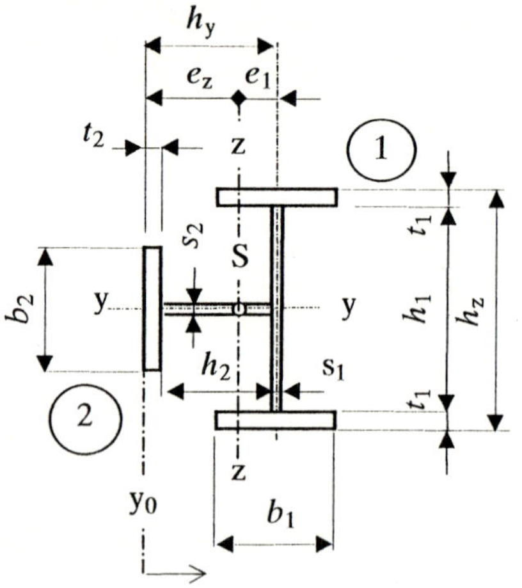

Teilflächen:

$A_1 = b_1 \cdot t_1$

$A_2 = h_1 \cdot s_1$

$A_3 = h_2 \cdot s_2$

$A_4 = b_2 \cdot t_2$

Tabelle 4.13 Werte von zusammengesetzten einfachsymmetrischen Stützenquerschnitten

Querschnittsfläche		$A = 2 \cdot A_1 + A_2 + A_3 + A_4$	
Mantelfläche		$U = 2 \cdot (2 \cdot b_1 + h_z - s_1 + b_2 + h_2 + t_2 - s_2)$	
Eigengewicht		$G = A \cdot G_E$ mit: G_E = 0,785 kg/(cm2 · m)	
Schwerpunktabstand		$e_z = \dfrac{(2 \cdot A_1 + A_2) \cdot h_y + A_3 \cdot (t_2 + h_2/2) + A_4 \cdot t_2/2}{A}$ $e_1 = h_y - e_z$	
Flächenmoment 2. Grades	y-y	$I_y = \frac{1}{12}(2b_1 \cdot t_1^3 + s_1 \cdot h_1^3 + t_2 \cdot b_2^3 + h_2 \cdot s_2^3) + A_1 \cdot \frac{(h_1 + t_1)^2}{2}$	
	z-z	$I_z = \frac{1}{12}(2 \cdot t_1 \cdot b_1^3 + h_1 \cdot s_1^3 + b_2 \cdot t_2^3 + s_2 \cdot h_2^3) + 2 \cdot A_1 \cdot e_1^2$ $+ A_2 \cdot e_1^2 + A_3 \cdot (\frac{h_{2+}s_1}{2} - e_1)^2 + A_4 \cdot (e_z - \frac{t_2}{2})^2$	
Widerstands-moment	Elastisches	$W_{y1} = \dfrac{2 \cdot I_y}{h_z}$	$W_{y2} = \dfrac{2 \cdot I_y}{b_2}$
		$W_{z1} = \dfrac{I_z}{b/2 + e_1}$	$W_{z2} = \dfrac{I_z}{e_z}$
Torsionsflächen-moment 2. Grades		$I_T = \frac{1}{3} \cdot (h_1 \cdot s_1^3 + 2 \cdot b_1 \cdot t_1^3 + h_2 \cdot s_2^3 + b_2 \cdot t_2^3)$	

4.2.7 Zusammengesetzte Stützenprofile, doppeltsymmetrisch

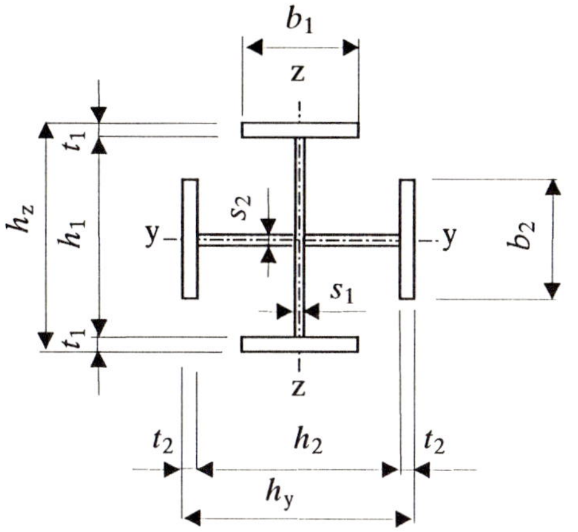

Tabelle 4.14 Werte von zusammengesetzten doppeltsymmetrischen Stützenquerschnitten

Teilflächen:		$A_1 = b_1 \cdot t_1$	$A_2 = h_1 \cdot s_1$	$A_3 = h_2 \cdot s_2$	$A_4 = b_2 \cdot t_2$
Querschnittsfläche		$A = 2 \cdot A_1 + A_2 + A_3 + 2 \cdot A_4$			
Mantelfläche		$U = 2 \cdot (2 \cdot b_1 + h_z - s_1 + 2 \cdot b_2 + h_y - 2 \cdot s_2)$			
Eigengewicht in kg/m		$G = A \cdot G_E$			mit: $G_E = 0{,}785$ kg/(cm² · m)
Flächenmoment 2. Grades	y-y	$I_y = \frac{1}{12}(2 \cdot b_1 \cdot t_1^3 + s_1 \cdot h_1^3 + 2 \cdot t_2 \cdot b_2^3 + h_2 \cdot s_2^3) + A_1 \cdot \frac{(h_z - t_1)^2}{2}$			
	z-z	$I_z = \frac{1}{12}(2 \cdot t_1 \cdot b_1^3 + h_1 \cdot s_1^3 + 2 \cdot b_2 \cdot t_2^3 + s_2 \cdot h_2^3) + A_4 \cdot \frac{(h_y - t_2)^2}{2}$			
Widerstands-moment	Elastisches	$W_y = \frac{2 \cdot I_y}{h_z}$			
		$W_z = \frac{2 \cdot I_z}{h_y}$			
Trägheitsradius		$i_y = \sqrt{\frac{I_y}{A}}$			
		$i_z = \sqrt{\frac{I_z}{A}}$			
Torsionsflächen-moment 2. Grades		$I_T = \frac{1}{3} \cdot (h_1 \cdot s_1^3 + 2 \cdot b_1 \cdot t_1^3 + h_2 \cdot s_2^3 + 2 \cdot b_2 \cdot t_2^3)$			

4.2.8 Aus Walzprofilen zusammengesetzte Stützenprofile, doppeltsymmetrisch

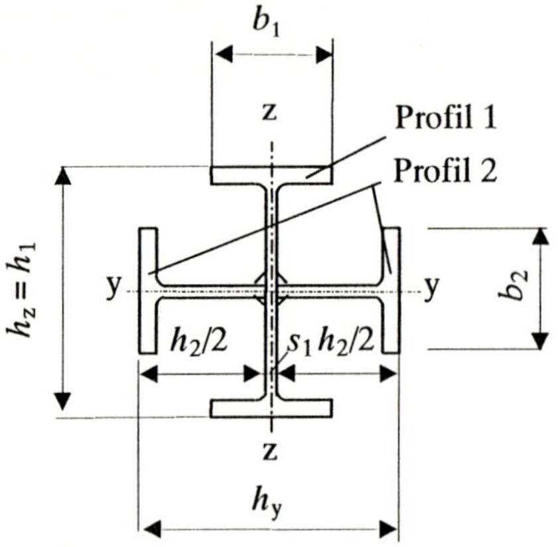

h_1 = Nennhöhe Profil 1

h_2 = Nennhöhe Profil 2

Tabelle 4.15 Werte von doppeltsymmetrischen Querschnitten aus gewalzten I-Trägern, vereinfacht

Querschnittshöhe		$h_y = h_2 + s_1$,	$h_z = h_1$
Querschnittsfläche		$A = A_1 + A_2$	
Mantelfläche		$U = U_1 + U_2$	
Eigengewicht		$G = G_1 + G_2$	
Flächenmoment 2. Grades	y-y	$I_y = I_{1,y} + I_{2,z}$	
	z-z	$I_z = I_{1,z} + I_{2,y}$	
Widerstandsmoment	Elastisches	$W_y = \frac{2 \cdot I_y}{h_z}$	
		$W_z = \frac{2 \cdot I_z}{h_y}$	
Trägheitsradius		$i_y = \sqrt{\frac{I_y}{A}}$	$i_z = \sqrt{\frac{I_z}{A}}$
Torsionsflächenmoment 2. Grades		$I_T = I_{1,T} + I_{2,T}$	

Bei Berechnung der Werte I_z, I_T wird der Einfluss von s_1 als geringfügig vernachlässigt.

5 Berechnungsbeispiele

5.1 Berechnungsabläufe für Tragsicherheitsnachweise

Darstellung von Berechnungsabläufen

Programmablaufpläne, Datenflusspläne

Der Programmablaufplan (PAP) ist eine graphische Übersicht über die logische Reihenfolge von einzelnen Operationen eines Berechnungsprozesses. Vor allem im EDV Bereich wird diese Methode angewendet.

Sinnbilder für die Darstellung sind in DIN 6601 genormt.

Struktogramme (Nasi-Shneidermann Diagramme)

Die Darstellung von Berechnungsabläufen erfolgt in der Praxis weitgehend in Anlehnung an die von Nasi-Shneidermann entwickelte Methode zur graphischen Darstellung von Programmen. Die einzelnen Berechnungsschritte werden in Struktogrammen beschrieben, Einzelheiten dazu siehe DIN 66261. Zur Darstellung von Berechnungsabläufen werden im weiteren Ersatzdarstellungen gemäß Bild 5-1 nach DIN 66261 verwendet.

Erläuterung der verwendeten Sinnbilder

B = Bedingung
G = gemeinsamer Bedingungsteil
V = Berechnung (Verarbeitung)

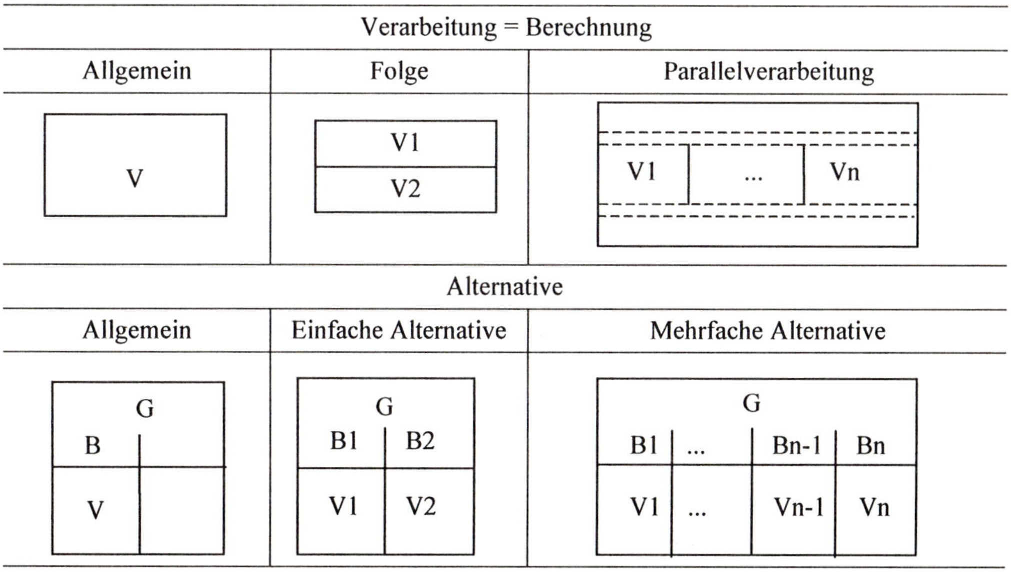

Bild 5-1 Ersatzdarstellungen von Struktogrammblöcken nach DIN 66261 (Auswahl)

5.2 Berechnungsabläufe - Struktogramme

Schema 1 Beanspruchbarkeit für Walzstahl

Widerstandsgrößen für Walzstahl in N/mm²				
S 235		S 355		Andere
$t \leq 40$ mm	$40 < t \leq 80$ mm	$t \leq 40$ mm	$40 < t \leq 80$ mm	
$f_{y,k} = 240$	$f_{y,k} = 215$	$f_{y,k} = 360$	$f_{y,k} = 325$	$f_{y,k} = ?$
$\gamma_M = 1{,}1$				
Grenzspannungen				
$\sigma_{R,d} = f_{y,d} = \dfrac{f_{y,k}}{\gamma_M}$			$\tau_{R,d} = \dfrac{f_{y,d}}{\sqrt{3}}$	

Schema 2 Beanspruchbarkeit für Schrauben; Zug + Abscheren

Widerstandsgrößen in N/mm²			
FK 4.6	FK 5.6	FK 8.8	FK 10.9
$f_{y,b,k} = 240$ $f_{u,b,k} = 400$	$f_{y,b,k} = 300$ $f_{u,b,k} = 500$	$f_{y,b,k} = 640$ $f_{u,b,k} = 800$	$f_{y,b,k} = 900$ $f_{u,b,k} = 1000$
$\alpha_a = 0{,}6$			$\alpha_a = 0{,}55$
$\gamma_M = 1{,}1$			
Scherfuge			
im Gewinde		im Schaft	
$A = A_{Sp} = \dfrac{\pi}{4} \cdot \left(\dfrac{d_K + d_{Fl}}{2}\right)^2$ $d_K = d - 0{,}6495P$ (d = Gewindedurchmesser) $d_{Fl} = d - 1{,}2265P$ (P = Gewindesteigung)		$A = A_{Sch} = \dfrac{\pi \cdot d_{Sch}^2}{4}$	
Grenzkräfte			
Grenzzugkraft		Grenzabscherkraft	
$\sigma_{1,R,d} = \dfrac{f_{y,b,k}}{1{,}1 \cdot \gamma_M}$	$\sigma_{2,R,d} = \dfrac{f_{u,b,k}}{1{,}25 \cdot \gamma_M}$		
$N_{R,d} = \min\begin{cases} A_{Sch} \cdot \sigma_{1,R,d} \\ A_{Sp} \cdot \sigma_{2,R,d} \end{cases}$		$V_{a,R,d} = A \cdot \alpha_a \cdot \dfrac{f_{u,b,k}}{\gamma_M}$	

Schema 3 Abminderungsfaktor $\kappa(\kappa_y,\ \kappa_z)$ für Biegeknicken, mittiger Druck

Bezugsschlankheitsgrad		
Allgemein	S 235 (240 N/mm²)	S 355 (360 N/mm²)
$\lambda_a = \pi \cdot \sqrt{\frac{E}{f_{y,k}}}$	$\lambda_a = 92{,}9$	$\lambda_a = 75{,}9$

Schlankheitsgrad	
λ_K	λ_{Vi}
$\bar{\lambda}_K = \frac{\lambda_K}{\lambda_a}$	$\bar{\lambda}_{Vi} = \frac{\lambda_{Vi}}{\lambda_a}$
$\bar{\lambda} = \bar{\lambda}_K$	$\bar{\lambda} = \bar{\lambda}_{Vi}$

Bezogener Schlankheitsgrad $\bar{\lambda}$

	Europäische Knickspannungslinie			
	a	b	c	d
	$\alpha = 0{,}21$	$\alpha = 0{,}34$	$\alpha = 0{,}49$	$\alpha = 0{,}76$

	Abminderungsfaktor $\kappa = \kappa_y, \kappa_z$	
$\bar{\lambda} \leq 0{,}2$	$0{,}2 < \bar{\lambda} \leq 3$	$\bar{\lambda} > 3$
$\kappa = 1$	$k = 0{,}5 \cdot [1 + \alpha \cdot (\bar{\lambda} - 0{,}2) + \bar{\lambda}^2]$ $\kappa = \frac{1}{k + \sqrt{k^2 - \bar{\lambda}^2}}$	$\kappa = \frac{1}{\bar{\lambda} \cdot (\bar{\lambda} + \alpha)}$

Schema 4 Abminderungsfaktor κ_M für Biegedrillknicken

Bezogener Schlankheitsgrad bei Biegemomentenbeanspruchung				
$\bar{\lambda}_M = \sqrt{\frac{M_{pl,y}}{M_{Ki}}}$				
$\bar{\lambda}_M \leq 0{,}4$	$\bar{\lambda}_M > 0{,}4$			
	Trägerbeiwert n (Tabelle 3.25)			
	1,5	2	2,5	0,7 + 1,8·min h/max h
$\kappa_M = 1$	$\kappa_M = \left(\frac{1}{1 + \bar{\lambda}_M^{2n}}\right)^{\frac{1}{n}}$			

Schema 5 Ideeller Schlankheitsgrad für Biegedrillknicken bei mittigem Druck

Schlankheitsgrad		
Einspannwert für Biegung		
Frei drehbare Lagerung	Elastische Einspannung	Volle Einspannung
$\beta = 1$	$0{,}5 < \beta < 1$	$\beta = 0{,}5$
Kennwert für Verwölbung der Stirnflächen		
Freie Verwölbung	Elastische Wölbbehinderung	Wölbbehinderung
$\beta_0 = 1$	$0{,}5 < \beta_0 < 1$	$\beta_0 = 0{,}5$
$i_p^2 = i_y^2 + i_z^2$		
$i_M^2 = i_p^2 + z_M^2$		
Wölbwiderstandsgrößen I_T, I_ω		
Für Walzprofile nach Profiltabellen	Berechnung nach Tabellen aus Kapitel 4	
Bei Gabellagerung $\beta = \beta_0 = 1 \Rightarrow$ Teilschema 5.1		
$c^2 = \dfrac{I_\omega \cdot (\beta \cdot l)^2 /(\beta_0 \cdot l_0)^2 + 0{,}039 \cdot (\beta \cdot l^2) \cdot I_T}{I_z}$		
Querschnitt: punkt-, doppeltsymmetrisch		
$i_p > c$	$i_p \leq c$ und andere Querschnitte	
$\lambda_{Vi} = \dfrac{\beta \cdot l}{i_z} \cdot \dfrac{i_p}{c}$	$\lambda_{Vi} = \dfrac{\beta \cdot l}{i_z} \cdot \sqrt{\dfrac{c^2 + i_M^2}{2 \cdot c^2} \cdot \left\{1 + \sqrt{1 - \dfrac{4 \cdot c^2 \cdot [i_p^2 + 0{,}093 \cdot (\beta^2 / \beta_0^2 - 1) \cdot z_M^2]}{(c^2 + i_M^2)^2}}\right\}}$	

l = Netzlänge des Stabes, l_0 = Abstand der Stabanschlüsse an den Stabenden

Teilschema 5.1 Schlankheitsgrad λ_{Vi} bei Gabellagerung: $\beta = \beta_0 = 1$

$c^2 = \dfrac{I_\omega + 0{,}039 \cdot l^2 \cdot I_T}{I_z}$
$\lambda_{Vi} = \dfrac{\beta \cdot l}{i_z} \cdot \sqrt{\dfrac{c^2 + i_M^2}{2 \cdot c^2} \cdot \left\{1 + \sqrt{1 - \dfrac{4 \cdot c^2 \cdot i_p^2}{(c^2 + i_M^2)^2}}\right\}}$

Schema 6.1, 6.2 Stabilitätsnachweise, einachsige Biegung **$M \neq 0,\ N = 0$**

6.1 Biegedrillknicken, vereinfachter Nachweis für I-Träger

Bemessungswerte: M_y; Widerstand: $A, h, t, s, \lambda_a, M_{pl,y,d}$

Druckgurt: $i_{z,g} = \sqrt{\dfrac{I_z}{A - 0{,}6 \cdot [(h-2t) \cdot s]}}$

Druckkraftbeiwert k_c

1,00	0,94	0,86	Andere nach Tabelle 3.20

Schlankheit des Druckgurtes $\bar{\lambda}$

$$\bar{\lambda} = \frac{c \cdot k_c}{i_{z,g} \cdot \lambda_a}$$

$\bar{\lambda} \leq 0{,}5 \cdot \dfrac{M_{pl,y,d}}{M_y}$	$\kappa \Rightarrow$ Schema 3
keine Kippgefahr, Nachweis nicht erforderlich	Nachweis: $\dfrac{0{,}843 \cdot \max M_y}{\kappa \cdot M_{pl,y,d}} \leq 1$

6.2 Biegedrillknicken, genauer Nachweis für I-Träger

Bemessungswerte: M_y, l

Widerstandsgrößen: $f_{y,d} \Rightarrow$ Schema 1

$h, A, I_z, I_T, I_\omega, i_y, i_z$ aus Profiltabellen bzw. Berechnung

Querschnitt gleichbleibend, doppeltsymmetrisch

I-Träger $h \leq 600$ mm

⇓

$$M_{Ki} = \frac{1{,}32 \cdot b \cdot t \cdot E \cdot I_y}{l \cdot h^2}$$

$$N_{Ki,z} = \frac{\pi^2 \cdot E \cdot I_z}{l^2}$$

$$c^2 = \frac{I_\omega + 0{,}039 \cdot l^2 \cdot I_T}{I_z}$$

Lastangriff an Träger:

Oberkante	Mitte	Unterkante
$z_p = -h/2$	$z_p = 0$	$z_p = h/2$

Momentenbeiwert ζ

1,00	1,12	1,35	Anderer

$$M_{Ki} = \zeta \cdot N_{Ki} \cdot \left(\sqrt{c^2 + 0{,}25 \cdot z_p^2} + 0{,}5 \cdot z_p \right)$$

Abminderungsfaktor $\kappa_M \Rightarrow$ Schema 4

Nachweis: $\dfrac{M_y}{\kappa_M \cdot M_{pl,y,d}} \leq 1$

Schema 7 Stabilitätsnachweise, mittiger Druck $N \neq 0, M = 0$

<table>
<tr><td colspan="2">Biegeknicken</td></tr>
<tr><td colspan="2">Bemessungswerte: N, l_K</td></tr>
<tr><td colspan="2">Widerstandsgrößen: $f_{y,d}$ $\Rightarrow$ Schema 1
A, i_y, i_z aus Profiltabellen bzw. Berechnung</td></tr>
<tr><td colspan="2">$s_K = \beta \cdot l_K$</td></tr>
<tr><td colspan="2">Maßgebende Ausweichrichtung</td></tr>
<tr><td>$i_y > i_z$</td><td>$i_y < i_z$</td></tr>
<tr><td>$\lambda_K = \frac{s_K}{i_z}$</td><td>$\lambda_K = \frac{s_K}{i_y}$</td></tr>
<tr><td colspan="2">Abminderungsfaktor κ $\Rightarrow$ Schema 3</td></tr>
<tr><td colspan="2">$N_{pl,d} = A \cdot f_{y,d}$</td></tr>
<tr><td colspan="2">Nachweis $\frac{N}{\kappa \cdot N_{pl,d}} \leq 1$</td></tr>
<tr><td colspan="2">Biegedrillknicken</td></tr>
<tr><td colspan="2">Querschnitt</td></tr>
<tr><td>Walzträger mit I-Querschnitt und I-Träger mit ähnlichen Abmessungen</td><td>Anderer Querschnitt</td></tr>
<tr><td rowspan="3">Nachweis nicht erforderlich</td><td>λ_{Vi} $\Rightarrow$ Schema 5</td></tr>
<tr><td>κ $\Rightarrow$ Schema 3</td></tr>
<tr><td>Nachweis
$\frac{N}{\kappa \cdot N_{pl,d}} \leq 1$</td></tr>
</table>

Tabelle 5.1 Grenzwerte der Spannungen für Baustahl S 235 und S 335 mit $\gamma_M = 1,1$

Stahl	Material-Dicke t	$f_{y,k}$	$\sigma_{R,d}$	$\tau_{R,d}$	$\sigma_{w,R,d}$		
					$\alpha_w = 0,8$	$\alpha_w = 0,95$	$\alpha_w = 1,0$
	mm	kN/cm²	kN/cm²	kN/cm²	kN/cm²		
S 235	$t \leq 40$	21,8	21,8	12,6	-	20,7	21,8
	$40 < t \leq 80$	19,5	19,5	11,3			
S 355	$t \leq 40$	32,7	32,7	18,9	26,2	-	32,7
	$40 < t \leq 80$	29,5	29,5	17,1			

Schema 8 Stabilitätsnachweise; Einachsige Biegung + mittiger Druck $M_y \neq 0, N \neq 0$

Ersatzstabverfahren

Bemessungswerte: M_y, V_z, N; Knicklänge l_k

Widerstandsgrößen: Stahl $\Rightarrow$ Schema 1; Querschnittswerte aus Tabellen, bzw. Berechnung

Biegeknicken

$\bar{\lambda}_K, \kappa \Rightarrow$ Schema 3; $\beta_m \Rightarrow$ Tabelle 3.26

Links: $\alpha_{pl,y}$ = Tabellenwert jedoch $\leq 1{,}25$

Rechts: $\alpha_{pl,y} = W_{pl,y}/W_y \leq 1{,}25$

$$M_{pl,y} = \alpha_{pl,y} \cdot W_y \cdot f_{y,d}$$

Anteil der Querkräfte

Links: $V_z/V_{pl,z} \leq 0{,}33$

Rechts: $V_z/V_{pl,z} > 0{,}33$ — $M_{pl,y}$ reduziert nach Kapitel 3.2.3

$$\Delta n = \frac{N}{\kappa \cdot N_{pl,d}} \cdot \left(1 - \frac{N}{\kappa \cdot N_{pl,d}}\right) \cdot \kappa^2 \cdot \bar{\lambda}_K^2 \leq 0{,}1$$

Querschnitt doppeltsymmetrisch

Links: allgemein

Nachweis

$$\frac{N}{\kappa \cdot N_{pl,d}} + \frac{\beta_m \cdot M}{M_{pl,d}} + \Delta n \leq 1$$

Rechts: mit $A_{Steg} \geq 0{,}18 \cdot A$ und $\frac{N}{N_{pl,d}} > 0{,}2$

Nachweis

$$\frac{N}{\kappa \cdot N_{pl,d}} + \frac{\beta_m \cdot M}{1{,}1 \cdot M_{pl,d}} + \Delta n \leq 1$$

Biegedrillknicken

$\beta_M \Rightarrow$ Tabelle 3.26

$\bar{\lambda}_{Kz} \Rightarrow$ Schema 3

Abminderungsfaktor $\kappa_z \Rightarrow$ Schema 3

Abminderungsfaktor $\kappa_M \Rightarrow$ Schema 4

$$a_y = 0{,}15 \cdot \bar{\lambda}_{Kz} \cdot \beta_{M,y} - 0{,}15 \leq 0{,}9$$

$$k_y = 1 - \frac{N}{\kappa_z \cdot N_{pl,d}} \cdot a_y \leq 1$$

Nachweis: $$\frac{N}{\kappa_z \cdot N_{pl,d}} + \frac{M_y}{\kappa_M \cdot M_{pl,y,d}} \cdot k_y \leq 1$$

Schema 9 Zweiachsige Biegung + mittiger Druck $\quad M_y \neq 0, M_z \neq 0, N \neq 0$

Bemessungswerte: M_y, M_z, N; Knicklänge l_k

Widerstandsgrößen: $f_{y,d} \Rightarrow$ Schema 1; Querschnittswerte aus Tabellen, bzw. Berechnung

$N_{pl,d} = A \cdot f_{y,d}$; $\quad \bar{\lambda}_K, \kappa_y, \kappa_z, \kappa \Rightarrow$ Schema 3; $\quad \beta_m \Rightarrow$ Tabelle 3.26

$\alpha_{pl,y/(z)} = W_{pl,y/(z)} / W_{y/(z)}$ oder Tabellenwert

$M_{pl,y/(z)} = \alpha_{pl,y/(z)} \cdot W_{y/(z)} \cdot f_{y,d}$; Berechnung jeweils für Achse y und z

Biegeknicken

Nachweismethode 1

$$a_y = \bar{\lambda}_{K,y} \cdot (2\beta_{M,y} - 4) + (\alpha_{pl,y} - 1) \leq 0{,}8$$

$$a_z = \bar{\lambda}_{K,z} \cdot (2\beta_{M,z} - 4) + (\alpha_{pl,z} - 1) \leq 0{,}8$$

$$k_y = 1 - \frac{N}{\kappa_z \cdot N_{pl,d}} \cdot a_y \leq 1{,}5$$

$$k_z = 1 - \frac{N}{\kappa_z \cdot N_{pl,d}} \cdot a_z \leq 1{,}5$$

Nachweis

$$\frac{N}{\kappa \cdot N_{pl,d}} + \frac{M_y \cdot k_y}{M_{pl,y,d}} + \frac{M_z \cdot k_z}{M_{pl,z,d}} \leq 1$$

Nachweismethode 2

$\kappa_y < \kappa_z$	$\kappa_y > \kappa_z$	$\kappa_y = \kappa_z$
$k_y = 1$	$k_y = c_y$	$k_z = 1$
$k_z = c_z$	$k_z = 1$	$k_y = 1$
$c_z = \dfrac{1 - \dfrac{N}{N_{pl,d}} \cdot \bar{\lambda}_{K,y}^{2}}{1 - \dfrac{N}{N_{pl,d}} \cdot \bar{\lambda}_{K,z}^{2}}$	$c_y = \dfrac{1}{c_z}$	

$$\Delta n = \frac{N}{\kappa \cdot N_{pl,d}} \cdot \left(1 - \frac{N}{\kappa \cdot N_{pl,d}}\right) \cdot \kappa^2 \cdot \bar{\lambda}_K^{2}$$

$\alpha_{pl,y} \leq 1{,}25$; $\alpha_{pl,z} \leq 1{,}25$

Nachweis

$$\frac{N}{\kappa \cdot N_{pl,d}} + \frac{\beta_{m,y} \cdot M_y}{M_{pl,y,d}} \cdot k_y + \frac{\beta_{m,z} \cdot M_z}{M_{pl,z,d}} \cdot k_z + \Delta n \leq 1$$

Biegedrillknicken

$\bar{\lambda}_{K,z}, \kappa_z \Rightarrow$ Schema 3; $\quad \kappa_M \Rightarrow$ Schema 4; $\quad \beta_M \Rightarrow$ Tabelle 3.26

$\alpha_{pl,y} \leq 1{,}25$; $\quad \alpha_{pl,z} \leq 1{,}25$

$$a_y = 0{,}15 \cdot \bar{\lambda}_{K,z} \cdot \beta_{M,y} - 0{,}15 \leq 0{,}9$$

$$k_y = 1 - \frac{N}{\kappa_z \cdot N_{pl,d}} \cdot a_y \leq 1$$

$$a_z = \bar{\lambda}_{K,z} \cdot (2 \cdot \beta_{M,z} - 4) + (\alpha_{pl,z} - 1) \leq 0{,}8$$

$$k_z = 1 - \frac{N}{\kappa_z \cdot N_{pl,d}} \cdot a_z \leq 1{,}5$$

Nachweis

$$\frac{N}{\kappa_z \cdot N_{pl,d}} + \frac{M_y}{\kappa_M \cdot M_{pl,y,d}} \cdot k_y + \frac{M_z}{M_{pl,z,d}} \cdot k_z \leq 1$$

Schema 10, 11, 12 Tragsicherheit von Schraubverbindungen

10 Abscheren	
Beanspruchung: Querkraft V_a	
Widerstandsgrößen ⇒ Schema 2	
Nennlochspiel	
SL-Verbindung	SLP-Verbindung
$0{,}3 < \Delta d \le 2{,}0$	$\Delta d \le 0{,}3$
$d_{Sch} = d_L - \Delta d$	$d_{Sch} = d_L$
Verbindung	
einschnittig	zweischnittig
$m = 1$	$m = 2$
Nachweis: $\frac{V_a}{m \cdot V_{a,R,d}} \le 1$	

11 Zug		
Beanspruchung: Zugkraft N		
Widerstandsgrößen ⇒ Schema 2		
Grenzkraft		
Schraube		Gewindestange
$N_{1,R,d} = A_{Sch} \cdot \sigma_{1,R,d}$ $N_{2,R,d} = A_{Sp} \cdot \sigma_{2,R,d}$		
$N_{1,R,d} < N_{2,R,d}$		
$N_{R,d} = N_{1,R,d}$	$= N_{2,R,d}$	$N_{R,d} = A_{Sp} \cdot \sigma_{1,R,d}$
Nachweis: $\frac{N}{N_{R,d}} \le 1$		

12 Lochleibung für Blechdicken $t \ge 3$ mm			
Lochabstände			
$e_2 \ge 1{,}5 \cdot d_L$ und $e_3 \ge 3{,}0 \cdot d_L$		$e_2 = 1{,}2 \cdot d_L$ und $e_3 = 2{,}4 \cdot d_L$	
maßgebend in Kraftrichtung		maßgebend in Kraftrichtung	
Randabstand $3\,d_L \ge e_1 \ge 1{,}2\,d_L$	Lochabstand $3{,}5\,d_L \ge e \ge 2{,}2\,d_L$	Randabstand $3\,d_L \ge e_1 \ge 1{,}2\,d_L$	Lochabstand $3{,}5\,d_L \ge e \ge 2{,}2\,d_L$
$\alpha_l = 1{,}1 \frac{e_1}{d_L} - 0{,}30$	$\alpha_l = 1{,}08 \frac{e}{d_L} - 0{,}77$	$\alpha_l = 0{,}73 \frac{e_1}{d_L} - 0{,}20$	$\alpha_l = 0{,}72 \frac{e}{d_L} - 0{,}51$
$\sigma_{l,R,d} = f_{y,k} / \gamma_M$			
SL-, SLP- Verbindung	GV-, GVP-Verbindung		
⇓	⇓	$\sigma < \sigma_{R,d}$ σ = Normalspannung im Nettoquerschnitt	
$V_{l,R,d} = t \cdot d_{Sch} \cdot \alpha_l \cdot \sigma_{l,R,d}$		$V_{l,R,d} = \min \begin{cases} (\alpha_l + 0{,}5) \cdot t \cdot d_{Sch} \cdot \sigma_{l,R,d} \\ 3{,}0 \cdot t \cdot d_{Sch} \cdot \sigma_{l,R,d} \end{cases}$	
Nachweis			
Ein- und zweischnittige Verbindung		Einschnittige ungestützte Verbindung	
$\frac{V_l}{V_{l,R,d}} \le 1$		$\frac{V_l}{V_{l,R,d}} \le \frac{1}{1{,}2}$	

Schema 13 Gebrauchstauglichkeit für Schraubverbindungen

<table>
<tr><td colspan="2">GV, GVP- Verbindungen</td></tr>
<tr><td></td><td>Nicht zugbeanspruchte Schrauben</td></tr>
<tr><td>$V_{g,R,d} = \mu \cdot F_V \cdot \frac{1 - N / F_V}{1{,}15 \cdot \gamma_M}$
Erläuterung: siehe Formel (3-9)</td><td>$V_{g,R,d} = \mu \cdot \frac{F_V}{1.15 \cdot \gamma_M}$</td></tr>
<tr><td colspan="2">$\frac{V_g}{V_{g,R,d}} \leq 1$</td></tr>
</table>

Schema 14 Tragsicherheit von Schweißverbindungen

<table>
<tr><td colspan="7">Stumpf und Kehlnähte</td></tr>
<tr><td colspan="7">Bemessungswerte im $\gamma_F - \psi$ fachen Lastzustand:</td></tr>
<tr><td colspan="7">$\sigma_{w,v} = \sqrt{\sigma_\perp^2 + \tau_\perp^2 + \tau_{II}^2}$</td></tr>
<tr><td colspan="7">Schweißnaht</td></tr>
<tr><td rowspan="5">Kehlnähte
⇓</td><td>Nicht durch-
geschweißte
Nähte</td><td colspan="4">Stumpfnaht
D(oppel) HV-Naht(K-Naht)
HV-Naht gegengeschweißt
HV-Naht Wurzel durchgeschweißt</td><td rowspan="5">Stumpfstoß von
Formstahl
S 235
$t > 16$ mm
Zug</td></tr>
<tr><td rowspan="4">Druck
Zug
Schub</td><td colspan="4">Beanspruchung</td></tr>
<tr><td rowspan="3">Schub</td><td colspan="2">Zug</td><td rowspan="3">Druck</td></tr>
<tr><td colspan="2">Güte nachgewiesen</td></tr>
<tr><td>nein</td><td>ja</td></tr>
<tr><td colspan="4">abhängig vom Werkstoff</td><td colspan="2" rowspan="3">⇓
$\alpha_w = 1{,}0$</td><td rowspan="3">⇓
$\alpha_w = 0{,}55$</td></tr>
<tr><td colspan="2">S 235</td><td colspan="2">S355</td></tr>
<tr><td colspan="2">$\alpha_w = 0{,}95$</td><td colspan="2">$\alpha_w = 0{,}80$</td></tr>
<tr><td colspan="7">$\sigma_{w,R,d} = \alpha_w \cdot \frac{f_{y,k}}{\gamma_M}$</td></tr>
<tr><td colspan="7">Nachweis
$\frac{\sigma_{w,v}}{\sigma_{w,R,d}} \leq 1$</td></tr>
</table>

5.3 Tragsicherheitsnachweise

5.3.1 Einfeldträger

Streckenlast über die gesamte Länge. Obergurt kontinuierlich durch seitliche Abstützungen im Abstand $c = 1250$ mm gehalten.

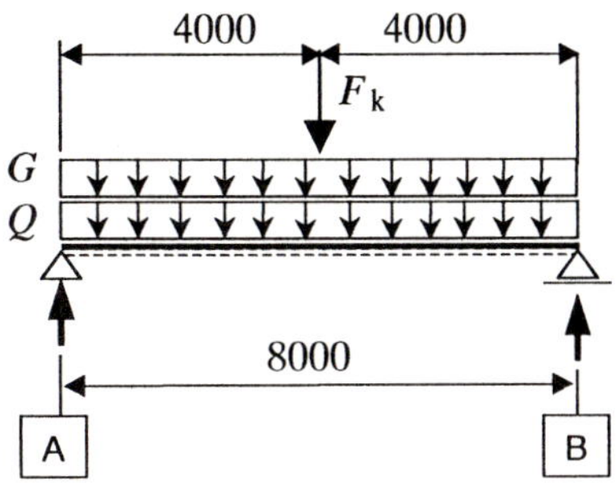

Einwirkungen: - charakteristische Werte

Ständig: $G_k = 1{,}38$ kN/m

$F_{1,k} = 10{,}00$ kN

Veränderlich: $Q_k = 15{,}00$ kN/m

$F_{2,k} = 47{,}80$ kN

- Bemessungswerte

Grundkombination 1

$G_d = G_k \cdot \gamma_F = 1{,}38 \cdot 1{,}35 = 1{,}86$ kN/m

$Q_d = Q_k \cdot \gamma_F \cdot \psi = 15{,}0 \cdot 1{,}50 \cdot 0{,}9 = 20{,}25$ kN/m

$F_{1,d} = F_{1,k} \cdot \gamma_F = 10{,}0 \cdot 1{,}35 = 13{,}50$ kN

$F_{2,d} = F_{2,k} \cdot \gamma_F \cdot \psi = 47{,}8 \cdot 1{,}50 \cdot 0{,}9 = 64{,}53$ kN

Grundkombination 2

$G_d = 1{,}38 \cdot 1{,}35 = 1{,}86$ kN/m

$F_{1,d} = 10{,}0 \cdot 1{,}35 = 13{,}50$ kN

$F_{2,d} = 47{,}8 \cdot 1{,}50 = 71{,}70$ kN

Grundkombination 3

$G_d = 1{,}38 \cdot 1{,}35 = 1{,}86$ kN/m

$Q_d = 15{,}0 \cdot 1{,}50 = 22{,}50$ kN/m

$F_{1,d} = 10{,}0 \cdot 1{,}35 = 13{,}50$ kN

Beanspruchungen

$$V_{A(1)} = V_{B(1)} = \frac{(G_d + Q_d) \cdot l}{2} + \frac{F_{1,d} + F_{2,d}}{2} = \frac{(1{,}86 + 20{,}25) \cdot 8}{2} + \frac{13{,}5 + 64{,}53}{2} = 127{,}45\,\text{kN}$$

$$M_{(1)} = V_A \cdot a - (G_d + Q_d) \cdot a \cdot \frac{a}{2} = 127{,}45 \cdot 4 - (1{,}86 + 20{,}25) \cdot 4 \cdot \frac{4}{2} = 332{,}9\,\text{kNm}$$

$$V_{A(2)} = V_{B(2)} = \frac{1{,}86 \cdot 8}{2} + \frac{13{,}5 + 71{,}70}{2} = 50{,}04\,\text{kN}$$

$$M_{(2)} = 50{,}04 \cdot 4 - 1{,}86 \cdot 4 \cdot 2 = 185{,}28\,\text{kNm}$$

$$V_{A(3)} = V_{B(3)} = \frac{(1{,}86 + 22{,}5) \cdot 8}{2} + \frac{13{,}5}{2} = 104{,}2\,\text{kN}$$

$$M_{(3)} = 104{,}2 \cdot 4 - (1{,}86 + 22{,}5) \cdot 4 \cdot 2 = 221{,}88\,\text{kNm}$$

Für Bemessung maßgebend Werte aus GK1: $M_{y,d} = M_{(1)} = 332{,}9$ kNm

$V_d = V_{A(1)} = 127{,}5$ kN

Widerstandsgrößen

Werkstoff: S 235 mit $\gamma_M = 1{,}1$

nach Schema 1 und Tabelle 5.1: $\sigma_{R,d} = 21{,}8$ kN/cm²; $\tau_{R,d} = 12{,}6$ kN/cm²; $E = 21000$ kN/cm²

Profil: HE-A 340

$h = 330$ mm; $t = 16{,}5$ mm; $s = 9{,}5$ mm; $r = 27$ mm; $W_y = 1680$ cm³; $I_y = 27690$ cm⁴

Spannungsnachweise

$$\sigma = \frac{M_{y,d}}{W_y} = \frac{33290}{1680} = 19{,}8 \text{ kN/cm}^2 \quad \Rightarrow \quad \frac{\sigma}{\sigma_{R,d}} = \frac{19{,}8}{21{,}8} = 0{,}91 < 1$$

$$\tau = \frac{V_d}{(h-t)\cdot s} = \frac{127{,}45}{(33-1{,}65)\cdot 0{,}95} = 4{,}28 \text{ kN/cm}^2 \Rightarrow \quad \frac{\tau}{\tau_{R,d}} = \frac{4{,}28}{12{,}6} = 0{,}34 < 1$$

Nachweis b/t Verhältnis

$$\sigma_1 = \sigma \cdot \frac{h - 2\cdot(t+r)}{h} = 19{,}8 \cdot \frac{330 - 2\cdot(16{,}5+27)}{330} = 14{,}6 \text{ kN/cm}^2$$

Steg: $vorh(b/t) = 25{,}6$; $\quad grenz(b/t) = 133 \cdot \sqrt{\frac{f_{y,k}}{\sigma_1 \cdot \gamma_M}} = 133 \cdot \sqrt{\frac{24}{14{,}59 \cdot 1{,}1}} = 162{,}6$

$$\frac{vorh(b/t)}{grenz(b/t)} = \frac{25{,}6}{162{,}6} = 0{,}16 \le 1$$

Flansch: $vorh(b/t) = 7{,}2$; $\quad grenz(b/t) = 12{,}9 \cdot \sqrt{\frac{24}{19{,}8 \cdot 1{,}1}} = 13{,}5$

$$\frac{vorh(b/t)}{grenz(b/t)} = \frac{7{,}2}{13{,}5} = 0{,}53 \le 1$$

Stabilitätsnachweise

- Biegeknicken, nicht erforderlich. $N = 0$
- Biegedrillknicken, $c = 125$ cm < 395 cm (Tabelle 3.23), Nachweis nicht erforderlich

Gebrauchstauglichkeit

Durchbiegung: bei Ansatz der charakteristischen Werte, zul. $v = l/250 = 800/250 = 3{,}2$ cm

$$M = \frac{(15{,}00+1{,}38)\cdot 8^2}{8} + \frac{(10{,}00+47{,}80)\cdot 8}{4} = 246{,}64 \text{ kNm}$$

$$v = \frac{5}{48}\cdot\frac{M\cdot l^2}{E\cdot I_y} = \frac{5}{48}\cdot\frac{24664\cdot 800^2}{21000\cdot 27690} = 2{,}83 \text{cm} < 3{,}2 \text{ cm}$$

5.3.2 Kragträger

Der Träger ist im Einspannquerschnitt im Bemessungslastfall unter γ_F - ψ- facher Einwirkung nachzuweisen.

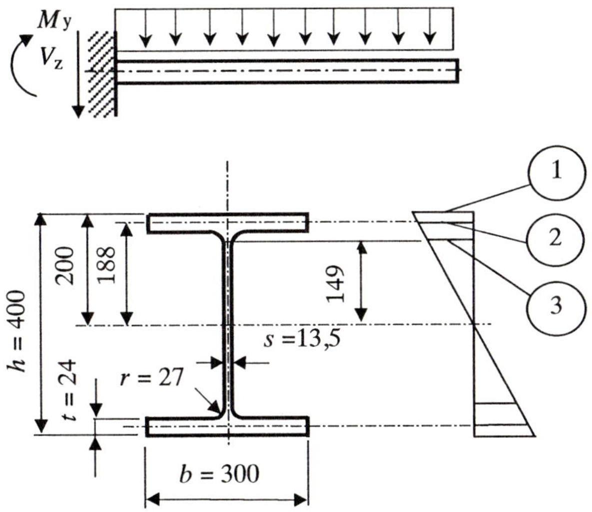

Beanspruchungen

$M_{y,d}$ = - 460 kNm

$V_{z,d}$ = 450 kN

Widerstandsgrößen

Werkstoff: S 235; $\gamma_M = 1{,}1$

$f_{y,k} = 24{,}0$ kN/cm²

Nach Schema 1 bzw. Tabelle 5.1

$\sigma_{R,d} = 21{,}8$ kN/cm²

$\tau_{R,d} = 12{,}6$ kN/cm²

Profil: HE-B 400

$I_y = 57680$ cm⁴

$W_y = 2880$ cm³

$S_y = 1616$ cm³

Nachweise

Biegenormalspannungen:

- Randfaser 1

$$\sigma_1 = \frac{|\mp M_y|}{W_y} = \frac{46000}{2880} = 16{,}0\ k\text{N/cm}^2$$

- Faser 2, Flanschmittellinie

$$\sigma_2 = \sigma_1 \cdot \frac{h-t}{h} = 16{,}0 \cdot \frac{400-24}{400} = 15{,}0\ \text{kN/cm}^2$$

- Faser 3, Übergang zum Flansch

$$\sigma_3 = \sigma_1 \cdot \frac{h-2\cdot(t+r)}{h} = 16{,}0 \cdot \frac{400-2\cdot(24+27)}{400} = 11{,}9\ \text{kN/cm}^2$$

Nachweis

$$\frac{\sigma_1}{\sigma_{R,d}} = \frac{16{,}0}{21{,}8} = 0{,}73 < 1$$

Schubspannungen:

- mittlere

$$\tau_{\mathrm{m}} = \frac{V_{\mathrm{z}}}{(h-t)\cdot s} = \frac{450}{(40-2{,}4)\cdot 1{,}35} = 8{,}9\,\mathrm{kN/cm^2}$$

- maximale

$$\max\tau = \frac{V\cdot S_{\mathrm{y}}}{I_{\mathrm{y}}\cdot s} = \frac{450\cdot 1616}{57680\cdot 1{,}35} = 9{,}3\ \mathrm{kN/cm^2}$$

- in Faser 3

$$S = S_{\mathrm{y}} - s\cdot\frac{(0{,}5\cdot h - t - r)^2}{2} = 1616 - 1{,}35\cdot\frac{(0{,}5\cdot 40 - 2{,}4 - 2{,}7)^2}{2} = 1466\,\mathrm{cm^3}$$

$$\tau = \frac{V_{\mathrm{z}}\cdot S}{I_{\mathrm{y}}\cdot s} = \frac{450\cdot 1466}{57680\cdot 1{,}35} = 8{,}5\ \mathrm{kN/cm^2}$$

Nachweis

$$\frac{\max\tau}{\tau_{\mathrm{R,d}}} = \frac{9{,}3}{12{,}8} = 0{,}73 < 1$$

Vergleichsspannung:

- Variante 1

$$\sigma_{\mathrm{V}} = \sqrt{\sigma_2{}^2 + 3\cdot\tau_{\mathrm{m}}{}^2} = \sqrt{15^2 + 3\cdot 8{,}9^2} = 21{,}5\ \mathrm{kN/cm^2}$$

- Variante 2

$$\sigma_{\mathrm{V}} = \sqrt{\sigma_3{}^2 + 3\cdot\tau^2} = \sqrt{11{,}9^2 + 3\cdot 8{,}5^2} = 18{,}9\ \mathrm{kN/cm^2}$$

Nachweis

$$\frac{\sigma_{\mathrm{V}}}{\sigma_{\mathrm{R,d}}} = \frac{21{,}5}{21{,}8} = 0{,}986 < 1$$

Kragträger nachgewiesen.

5.3.3 Biegedrillknicken, Nachweis nach DIN 18800 T2 (1990)

Nachgewiesen wird der doppeltsymmetrische I-Träger mit gleichmässiger Streckenlast über die gesamte Länge. Lastangriff an Obergurt. Gabellagerung mit $\beta = \beta_0 = 1$

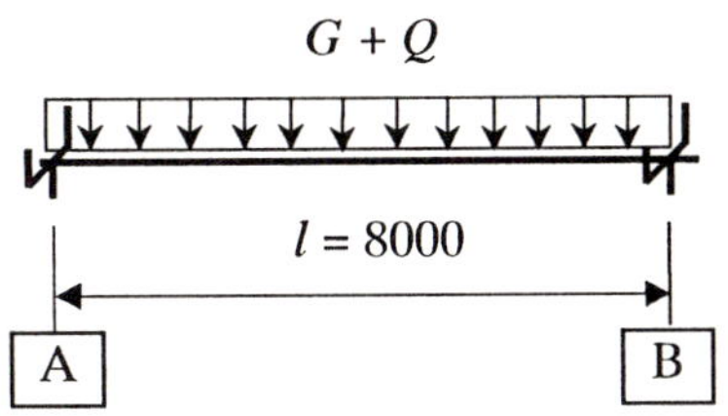

Einwirkungen

Bemessungswerte im γ_F - ψ- fachen Lastzustand

$G + Q = 35{,}61$ kN/m

Beanspruchung

$$M_{y,d} = \frac{(G+Q)\cdot l^2}{8} = \frac{35{,}61\cdot 8^2}{8} = 284{,}88\ \text{kNm}$$

$$V_z = \frac{(G+Q)\cdot l}{2} = \frac{35{,}61\cdot 8}{2} = 142{,}44\ \text{kN}$$

Widerstandsgrößen:

Werkstoff: S 235; $\gamma_M = 1{,}1$; $f_{y,k} = 24{,}0$ kN/cm²; $E = 21000$ kN/cm²

Nach Schema 1 bzw. Tabelle 5.1:

$$\sigma_{R,d} = 21{,}8\ \text{kN/cm}^2;\quad \tau_{R,d} = 12{,}6\ \text{kN/cm}^2$$

Profil: HE-A 340

$h = 330$ mm; $s = 9{,}5$ mm; $t = 16{,}5$ mm; $W_y = 1680$ cm³; $I_y = 27690$ cm⁴; $I_z = 7440$ cm⁴
$I_T = 128$ cm⁴; $I_\omega = 1824000$ cm⁶; $M_{pl,y} = 444{,}1$ kNm; $M_{pl,y,d} = 403{,}7$ kNm (Tabelle 3.28)

Spannungsnachweis

- Normalspannungen

$$\sigma_y = \frac{M_y}{W_y} = \frac{28488}{1680} = 16{,}96\ \text{kN/cm}^2$$

$$\frac{\sigma_y}{\sigma_{R,d}} = \frac{16{,}96}{21{,}8} = 0{,}78 < 1$$

- Schubspannungen

$$\tau = \frac{V_z}{(h-t)\cdot s} = \frac{142{,}44}{(33-1{,}65)\cdot 0{,}95} = 4{,}78\ \text{kN/cm}^2$$

$$\frac{\tau}{\tau_{R,d}} = \frac{4{,}78}{12{,}6} = 0{,}38 < 1$$

- Vergleichsspannungen

Stabilitätsnachweis

- Vereinfachter Nachweis.

  Druckgurt als Druckstab mit $k_c = 0{,}94$ aus Tabelle 3.20

  Seitliche Abstützung nicht vorhanden. Nach Tabelle 3.22 erforderlich: $c \leq 395$ cm

  $l = 800$ cm > 395; genauer Nachweis muß durchgeführt werden.

Biegedrillknicken

$\zeta = 1{,}12$; Lastansatz an Obergurt $z_P = -16{,}5$ cm; Trägerbeiwert $n = 2{,}5$

$$N_{Ki,z} = \frac{E \cdot I_z \cdot \pi^2}{l^2} = \frac{21000 \cdot 7440 \cdot 3{,}14^2}{800^2} = 2407\,\text{kN}$$

$$c^2 = \frac{I_\omega + 0{,}039 \cdot l^2 \cdot I_T}{I_z} = \frac{1824000 + 0{,}039 \cdot 800^2 \cdot 128}{7440} = 674{,}6\ \text{cm}^2$$

$$M_{Ki,y} = \zeta \cdot N_{Ki,z} \cdot \left(\sqrt{c^2 + 0{,}25 \cdot z_p{}^2} + 0{,}5 \cdot z_p \right)$$

$$= 1{,}12 \cdot 2407 \cdot \left(\sqrt{674{,}6 + 0{,}25 \cdot (-16{,}5)^2} + 0{,}5 \cdot (-16{,}5) \right) = 51226\,\text{kNcm}$$

$$= 512{,}26\ \text{kNm}$$

$$\bar{\lambda}_M = \sqrt{\frac{M_{pl,y}}{M_{Ki,y}}} = \sqrt{\frac{444{,}1}{512{,}26}} = 0{,}931 \Rightarrow \text{Abminderungsfaktor } \kappa_M \text{ nach Tabelle 3.17}$$

$\kappa_M = 0{,}809$ (interpoliert)

Nachweis

$$\frac{M_y}{\kappa_M \cdot M_{pl,y,d}} = \frac{284{,}88}{0{,}852 \cdot 403{,}6} = 0{,}873 < 1$$

Es besteht keine Biegedrillknickgefährdung.

5.3.4 Stabilitätsnachweis; Stütze mit planmäßig mittigem Druck

l_y, l_z = Systemlängen, Gabellagerungen mit $\beta = \beta_0 = 1$

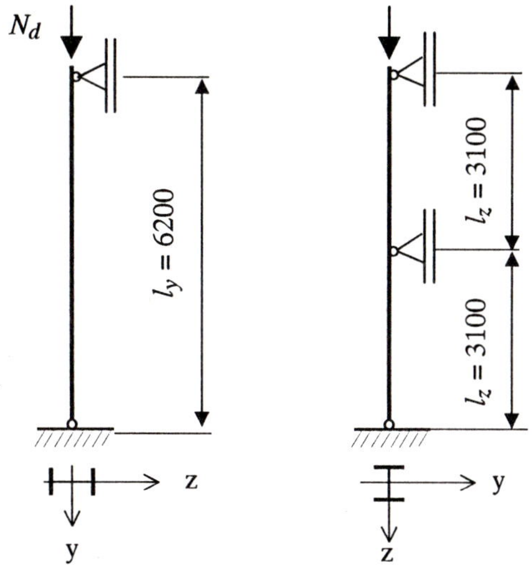

Einwirkungen

Bemessungswerte im γ_F -ψ- fachen Lastzustand

$N_d = 2130$ kN

Widerstandsgrößen

Werkstoff: S 235; $\gamma_M = 1{,}1$

$f_{y,k} = 24$ kN/cm²

$\lambda_a = 92{,}9$

Profil: HE-A 320

$i_y = 13{,}6$ cm; $i_z = 7{,}49$ cm

Knickspannungslinie:

- y-y Richtung = b
- z-z Richtung = c

$N_{pl,d} = 2713$ kN (Tabelle 3.28)

Biegeknicken

Abminderungsfaktoren κ nach Tabelle 3.16

$$\lambda_{k,y} = \frac{l_y}{i_y} = \frac{620}{13{,}6} = 45{,}6$$

$$\bar{\lambda}_{k,y} = \frac{\lambda_{k,y}}{\lambda_a} = \frac{45{,}6}{92{,}9} = 0{,}49;\quad \text{für Knickspannungslinie b} \Rightarrow \quad \kappa_y = 0{,}888$$

$$\bar{\lambda}_{k,z} = \frac{\lambda_{k,z}}{\lambda_a} = \frac{41{,}4}{92{,}9} = 0{,}45;\quad \text{für Knickspannungslinie c} \Rightarrow \quad \kappa_z = 0{,}871$$

$$\kappa_z < \kappa_y \quad \Rightarrow \quad \kappa = \kappa_z = 0{,}871$$

Nachweis

$$\frac{N_d}{\kappa \cdot N_{pl,d}} = \frac{2130}{0{,}871 \cdot 2713} = 0{,}90 < 1$$

Es besteht keine Biegeknickgefährdung.

Biegedrillknicken

Walzprofil mit I-Querschnitt, Nachweis nicht erforderlich.

Der Stab ist nachgewiesen

5.3.5 Stabilitätsnachweis; Fachwerkstab mit planmäßig mittigem Druck

Gabellagerungen mit $\beta = \beta_0 = 1$; $l_0 = l$

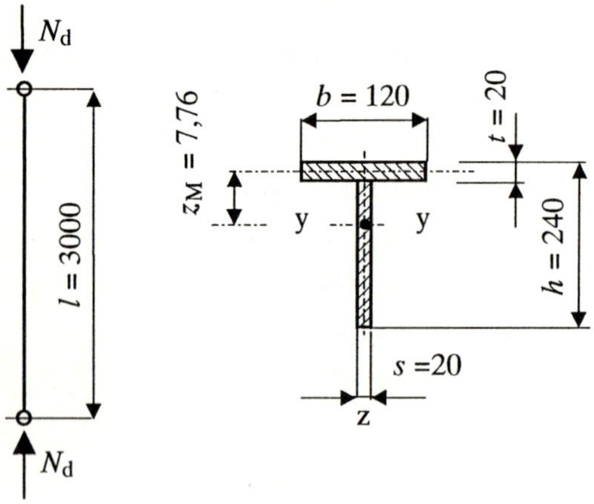

Einwirkungen

Bemessungswerte im γ_F - ψ- fachen Lastzustand

$N_d = 410$ kN

Widerstandsgrößen

Werkstoff: S 235; $\gamma_M = 1,1$

$f_{y,k} = 24,0$ kN/cm²

$\lambda_a = 92,9$

Schweißprofil

$A = 68$ cm²; $I_z = 303$ cm⁴

$i_y = 7,69$ cm; $i_z = 2,11$cm

$I_T = 91$ cm⁴; $I_\omega = 0$

Knickspannungslinie c $\Rightarrow$ $\alpha = 0,49$

$$N_{pl,d} = A \cdot \frac{f_{y,k}}{\gamma_M} = 68 \cdot \frac{24}{1,1} = 1484\,\text{kN}$$

Biegeknicken

Ausweichen $\perp$ y- Achse

$$\lambda_{Ky} = \frac{l}{i_y} = \frac{300}{7,69} = 39,0$$

Ausweichen $\perp$ z-Achse

$$\lambda_{Kz} = \frac{l}{i_z} = \frac{300}{2,11} = 142,2 > \lambda_{Ky}$$

$$\bar{\lambda}_K = \frac{\lambda_{Kz}}{\lambda_a} = \frac{142,2}{92,9} = 1,53$$

$$k = 0,5 \cdot [1 + \alpha \cdot \left(\bar{\lambda}_K - 0,2\right) + \bar{\lambda}_K{}^2] = 0,5 \cdot [1 + 0,49 \cdot (1,53 - 0,2) + 1,53^2] = 2,0$$

$$\kappa = \frac{1}{k + \sqrt{k^2 - \bar{\lambda}_K{}^2}} = \frac{1}{2,0 + \sqrt{2,0^2 - 1,53^2}} = 0,304$$

Nachweis

$$\frac{N_d}{\kappa \cdot N_{pl,d}} = \frac{410}{0,304 \cdot 1484} = 0,91$$

Es besteht keine Biegeknickgefährdung.

Biegedrillknicken

$$i_p{}^2 = i_y{}^2 + i_z{}^2 = 7{,}69^2 + 2{,}11^2 = 63{,}6 \text{ cm}^2$$

$$i_M{}^2 = i_p{}^2 + z_M{}^2 = 63{,}6 + 7{,}76^2 = 123{,}8 \text{ cm}^2$$

$$c^2 = \frac{I_\omega + 0{,}039 \cdot l^2 \cdot I_T}{I_z} = \frac{0 + 0{,}039 \cdot 300^2 \cdot 91}{303} = 1054 \text{ cm}^2$$

$$\lambda_{Vi} = \frac{\beta \cdot l}{i_z} \cdot \sqrt{\frac{c^2 + i_M{}^2}{2 \cdot c^2} \cdot \left\{1 + \sqrt{1 - \frac{4 \cdot c^2 \cdot i_p{}^2}{(c^2 + i_M{}^2)^2}}\right\}}$$

$$= \frac{1 \cdot 300}{2{,}11} \cdot \sqrt{\frac{1054 + 123{,}8}{2 \cdot 1054} \cdot \left\{1 + \sqrt{1 - \frac{4 \cdot 1054 \cdot 63{,}6}{(1054 + 123{,}8)^2}}\right\}} = 146{,}7$$

$$\bar{\lambda}_{Vi} = \frac{\lambda_{Vi}}{\lambda_a} = \frac{146{,}7}{92{,}9} = 1{,}58$$

$$k = 0{,}5 \cdot [1 + \alpha \cdot \left(\bar{\lambda}_{Vi} - 0{,}2\right) + \bar{\lambda}_{Vi}{}^2] = 0{,}5 \cdot [1 + 0{,}49 \cdot (1{,}58 - 0{,}2) + 1{,}58^2] = 2{,}08$$

$$\kappa = \frac{1}{k + \sqrt{k^2 - \bar{\lambda}_{Vi}{}^2}} = \frac{1}{2{,}08 + \sqrt{2{,}08^2 - 1{,}58^2}} = 0{,}290$$

Nachweis

$$\frac{N_d}{\kappa \cdot N_{pl,d}} = \frac{410}{0{,}290 \cdot 1484} = 0{,}953$$

Es besteht keine Biegedrillknickgefährdung.

Nachweis ausreichender Bauteildicke (El-Pl)

Steg: $vorh(b/t) = \frac{h - t}{s} = \frac{240 - 20}{20} = 11;$ $grenz(b/t) = 11$ (Tabelle 3.8)

$$\frac{vorh(b/t)}{grenz(b/t)} = \frac{11}{11} = 1$$

Gurt: $vorh(b/t) = \frac{b/2 - s/2}{t} = \frac{120/2 - 20/2}{20} = 2{,}5;$ $grenz(b/t) = 11$

$$\frac{vorh(b/t)}{grenz(b/t)} = \frac{2}{11} = 0{,}18 < 1$$

Der Stab ist nachgewiesen

5.3.6 Stabilitätsnachweis; Stütze mit einachsiger Biegung und mittigem Druck

Stabilitätsnachweise für einen Stab mit doppeltsymmetrischem I-Querschnitt. Auflager mit Gabellagerungen; $\beta = \beta_0 = 1$

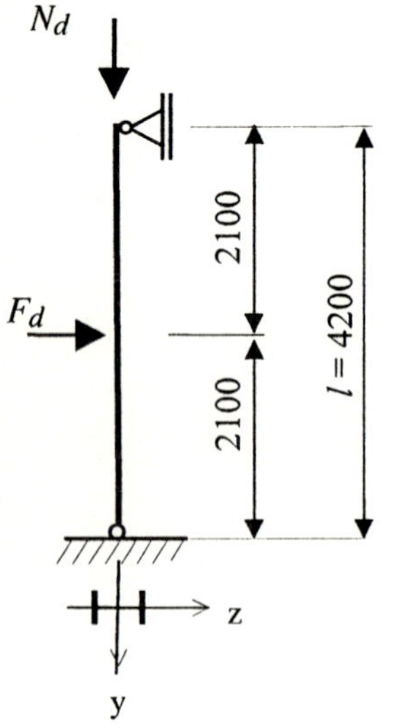

Einwirkungen

Bemessungswerte im γ_F - ψ- fachen Lastzustand

$N_d = 210$ kN

$F_d = \;\; 54$ kN

Beanspruchungen

$$M_{y,d} = \frac{F_d \cdot l}{4} = \frac{54 \cdot 4{,}2}{4} = 56{,}70\,\text{kNm}$$

$$V_{z,d} = \frac{F_d}{2} = \frac{54}{2} = 27{,}0\,\text{kN}$$

Widerstandsgrößen

Werkstoff: S 235; $\gamma_M = 1{,}1$

$f_{y,k} = 24{,}0$ kN/cm²

$E = 21000$ kN/cm²

$\lambda_a = 92{,}9$

Walzprofil: IPE 300

$h = 300$ mm; $b = 150$ mm; $s = 7{,}1$ mm; $t = 10{,}7$ mm; $r = 15$ mm

$A = 53{,}8$ cm²; $I_y = 8360$ cm⁴; $W_y = 557$ cm³; $i_y = 12{,}5$ cm; $I_z = 604$ cm⁴; $i_z = 3{,}35$ cm

$S_y = 314$ cm³; $I_T = 20{,}2$ cm⁴; $I_\omega = 125900$ cm⁶

Plastische Querschnitts- und Schnittgrößen

$$W_{pl,y} = 2 \cdot S_y = 2 \cdot 314 = 628\ \text{cm}^3$$

$$\alpha_{pl,y} = \frac{W_{pl,y}}{W_y} = \frac{628}{557} = 1{,}13$$

$$N_{pl,d} = A \cdot \frac{f_{y,k}}{\gamma_M} = 53{,}8 \cdot \frac{24{,}0}{1{,}1} = 1174\ \text{kN}$$

$$M_{pl,y,d} = W_{pl,y} \cdot \frac{f_{y,k}}{\gamma_M} = 628 \cdot \frac{24{,}0}{1{,}1} = 13700\,\text{kNcm} = 137{,}0\ \text{kNm}$$

$$V_{pl,z} = \frac{f_{y,k}}{\gamma_M \cdot \sqrt{3}} \cdot (h - t) \cdot s = \frac{24{,}0}{1{,}1 \cdot \sqrt{3}} \cdot (30 - 1{,}07) \cdot 0{,}71 = 258{,}8\ \text{kN}$$

Anmerkung: Die plastischen Schnittgrößen können auch aus Tabelle 3.28 entnommen werden.

Biegeknicken

Verhältnis (*b*/*t*), Verfahren El.-Pl.

Steg: $vorh(b/t) = \dfrac{h-2\cdot(t+r)}{s} = \dfrac{300-2\cdot(10{,}7+15)}{7{,}1} = 35 < grenz(b/t) = 37$ (Tabelle 3.7)

Flansch: $vorh(b/t) = \dfrac{(b-s)/2-r}{t} = \dfrac{(150-7{,}1)/2-15}{10{,}7} = 5{,}3 < grenz(b/t) = 11$ (Tabelle 3.8)

Schlankheitsgrad

Ausweichen ⊥ y-y, Knickspannungslinie a $\Rightarrow \quad \alpha = 0{,}21$

$$\lambda_y = \frac{\beta \cdot l}{i_y} = \frac{1\cdot 420}{12{,}5} = 33{,}6$$

$$\bar{\lambda}_y = \frac{\lambda_y}{\lambda_a} = \frac{33{,}6}{92{,}9} = 0{,}362 \Rightarrow \quad \kappa_y = 0{,}962 \text{ nach Tabelle 3.16}$$

Ausweichen ⊥ z-z, Knickspannungslinie b $\Rightarrow \quad \alpha = 0{,}34$

$$\lambda_z = \frac{\beta \cdot l}{i_z} = \frac{1\cdot 420}{3{,}35} = 125{,}4$$

$$\bar{\lambda}_z = \frac{\lambda_z}{\lambda_a} = \frac{125{,}4}{92{,}9} = 1{,}35 \Rightarrow \quad \kappa_z = 0{,}403 \text{ nach Tabelle 3.16}$$

$$\Delta n = \frac{N_d}{\kappa_y \cdot N_{pl,d}} \cdot \left(1 - \frac{N_d}{\kappa_y \cdot N_{pl,d}}\right) \cdot \kappa_y^{\,2} \cdot \bar{\lambda}_y^2$$

$$= \frac{210}{0{,}962\cdot 1174} \cdot \left(1 - \frac{210}{0{,}962\cdot 1174}\right) \cdot 0{,}962^2 \cdot 0{,}362^2 = 0{,}018$$

$$\frac{N_d}{N_{pl,d}} = \frac{210}{1174} = 0{,}18 > 0{,}1$$

$$\frac{V_{z,d}}{V_{pl,z,d}} = \frac{27}{258{,}8} = 0{,}1 < 0{,}33$$

$M_{pl,y,d}$ bleibt unverändert; $\beta_m = \beta_{m,Q} = 1$

Nachweis

$$\frac{N_d}{\kappa_y \cdot N_{pl,d}} + \frac{\beta_m \cdot M_y}{M_{pl,y,d}} + \Delta n = \frac{210}{0{,}962\cdot 1174} + \frac{1\cdot 56{,}7}{137{,}0} + 0{,}018 = 0{,}618 < 1$$

Es besteht keine Biegeknickgefährdung.

Biegedrillknicken

Trägerbeiwert n =2,5; $\beta_M = \beta_{M,Q} = 1{,}4$; $\zeta = 1{,}35$; Lastangriff an Obergurt

$$c^2 = \frac{I_\omega + 0{,}039 \cdot l^2 \cdot I_T}{I_z} = \frac{125900 + 0{,}039 \cdot 420^2 \cdot 20{,}2}{604} = 438{,}5 \text{ cm}^2$$

$$c = \sqrt{c^2} = \sqrt{438{,}5} = 20{,}94 \text{ cm}$$

$$i_p = \sqrt{{i_y}^2 + {i_z}^2} = \sqrt{12{,}5^2 + 3{,}35^2} = 12{,}94 \text{cm} < c = 20{,}94 \text{cm}$$

Es besteht keine Drillknickgefährdung.

$$z_p = -\frac{h}{2} = -\frac{30}{2} = -15 \text{cm}$$

$$N_{Ki} = \frac{\pi^2 \cdot E \cdot I_z}{l^2} = \frac{3{,}14^2 \cdot 21000 \cdot 604}{420^2} = 709 \text{ kN}$$

$$M_{Ki} = \zeta \cdot N_{Ki,z} \cdot \left(\sqrt{c^2 + 0{,}25 \cdot {z_p}^2} + 0{,}5 \cdot z_p \right)$$

$$= 1{,}35 \cdot 709 \cdot \left(\sqrt{438{,}5 + 0{,}25 \cdot (-15)^2} + 0{,}5 \cdot (-15) \right) = 14111 \text{ kNcm} = 141{,}11 \text{ kNm}$$

$$\bar{\lambda}_M = \sqrt{\frac{M_{pl,y,d} \cdot \gamma_M}{M_{Ki,y}}} = \sqrt{\frac{137{,}0 \cdot 1{,}1}{141{,}1}} = 1{,}033$$

$$\kappa_M = \left(\frac{1}{1 + \bar{\lambda}_M^{2n}} \right)^{\frac{1}{n}} = \left(\frac{1}{1 + 1{,}033^{2 \cdot 2{,}5}} \right)^{\frac{1}{2{,}5}} = 0{,}732$$

$$a_y = 0{,}15 \cdot \bar{\lambda}_z \cdot \beta_{M,y} - 0{,}15 = 0{,}15 \cdot 1{,}35 \cdot 1{,}4 - 0{,}15 = 0{,}134$$

$$k_y = 1 - \frac{N_d}{\kappa_z \cdot N_{pl,d}} \cdot a_y = 1 - \frac{210}{0{,}403 \cdot 1174} \cdot 0{,}134 = 0{,}941$$

Nachweis:

$$\frac{N_d}{\kappa_z \cdot N_{pl,d}} + \frac{M_y}{\kappa_M \cdot M_{pl,y,d}} \cdot k_y = \frac{210}{0{,}403 \cdot 1174} + \frac{56{,}70}{0{,}732 \cdot 137{,}0} \cdot 0{,}941 = 0{,}976 \le 1$$

Es besteht keine Biegedrillknickgefährdung

Die Stütze ist nachgewiesen.

5.3.7 Stabilitätsnachweise, Stütze mit zweiachsiger Biegung und Druck

Stabilitätsnachweise für einen Stab mit doppeltsymmetrischem I-Querschnitt. Auflager mit Gabellagerungen; $\beta = \beta_0 = 1$

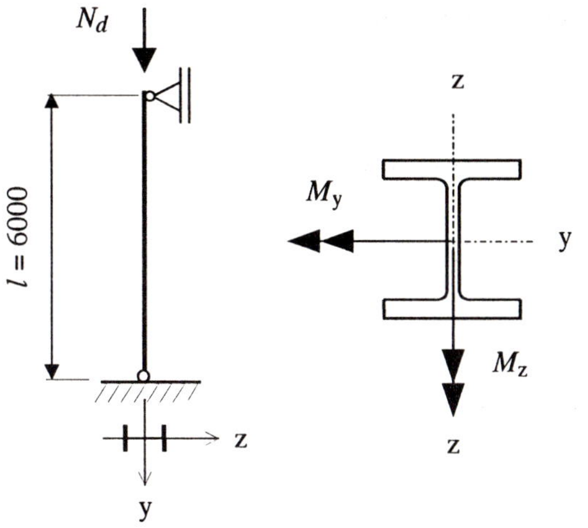

Beanspruchungen

Bemessungswerte im γ_F - ψ- fachen Lastzustand

N_d = 620 kN

M_y = 74,25 kNm (Streckenlast)

M_z = 56,25 kNm (Streckenlast)

Widerstandsgrößen

Werkstoff: S 235; γ_M =1,1

$f_{y,k}$ = 24,0 kN/cm²

E = 21000 kN/cm²

λ_a = 92,9

Profil: HE-B 300

h = 300 mm; A = 149 cm²; i_y = 13 cm; I_z = 8560 cm⁴; W_z = 571cm³; i_z = 7,58 cm; I_T = 186 cm⁴; I_ω = 1688000 cm⁶

Steg: *vorh(b/t)* = 18,9; Flansch: *vorh(b/t)* = 6,2; Werte aus Tabelle 3.9

Plastische Größen nach Tabelle 3.29

$W_{pl,y}$ = 1869 cm³; $M_{pl,y,d}$ = 407,7 kNm; $W_{pl,z}$= 870 cm³; $N_{pl,d}$ = 3253 kN

Verhältnis (*b/t*), Verfahren El.-Pl. Steg: *vorh(b/t)* = 18,9 < 37 (Tabelle 3.7)

Flansch: *vorh(b/t)* = 6,2 < 11 (Tabelle 3.8)

$$\alpha_{pl,y} = \frac{W_{pl,y}}{W_y} = \frac{1869}{1680} = 1{,}113 < 1{,}14$$

$$\alpha_{pl,z} = \frac{W_{pl,z}}{W_z} = \frac{870}{571} = 1{,}52$$

Schlankheitsgrad

Ausweichen ⊥ y-y, Knickspannungslinie b ⇒ $\alpha = 0{,}34$

$$\lambda_y = \frac{\beta \cdot l}{i_y} = \frac{1 \cdot 600}{13} = 46{,}2$$

$$\bar{\lambda}_y = \frac{\lambda_y}{\lambda_a} = \frac{46{,}2}{92{,}9} = 0{,}497 \Rightarrow \quad \kappa_y = 0{,}886 \text{ nach Tabelle 3.16 (interpoliert)}$$

Ausweichen ⊥ z-z, Knickspannungslinie c $\Rightarrow$ $\alpha = 0{,}49$

$$\lambda_z = \frac{\beta \cdot l}{i_z} = \frac{1 \cdot 600}{7{,}58} = 79{,}2$$

$$\bar{\lambda}_z = \frac{\lambda_z}{\lambda_a} = \frac{79{,}2}{92{,}9} = 0{,}852 \quad \Rightarrow \quad \kappa_z = 0{,}630 \text{ nach Tabelle 3.16}$$

Biegeknicken: Nachweismethode 1

$\beta_{M,y} = 1{,}3$; $\beta_{M,z} = 1{,}3$; $\alpha_{pl,z} = 1{,}52$; $\kappa_z < \kappa_y \quad \Rightarrow \quad \kappa = \kappa_z = 0{,}630$

$$M_{pl,z,d} = \alpha_{pl,z} \cdot W_z \cdot \frac{f_{y,k}}{\gamma_M} = 1{,}52 \cdot 571 \cdot \frac{24}{1{,}1} = 18936 \text{ kNcm} = 189{,}36 \text{ kNm}$$

$$a_y = \bar{\lambda}_{k,y} \cdot (2 \cdot \beta_{M,y} - 4) + (\alpha_{pl,y} - 1) = 0{,}497 \cdot (2 \cdot 1{,}3 - 4) + (1{,}11 - 1) = -0{,}586$$

$$k_y = 1 - \frac{N}{\kappa_y \cdot N_{pl,d}} \cdot a_y = 1 - \frac{620}{0{,}886 \cdot 3253} \cdot (-0{,}586) = 1{,}13$$

$$a_z = \bar{\lambda}_z \cdot (2 \cdot \beta_{M,z} - 4) + (\alpha_{pl,z} - 1) = 0{,}852 \cdot (2 \cdot 1{,}3 - 4) + (1{,}52 - 1) = -0{,}673$$

$$k_z = 1 - \frac{N}{\kappa_z \cdot N_{pl,d}} \cdot a_z = 1 - \frac{620}{0{,}630 \cdot 3253} \cdot (-0{,}673) = 1{,}20$$

Nachweis

$$\frac{N_d}{\kappa_z \cdot N_{pl,d}} + \frac{M_y \cdot k_y}{M_{pl,y,d}} + \frac{M_z \cdot k_z}{M_{pl,z,d}} = \frac{620}{0{,}630 \cdot 3253} + \frac{74{,}25 \cdot 1{,}13}{407{,}7} + \frac{56{,}25 \cdot 1{,}20}{189{,}4} = 0{,}87 < 1$$

Keine Biegeknickgefährdung.

Alternativ, Biegeknicken nach Nachweismethode 2

$\beta_{m,y} = 1$; $\beta_{m,z} = 1$; $\alpha_{pl,z} = 1{,}25$; $k_y = c_z$; $k_z = 1$

$$M_{pl,z,d} = \alpha_{pl,z} \cdot W_z \cdot \frac{f_{y,k}}{\gamma_M} = 1{,}25 \cdot 571 \cdot \frac{24}{1{,}1} = 155{,}73 \text{ kNm}$$

$$\Delta n = \frac{N_d}{\kappa_z \cdot N_{pl,d}} \cdot \left(1 - \frac{N_d}{\kappa_z \cdot N_{pl,d}}\right) \cdot \kappa_z^2 \cdot \bar{\lambda}_z^2$$

$$= \frac{620}{0{,}630 \cdot 3253} \cdot \left(1 - \frac{620}{0{,}630 \cdot 3253}\right) \cdot 0{,}630^2 \cdot 0{,}852^2 = 0{,}061$$

$$k_y = c_y = \frac{1 - \frac{N_d}{N_{pl,d}} \cdot \bar{\lambda}_z^2}{1 - \frac{N_d}{N_{pl,d}} \cdot \bar{\lambda}_y^2} = \frac{1 - \frac{620}{3253} \cdot 0{,}852^2}{1 - \frac{620}{3253} \cdot 0{,}497^2} = 0{,}9$$

$$\frac{N_d}{\kappa \cdot N_{pl,d}} + \frac{\beta_{m,y} \cdot M_y}{M_{pl,y,d}} \cdot k_y + \frac{\beta_{m,z} \cdot M_z}{M_{pl,z,d}} \cdot k_z + \Delta n$$

$$= \frac{620}{0{,}630 \cdot 3253} + \frac{1 \cdot 74{,}25}{407{,}7} \cdot 0{,}9 + \frac{1 \cdot 56{,}25}{155{,}73} \cdot 1 + 0{,}061 = 0{,}89 < 1$$

Keine Biegeknickgefährdung.

Biegedrillknicken

Trägerbeiwert n = 2,5; $\beta_{M,y}$ = 1,3; $\beta_{M,z}$ = 1,3; ζ = 1,12; Lastangriff an Obergurt, z_p = -15 cm

$$c^2 = \frac{I_\omega + 0{,}039 \cdot l^2 \cdot I_T}{I_z} = \frac{1688000 + 0{,}039 \cdot 600^2 \cdot 186}{8560} = 502{,}3 \text{ cm}^2$$

$$c = \sqrt{c^2} = \sqrt{502{,}3} = 22{,}41 \text{ cm}$$

$$i_p = \sqrt{i_y^2 + i_z^2} = \sqrt{13^2 + 7{,}58^2} = 15{,}05 \text{ cm} < c = 22{,}41 \text{ cm}$$

$$N_{Ki,z} = \frac{\pi^2 \cdot E \cdot I_z}{l^2} = \frac{3{,}14^2 \cdot 21000 \cdot 8560}{600^2} = 4923 \text{ kN}$$

$$M_{Ki} = \zeta \cdot N_{Ki,z} \cdot \left(\sqrt{c^2 + 0{,}25 \cdot z_p^2} + 0{,}5 \cdot z_p \right)$$

$$= 1{,}12 \cdot 4923 \cdot \left(\sqrt{502{,}3 + 0{,}25 \cdot (-15)^2} + 0{,}5 \cdot (-15) \right) = 88957 \text{ kNcm} = 889{,}57 \text{ kNm}$$

$$\bar{\lambda}_M = \sqrt{\frac{M_{pl,y,d} \cdot \gamma_M}{M_{Ki,y}}} = \sqrt{\frac{407{,}7 \cdot 1{,}1}{889{,}57}} = 0{,}71 \quad \Rightarrow \quad \kappa_M = 0{,}936 \text{ (Tabelle 3.17)}$$

$$a_y = 0{,}15 \cdot \bar{\lambda}_z \cdot \beta_{M,y} - 0{,}15 = 0{,}15 \cdot 0{,}852 \cdot 1{,}3 - 0{,}15 = 0{,}016 < 0{,}9$$

$$k_y = 1 - \frac{N_d}{\kappa_z \cdot N_{pl,d}} \cdot a_y = 1 - \frac{620}{0{,}630 \cdot 3253} \cdot 0{,}016 = 0{,}995 < 1$$

$$a_z = \bar{\lambda}_z \cdot (2 \cdot \beta_{M,z} - 4) + (\alpha_{pl,z} - 1) = 0{,}852 \cdot (2 \cdot 1{,}3 - 4) + (1{,}25 - 1) = -0{,}943 < 0{,}8$$

$$k_z = 1 - \frac{N_d}{\kappa_z \cdot N_{pl,d}} \cdot a_z = 1 - \frac{620}{0{,}630 \cdot 3253} \cdot (-0{,}943) = 1{,}29 < 1{,}5$$

Nachweis

$$\frac{N_d}{\kappa_z \cdot N_{pl,d}} + \frac{M_y \cdot k_y}{\kappa_M \cdot M_{pl,y,d}} + \frac{M_z \cdot k_z}{M_{pl,z,d}} = \frac{620}{0{,}63 \cdot 3253} + \frac{74{,}25 \cdot 0{,}995}{0{,}936 \cdot 407{,}7} + \frac{56{,}25 \cdot 1{,}29}{155{,}72} = 0{,}96 < 1$$

Keine Biegedrillknickgefährdung.

Der Stab ist nachgewiesen.

5.3.8 Mehrteilige Rahmenstütze

Anzahl Stäbe $m = 2$

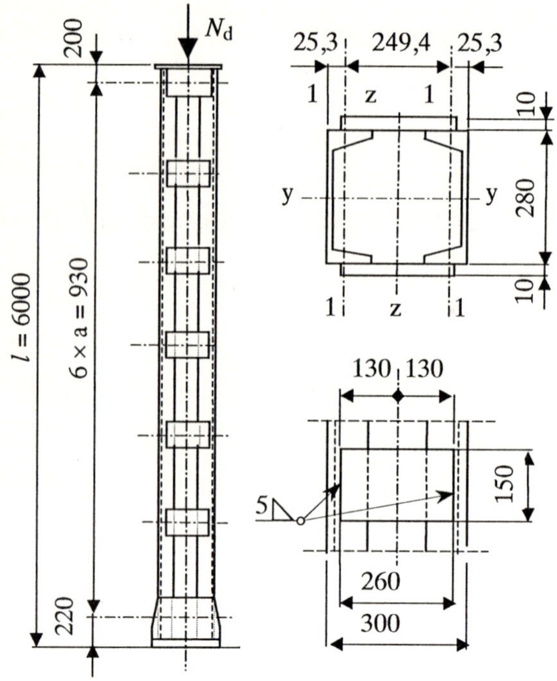

Einwirkungen

Bemessungswerte im γ_F- ψ- fachen Lastzustand

$N_d = 2130$ kN

Widerstandsgrößen

Werkstoffe:

- Profil S 355; $\gamma_M = 1{,}1$

  $f_{y,k} = 36$ kN/cm²

  $E = 21000$ kN/cm²

  $\lambda_a = 75{,}9$

- Bindebleche S 235

  $f_{y,k} = 24$ kN/cm²

Walzprofil U 280

$A_1 = 53{,}3$ cm²
$I_1 = 399$ cm⁴; $i_1 = 2{,}74$ cm
$I_y = 6280$ cm⁴; $i_y = 10{,}9$ cm
$W_z = 57{,}2$ cm³

$$A = 2 \cdot A_1 = 2 \cdot 53{,}3 = 106{,}6 \text{ cm}^2$$

$$\sum I_y = 2 \cdot I_y = 2 \cdot 6280 = 12560 \text{ cm}^4$$

$$N_{pl,d} = A \cdot \frac{f_{y,k}}{\gamma_M} = 106{,}6 \cdot \frac{36}{1{,}1} = 3489 \text{ kN}$$

Verhältnis (b/t)

Steg: $vorh(b/t) = 21{,}6 < 30{,}2$

Flansch: $vorh(b/t) = 4{,}7 < 9$

Biegeknicken

Ausweichen ⊥ y-y; Stoffachse

Knickspannungslinie c $\Rightarrow$ $\alpha = 0{,}49$

$$\lambda_y = \frac{l}{i_y} = \frac{600}{10{,}9} = 55{,}05$$

$$\bar{\lambda}_y = \frac{\lambda_y}{\lambda_a} = \frac{55{,}05}{75{,}9} = 0{,}73 \qquad \Rightarrow \quad \kappa = \kappa_y = 0{,}709$$

Nachweis
$$\frac{N_d}{\kappa \cdot N_{pl,d}} = \frac{2130}{0{,}709 \cdot 3489} = 0{,}86 < 1$$

Ausweichen ⊥ z-z, stofffreie Achse

$$I_z = 2 \cdot I_{z,1} + A_1 \cdot (h_y/2)^2 = 2 \cdot 399 + 2 \cdot 53{,}3 \cdot (24{,}94/2)^2 = 17374 \text{ cm}^4$$

$$i_z = \sqrt{\frac{I_z}{A}} = \sqrt{\frac{17374}{106{,}6}} = 12{,}77 \text{ cm}$$

$$\lambda = \frac{l}{i_z} = \frac{600}{12{,}77} = 47{,}0 < 75 \quad \Rightarrow \quad \eta = 1$$

$$I_z^* = \eta \cdot I_z = 17374 \text{ cm}^4$$

$$y_s = \frac{h_y}{2} = \frac{24{,}94}{2} = 12{,}47 \text{ cm}$$

$$W_z^* = \frac{I_z^*}{y_s} = \frac{17374}{12{,}47} = 1393 \text{ cm}^3$$

$$E_d = \frac{E}{\gamma_M} = \frac{21000}{1{,}1} = 19091 \text{ kN/cm}^2$$

$$S_z^* = \frac{2 \cdot \pi^2 \cdot E_d \cdot I_{z,1}}{a^2} = \frac{2 \cdot 3{,}14^2 \cdot 19091 \cdot 399}{93^2} = 17367 \text{ kN}$$

$$N_{Ki,d} = \frac{1}{\dfrac{l^2}{\pi^2 \cdot E_d \cdot I_z^*} + \dfrac{1}{S_z^*}} = \frac{1}{\dfrac{600^2}{3{,}14^2 \cdot 19091 \cdot 17374} + \dfrac{1}{17367}} = 5964 \text{ kN}$$

Schnittgrößen am Gesamtstab (Theorie II. Ordnung)

$$v_0 = \frac{l}{500} = \frac{600}{500} = 1{,}2 \text{ cm}$$

$$M_z = \frac{N \cdot v_0}{1 - \dfrac{N_d}{N_{Ki,z,d}}} = \frac{2130 \cdot 1{,}2}{1 - \dfrac{2130}{5964}} = 3976 \text{ kNcm}$$

$$\max V = \frac{\pi \cdot M_z}{l} = \frac{3{,}14 \cdot 3976}{600} = 20{,}81 \text{ kN}$$

Nachweise am Einzelstab

Ausweichen ⊥ z-z Achse

Knickspannungslinie c $\Rightarrow$ $\alpha = 0{,}49$

$$s_{K,1} = a = 93\ cm \quad \Rightarrow \quad \lambda_{K,1} = \frac{s_{K,1}}{i_1} = \frac{93}{2{,}74} = 33{,}94$$

$$\bar{\lambda}_{K,1} = \frac{\lambda_{K,1}}{\lambda_a} = \frac{33{,}94}{75{,}9} = 0{,}45 \quad \Rightarrow \quad \kappa_1 = 0{,}870 \text{ (Tabelle 3.16)}$$

Schnittgrössen in Feldmitte; $r = 2$

$$N_1 = \frac{N_d}{r} + \frac{M_z}{W_z^*} \cdot A_1 = \frac{2130}{2} + \frac{3976}{1393} \cdot 53{,}3 = 1217 \text{ kN}$$

$$N_{pl,1,d} = \frac{N_{pl,d}}{2} = \frac{3489}{2} = 1744{,}5 \text{ kN}$$

Nachweis $\quad \underline{\underline{\frac{N_1}{\kappa_1 \cdot N_{pl,1,d}} = \frac{1217}{0{,}870 \cdot 1744{,}5} = 0{,}802 < 1}}$

Schnittgrößen am 1. Knotenblech

$$M_G = \frac{\max V}{2} \cdot \frac{a}{2} = \frac{20{,}81}{2} \cdot \frac{93}{2} = 483{,}8 \text{ kNcm}$$

$$M_{z,(x=a)} = M_z \cdot \sin\left(\frac{\pi \cdot a}{l}\right) = 3976 \cdot \sin\left(\frac{\pi \cdot 93}{600}\right) = 1860 \text{ kNcm}$$

$$N_G = \frac{N_d}{r} + \frac{M_z(x_B)}{W_z^*} \cdot A_G = \frac{2130}{2} + \frac{1860}{1393} \cdot 53{,}3 = 1136 \text{ kN}$$

$$\sigma = \frac{N_G}{A} + \frac{M_G}{W_z} = \frac{1134}{53{,}3} + \frac{483{,}8}{57{,}2} = 29{,}8 \text{ kN/cm}^2$$

$$\sigma_{R,d} = \frac{f_{y,k}}{\gamma_M} = \frac{36{,}0}{1{,}1} = 32{,}7 \text{ kN/cm}^2$$

Nachweis $\quad \underline{\underline{\frac{\sigma}{\sigma_{R,d}} = \frac{29{,}77}{32{,}7} = 0{,}91 < 1}}$

Nachweis der Bindebleche

t = 10 mm; b = 260 mm; h_B = 150 mm; s = 10 mm

Die Bindebleche sind aufgeschweißt. Schweißnaht a = 4 mm rundum.

Vereinfacht wird folgendes angesetzt: die Schubspannung T wird nur von den senkrechten Nähten übernommen, das Anschlußmoment von den waagerechten Nähten.

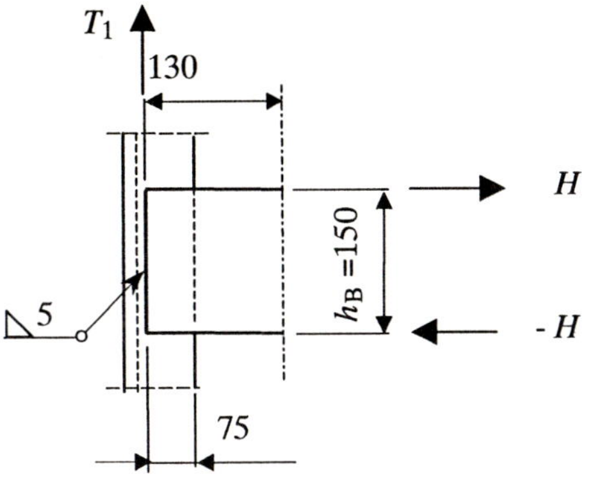

$$T = \max V \cdot \frac{a}{h_y} = 20{,}81 \cdot \frac{93}{24{,}94} = 77{,}6 \text{ kN}$$

$$T_1 = \frac{T}{2} = \frac{77{,}6}{2} = 38{,}80 \text{ kN}$$

$$M = \frac{T_1 \cdot b}{2} = \frac{38{,}8 \cdot 26}{2} = 504{,}4 \text{ kNcm}$$

$$H = \frac{M}{h_B} = \frac{504{,}5}{15} = 33{,}63 \text{ kN}$$

Nachweis Bindeblech. $\sigma_{R,d}$ nach Tabelle 5.1

$$W_B = \frac{s \cdot h_B{}^2}{6} = \frac{1 \cdot 15^2}{6} = 37{,}5 \text{ cm}^3$$

$$\sigma = \frac{M}{W_B} = \frac{504{,}4}{37{,}5} = 13{,}5 \text{ kN/cm}^2 < \sigma_{R,d} = 21{,}8 \text{ kN/cm}^2;$$ τ ist vernachlässigbar klein.

Schweißnahtspannungen. $\sigma_{w,R,d}$ nach Tabelle 5.1

- vertikale Schweißnaht

$$\tau_{II} = \frac{T_1}{a_w \cdot h_B} = \frac{38{,}80}{0{,}4 \cdot 15} = 6{,}5 \text{ kN/cm}^2$$

- waagerechte Schweißnaht

$$\tau_{II} = \frac{H}{a_w \cdot b_s} = \frac{33{,}63}{0{,}4 \cdot 7{,}5} = 11{,}2 \text{ kN/cm}^2$$

Nachweis

$$\frac{\max \tau_{II}}{\sigma_{w,R,d}} = \frac{11{,}2}{20{,}7} = 0{,}54$$

5.3.9 Rippenlose Krafteinleitung, Träger auf Träger

Es wird nachgewiesen, dass in den untersuchten Walzprofilen mit I-förmigem Querschnitt bei der Einleitung der Querkraft F keine Aussteifungen erforderlich sind.

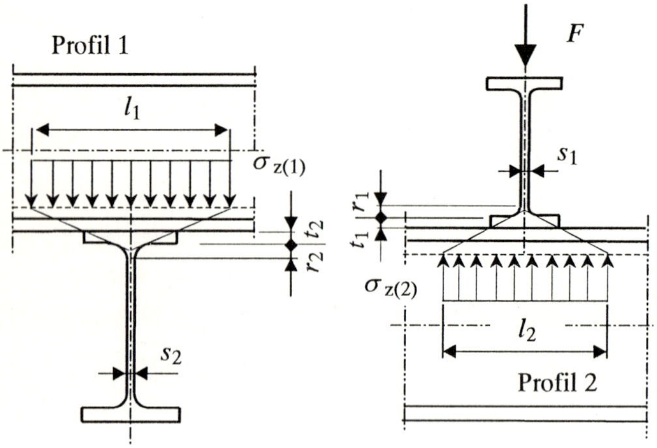

Einwirkungen

Bemessungswerte im

γ_F- ψ- fachen Lastzustand

F = 600 kN

Widerstandsgrößen

Werkstoff: S 235; γ_M =1,1

$f_{y,k}$ = 24,0 kN/cm²

1. Profil; IPE 450
s = 9,4 mm; t = 14,6 mm
r = 21 mm

2. Profil; IPE 500
s = 10,2 mm; t = 16 mm
r = 21 mm

Auflagerbreiten

$$c_1 = s_1 + 1{,}61 \cdot r_1 + 5 \cdot t_1 = 0{,}94 + 1{,}61 \cdot 2{,}1 + 5 \cdot 1{,}46 = 11{,}62 \text{ cm}$$

$$c_2 = s_2 + 1{,}61 \cdot r_2 + 5 \cdot t_2 = 1{,}02 + 1{,}61 \cdot 2{,}1 + 5 \cdot 1{,}6 = 12{,}40 \text{ cm}$$

Mittragende Längen

$$l_1 = c_2 + 5 \cdot (r_1 + t_1) = 12{,}40 + 5 \cdot (2{,}1 + 1{,}46) = 30{,}20 \text{ cm}$$

$$l_2 = c_1 + 5 \cdot (r_2 + t_2) = 11{,}62 + 5 \cdot (2{,}1 + 1{,}6) = 30{,}12 \text{ cm}$$

Auflagerkräfte

$$F_{R,d,1} = s_1 \cdot l_1 \cdot \frac{f_{y,k}}{\gamma_M} = 0{,}94 \cdot 30{,}20 \cdot \frac{24}{1{,}1} = 619{,}4 \text{ kN}$$

$$F_{R,d,2} = s_2 \cdot l_2 \cdot \frac{f_{y,k}}{\gamma_M} = 1{,}02 \cdot 30{,}12 \cdot \frac{24}{1{,}1} = 670{,}3 \text{ kN}$$

Nachweise

Profil 1: $$\frac{F}{F_{R,d,1}} = \frac{520}{619{,}4} = 0{,}84 < 1$$ keine Steife erforderlich

Profil 2: $$\frac{F}{F_{R,d,2}} = \frac{520}{670{,}3} = 0{,}78 < 1$$ keine Steife erforderlich

5.3.10 Stoß eines Zugstabes

Beidseitige Laschen und Passschrauben. SLP-Verbindung zweischnittig, Scherfuge im Schaft. Löcher werden gebohrt und gemeinsam aufgerieben.

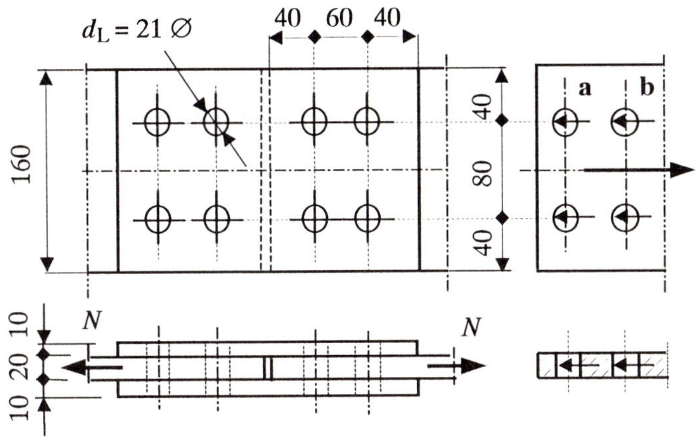

Beanspruchung

im γ_F- ψ- fachen Bemessungsfall

$N_d = 600$ kN

Widerstandsgrößen

Werkstoff: S 235; $\gamma_M = 1{,}1$

$f_{y,k} = 24{,}0$ kN/cm²

$f_{u,k} = 36{,}0$ kN/cm²

Passschrauben M 20

FK 8.8

$f_{u,b,k} = 80{,}0$ kN/cm²

$\alpha_a = 0{,}6$

Querschnitt. Der Querschnitt der Laschen ist gleich dem des Zugstabes.

Nachgewiesen wird somit nur der Zugstab.

- Zugstab: $t_S = 20$ mm; $b = 160$ mm
- Laschen: $t_L = 10$ mm; $b = 160$ mm

$$t = t_S = 2 \cdot t_L = 2 \cdot 1{,}0 = 2{,}0 \text{ cm}$$

$$A_{\text{Brutto}} = b \cdot t = 16{,}0 \cdot 2{,}0 = 32 \text{ cm}^2$$

$$A_{\text{Netto}} = A_{\text{Brutto}} - 2 \cdot d_L \cdot t = 32{,}0 - 2 \cdot 2{,}1 \cdot 2{,}0 = 23{,}6 \text{ cm}^2$$

$$N_{R,d} = \frac{A_{\text{Netto}} \cdot f_{u,k}}{1{,}25 \cdot \gamma_M} = \frac{23{,}6 \cdot 36}{1{,}25 \cdot 1{,}1} = 617{,}9 \text{ kN}$$

Nachweis: $$\frac{N_d}{N_{R,d}} = \frac{600}{617{,}9} = 0{,}97 \le 1$$

Nachweis der Schrauben auf Abscheren

Scherbeanspruchbarkeit

Anzahl Schrauben $n = 4$; Scherfugen $m = 2$

$$A_{\text{Sch}} = \frac{\pi \cdot d_L^{\,2}}{4} = \frac{3{,}14 \cdot 2{,}1^2}{4} = 3{,}46 \text{ cm}^2$$

$$\sum V_{a,R,d} = n \cdot m \cdot \frac{\alpha_a \cdot f_{u,b,k} \cdot A_{k(\text{Sch})}}{\gamma_M} = 4 \cdot 2 \cdot \frac{0{,}6 \cdot 80 \cdot 3{,}46}{1{,}1} = 1207{,}9 \text{ kN}$$

Grenzabscherkraft je Schraube

$$\frac{\sum V_{a,R,d}}{n} = \frac{1207{,}9}{4} = 302{,}00\,\text{kN}$$

Nachweis $$\frac{V_a}{\sum V_{a,R,d}} = \frac{600}{1207{,}9} = 0{,}5 \leq 1$$

Nachweis der Lochleibung in Zugstab und Lasche

Einhaltung der Kleinstabstände

$$e_1 = 40\text{ mm} > \min e_1 = 1{,}2\, d_L = 1{,}2 \cdot 21 = 25{,}2\text{ mm}$$

$$e_2 = 40\text{ mm} > \min e_2 = 1{,}2\, d_L = 1{,}2 \cdot 21 = 25{,}2\text{ mm}$$

$$e_3 = 80\text{ mm} > \min e_3 = 2{,}4\, d_L = 2{,}4 \cdot 21 = 50{,}4\text{ mm}$$

$$e\ = 60\text{ mm} > \min e\ = 2{,}2\, d_L = 2{,}2 \cdot 21 = 46{,}2\text{ mm}$$

$$\frac{e_2}{d_L} = \frac{40}{21} = 1{,}9 \geq 1{,}5$$

$$\frac{e_3}{d_L} = \frac{80}{21} = 3{,}8 \geq 3$$

Beanspruchbarkeit auf Lochleibung

Schraube a:

$$\alpha_l = 1{,}1 \cdot \frac{e_1}{d_L} - 0{,}30 = 1{,}1 \cdot \frac{40}{21} - 0{,}30 = 1{,}80$$

$$V_{i,R,d} = \frac{t \cdot d_{\text{Schaft}} \cdot \alpha_l \cdot f_{y,k}}{\gamma_M} = \frac{2 \cdot 2{,}1 \cdot 1{,}8 \cdot 24}{1{,}1} = 164{,}9\,\text{kN}$$

Schraube b:

$$\alpha_l = 1{,}08 \cdot \frac{e}{d_L} - 0{,}77 = 1{,}08 \cdot \frac{60}{21} - 0{,}77 = 2{,}32$$

$$V_{i,R,d} = \frac{2 \cdot 2{,}1 \cdot 2{,}32 \cdot 24}{1{,}1} = 212{,}6\,\text{kN}$$

$$\sum V_{i,R,d} = n \cdot \frac{t \cdot d_{\text{Schaft}} \cdot \alpha_l \cdot f_{y,k}}{\gamma_M} = 4 \cdot \frac{2 \cdot 2{,}1 \cdot 2{,}32 \cdot 24}{1{,}1} = 850\ \text{kN}$$

Nachweis: $$\frac{V_a}{\sum V_{i,R,d}} = \frac{600}{850} = 0{,}71 \leq 1$$

Die Verbindung ist nachgewiesen.

5.3.11 Kopfplattenanschluß

I-Träger an Stütze, SL-Verbindung mit Scherfuge im Gewindebereich.

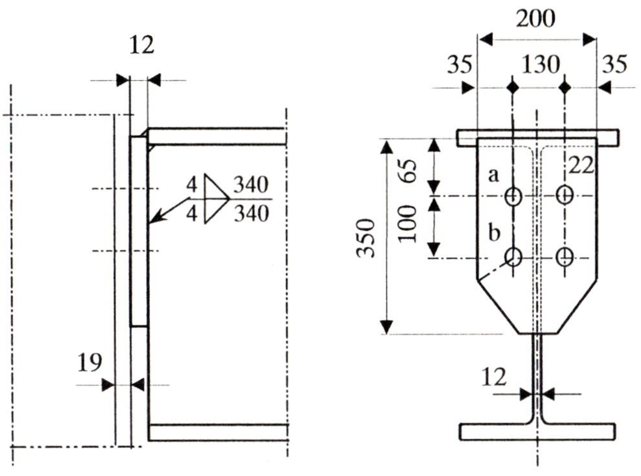

Beanspruchung

im γ_F- ψ- fachen Bemessungsfall

$V_a = 400$ kN

Widerstandsgrößen

Werkstoff: S 235; $\gamma_M = 1{,}1$

$f_{y,k} = 24{,}0$ kN/cm²

Schrauben M 20

FK 8.8

$f_{u,b,k} = 80{,}0$ kN/cm²

$\alpha_a = 0{,}6$

Scherbeanspruchung der Schrauben

$$V_{a,R,d} = \frac{\alpha_a \cdot f_{u,b,k} \cdot A_{k(Sch)}}{\gamma_M} = \frac{0{,}6 \cdot 80 \cdot 2{,}45}{1{,}1} = 106{,}9 \text{ kN}$$

$$\sum V_{a,R,d} = n \cdot V_{a,R,d} = 4 \cdot 106{,}9 = 427{,}6 \text{ kN}$$

Nachweis $$\frac{V_a}{\sum V_{a,R,d}} = \frac{400}{427{,}6} = 0{,}94 \leq 1$$

Lochleibungsbeanspruchung

Einhaltung der Kleinstabstände, $d_L = 22$ mm

Randabstand:

$$e_1 = 65 \text{ mm} > \min e_1 = 1{,}2 \cdot d_L = 1{,}2 \cdot 22 = 26{,}4 \text{ mm}$$

$$e_2 = 35 \text{ mm} > \min e_2 = 1{,}2 \cdot d_L = 1{,}2 \cdot 22 = 26{,}4 \text{ mm}$$

Lochabstand:

$$e_3 = 130 \text{ mm} > \min e_2 = 2{,}4 \cdot d_L = 2{,}4 \cdot 22 = 52{,}8 \text{ mm}$$

$$e = 100 \text{ mm} > \min e = 2{,}2 \cdot d_L = 2{,}2 \cdot 22 = 48{,}4 \text{ mm}$$

Schraube a

$$\frac{e_2}{d_L} = \frac{35}{22} = 1{,}59 \geq 1{,}5 \quad \text{und} \quad \frac{e_3}{d_L} = \frac{130}{22} = 5{,}91 > 3$$

$$\alpha_l = 1{,}1 \cdot \frac{e_1}{d_L} - 0{,}30 = 1{,}1 \cdot \frac{65}{22} - 0{,}30 = 2{,}95$$

$$V_{l(a),R,d} = \frac{t \cdot d_{Schaft} \cdot \alpha_l \cdot f_{y,k}}{\gamma_M} = \frac{1{,}2 \cdot 2{,}0 \cdot 2{,}95 \cdot 24}{1{,}1} = 154{,}5 \text{ kN}$$

Schraube b:

$$\frac{e}{d_L} = \frac{100}{22} = 4{,}55 > 3{,}5 \quad \text{Ansatz max. } 3{,}5$$

$$\alpha_l = 1{,}08 \cdot \frac{e}{d_L} - 0{,}77 = 1{,}08 \cdot 3{,}5 - 0{,}77 = 3{,}01$$

$$V_{l(b),R,d} = \frac{t \cdot d_{Schaft} \cdot \alpha_l \cdot f_{y,k}}{\gamma_M} = \frac{1{,}2 \cdot 2{,}0 \cdot 3{,}01 \cdot 24}{1{,}1} = 157{,}6 \text{ kN}$$

$$V_{l,R,d} = n/2 \cdot (V_{l(a),R,d} + V_{l(b),R,d}) = 4/2 \cdot (154{,}5 + 157{,}6) = 624{,}2 \text{ kN}$$

Nachweis: $$\frac{V_a}{V_{l,R,d}} = \frac{400}{624{,}2} = 0{,}64 < 1$$

Steg im Anschlußbereich an die Stirnplatte: $l_k = 350$ mm

$s_{Steg} = 10{,}2 \text{ mm} < t_{Pl} = 12 \text{ mm} \quad \Rightarrow \quad s = s_{Steg} = 10{,}2 \text{ mm}$

$$V_{\tau,R,d} = \frac{f_{y,k}}{\sqrt{3} \cdot \gamma_M} \cdot l_k \cdot s = \frac{24}{\sqrt{3} \cdot 1{,}1} \cdot 35 \cdot 1{,}02 = 449{,}7 \text{ kN}$$

Nachweis: $$\frac{V_a}{V_{\tau,R,d}} = \frac{400}{449{,}7} = 0{,}89 < 1$$

Schweißnähte, Stirnplatte-Steg: $a_w = 4$ mm, beidseitig, $l_s = 340$ mm

$$V_{w,R,d} = \frac{0{,}95 \cdot f_{y,k}}{\gamma_M} \cdot l_s \cdot 2 \cdot a_w = \frac{0{,}95 \cdot 24}{1{,}1} \cdot 34 \cdot 2 \cdot 0{,}4 = 563{,}8 \text{ kN}$$

Nachweis: $$\frac{V_a}{V_{\tau,R,d}} = \frac{400}{563{,}8} = 0{,}71 < 1$$

Der Anschluss ist nachgewiesen

5.3.12 Trägerstoß, Nachweis im Grundquerschnitt

Träger geschweißt, Flansche und Steg werden getrennt durch Laschen gestoßen. Nachweis in der, durch die außen liegenden Schraubenlöcher verlaufenden Bruchlinie.

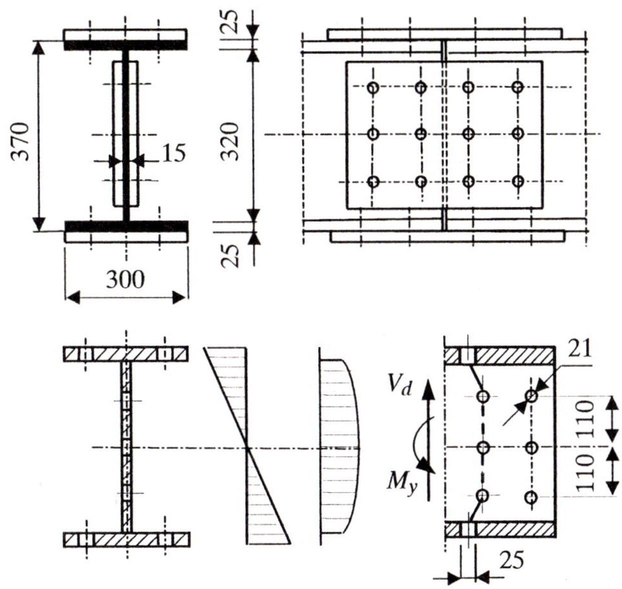

Beanspruchungen
im γ_M - ψ- fachen Bemessungsfall
V_d = 460 kN
$M_{y,d}$ = 280 kNm

Widerstandsgrößen
Werkstoff: S 235; $\gamma_M = 1{,}1$
$f_{y,k} = 24{,}0$ kN/cm²
$\sigma_{R,d} = f_{y,d} = 21{,}8$ kN/cm²
$\tau_{R,d} = 12{,}6$ kN/cm²

Querschnittswerte

$$I_y = \frac{s\cdot(h-2\cdot t)^3}{12} + \frac{b\cdot t^3}{6} + \frac{b\cdot t\cdot(h-t)^2}{2}$$

$$= \frac{1{,}5\cdot(37-2\cdot 2{,}5)^3}{12} + \frac{30\cdot 2{,}5^3}{6} + \frac{30\cdot 2{,}5\cdot(37-2{,}5)^2}{2} = 48809\,\text{cm}^4$$

$$\max S = s\cdot\frac{(h/2-t)^2}{2} + t\cdot b\cdot\frac{h-t}{2} = 1{,}5\cdot\frac{(37/2-2{,}5)^2}{2} + 2{,}5\cdot 30\cdot\frac{37-2{,}5}{2} = 1486\ \text{cm}^3$$

$$S_{\text{Gurt}} = b\cdot t\cdot\left(\frac{h-t}{2}\right) = 30\cdot 2{,}5\cdot\left(\frac{37-2{,}5}{2}\right) = 1294\ \text{cm}^3$$

Netto, nach Abzug der Schraubenlöcher auf der Biegezugseite:

$$A_{\text{Steg}} = s\cdot(h-t) = 1{,}5\cdot(37-2{,}5) = 51{,}75\ \text{cm}^2$$

$$\Delta A_{\text{Steg}} = n\cdot d_1\cdot s = 3\cdot 2{,}1\cdot 1{,}5 = 9{,}45\ \text{cm}^2$$

$$\Delta I = 2\cdot d_2\cdot t\cdot\left(\frac{h-t}{2}\right)^2 + d_1\cdot s\cdot e^2 = 2\cdot 2{,}5\cdot 2{,}5\cdot 17{,}25^2 + 2{,}1\cdot 1{,}5\cdot 11^2 = 4101\,\text{cm}^4$$

$$I_N = I_y - \Delta I = 48809 - 4101 = 44708\ \text{cm}^4$$

$$\sigma = \frac{M_y}{I_N} \cdot \frac{h}{2} = \frac{280 \cdot 100}{44708} \cdot \frac{37}{2} = 11{,}6 \, \text{kN/cm}^2$$

$$\underline{\underline{\frac{\sigma}{\sigma_{R,d}} = \frac{11{,}6}{21{,}8} = 0{,}53 < 1}}$$

$$\tau_m = \frac{V_d}{A_{Steg} - \Delta A_{Steg}} = \frac{460}{51{,}75 - 9{,}45} = 10{,}9 \, \text{kN/cm}^2$$

$$\underline{\underline{\frac{\tau_m}{\tau_{R,d}} = \frac{10{,}9}{12{,}6} = 0{,}87 < 1}}$$

Vergleichsspannung im Bruchquerschnitt durch die Schraubenlöcher

Variante 1, in der Mittellinie der Gurte:

$$\sigma_1 = \sigma \cdot \frac{h - t}{h} = 11{,}6 \cdot \frac{37 - 2{,}5}{37} = 10{,}8 \text{ kN/cm}^2$$

$$\sigma_V = \sqrt{\sigma_1^2 + 3 \cdot \tau_m^2} = \sqrt{10{,}8^2 + 3 \cdot 10{,}9^2} = 21{,}7 \text{ kN/cm}^2$$

$$\underline{\underline{\frac{\sigma_V}{\sigma_{R,d}} = \frac{21{,}7}{21{,}8} = 0{,}995 < 1}}$$

Variante 2, mit Ersatzblechdicke zur Erfassung der Lochschwächungen im Steg:

$$s_{Ersatz} = s \cdot \frac{A_{Steg} - \Delta A_{Steg}}{A_{Steg}} = 1{,}5 \cdot \frac{51{,}75 - 9{,}45}{51{,}75} = 1{,}23 \, \text{cm}$$

$$\max \tau = \frac{V \cdot \max S}{I_y \cdot s_{Ersatz}} = \frac{460 \cdot 1486}{48809 \cdot 1{,}23} = 11{,}4 \text{ kN/cm}^2$$

$$\tau = \frac{V \cdot S_{Gurt}}{I_y \cdot s_{Ersatz}} = \frac{460 \cdot 1294}{48809 \cdot 1{,}23} = 9{,}9 \text{ kN/cm}^2$$

$$\sigma_2 = \sigma \cdot \frac{h - 2 \cdot t}{h} = 11{,}6 \cdot \frac{37 - 2 \cdot 2{,}5}{37} = 10 \text{ kN/cm}^2$$

$$\sigma_V = \sqrt{\sigma_2^2 + 3 \cdot \tau^2} = \sqrt{10^2 + 3 \cdot 9{,}9^2} = 19{,}9 \, \text{kN/cm}^2$$

Nachweis

$$\underline{\underline{\frac{\sigma_V}{\sigma_{R,d}} = \frac{19{,}9}{21{,}8} = 0{,}91 < 1}}$$

Der Grundquerschnitt ist nachgewiesen.

5.3.13 Trägerstoß, Nachweis der Schraubenverbindung

Träger nach Beispiel 5.3.12, Querschnitt doppeltsymmetrisch, Flansche und Steg werden getrennt durch Laschen gestoßen. Verwendet werden hochfeste Schrauben mit 1 mm Lochspiel.

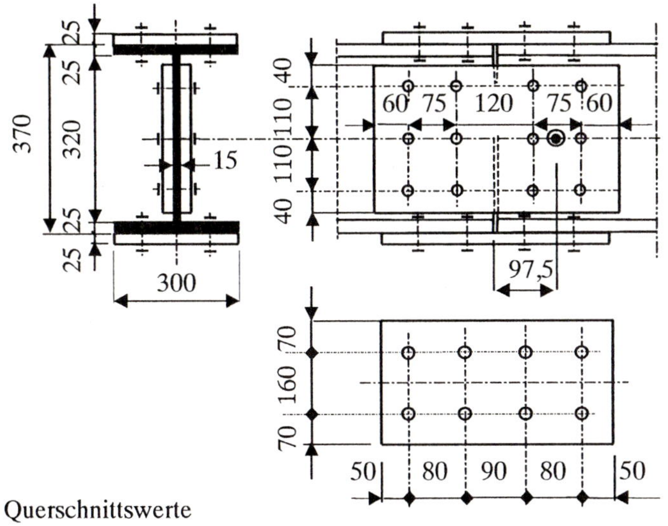

Beanspruchungen

im γ_M - ψ - fachen Bemessungsfall

V_d = 460 kN

$M_{y,d}$ = 280 kNm

Widerstandsgrößen

Werkstoff: S 235

$\gamma_M = 1{,}1$

$f_{u,k} = 36{,}0$ kN/cm²

$f_{y,k} = 24{,}0$ kN/cm²

$\sigma_{R,d} = f_{y,d} = 21{,}8$ kN/cm²

$\tau_{R,d} = 12{,}6$ kN/cm²

$I_y = 48809$ cm⁴

Querschnittswerte

$$A_{Fl} = b \cdot t = 30 \cdot 2{,}5 = 75{,}0 \text{ cm}^2$$

$$A_{N,Fl} = A_{Fl} - n \cdot d_L \cdot t = 75 - 2 \cdot 2{,}5 \cdot 2{,}5 = 62{,}5 \text{ cm}^2$$

$$A_{Steg} = s \cdot (h - 2 \cdot t) = 1{,}5 \cdot (37 - 2 \cdot 2{,}5) = 48{,}0 \text{ cm}^2$$

$$A_{N,Steg} = A_{Steg} - n \cdot d_1 \cdot s = 48{,}0 - 3 \cdot 2{,}1 \cdot 1{,}5 = 38{,}6 \text{ cm}^2$$

$$A = A_{Steg} + 2 \cdot A_{Fl} = 48 + 2 \cdot 75 = 198 \text{ cm}^2$$

Anteile der Biegemomente, Verteilung über Steifigkeiten [9]

Steg: $$M_S = M_{y,d} \cdot \frac{I_{Steg}}{I_y} = 280 \cdot \frac{4096}{48809} = 23{,}5 \text{ kNm} = 2350 \text{ kNcm}$$

$$M_{Steg} = M_S + V_d \cdot r = 2350 + 460 \cdot 9{,}75 = 6835 \text{ kNcm}$$

Flansche: $$M_{Fl} = M_{y,d} - M_S = 28000 - 2350 = 25650 \text{ kNcm}$$

Gurtanschluss

Laschen werden nur außen angeordnet. Die Querschnittsfläche der Lasche entspricht der Fläche des Gurtes. Verbindung einschnittig mit 2 x 4 Schrauben M24 – 8.8 DIN 6914.

$$N_G = \frac{M_{Fl}}{h - t} = \frac{25650}{37 - 2{,}5} = 743{,}48 \text{ kN}$$

- Nachweis der Laschen

$$\frac{A_{\mathrm{Fl}}}{A_{\mathrm{N,Fl}}} = \frac{75}{62{,}5} = 1{,}2$$

$$\sigma = \frac{N_{\mathrm{G}}}{A_{\mathrm{N,Fl}}} = \frac{743{,}48}{62{,}5} = 11{,}9\,\mathrm{kN/cm^2}$$

$$\sigma_{\mathrm{R,d}} = \frac{f_{\mathrm{u,k}}}{1{,}25 \cdot \gamma_{\mathrm{M}}} = \frac{36}{1{,}25 \cdot 1{,}1} = 26{,}2\ \mathrm{kN/cm^2}$$

$$\frac{\sigma}{\sigma_{\mathrm{R,d}}} = \frac{11{,}9}{26{,}2} = 0{,}45 < 1$$

- Nachweis der Schrauben
Schrauben M24 – 8.8 DIN 6914, Scherfuge im Schaft. Beanspruchung gleichmäßig.
Anzahl Schrauben: $n = 4$, Scherfugen: $m = 1$

Abscheren

$V_{\mathrm{a,R,d}} = 197{,}2$ kN je Schraube und Scherfuge (nach Tabelle 3.45)

$$\sum V_{\mathrm{a,R,d}} = n \cdot m \cdot V_{\mathrm{a,R,d}} = 4 \cdot 1 \cdot 197{,}2 = 789\,\mathrm{kN}$$

$$\frac{N_{\mathrm{G}}}{\sum V_{\mathrm{a,R,d}}} = \frac{743{,}48}{789} = 0{,}94 < 1$$

Lochleibung

$$\frac{e_2}{d_{\mathrm{L}}} = \frac{70}{25} = 2{,}8 > 1{,}5$$

$$\frac{e_3}{d_{\mathrm{L}}} = \frac{160}{25} = 6{,}4 > 3{,}0$$

$$\frac{e_1}{d_{\mathrm{L}}} = \frac{50}{25} = 2{,}0 > 1{,}2$$

$$\frac{e}{d_{\mathrm{L}}} = \frac{80}{25} = 3{,}2 > 2{,}2$$

Lochabstand $e = 80$ mm

$V_{\mathrm{l,R,d}} = 140{,}5\,\mathrm{kN}$ (nach Tabelle 3.46)

$$V_{\mathrm{l(1),R,d}} = V_{\mathrm{l,R,d}} \cdot t = 140{,}5 \cdot 2{,}5 = 351\ \mathrm{kN}$$

Randabstand $e_1 = 50$ mm:

$V_{\mathrm{l,R,d}} = 99{,}5\,\mathrm{kN}$ (nach Tabelle 3.46)

$$V_{\mathrm{l(2),R,d}} = V_{\mathrm{l,R,d}} \cdot t = 99{,}5 \cdot 2{,}5 = 248{,}8\ \mathrm{kN}$$

$$\sum V_{\mathrm{l,R,d}} = 2 \cdot V_{\mathrm{l(1),R,d}} + 2 \cdot V_{\mathrm{l(2),R,d}} = 2 \cdot 351 + 2 \cdot 248{,}5 = 1200{,}8 \text{ kN}$$

$$\frac{N_{\mathrm{G}}}{\sum V_{\mathrm{l,R,d}}} = \frac{743{,}48}{1200{,}8} = 0{,}62 < 1$$

Massgebend ist Abscheren.

Steganschluss

Laschen: t = 12 mm beidseitig, 6 Schrauben M20-8.8

$$V_{\mathrm{a,R,d}} = 137 \text{ kN je Schraube und Scherfuge}$$

h/b Verhältnis des Schraubenbildes: $\frac{h}{b} = \frac{2 \cdot e_3}{e} = \frac{2 \cdot 110}{75} = 2{,}9 < 3$

Die Berechnung der Schraubenkräfte wird mittels des polaren Flächenmomentes 2. Grades der Schrauben durchgeführt.

$$I_{\mathrm{p}} = \sum z^2 + \sum x^2 = 4 \cdot 11^2 + 6 \cdot 3{,}75^2 = 568{,}4 \text{ cm}^2$$

$$V_{\mathrm{z}} = M_{\mathrm{Steg}} \cdot \frac{z}{I_{\mathrm{p}}} = 6835 \frac{11}{568{,}4} = 132{,}3 \text{ kN}$$

$$V_{\mathrm{x}} = M_{\mathrm{Steg}} \cdot \frac{x}{I_{\mathrm{p}}} + \frac{V_d}{n} = 6835 \cdot \frac{3{,}75}{568{,}4} + \frac{460}{6} = 121{,}8 \text{ kN}$$

$$\max V = \sqrt{V_{\mathrm{z}}^2 + V_{\mathrm{x}}^2} = \sqrt{132{,}3^2 + 121{,}8^2} = 179{,}8 \text{ kN}$$

Abscheren: Anzahl Scherfugen m = 2

$$\frac{\max V}{m \cdot V_{\mathrm{a,R,d}}} = \frac{179{,}8}{2 \cdot 137} = 0{,}66 < 1$$

Lochleibung im Steg: t_{S} = 15 mm

Angesetzt wird e_1 = 60 mm

$$\frac{e_1}{d_{\mathrm{L}}} = \frac{60}{21} = 2{,}9 > 1{,}2$$

$$\frac{e_3}{d_{\mathrm{L}}} = \frac{110}{21} = 5{,}2 > 3$$

$$\frac{e}{d_{\mathrm{L}}} = \frac{75}{21} = 3{,}6 > 3$$

$$V_{\mathrm{l,R,d}} = 124{,}1 \cdot 1{,}5 = 186{,}1 \text{ kN (nach Tabelle 3.46)}$$

Nachweis: $$\frac{\max V}{V_{\mathrm{l,R,d}}} = \frac{179{,}8}{186{,}1} = 0{,}97 < 1$$

Laschendicke $t_{\mathrm{L}} = 2 \cdot 12 = 24 > 15$ mm. Weitere Nachweise nicht erforderlich.

5.3.14 Anschluss Träger-Stütze mit Knagge

Nachgewiesen wird der Anschluss eines Trägers an die Stütze über eine Auflagerknagge. Die Auflagerkraft wird durch Kontaktwirkung über die Knagge in die Stütze übertragen. Der Träger wird durch einen Steganschluss mit einer Schraube gegen Kippen gesichert.

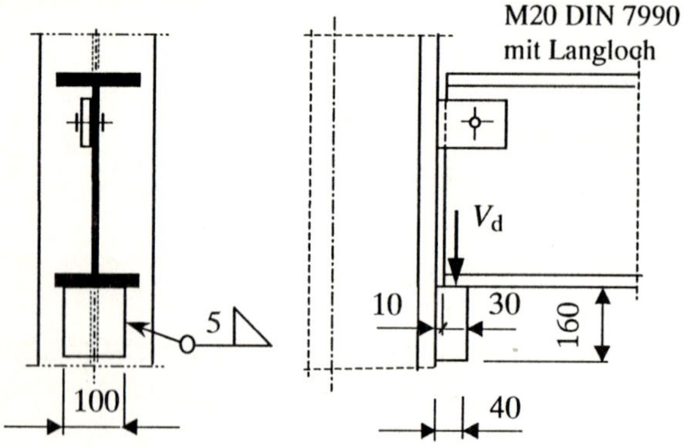

Einwirkungen

Bemessungswerte im γ_F - ψ-fachen Lastzustand

$V_d = 220$ kN

Widerstandsgrößen

Werkstoff: S 235, $\gamma_M = 1{,}1$

$f_{y,k} = 24{,}0 \text{ kN/cm}^2$

nach Schema 14

$\sigma_{w,R,d} = 20{,}7 \text{ kN/cm}^2$

Profil IPE 400; $s = 9{,}4$ mm; $t = 14{,}6$ mm; $r = 21$ mm; Auflagerbreite: $c = 30$ mm.

Mittragende Steglänge:

$$l = c + 2{,}5 \cdot (t + r) = 3{,}0 + 2{,}5 \cdot (1{,}46 + 2{,}1) = 11{,}9 \text{ cm}$$

$$F_{R,d,1} = s \cdot l \cdot \frac{f_{y,k}}{\gamma_M} = 0{,}94 \cdot 11{,}9 \cdot \frac{24}{1{,}1} = 244{,}1 \text{ kN}$$

$$\frac{V_d}{F_{R,d,1}} = \frac{220}{244{,}1} = 0{,}90 < 1; \quad \text{Steife am Auflager nicht erforderlich.}$$

Anschluß der Knagge an die Stütze. Gewählt Kehlnaht $a_w = 5$ mm, rundum aus Korrosionsschutzgründen. Vereinfacht wird die gesamte Beanspruchung den Längsnähten zugewiesen.

$$M = V_d \cdot b = 220 \cdot 2{,}5 = 550 \text{ kNcm}$$

$$W_w = \frac{2 \cdot a_w \cdot l_w^{\,2}}{6} = \frac{2 \cdot 0{,}5 \cdot 16^2}{6} = 42{,}7 \text{ cm}^3$$

$$\sigma_\perp = \frac{M}{W_w} = \frac{550}{42{,}7} = 12{,}9 \text{ kN/cm}^2$$

$$\tau_{II} = \frac{V_d}{2 \cdot a_w \cdot l_w} = \frac{220}{2 \cdot 0{,}5 \cdot 16} = 13{,}8 \text{ kN/cm}^2$$

$$\sigma_V = \sqrt{\sigma_\perp^{\,2} + \tau_{II}^{\,2}} = \sqrt{12{,}9^2 + 13{,}8^2} = 18{,}9 \text{ kN/cm}^2$$

Nachweis: $$\frac{\sigma_V}{\sigma_{w,R,d}} = \frac{18{,}9}{20{,}7} = 0{,}91$$

5.3.15 Knotenblechanschluss Diagonalstab-Stütze

Diagonalstab eines K-Verbandes aus 2 U160, in der Werkstatt geschweißt.

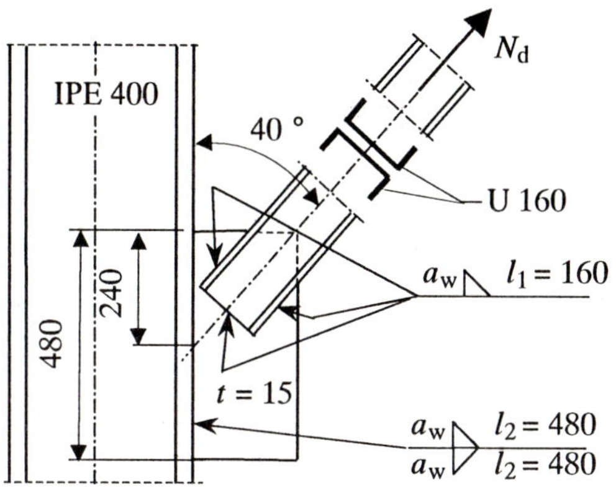

Beanspruchung

im γ_F - ψ - fachen Bemessungsfall

$N_d = 900$ kN

Widerstandsgrössen

Werkstoff: S 235; $\gamma_M = 1{,}1$

$f_{y,k} = 24{,}0$ kN/cm²

nach Tabelle 5.1

$\sigma_{w,R,d} = 20{,}7\,\text{kN/cm}^2$

$a_w = 5$ mm, alle Nähte

$$a_w \geq \sqrt{\max t} - 0{,}5 = \sqrt{15} - 0{,}5 = 3{,}4\,\text{mm}$$

$$a_w < 0{,}7 \cdot 7{,}5 = 5{,}25\,\text{mm}$$

Anschluss des Stabes an das Knotenblech

$$A_w = \sum a_w \cdot l = 2 \cdot 3 \cdot a_w \cdot l = 2 \cdot 3 \cdot 0{,}5 \cdot 16 = 48{,}0\,\text{cm}^2$$

$$\tau_{II} = \frac{N_d}{A_w} = \frac{900}{48} = 18{,}75\ \text{kN/cm}^2$$

Nachweis: $$\frac{\tau_{II}}{\sigma_{w,R,d}} = \frac{18{,}75}{20{,}7} = 0{,}91 < 1$$

Anschluss des Knotenbleches an die Stütze

$$A_w = \sum a_w \cdot l = 2 \cdot a_w \cdot l_2 = 2 \cdot 0{,}5 \cdot 48 = 48{,}0\ \text{cm}^2$$

$$F_\perp = N_d \cdot \sin 40° = 900 \cdot 0{,}642 = 577{,}8\,\text{kN}$$

$$F_{II} = N_d \cdot \cos 40° = 900 \cdot 0{,}766 = 698{,}4\,\text{kN}$$

$$\sigma_\perp = \frac{F_\perp}{A_w} = \frac{577{,}8}{48} = 12{,}0\ \text{kN/cm}^2$$

$$\tau_{II} = \frac{F_{II}}{A_w} = \frac{689{,}4}{48} = 14{,}4\ \text{kN/cm}^2$$

$$\sigma_{w,v} = \sqrt{{\sigma_\perp}^2 + {\tau_{II}}^2} = \sqrt{12^2 + 14{,}4^2} = 18{,}7\ \text{kN/cm}^2$$

Nachweis: $$\frac{\sigma_{w,v}}{\sigma_{w,R,d}} = \frac{18{,}7}{20{,}7} = 0{,}90$$

5.3.16 Nachweis der Halsnähte eines geschweißten Vollwandträgers

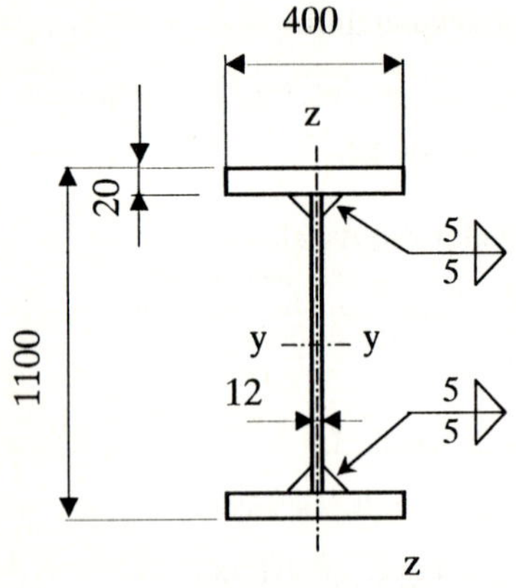

Beanspruchungen

im γ_F - ψ - fachen Bemessungsfall

$V_d = 1650$ kN

Widerstandsgrössen

Werkstoff: S 235, $\gamma_M = 1{,}1$

$f_{u,k} = 24{,}0$ kN/cm²

$\alpha_w = 0{,}95$

Schweißnaht: $a_w = 5$ mm

$h = 1100$ mm; $s = 12$ mm

$b = 400$; $t = 20$ mm

Querschnittswerte

$$I_y = \frac{s \cdot (h-2 \cdot t)^3}{12} + \frac{b \cdot t^3}{6} + \frac{b \cdot t \cdot (h-t)^2}{2}$$

$$= \frac{1{,}2 \cdot (110-2 \cdot 2)^3}{12} + \frac{40 \cdot 2^3}{6} + \frac{40 \cdot 2 \cdot (110-2)^2}{2} = 585715 \text{ cm}^4$$

$$W_y = \frac{I_y \cdot 2}{h} = \frac{585715 \cdot 2}{110} = 10649 \text{cm}^3$$

$$S = \frac{t \cdot b \cdot (h-t)}{2} = \frac{2 \cdot 40 \cdot (110-2)}{2} = 4320 \text{cm}^3$$

Beanspruchung der Schweißnaht

- Schubspannung

$$\tau_{II} = \frac{V_d \cdot S}{I_y \cdot 2 \cdot a_w} = \frac{1650 \cdot 4320}{585715 \cdot 2 \cdot 0{,}5} = 12{,}17 \text{kN/cm}^2$$

- Grenzschweißnahtspannung

$$\sigma_{w,R,d} = \frac{f_{u,k}}{\gamma_M} \cdot \alpha_w = \frac{24{,}0}{1{,}1} \cdot 0{,}95 = 20{,}7 \text{kN/cm}^2$$

Nachweis

$$\underline{\underline{\frac{\tau_{II}}{\sigma_{w,R,d}} = \frac{12{,}17}{20{,}7} = 0{,}59 \le 1}}$$

5.3.17 Geschweißter Anschluss Kragträger- Stütze

Nachgewiesen wird der biegesteife Anschluss des Kragträgers an eine Stütze.

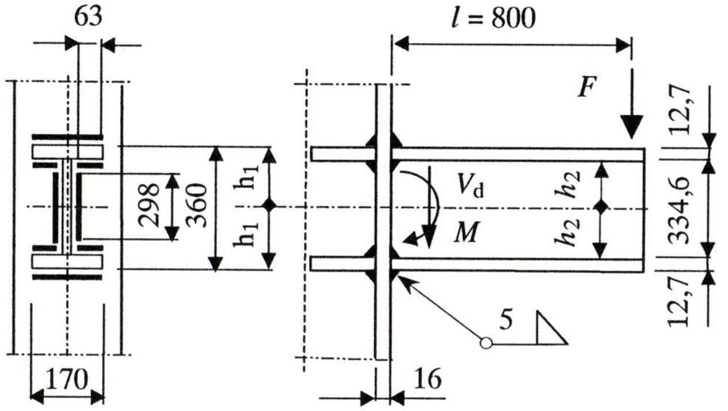

Einwirkungen

Bemessungswerte im

γ_F - ψ - fachen Lastzustand

$F = V_d = 150$ kN

Widerstandsgrößen

Werkstoff: S 235; $\gamma_M = 1{,}1$

$f_{y,k} = 24{,}0 \text{ kN/cm}^2$

nach Schema 14

$\sigma_{w,R,d} = 20{,}7 \text{ kN/cm}^2$

Profil IPE 360; h = 360 mm; b = 170 mm; s =8 mm; t = 12,7 mm; r = 18 mm.

Schweißnaht a_w = 5 mm, rundum geschweißt (Korrosionsschutz); 5 mm < 0,7· 8 = 5,6

Angesetzte Werte: h_1 = 18 cm; h_2 = 16,7 cm

$l_{w,s}$ = 29,8 cm; $l_{w,1}$ = 17,0 cm; $l_{w,2}$ = 12,6 cm

$$M = F \cdot l = 150 \cdot 80 = 12000 \text{ kNcm}$$

$$I_w = \frac{2 \cdot a_w \cdot l_{w,s}^3}{12} + 2 \cdot a_w \cdot l_{w,1} \cdot h_1^2 + 2 \cdot a_w \cdot l_{w,2} \cdot h_2^2$$

$$I_w = \frac{2 \cdot 0{,}5 \cdot 29{,}8^3}{12} + 2 \cdot 0{,}5 \cdot 17 \cdot 18^2 + 2 \cdot 0{,}5 \cdot 12{,}6 \cdot 16{,}7^2 = 11227 \text{ cm}^4$$

max. Normalspannung in der Naht am oberen Flansch:

$$\max \sigma_\perp = \frac{M}{I_w} \cdot \frac{h}{2} = \frac{12000}{11227} \cdot \frac{36}{2} = 19{,}2 \text{ kN/cm}^2 < 20{,}7$$

max Spannungen in der Stegnaht:

$$\sigma_\perp = \frac{M_w}{I_w} \cdot \frac{l_{w,s}}{2} = \frac{12000}{11227} \cdot \frac{29{,}8}{2} = 15{,}9 \text{ kN/cm}^2$$

$$\tau_{II} = \frac{V_d}{2 \cdot a_w \cdot l_{w,s}} = \frac{150}{2 \cdot 0{,}5 \cdot 29{,}8} = 5{,}0 \text{ kN/cm}^2$$

$$\sigma_V = \sqrt{\sigma_\perp^2 + \tau_{II}^2} = \sqrt{15{,}9^2 + 5{,}0^2} = 16{,}7 \text{ kN/cm}^2$$

Nachweis

$$\frac{\sigma_V}{\sigma_{w,R,d}} = \frac{16{,}7}{20{,}7} = 0{,}81$$

5.3.18 Unversteiftes Beulfeld. Beulnachweis nach Näherungsverfahren

Untersucht wird das Stegblech eines geschweißten I-Trägers (Querschnitt nach Tabelle 6.23) Die Längsrandlagerung wird beidseitig gelenkig angesetzt, am Beulfeldlängsrand entstehen keine σ_y- Spannungen.

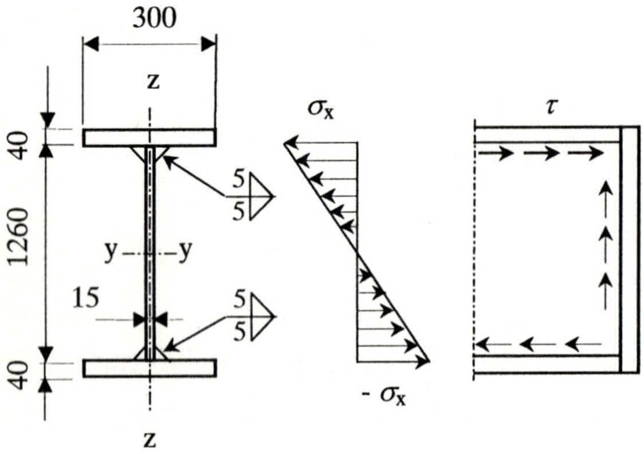

Beanspruchungen

im γ_F - ψ- fachen Bemessungsfall

M_d = 2920 kNm

V_d = 1320 kN

Widerstandsgrössen

Werkstoff: S 235, $\gamma_M = 1{,}1$

$f_{y,k} = 24{,}0$ kN/cm²

I_y = 11799861 cm^4

Beulfeld: b = 1260 mm; t = 15 mm; a_w = 5 mm

Randspannungsverhältnis: $\psi = -1$

Massgebende Schnittgrössen:

$$\sigma_x = \frac{M_d}{I_y} \cdot \frac{b - 2 \cdot a_w}{2} = \frac{2920 \cdot 100}{1179861} \cdot \frac{126 - 2 \cdot 0{,}5}{2} = 15{,}47 \text{ kN/cm}^2$$

$$\tau = \frac{V_d}{b \cdot t} = \frac{1320}{126 \cdot 1{,}5} = 6{,}98 \text{ kN/cm}^2$$

$$\overline{\sigma}_x = \frac{\sigma_x \cdot \gamma_M}{f_{y,k}} = \frac{15{,}47 \cdot 1{,}1}{24} = 0{,}71 \text{ kN/cm}^2$$

$$\overline{\tau} = \sqrt{3} \cdot \frac{\tau \cdot \gamma_M}{f_{y,k}} = \sqrt{3} \cdot \frac{6{,}98 \cdot 1{,}1}{24} = 0{,}55 \text{ kN/cm}^2$$

b/t Verhältnis:

$$vorh\ (b/t) = \frac{b - 2 \cdot a_w}{t} = \frac{126 - 2 \cdot 0{,}5}{1{,}5} = 83{,}3$$

Nach Bild 3-25 (Ausschnitt →)

$$zul\ (b/t) \cong 88 > 83{,}3$$

Die Beulsicherheit ist vorhanden.

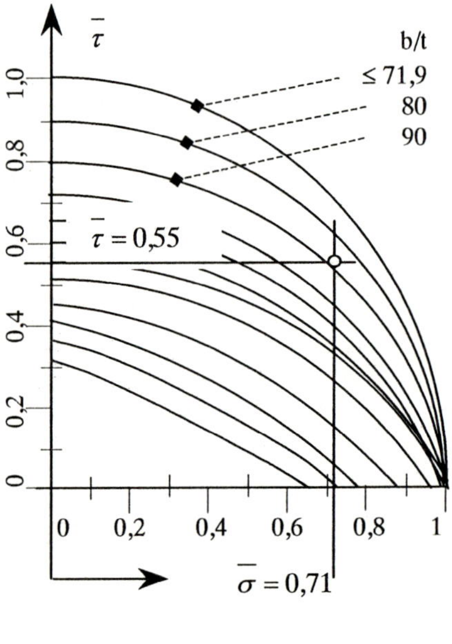

6 Profiltabellen

6.1 Walzerzeugnisse für den Stahlbau

Beispiele für Bezeichnungen von Walzerzeugnissen.

Bezeichnung - Beispiel	Bedeutung
I-Profil DIN 1025 - S235JR - I 200	Schmaler I-Träger, I-Reihe, mit h = 200 mm nach DIN 1025 Teil 1 aus Stahl S235JR nach DIN EN 10025
I-Profil DIN 1025 - S235JR - IPB 200	Breiter I-Träger, IPB-Reihe, mit h = 200 mm nach DIN 1025 Teil 2 aus Stahl S235JR
I-Profil DIN 1025 - S235JR - IPBl 200	Breiter I-Träger, leichte Ausführung, IPBl-Reihe, mit h = 200 nach DIN 1025 Teil 3 bzw. EN 53-63 aus Stahl S235JR
I-Profil DIN 1025 - S235JR - IPBv 200	Breiter I-Träger, verstärkte Ausführung, IPBv-Reihe mit h = 200 nach DIN 1025 Teil 4 aus Stahl S235JR
I-Profil DIN 1025 - S235JR - IPE 200	Mittelbreiter I-Träger, IPE-Reihe, mit der Höhe h = 300 mm nach DIN 1025 Teil 5 aus Stahl S235JR nach DIN EN 10025
U-200 DIN 1026 - S235JR	U-Stahl mit h = 200 mm nach DIN 1026 aus Stahl S235JR nach DIN EN 10025
Winkel DIN 1028 - S235JO - 100 x 10	Warmgewalzter gleichschenkliger rundkantiger Winkelstahl, mit 100 mm Schenkelbreite, 10 mm Dicke aus Stahl S235JO nach DIN EN 10025
Winkel DIN 1029 - S235JO - 90 x 60 x 8	Warmgewalzter ungleichschenkliger Winkelstahl mit 90 und 60 mm Schenkelbreite, 8 mm Dicke aus Stahl S235JO nach DIN EN 10025
T-Profil DIN 1024 - S235JR - T100	Warmgewalzter rundkantiger T-Stahl mit der Höhe h = 100 mm aus Stahl S235JR
Fl 80 x 10 x..., DIN 1017, S235JR	Flachstahl mit b = 80 mm, t = 10 mm und Länge l = ... mm nach DIN 1017 aus Stahl S235JR
Bl 8 x 800 x 2000 DIN EN 10029	Stahlblech mit t = 8 mm, b = 800 mm und Länge l = 2000 mm nach DIN EN 10029
HFCHS - EN 10210 - S355JOH - 88,9 x 4,0	Warmgefertigtes rundes Hohlprofil nach DIN EN 10210 aus Stahl S355JOH mit D = 88,9 mm, T = 4,0 mm

Benennungen in den Profiltafeln

Fußzeiger y bzw. z geben den Bezug zu den entsprechenden Querschnittshauptachsen an.

Profilmaße: Die Bedeutung ist den Querschnittsskizzen zu entnehmen.

Statische Werte und andere Größen

A	Querschnittsfläche
G	Eigenlast je m Länge in kg/m
U	Mantelfläche je m Länge in m²/m
I_y, I_z	Flächenmoment 2. Grades
W_y, W_z	Elastisches Widerstandsmoment Bei unterschiedlichen Abständen der Randfasern von der jeweiligen Bezugsachse gilt für die Tafelwerte: $W = \min W = I / \max$ Abstand.
$W_{pl,y}$, $W_{pl,z}$	Plastisches Widerstandsmoment
$\alpha_{pl,y}$, $\alpha_{pl,z}$	Plastischer Formbeiwert
i_y, i_z	Trägheitsradius $i = \sqrt{\frac{I}{A}}$
S_Y	Flächenmoment 1. Grades des halben Querschnitts
I_T	Torsionsflächenmoment 2. Grades
W_T	Torsionswiderstandsmoment
I_ω	Wölbflächenmoment 2. Grades auf den Schubmittelpunkt bezogen
y_M	Abstand des Schubmittelpunktes M von der z-Achse bei U-Profilen Bei doppelt- und punktsymmetrischen Profilen fallen Schubmittelpunkt und Schwerpunkt zusammen. Bei Winkel- und T-Profilen ergibt sich der Schubmittelpunkt als Schnittpunkt der Mittellinien der beiden Teilflächen.
$I_{z,g}$	Trägkeitsradius um die Stegachse z der aus Druckgurt und 1/5 der Stegfläche gebildeten Querschnittsfläche bei vereinfachten Biegedrillknicknachweisen.

Angaben in den Tabellen

In den nachfolgenden Tabellen sind nur Walzprofile aufgeführt, welche nach der Regelliste A zugelassen sind. In der Tabellenüberschrift ist hinter der Norm in Klammern nach dem A (für Regelliste A) jeweils die Lfd. Nr. der Bauregelliste angeben z.B. (A 4.1.5.1), Stand 1998.

Bei Verwendung von anderen Profilen ist die Überprüfung der aktuellen Bauregelliste immer erforderlich, bzw. die Einzelzulassung anzufordern.

6.1.1 Schmale I-Träger mit geneigten Flanschen

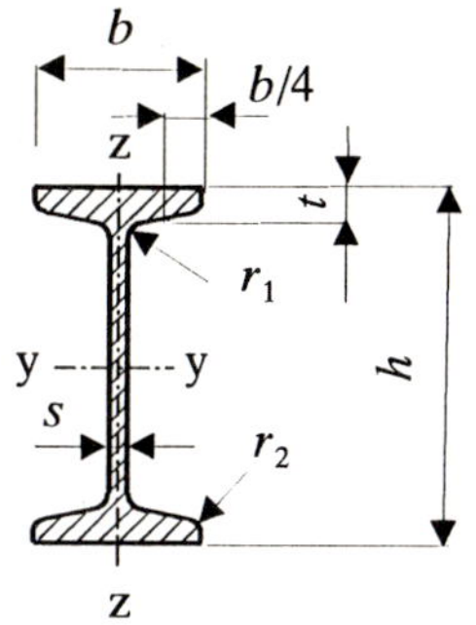

Tabelle 6.1 I-Träger nach DIN 1025-1 [A 4.1.1]

Nenn-höhe	h mm	b mm	$s = r_1$ mm	t mm	r_2 mm	A cm²	G kg/m	U m²/m	I_y cm⁴	W_y cm³	i_y cm	I_z cm⁴	W_z cm³	i_z cm
80	80	42	3,9	5,9	2,3	7,57	5,94	0,304	77,8	19,5	3,20	6,29	3,00	0,91
100	100	50	4,5	6,8	2,7	10,6	8,34	0,370	171	34,2	4,01	12,2	4,88	1,07
120	120	58	5,1	7,7	3,1	14,2	11,1	0,439	328	54,7	4,81	21,5	7,41	1,23
140	140	66	5,7	8,6	3,4	18,2	14,3	0,502	573	81,9	5,61	35,2	10,7	1,40
160	160	74	6,3	9,5	3,8	22,8	17,9	0,575	935	117	6,40	54,7	14,8	1,55
180	180	82	6,9	10,4	4,1	27,9	21,9	0,640	1450	161	7,20	81,3	19,8	1,71
200	200	90	7,5	11,3	4,5	33,4	26,2	0,709	2140	214	8,00	117	26,0	1,87
220	220	98	8,1	12,2	4,9	39,5	31,1	0,775	3060	278	8,80	162	33,1	2,02
240	240	106	8,7	13,1	5,2	46,1	36,2	0,844	4250	354	9,59	221	41,7	2,20
260	260	113	9,4	14,1	5,6	53,3	41,9	0,906	5740	442	10,4	288	51,0	2,32
280	280	119	10,1	15,2	6,1	61,0	47,9	0,966	7590	542	11,1	364	61,2	2,45
300	300	125	10,8	16,2	6,5	69,0	54,2	1,03	9800	653	11,9	451	72,2	2,56
320	320	131	11,5	17,3	6,9	77,7	61,0	1,09	12510	782	12,7	555	84,7	2,67
340	340	137	12,2	18,3	7,3	86,7	68,0	1,15	15700	923	13,5	674	98,4	2,80
360	360	143	13,0	19,5	7,8	97,0	76,1	1,21	19610	1090	14,2	818	114	2,90
380	380	149	13,7	20,5	8,2	107	84,0	1,27	24010	1260	15,0	975	131	3,02
400	400	155	14,4	21,6	8,6	118	92,4	1,33	29210	1460	15,7	1160	149	3,13
450	450	170	16,2	24,3	9,7	147	115	1,48	45850	2040	17,7	1730	203	3,43
500	500	185	18,0	27,0	10,8	179	141	1,63	68740	2750	19,6	2480	268	3,72
550	550	200	19,0	30,0	11,9	212	166	1,80	99180	3610	21,6	3490	349	4,02

Zusätzliche Rechenwerte ($I_\omega = I_\omega^* \cdot 1000$)

Nenn-höhe	S_y cm³	I_T cm⁴	I_ω^* cm⁶	$W_{pl,y}$ cm³	$W_{pl,z}$ cm³	Nenn-höhe	S_y cm³	I_T cm⁴	I_ω^* cm⁶	$W_{pl,y}$ cm³	$W_{pl,z}$ cm³
80	11,4	0,869	0,0875	22,7	5,0	**280**	316	44,2	64,58	631	103
100	19,9	1,60	0,268	39,7	8,1	**300**	381	56,8	91,85	761	121
120	31,8	1,71	0,685	63,5	12,4	**320**	457	72,5	128,8	913	143
140	47,6	4,32	1,540	95,2	17,9	**340**	540	90,4	176,3	1078	166
160	67,9	6,57	3,138	136	24,9	**360**	638	115	240,1	1274	194
180	93,3	9,58	5,924	187	33,2	**380**	741	141	318,7	1480	221
200	125	13,5	10,52	249	43,5	**400**	857	170	419,6	1712	253
220	162	18,6	17,76	323	55,7	**450**	1200	267	791,1	2394	345
240	206	25,0	28,73	411	70,0	**500**	1620	402	1403	3235	456
260	257	33,5	44,07	513	85,9	**550**	2120	544	2389	4229	592

6.1.2 Mittelbreite und breite I-Träger

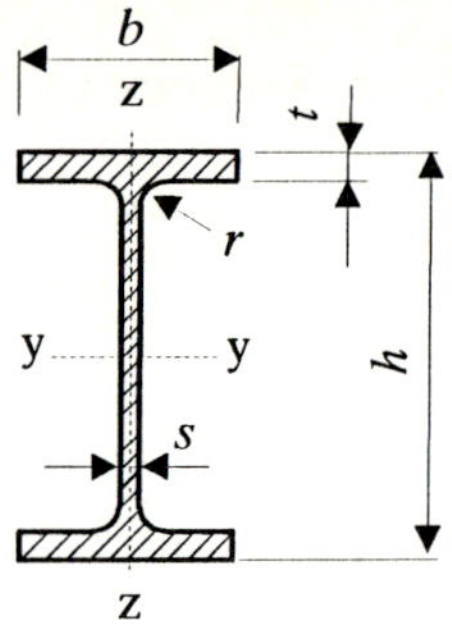

Tabelle 6.2 Warmgewalzte mittelbreite I-Träger (IPE) nach DIN 1025-5 [A 4.1.5]

Nenn-höhe	h mm	b mm	s mm	t mm	r mm	A cm²	G kg/m	U m²/m	I_y cm⁴	W_y cm³	i_y cm	I_z cm⁴	W_z cm³	i_z cm
80	80	46	3,8	5,2	5	7,64	6,00	0,328	80,1	20,0	3,24	8,49	3,69	1,05
100	100	55	4,1	5,7	7	10,3	8,10	0.400	171	34,2	4,07	15,9	5.79	1,24
120	120	64	4,4	6,3	7	13,2	10,4	0,475	318	53,0	4,90	27,7	8,65	1,45
140	140	73	4,7	6,9	7	16,4	12,9	0,551	541	77,3	5,74	44,9	12,3	1,65
160	160	82	5,0	7,4	9	20,1	15,8	0,623	869	109	6,58	68,3	16,7	1,84
180	180	91	5,3	8,0	9	23,9	18,8	0,698	1320	146	7,42	101	22,2	2,05
200	200	100	5,6	8,5	12	28,5	22,4	0,768	1940	194	8,26	142	28,5	2,24
220	220	110	5,9	9,2	12	33,4	26,2	0,848	2770	252	9,11	205	37,3	2,48
240	240	120	6,2	9,8	15	39,1	30,7	0,922	3890	324	9,97	284	47,3	2,69
270	270	135	6,6	10,2	15	45,9	36,1	1,04	5790	429	11,2	420	62,2	3,02
300	300	150	7,1	10,7	15	53,8	42,2	1,16	8360	557	12,5	604	80,5	3,35
330	330	160	7,5	11,5	18	62,6	49,1	1,25	11770	713	13,7	788	98,5	3,55
360	360	170	8,0	12,7	18	72,7	57,1	1,35	16270	904	15,0	1040	123	3,79
400	400	180	8,6	13,5	21	84,5	66,3	1,47	23130	1160	16,5	1320	146	3,95
450	450	190	9,4	14,6	21	98,8	77,6	1,61	33740	1500	18,5	1680	176	4,12
500	500	200	10,2	16,0	21	116	90,7	1,74	48200	1930	20,4	2140	214	4,31
550	550	210	11,1	17,2	24	134	106	1,88	67120	2440	22,3	2670	254	4,45
600	600	220	12,0	19,0	24	156	122	2,01	92080	3070	24,3	3390	308	4,66

Zusätzliche Rechenwerte ($I_\omega = I_\omega^* \cdot 1000$)

Nenn-höhe	S_y cm³	I_T cm⁴	I_ω^* cm⁶	$W_{pl,y}$ cm³	$W_{pl,z}$ cm³	Nenn-höhe	S_y cm³	I_T cm⁴	I_ω^* cm⁶	$W_{pl,y}$ cm³	$W_{pl,z}$ cm³
80	11,6	0,70	0,118	23,2	5,82	**270**	242	16,0	70,58	484	96,9
100	19,7	1,21	0,351	39,4	9,15	**300**	314	20,2	125,9	628	125
120	30,4	1,74	0,89	60,7	13,6	**330**	402	28,3	199,1	804	154
140	44,2	2,45	1,98	88,3	19,2	**360**	510	37,5	313,6	1019	191
160	61,9	3,62	3,96	124	26,1	**400**	654	51,4	490,0	1307	229
180	82,2	4,80	7,43	166	34,6	**450**	851	67,1	791,0	1702	276
200	110	7,02	12,99	221	44,6	**500**	1097	89,7	1249	2194	336
220	143	9,10	22,67	285	58,1	**550**	1393	124	1884	2787	400
240	183	12,9	37,39	367	73,9	**600**	1756	166	2846	3512	486

Tabelle 6.3 Warmgewalzte breite I-Träger (IPBI) nach DIN 1025-3 [A 4.1.3]

Nenn-höhe	h mm	b mm	s mm	t mm	r mm	A cm²	G kg/m	U m²/m	I_y cm⁴	W_y cm³	i_y cm	I_z cm⁴	W_z cm³	i_z cm
100	96	100	5	8	12	21,2	16,7	0,561	349	72,8	4,06	134	26,8	2,51
120	114	120	5	8	12	25,3	19,9	0,677	606	106	4,89	231	38,5	3,02
140	133	140	5,5	8,5	12	31,4	24,7	0,794	1030	155	5,73	389	55,6	3,52
160	152	160	6	9	15	38,8	30,4	0,906	1670	220	6,57	616	76,9	3,98
180	171	180	6	9,5	15	45,3	35,5	1,02	2510	294	7,45	925	103	4,52
200	190	200	6,5	10	18	53,8	42,3	1,14	3690	389	8,28	1340	134	4,98
220	210	220	7	11	18	64,3	50,5	1,26	5410	515	9,17	1950	178	5,51
240	230	240	7,5	12	21	76,8	60,3	1,37	7760	675	10,1	2770	231	6,00
260	250	260	7,5	12,5	24	86,8	68,2	1,48	10450	836	11,0	3670	282	6,50
280	270	280	8	13	24	97,3	76,4	1,60	13670	1010	11,9	4760	340	7,00
300	290	300	8,5	14	27	112	88,3	1,72	18260	1260	12,7	6310	421	7,49
320	310	300	9	15,5	27	124	97,6	1,76	22930	1480	13,6	6990	466	7,49
340	330	300	9,5	16,5	27	133	105	1,79	27690	1680	14,4	7440	496	7,46
360	350	300	10	17,5	27	143	112	1,83	33090	1890	15,2	7890	526	7,43
400	390	300	11	19	27	159	125	1,91	45070	2310	16,8	8560	571	7,34
450	440	300	11,5	21	27	178	140	2,01	63720	2900	18,9	9470	631	7,29
500	490	300	12	23	27	198	155	2,11	86970	3550	21,0	10370	691	7,24
550	540	300	12,5	24	27	212	166	2,21	111900	4150	23,0	10820	721	7,15
600	590	300	13	25	27	226	178	2,31	141200	4790	25,0	11270	751	7,05
650	640	300	13,5	26	27	242	190	2,41	175200	5470	26,9	11720	782	6,97
700	690	300	14,5	27	27	260	204	2,50	215300	6240	28,8	12180	812	6,84
800	790	300	15	28	30	286	224	2,70	303400	7680	32,6	12640	843	6,65
900	890	300	16	30	30	321	252	2,90	422100	9480	36,3	13550	903	6,50
1000	990	300	16,5	31	30	347	272	3,10	553800	11190	40,0	14000	934	6,35

Zusätzliche Rechenwerte ($I_\omega = I_\omega^* \cdot 1000$)

Nenn-höhe	S_y cm³	I_T cm⁴	I_ω^* cm⁶	$W_{pl,y}$ cm³	$W_{pl,z}$ cm³	Nenn-höhe	S_y cm³	I_T cm⁴	I_ω^* cm⁶	$W_{pl,y}$ cm³	$W_{pl,z}$ cm³
100	41,5	5,26	2,581	83	41,1	**340**	925	128	1824	1850	756
120	59,7	6,02	6,472	119	58,9	**360**	1044	149	2177	2088	802
140	86,7	8,16	15,06	173	84,8	**400**	1281	190	2942	2562	873
160	123	12,3	31,41	245	118	**450**	1608	245	4146	3216	966
180	162	14,9	60,21	325	157	**500**	1974	310	5643	3949	1059
200	215	21,1	108	429	204	**550**	2311	353	7189	4622	1107
220	284	28,6	193,3	568	271	**600**	2675	399	8978	5350	1156
240	372	41,7	328,5	745	352	**650**	3068	450	11027	6136	1205
260	460	52,6	516,4	920	430	**700**	3516	515	13352	7032	1257
280	556	62,4	785,4	1112	518	**800**	4350	599	18290	8699	1312
300	692	85,6	1200	1383	641	**900**	5406	739	24962	10811	1414
320	814	108	1512	1628	710	**1000**	6412	825	32074	12824	1470

Tabelle 6.4 Warmgewalzte breite I-Träger (IPB) nach DIN 1025-2 [A 4.1.2]

Nenn-höhe	h mm	b mm	s mm	t mm	r mm	A cm^2	G kg/m	U m^2/m	I_y cm^4	W_y cm^3	i_y cm	I_z cm^4	W_z cm^3	i_z cm
100	100	100	6	10	12	26	20,4	0.57	450	89,9	4,16	167	33,5	2,5
120	120	120	6,5	11	12	34	26,7	0,69	864	144	5,04	318	52,9	3,06
140	140	140	7	12	12	43	33,7	0,81	1510	216	5,93	550	78,5	3,58
160	160	160	8	13	15	54,3	42,6	0,92	2490	311	6,78	889	111	4,05
180	180	180	8,5	14	15	65,3	51,2	1,04	3830	426	7,66	1360	151	4,57
200	200	200	9	15	18	78,1	61,3	1,15	5700	570	8,54	2000	200	5,07
220	220	220	9,5	16	18	91	71,5	1,27	8090	736	9,43	2840	258	5,59
240	240	240	10	17	21	106	83,2	1,38	11260	938	10,3	3920	327	6,08
260	260	260	10	17,5	24	118	93,0	1,5	14920	1150	11,2	5130	395	6,58
280	280	280	10,5	18	24	131	103	1,62	19270	1380	12,1	6590	471	7,09
300	300	300	11	19	27	149	117	1,73	25170	1680	13,0	8560	571	7,58
320	320	300	11,5	20,5	27	161	127	1,77	30820	1930	13,8	9240	616	7,57
340	340	300	12	21,5	27	171	134	1,81	36660	2160	14,6	9690	646	7,53
360	360	300	12,5	22,5	27	181	142	1,85	43190	2400	15,5	10140	676	7,49
400	400	300	13,5	24	27	198	155	1,93	57680	2880	17,1	10820	721	7,40
450	450	300	14	26	27	218	171	2,03	79890	3550	19,1	11720	781	7,33
500	500	300	14,5	28	27	239	187	2,12	107200	4290	21,2	12620	842	7,27
550	550	300	15	29	27	254	199	2,22	136700	4970	23,2	13080	872	7,17
600	600	300	15,5	30	27	270	212	2,32	171000	5700	25,2	13530	902	7,08
650	650	300	16	31	27	286	225	2,42	210600	6480	27,1	13980	932	6,99
700	700	300	17	32	27	306	241	2,52	256900	7340	29,0	14400	963	6,87
800	800	300	17,5	33	30	334	262	2,71	359100	8980	32,8	14900	994	6,68
900	900	300	18,5	35	30	371	291	2,91	494100	10980	36,5	15820	1050	6,53
1000	1000	300	19	36	30	400	314	3,11	644700	12890	40,1	16280	1090	6,38

Zusätzliche Rechenwerte ($I_\omega = I_\omega^* \cdot 1000$)

Nenn-höhe	S_y cm^3	I_T cm^4	I_ω^* cm^6	$W_{pl,y}$ cm^3	$W_{pl,z}$ cm^3	Nenn-höhe	S_y cm^3	I_T cm^4	I_ω^* cm^6	$W_{pl,y}$ cm^3	$W_{pl,z}$ cm^3
100	52,1	9,3	3,375	104	51,4	**340**	1204	258	2454	2408	986
120	82,6	13,9	9,41	165	81,0	**360**	1341	293	2883	2683	1032
140	123	20,1	22,48	245	120	**400**	1616	357	3817	3232	1104
160	177	31,4	47,94	354	170	**450**	1991	442	5258	3982	1198
180	241	42,3	93,75	481	231	**500**	2407	540	7018	4815	1292
200	321	59,5	171,1	643	306	**550**	2795	602	8856	5591	1341
220	414	76,8	295,4	827	394	**600**	3213	669	10965	6425	1391
240	527	103	486,9	1053	498	**650**	3660	741	13363	7320	1441
260	641	124	753,7	1283	602	**700**	4164	833	16064	8327	1495
280	767	144	1130	1534	718	**800**	5114	949	21840	10229	1553
300	934	186	1688	1869	870	**900**	6292	1140	29461	12584	1658
320	1075	226	2069	2149	939	**1000**	7428	1260	37637	14855	1716

Tabelle 6.5 Warmgewalzte breite I-Träger (IPBv), verstärkte Ausführung DIN 1025-4 [A 1.4.4]

Nenn- höhe	h mm	b mm	s mm	t mm	r mm	A cm²	G kg/m	U m²/m	I_y cm⁴	W_y cm³	i_y cm	I_z cm⁴	W_z cm³	i_z cm
100	120	106	12	20	12	53,2	41,8	0.619	1140	190	4,63	399	75,3	2,74
120	140	126	12,5	21	12	66,4	52,1	0,738	2020	288	5,51	703	112	3,25
140	160	146	13	22	12	80,6	63,2	0,857	3290	411	6,39	1140	157	3,77
160	180	166	14	23	15	97,1	76,2	0,97	5100	566	7,25	1760	212	4,26
180	200	186	14,5	24	15	113	88,9	1,09	7480	748	8,13	2580	277	4,77
200	220	206	15	25	18	131	103	1,20	10640	967	9,00	3650	354	5,27
220	240	226	15,5	26	18	149	117	1,32	14600	1220	9,89	5010	444	5,79
240	270	248	18	32	21	200	157	1,46	24290	1800	11,0	8150	657	6,39
260	290	268	18	32,5	24	220	172	1,57	31310	2160	11,9	10450	780	6,90
280	310	288	18,5	33	24	240	189	1,69	39550	2550	12,8	13160	914	7,40
300	340	310	21	39	27	303	238	1,83	59200	3480	14	19400	1250	8,00
320	359	309	21	40	27	312	245	1,87	68130	3800	14,8	19710	1280	7,95
340	377	309	21	40	27	316	248	1,90	76370	4050	15,6	19710	1280	7,90
360	395	308	21	40	27	319	250	1,93	84870	4300	16,3	19520	1270	7,83
400	432	307	21	40	27	326	256	2,00	104100	4820	17,9	19340	1260	7,70
450	478	307	21	40	27	335	263	2,10	131500	5500	19,8	19340	1260	7,59
500	524	306	21	40	27	344	270	2,18	161900	6180	21,7	19150	1250	7,46
550	572	306	21	40	27	354	278	2,28	198000	6920	23,6	19160	1250	7,35
600	620	305	21	40	27	364	285	2,37	237400	7660	25,6	18980	1240	7,22
650	668	305	21	40	27	374	293	2,47	281700	8430	27,5	18980	1240	7,13
700	716	304	21	40	27	383	301	2,56	329300	9200	29,3	18800	1240	7,01
800	814	303	21	40	30	404	317	2,75	442600	10870	33,1	18630	1230	6,79
900	910	302	21	40	30	424	333	2,93	570400	12540	36,7	18450	1220	6,60
1000	1008	302	21	40	30	444	349	3,13	722300	14330	40,3	18460	1220	6,45

Zusätzliche Rechenwerte ($I_\omega = I_\omega^* \cdot 1000$)

Nenn- höhe	S_y cm³	I_T cm⁴	I_ω^* cm⁶	$W_{pl,y}$ cm³	$W_{pl,z}$ cm³	Nenn- höhe	S_y cm³	I_T cm⁴	I_ω^* cm⁶	$W_{pl,y}$ cm³	$W_{pl,z}$ cm³
100	118	68,5	9,925	236	116	**340**	2359	1510	5585	4718	1953
120	175	92,0	24,79	351	172	**360**	2495	1510	6137	4989	1942
140	247	120	54,33	494	240	**400**	2785	1520	7410	5571	1934
160	337	163	108,1	675	325	**450**	3166	1530	9252	6331	1939
180	442	204	199,3	883	425	**500**	3547	1540	11187	7094	1932
200	568	260	346,3	1135	543	**550**	3966	1560	13516	7933	1937
220	710	316	572,7	1419	679	**600**	4386	1570	15908	8772	1930
240	1058	630	1152	2117	1006	**650**	4828	1580	18650	9657	1936
260	1262	722	1728	2524	1192	**700**	5269	1590	21398	10539	1929
280	1483	810	2520	2966	1397	**800**	6244	1650	27775	12488	1930
300	2039	1410	4386	4078	1913	**900**	7221	1680	34746	14442	1929
320	2218	1510	5004	4435	1951	**1000**	8284	1710	43015	16568	1940

6.1.3 U-Stahl

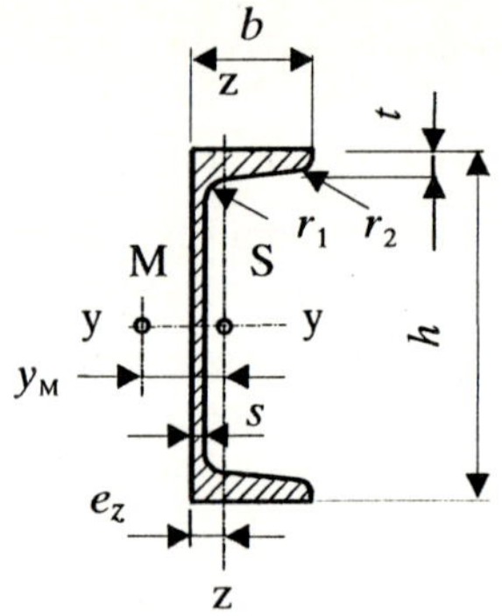

Tabelle 6.6 U-Stahl nach DIN 1026 [A 4.1.6]

Nenn-	h	b	s	$t = r_1$	r_2	A	G	U	e_z	y_M	I_y	W_y	i_y	I_z	W_z	i_z
höhe	mm	mm	mm	mm	mm	cm^2	kg/m	m^2/m	cm	cm	cm^4	cm^3	cm	cm^4	cm^3	cm
50	50	38	5	7	3,5	7,12	5,59	0,232	1,37	2,47	26,4	10,6	1,92	9,12	3,75	1,13
60	60	30	6	6	3	6,46	5,07	0,215	0,91	1,50	31,6	10,5	2,21	4,51	2,16	0,84
65	65	42	5,5	7,5	4	9,03	7,09	0,273	1,42	2,60	57,5	17,7	2,52	14,1	5,07	1,25
80	80	45	6	8	4	11,0	8,64	0,312	1,45	2,67	106	26,5	3,10	19,4	6,36	1,33
100	100	50	6	8,5	4,5	13,5	10,6	0.372	1,55	2,93	206	41,2	3,91	29,3	8,49	1,47
120	120	55	7	9	4,5	17,0	13,4	0,434	1,60	3,03	364	60,7	4,62	43,2	11,1	1,59
140	140	60	7	10	5	20,4	16,0	0,489	1,75	3,37	605	86,4	5,45	62,7	14,8	1,75
160	160	65	7,5	10,5	5,5	24,0	18,8	0,546	1,84	3,56	925	116	6,21	85,3	18,3	1,89
180	180	70	8	11	5,5	28,0	22,0	0,611	1,92	3,75	1350	150	6,95	114	22,4	2,02
200	200	75	8,5	11,5	6	32,2	25,3	0,661	2,01	3,94	1910	191	7,70	148	27,0	2,14
220	220	80	9	12,5	6,5	37,4	29,4	0,718	2,14	4,20	2690	245	8,48	197	33,6	2,30
240	240	85	9,5	13	6,5	42,3	33,2	0,775	2,23	4,39	3600	300	9,22	248	39,6	2,42
260	260	90	10	14	7	48,3	37,9	0,834	2,36	4,66	4820	371	9,99	317	47,7	2,56
280	280	95	10	15	7,5	53,3	41,8	0,890	2,53	5,02	6280	448	10,9	399	57,2	2,74
300	300	100	10	16	8	58,8	46,2	0,95	2,70	5,41	8030	535	11,7	495	67,8	2,90
320	320	100	14	17,5	8,75	75,8	59,5	0,982	2,60	4,82	10870	679	12,1	597	80,6	2,81
350	350	100	14	16	8	77,3	60,6	1,05	2,40	4,45	12840	734	12,9	570	75,0	2,72
380	380	102	13,5	16	8	80,4	63,1	1,11	2,38	4,58	15760	829	14,0	615	78,7	2,77
400	400	110	14	18	9	91,5	71,8	1,18	2,65	5,11	20350	1020	14,9	846	102	3,04

Zusätzliche Rechenwerte ($I_\omega = I_\omega^* \cdot 1000$)

Nenn-	S_y	I_T	I_ω^*	$W_{pl,y}$	$W_{pl,z}$	Nenn-	S_y	I_T	I_ω^*	$W_{pl,y}$	$W_{pl,z}$
höhe	cm^3	cm^4	cm^6	cm^3	cm^3	höhe	cm^3	cm^4	cm^6	cm^3	cm^3
80	15,9	2,16	0,168	31,8	12,1	**240**	179	19,7	22,10	358	75,7
100	24,5	2,81	0,414	49,0	16,2	**260**	221	25,5	33,30	442	91,6
120	36,3	4,15	0,900	72,6	9,10	**280**	266	31,0	48,50	532	109
140	51,4	5,68	1,800	102	11,2	**300**	316	37,4	69,10	632	130
160	68,8	7,39	3,260	137	35,2	**320**	413	66,7	96,10	826	152
180	89,6	9,55	5,570	179	42,9	**350**	459	61,2	114,0	918	143
200	114	11,9	9,070	228	51,8	**380**	507	59,1	146,0	1014	148
220	146	16,0	14,60	292	64,1	**400**	618	81,6	221,0	1240	190

6.1.4 Winkelstahl

$I = I_y = I_z$

$W = W_y = W_z$

$i = i_y = i_z$

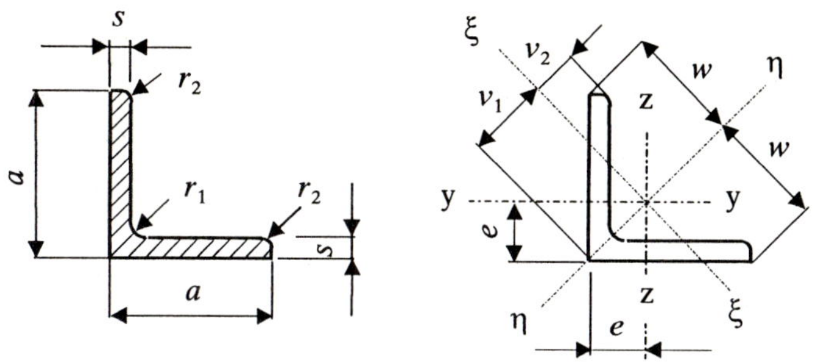

Tabelle 6.7 Gleichschenkliger rundkantiger Winkelstahl nach DIN 1028 (1994-03) [A 4.1.7]

Profilmaße								Statische Werte							
mm			Achsabstände					y - y = z - z			η - η		ξ - ξ		
$a \times s$	r_1	r_2	e	w	v_1	v_2	A	I	W	i	I_η	i_η	I_ξ	W_ξ	i_ξ
			cm	cm	cm	cm	cm^2	cm^4	cm^3	cm	cm^4	cm	cm^4	cm^3	cm
20 x 3	3,5	2	0,60	1,41	0,85	0,70	1,12	0,39	0,28	0,59	0,62	0,74	0,15	0,18	0,37
25 x 3	3,5	2	0,73	1,77	1,03	0,87	1,42	0,79	0,45	0,75	1,27	0,95	0,31	0,30	0,47
4			0,76		1,08	0,89	1,85	1,01	0,58	0,74	1,61	0,93	0,40	0,37	0,47
30 x 3	5	2,5	0,84	2,12	1,18	1,04	1,74	1,41	0,65	0,90	2,24	1,14	0,57	0,48	0,57
4			0,89		1,24	1,05	2,27	1,81	0,86	0,89	2,85	1,12	0,76	0,61	0,58
5			0,92		1,30	1,07	2,78	2,16	1,04	0,88	3,41	1,11	0,91	0,70	0,57
35 x 4	5	2,5	1,00	2,47	1,41	1,24	2,67	2,96	1,18	1,05	4,68	1,33	1,24	0,88	0,68
5			1,04		1,47	1,25	3,28	3,56	1,45	1,04	5,63	1,31	1,49	1,10	0,67
40 x 4	6	3	1,12	2,83	1,58	1,40	3,08	4,48	1,55	1,21	7,09	1,52	1,86	1,18	0,78
5			1,16		1,64	1,42	3,79	5,43	1,91	1,20	8,64	1,51	2,22	1,35	0,77
45 x 4	7	3,5	1,23	3,18	1,75	1,57	3,49	6,43	1,97	1,36	10,2	1,71	2,68	1,53	0,88
5			1,28		1,81	1,58	4,30	7,83	2,43	1,35	12,4	1,70	3,25	1,80	0,87
50 x 5	7	3,5	1,40	3,54	1,98	1,76	4,80	11,0	3,05	1,51	17,4	1,90	4,59	2,32	0,98
6			1,45		2,04	1,77	5,69	12,8	3,61	1,50	20,4	1,89	5,24	5,27	0,96
7			1,49		2,11	1,78	6,56	14,6	4,15	1,49	23,1	1,88	6,02	2,85	0,96
55 x 6	8	4	1,56	3,89	2,21	1,94	6,31	17,3	4,40	1,66	27,4	2,08	7,24	3,28	1,07
60 x 5	8	4	1,64	4,24	2,32	2,11	5,82	19,4	4,45	1,82	30,7	2,30	8,03	3,46	1,17
6			1,69		2,39	2,11	6,91	22,8	5,29	1,82	36,1	2,29	9,43	3,95	1,17
8			1,77		2,50	2,14	9,03	29,1	6,88	1,80	46,1	2,26	12,1	4,84	1,16
65 x 7	9	4,5	1,85	4,60	2,62	2,29	8,70	33,4	7,18	1,96	53,0	2,47	13,8	5,27	1,26
70 x 6	9	4,5	1,93	4,95	2,73	2,46	8,13	36,9	7,27	2,13	58,5	2,68	15,3	5,60	1,37
7			1,97		2,79	2,47	9,40	42,4	8,43	2,12	67,1	2,67	17,6	6,31	1,37
9			2,05		2,90	2,50	11,9	52,6	10,6	2,10	83,1	2,64	22,0	7,59	1,36
75 x 7	10	5	2,09	5,30	2,95	2,63	10,1	52,4	9,67	2,28	83,6	2,88	21,1	7,15	1,45
8			2,13		3,01	2,65	11,5	58,9	11,0	2,26	93,3	2,85	24,4	8,11	1,46
80 x 6	10	5	2,17	5,66	3,07	2,80	9,35	55,8	9,57	2,44	88,5	3,08	23,1	7,54	1,57
8			2,26		3,20	2,82	12,3	72,3	12,6	2,42	115	3,06	29,6	9,25	1,55
10			2,34		3,31	2,85	15,1	87,5	15,5	2,41	139	3,03	35,9	10,9	1,54

Tabelle 6.7 Fortsetzung

Profilmaße in mm			Achsabstände					y - y = z - z			ξ - ξ		η - η		
a x s	r_1	r_2	e cm	w cm	v_1 cm	v_2 cm	A cm²	I cm⁴	W cm³	i cm	I_ξ cm⁴	i_ξ cm	I_η cm⁴	W_η cm³	i_η cm
90 x 7	11	5,5	2,45	6,36	3,47	3,16	12,2	92,6	14,1	2,75	147	3,46	38,3	11,0	1,77
9			2,54		3,59	3,18	15,5	116	18,0	2,74	184	3,45	47,8	13,3	1,76
100 x 8	12	6	2,74	7,07	3,87	3,52	15,5	145	19,9	3,06	230	3,85	59,9	15,5	1,96
10			2,82		3,99	3,54	19,2	177	24,7	3,04	280	3,82	73,3	18,4	1,95
12			2,90		4,10	3,57	22,7	207	29,2	3,02	328	3,80	86,2	21,0	1,95
110 x 10	12	6	3,07	7,78	4,34	3,89	21,2	239	30,1	3,36	379	4,23	98,6	22,7	2,16
120 x 10	13	6,5	3,31	8,49	4,69	4,22	23,2	313	36,0	3,67	497	4,63	129	27,5	2,36
11			3,36		4,75	4,24	25,4	341	39,5	3,66	541	4,62	140	29,5	2,35
12			3,40		4,80	4,26	27,5	368	42,7	3,65	584	4,60	152	31,6	2,35
130 x 12	14	7	3,64	9,19	5,15	4,60	30	472	50,4	3,97	750	5,00	194	37,7	2,54
140 x 13	15	7,5	3,92	9,90	5,54	4,96	35	638	63,3	4,27	1010	5,38	262	47,3	2,74
150 x 12	16	8	4,12	10,6	5,83	5,29	34,8	737	67,7	4,60	1170	5,80	303	52,0	2,95
14			4,21		5,95	5,31	40,3	845	78,2	4,58	1340	5,77	347	58,3	2,94
15			4,25		6,01	5,33	43,0	898	83,5	4,57	1430	5,76	370	61,6	2,93
160 x 15	17	8,5	4,49	11,3	6,35	5,67	46,1	1100	95,6	4,88	1750	6,15	453	71,3	3,14
17			4,57		6,46	5,70	51,8	1230	108	4,86	1950	6,13	506	78,3	3,13
180 x 16	18	9	5,02	12,7	7,11	6,39	55,4	1680	130	5,51	2690	6,96	679	95,5	3,50
18			5,10		7,22	6,41	61,9	1870	145	5,49	2970	6,93	757	105	3,49
200 x 16	18	9	5,52	14,1	7,80	7,09	61,8	2430	162	6,15	3740	7,78	943	121	3,91
18			5,60		7,92	7,12	69,1	2600	181	6,13	4150	7,75	1050	133	3,90
20			5,68		8,04	7,15	76,4	2850	199	6,11	4540	7,72	1160	144	3,89
24			5,84		8,26	7,21	90,6	3330	235	6,06	5280	7,64	1380	167	3,90

Massen, Mantelflächen

a x s mm	G kg/m	U m²/m	a x s mm	G kg/m	U m²/m	a x s mm	G kg/m	U m²/m	a x s mm	G kg/m	U m²/m
20 x 3	0,88	0,077	**50 x 5**	3,77	0,194	**80 x 6**	7,34	0,311	**130 x 12**	23,6	0,508
25 x 3	1,12	0,097	**6**	4,47		**8**	9,66		**140 x 13**	27,5	0,547
4	1,45		**7**	5,15		**10**	11,9		**150 x 12**	27,3	0,586
30 x 3	1,36	0,116	**55 x 6**	4,95	0,213	**90 x 7**	9,61	0,351	**14**	31,6	
4	1,78		**60 x 5**	4,57	0,233	**9**	12,2		**15**	33,8	
5	2,18		**6**	5,42		**100 x 8**	12,2	0,390	**160 x 15**	36,2	0,625
35 x 4	2,10	0,136	**8**	7,09		**10**	15,1		**17**	40,7	
5	2,57		**65 x 7**	6,83	0,252	**12**	17,8		**180 x 16**	43,5	0,705
40 x 4	2,42	0,155	**70 x 6**	6,38	0,272	**110 x 10**	16,6	0,430	**18**	48,6	
5	2,92		**7**	7,38		**120 x 10**	18,2	0,469	**200 x 16**	48,5	0,785
45 x 4	2,74	0,174	**9**	9,34		**11**	19,9		**18**	54,3	
5	3,38		**75 x 7**	7,94	0,291	**12**	21,6		**20**	59,9	
			8	9,03					**24**	71,1	

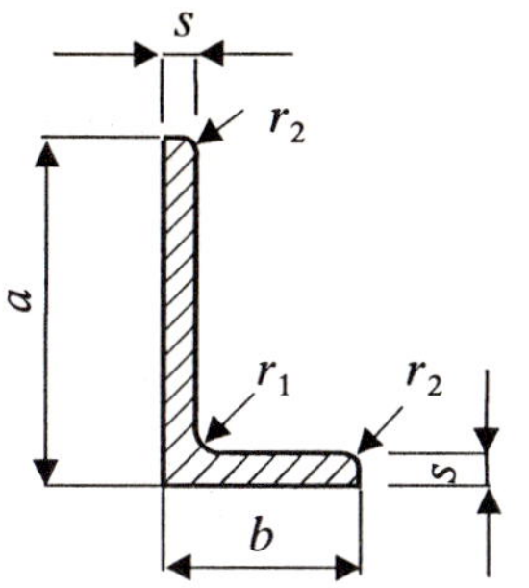

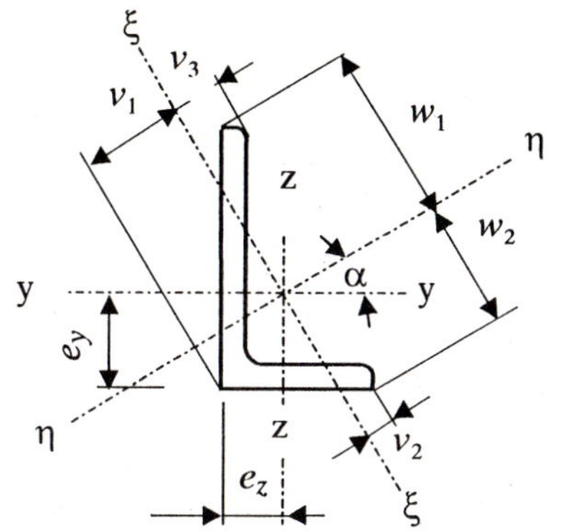

Tabelle 6.8 Ungleichschenkliger rundkantiger Winkelstahl nach DIN 1029 (1994-03) [A 4.1.8]

$a \times b \times s$	r_1	r_2	e_y	e_z	w_1	w_2	v_1	v_2	v_3	$\tan\alpha$	G	U
mm	mm	mm	cm	cm	cm	cm	cm	cm	cm		kg/m	m²/m
30 x 20 x 3	3,5	2	0,99	0,50	2,04	1,51	0,86	1,04	0,56	0,431	1,11	0,097
4			1,03	0,54	2,02	1,52	0,91	1,03	0,58	0,423	1,45	
40 x 20 x 3	3,5	2	1,43	0,44	2,61	1,77	0,79	1,19	0,46	0,259	1,35	0,117
4			1,47	0,48	2,57	1,80	0,83	1,18	0,50	0,252	1,77	
40 x 25 x 4	4	2	1,36	0,62	2,69	1,90	1,10	1,35	0,68	0,381	1,93	0,127
45 x 30 x 3	4,5	2	1,43	0,70	3,09	2,23	1,21	1,59	0,80	0,436	1,72	0,146
4			1,48	0,74	3,07	2,26	1,27	1,58	0,83	0,436	2,25	
5			1,52	0,78	3,05	2,27	1,32	1,58	0,85	0,430	2,77	
50 x 30x 4	4,5	2	1,68	0,70	3,36	2,35	1,24	1,67	0,78	0,356	2,41	0,156
5			1,73	0,74	3,33	2,38	1,28	1,66	0,80	0,353	2,96	
50 x 40 x 4	4	2	1,52	1,03	3,50	2,85	1,67	1,84	1,26	0,629	2,71	0,177
5			1,56	1,07	3,49	2,88	1,73	1,84	1,27	0,625	3,35	
60 x 30 x 5	6	3	2,15	0,68	3,90	2,67	1,20	1,77	0,72	0,256	3,37	0,175
60 x 40 x 5	6	3	1,96	0,97	4,08	3,01	1,68	2,09	1,10	0,437	3,76	0,195
6			2,00	1,01	4,06	3,02	1,72	2,08	1,12	0,433	4,46	
7			2,04	1,05	4,04	3,03	1,77	2,07	1,14	0,429	5,14	
65 x 50 x 5	6	3	1,99	1,25	4,52	3,61	2,08	2,38	1,50	0,583	4,35	0,224
7			2,07	1,33	4,50	3,62	2,19	2,37	1,52	0,574	5,97	
9			2,15	1,41	4,48	3,63	2,28	2,36	1,57	0,567	7,52	
70 x 50 x 6	6	3	2,24	1,25	4,82	3,68	2,20	2,52	1,42	0,497	5,40	0,235
75 x 50 x 7	6,5	3,5	2,48	1,25	5,10	3,77	2,13	2,63	1,38	0,433	6,51	0,244
9			2,56	1,32	5,06	3,80	2,22	2,62	1,44	0,427	8,23	
75 x 55 x 5	7	3,5	2,31	1,33	5,19	4,00	2,27	2,71	1,58	0,530	4,95	0,254
7			2,40	1,41	5,16	4,02	2,37	2,70	1,62	0,525	6,80	
9			2,47	1,48	5,14	4,04	2,46	2,70	1,66	0,518	8,59	
80 x 40 x 6	7	3,5	2,85	0,88	5,21	3,53	1,55	2,42	0,89	0,259	5,41	0,234
8			2,94	0,95	5,15	3,57	1,65	2,38	1,04	0,253	7,07	
80 x 60 x 7	8	4	2,51	1,52	5,55	4,42	2,70	2,92	1,68	0,546	7,36	0,274
80 x 65 x 8	8	4	2,47	1,73	5,59	4,65	2,79	2,94	2,05	0,645	8,66	0,283
10			2,55	1,81	5,56	4,68	2,90	2,95	2,11	0,640	10,7	
90 x 60 x 6	7	3,5	2,89	1,41	6,14	4,50	2,46	3,16	1,60	0,442	6,82	0,294
8			2,97	1,49	6,11	4,54	2,56	3,15	1,69	0,437	8,96	

L Tabelle 6.8 Fortsetzung

$a \times b \times s$ mm	r_1 mm	r_2 mm	e_y cm	e_z cm	w_1 cm	w_2 cm	v_1 cm	v_2 cm	v_3 cm	$\tan\alpha$	G kg/m	U m²/m
100 x 50 x 6	9	4,5	3,49	1,04	6,50	4,39	1,91	2,98	1,15	0,263	6,85	0,292
8			3,59	1,13	6,48	4,44	2,00	2,95	1,18	0,258	8,99	
10			3,67	1,20	6,43	4,49	2,08	2,91	1,22	0,252	11,1	
100 x 65 x 7	10	5	3,23	1,51	6,83	4,91	2,66	3,48	1,73	0,419	8,77	0,321
9			3,32	1,59	6,78	4,94	2,76	3,46	1,78	0,415	11,1	
11			3,40	1,67	6,74	4,97	2,85	3,45	1,83	0,410	13,4	
100 x 75 x 7	10	5	3,06	1,83	6,96	5,42	3,10	3,61	2,18	0,553	9,32	0,341
9			3,15	1,91	6,91	5,45	3,22	3,63	2,22	0,549	11,8	
11			3,23	1,99	6,87	5,49	3,32	3,65	2,27	0,545	14,3	
120 x 80 x 8	11	5,5	3,83	1,87	8,23	5,99	3,27	4,20	2,16	0,441	12,2	0,391
10			3,92	1,95	8,18	6,03	3,37	4,19	2,19	0,438	15,0	
12			4,00	2,03	8,14	6,06	3,46	4,18	2,25	0,433	17,8	
130 x 65 x 8	11	5,5	4,56	1,37	8,50	5,71	2,49	3,86	1,47	0,263	11,9	0,381
10			4,65	1,45	8,43	5,76	2,58	3,82	1,54	0,259	14,6	
12			4,74	1,53	8,37	5,81	2,66	3,80	1,60	0,255	17,3	
130 x 90 x 12	12	6	4,24	2,26	8,88	6,72	3,85	4,60	2,56	0,468	19,7	0,430
150 x 75 x 9	10,5	5,5	5,28	1,57	9,79	6,62	2,90	4,46	1,72	0,265	15,3	0,441
11			5,37	1,65	9,73	6,66	2,97	4,44	1,77	0,261	18,6	
150 x100 x 10	13	6,5	4,80	2,34	10,3	7,50	4,10	5,25	2,68	0,442	19,0	0,489
12			4,89	2,42	10,2	7,53	4,19	5,24	2,73	0,439	22,6	
14			4,97	2,50	10,2	7,56	4,28	5,23	2,77	0,435	26,1	
160 x 80 x 12	13	6,5	5,72	1,77	10,4	7,10	3,15	4,75	1,89	0,259	21,6	0,469
180 x 90 x 10	14	7	6,28	1,85	11,8	7,89	3,38	5,42	2,00	0,262	20,6	0,528
12			6,37	1,93	11,7	7,95	3,48	5,38	2,07	0,261	24,5	
200 x 100 x 10	15	7,5	6,93	2,01	13,2	8,76	3,75	5,98	2,22	0,266	23,0	0,587
12			7,03	2,10	13,1	8,82	3,84	5,95	2,26	0,264	27,3	
14			7,12	2,18	13,0	8,88	3,93	5,92	2,32	0,262	31,6	

Profilmaße	Statische Werte										
		y - y			z - z			η - η		ξ - ξ	
$a \times b \times s$ mm	A cm²	I_y cm⁴	W_y cm³	i_y cm	I_z cm⁴	W_z cm³	i_z cm	I_η cm⁴	i_η cm	I_ξ cm⁴	i_ξ cm
30 x 20 x 3	1,42	1,25	0,62	0,94	0,44	0,29	0,56	1,43	1,00	0,25	0,42
4	1,85	1,59	0,81	0,93	0,55	0,38	0,55	1,81	0,99	0,33	0,42
40 x 20 x 3	1,72	2,79	1,08	1,27	0,47	0,30	0,52	2,96	1,31	0,30	0,42
4	2,25	3,59	1,42	1,26	0,60	0,39	0,52	3,79	1,30	0,39	0,42
40 x 25 x 4	2,46	3,89	1,47	1,26	1,16	0,62	0,69	4,35	1,33	0,70	0,53
45 x 30 x 3	2,19	4,47	1,46	1,43	1,60	0,70	0,86	5,15	1,56	0,93	0,65
4	2,87	5,78	1,91	1,42	2,05	0,91	0,85	6,65	1,52	1,18	0,64
5	3,53	6,99	2,35	1,41	2,47	1,11	0,84	8,02	1,51	1,44	0,64
50 x 30 x 4	3,07	7,71	2,33	1,59	2,09	0,91	0,82	8,53	1,67	1,27	0,64
5	3,78	9,41	2,88	1,58	2,54	1,12	0,82	10,4	1,66	1,56	0,64
50 x 40 x 4	3,46	8,54	2,47	1,57	4,86	1,64	1,19	10,9	1,78	2,46	0,84
5	4,27	10,4	3,02	1,56	5,89	2,01	1,18	13,3	1,76	3,02	0,84

Tabelle 6.8 Fortsetzung

L

a x *b* x *s* mm	*A* cm²	I_y cm⁴	W_y cm³	i_y cm	I_z cm⁴	W_z cm³	i_z cm	I_η cm⁴	i_η cm	I_ξ cm⁴	i_ξ cm
60 x 30 x 5	4,29	15,6	4,04	1,90	2,60	1,12	0,78	16,5	1,96	1,69	0,63
60 x 40 x 5	4,79	17,2	4,25	1,89	6,11	2,02	1,13	19,8	2,03	3,50	0,86
6	5,68	20,1	5,03	1,88	7,12	2,38	1,12	23,1	2,02	4,12	0,85
7	6,55	23,0	5,79	1,87	8,07	2,74	1,11	26,3	2,00	4,73	0,85
65 x 50 x 5	5,54	23,1	5,11	2,04	11,9	3,18	1,47	28,8	2,28	6,21	1,06
7	7,60	31,0	6,99	2,02	15,8	4,31	1,44	38,4	2,25	8,37	1,05
9	9,58	38,2	8,77	2,00	19,4	5,39	1,42	47,0	2,22	10,5	1,05
70 x 50 x 6	6,88	33,5	7,04	2,21	14,3	3,81	1,44	39,9	2,41	7,94	1,07
75 x 50 x 7	8,30	46,4	9,24	2,36	16,5	4,39	1,41	53,3	2,53	9,56	1,07
9	10,5	57,4	11,6	2,34	20,2	5,49	1,39	65,7	2,50	11,9	1,07
75 x 55 x 5	6,30	35,5	6,84	2,37	16,2	3,89	1,60	43,1	2,61	8,68	1,17
7	8,66	47,9	9,39	2,35	21,8	5,52	1,59	57,9	2,59	11,8	1,17
75 x 55 x 9	10,9	59,4	1 1,8	2,33	26,8	6,66	1,57	71,3	2,55	14,8	1,16
80 x 40 x 6	6,89	44,9	8,73	2,55	7,59	2,44	1,05	47,6	2,63	4,90	0,84
8	9,01	57,6	11,4	2,53	9,68	3,18	1,04	60,9	2,60	6,41	0,84
80 x 60 x 7	9,38	59,0	10,7	2,51	28,4	6,34	1,74	72,0	2,77	15,4	1,28
80 x 65 x 8	11,0	68,1	12,3	2,49	40,1	8,41	1,91	88,0	2,82	20,3	1,36
10	13,6	82,2	15,1	2,46	48,3	10,3	1,89	106	2,79	24,8	1,35
90 x 60 x 6	8,69	71 7	11,7	2,87	25,8	5,61	1,72	82,8	3,09	14,6	1,30
8	11,4	92,5	15,4	2,85	33,0	7,31	1,70	107	3,06	19,0	1,29
100 x 50 x 6	8,73	89,7	13,8	3,20	15,3	3,86	1,32	95,2	3,30	9,78	1,06
8	11,5	116	18,0	3,18	19,5	5,04	1,31	123	3,28	12,6	1,05
10	14,1	141	22,2	3,16	23,4	6,17	1,29	149	3,25	15,5	1,04
100 x 65 x 7	11,2	113	16,6	3,17	37,6	7,54	1,84	128	3,39	21,6	1,39
9	14,2	141	21,0	3,15	46,7	9,52	1,82	160	3,36	27,2	1,39
11	17,1	167	25,3	3,13	55,1	11,4	1,80	190	3,34	32,6	1,38
100 x 75 x 7	11,9	118	17,0	3,15	56,9	10,0	2,19	145	3,49	30,1	1,59
9	15,1	148	21,5	3,13	71,0	12,7	2,17	181	3,47	37,8	1,59
11	18,2	176	25,9	3,11	84,0	15,3	2,15	214	3,44	45,4	1,58
120 x 80 x 8	15,5	226	27,6	3,82	80,8	13,2	2,29	261	4,10	45,8	1,72
10	19,1	276	34,1	3,80	98,1	16,2	2,27	318	4,07	56,1	1,71
12	22,7	323	40,4	3,77	114	19,1	2,25	371	4,04	66,1	1,71
130 x 65 x 8	15,1	263	31,1	4,17	44,8	8,72	1,72	280	4,31	28,6	1,38
10	18,6	321	38,4	4,15	54,2	10,7	1,71	340	4,27	35,0	1,37
12	22,1	376	45,5	4,12	63,0	12,7	1,69	397	4,24	41,2	1,37
130 x 90 x 12	25,1	420	48,0	4,09	165	24,4	2,56	492	4,43	92,6	1,92
150 x 75 x 9	19,5	455	46,8	4,83	78,3	13,2	2,00	484	4,98	50,0	1,60
11	23,6	545	56,6	4,80	93,0	15,9	1,98	578	4,95	59,8	1,59
150 x100 x 10	24,2	552	54,1	4,78	198	25,8	2,86	637	5,13	112	2,15
12	28,7	650	64,2	4,76	232	30,6	2,84	749	5,10	132	2,15
14	33,2	744	74,1	4,73	264	35,2	2,82	856	5,07	152	2,14
160 x 80 x 12	27,5	720	70,0	5,11	122	19,6	2,10	763	5,26	78,9	1,69
180 x 90 x 10	26,2	880	75,1	5,80	151	21,2	2,40	934	5,97	97,4	1,93
12	31,2	1040	89,3	5,77	177	25,1	2,38	1100	5,94	114	1,92
200 x100 x 10	29,2	1220	93,2	6,46	210	26,3	2,68	1300	6,66	133	2,14
12	34,8	1440	111	6,43	247	31,3	2,67	1530	6,63	158	2,13
14	40,3	1650	128	6,41	282	36,1	2,65	1760	6,60	181	2,12

6.1.5 T-Stahl

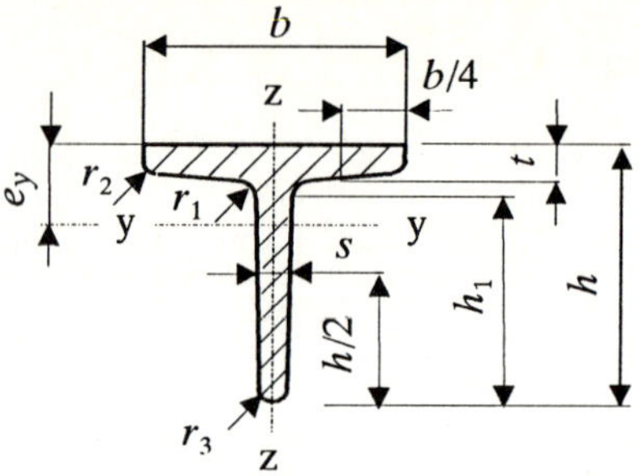

Tabelle 6.9 Warmgewalzter rundkantiger T-Stahl nach DIN 1024 (1982-03) [A 4.1.9]

Nenn-	Profilmaße							Statische Werte								
höhe	h	b	$s=t$	r_2	r_3	h_1	e_y	A	G	I_y	W_y	i_y	I_z	W_z	i_z
T	mm	mm	mm	mm	mm	mm	cm	cm²	kg/m	cm⁴	cm³	cm	cm⁴	cm³	cm
20	20	20	3	1,5	1	13	0,58	1,12	0,88	0,38	0,27	0,58	0,20	0,20	0,42
25	25	25	3,5	2	1	17	0,73	1,64	1,29	0,87	0,49	0,73	0,43	0,34	0,51
30	30	30	4	2	1	21	0,85	2,26	1,77	1,72	0,80	0,87	0,87	0,58	0,62
35	35	35	4,5	2,5	1	25	0,99	2,97	2,33	3,10	1,23	1,04	1,57	0,90	0,73
40	40	40	5	2,5	1	29	1,12	3,77	2,96	5,28	1,84	1,18	2,58	1,29	0,83
45	45	45	5,5	3	1,5	33	1,26	4,67	3,77	8,13	2,51	1,32	4,01	1,78	0,93
50	50	50	6	3	1,5	37	1,39	5,66	4,44	12,1	3,36	1,46	6,06	2,42	1,03
60	60	60	7	3,5	2	45	1,66	7,94	6,23	23,8	5,48	1,73	12,2	4,07	1,24
70	70	70	8	4	2	53	1,94	10,6	8,32	44,5	8,79	2,05	22,1	6,32	1,44
80	80	80	9	4,5	2	61	2,22	13,6	10,7	73,7	12,8	2,33	37,0	9,25	1,65
90	90	90	10	5	2,5	69	2,48	17,1	13,4	119	18,2	2,64	58,5	13,0	1,85
100	100	100	11	5,5	3	77	2,74	20,9	16,4	179	24,6	2,92	88,3	17,7	2,05
120	120	120	13	6	3	93	3,28	29,6	23,2	366	42,0	3,51	178	29,7	2,45
140	140	140	15	7,5	4	109	3,80	39,9	31,3	660	64,7	4,07	330	47,2	2,88

Breitfüßiger T-Stahl

Nenn-	Profilmaße							Statische Werte							
höhe	h	b	$s=t$	r	r	h_1	e_y	A	G	I_y	W_y	i_y	I_z	W_z	i_z
TB	mm	mm	mm	mm	mm	mm	cm	cm²	kg/m	cm⁴	cm³	cm	cm⁴	cm³	cm
30	30	60	5,5	3	1,5	19	0,67	4,64	3,60	2,58	1,11	0,75	8,62	2,87	1,36
35	35	70	6	3	1,5	23	0,77	5,94	4,70	4,49	1,65	0,87	15,1	4,31	1,59
40	40	80	7	3,5	2	26	0,88	7,91	6,20	7,81	2,50	0,99	28,5	7,13	1,90
50	50	100	8,5	4,5	2	33	1,09	12,0	9,40	18,7	4,78	1,25	67,7	13,5	2,38
60	60	120	10	5	2,5	40	1,30	17,0	13,4	38,0	8,09	1,4 9	137	22,8	2,84

Mantelflächen U in m²/m

T	*U*	*T*	*U*	*T*	*U*	*T*	*U*	*T*	*U*	*TB*	*U*	*TB*	*U*
20	0,075	**35**	0,113	**50**	0,191	**80**	0,307	**120**	0,511	**30**	0,171	**50**	0,287
25	0,094	**40**	0,153	**60**	0,229	**90**	0,380	**140**	0,537	**35**	0,201	**60**	0,345
30	0,114	**45**	0,172	**70**	0,268	**100**	0,454			**40**	0,233		

6.1.6 Halbierte I-Träger

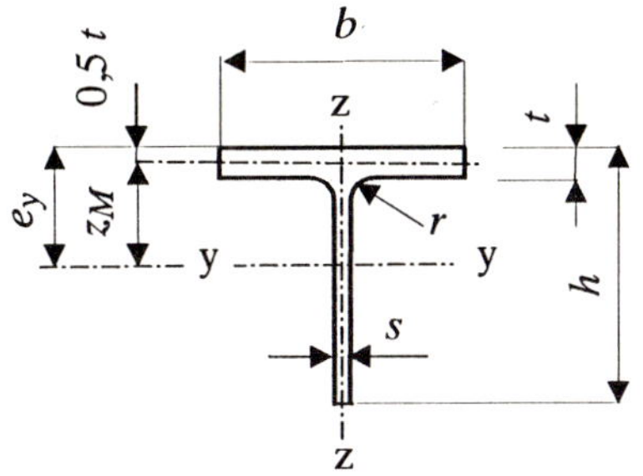

Tabelle 6.10 1/2 IPE nach DIN 1025-5 (1994-03) [A 4.1.5]

Profil	h mm	b mm	s mm	t mm	r mm	e_y cm	z_M cm	A cm^2	G kg/m	U m^2/m
1/2 IPE 140	70	73	4,7	6,9	7	1,62	1,23	8,21	6,45	0,225
1/2 IPE 160	80	82	4,0	7,4	9	1,84	1,47	10,0	7,89	0,311
1/2 IPE 180	90	91	5,3	8,0	9	2,05	1,65	12,0	9,40	0,349
1/2 IPE 200	100	100	5,6	8,5	12	2,25	1,83	14,2	11,2	0,400
1/2 IPE 220	110	110	5,9	9,2	12	2,45	1,99	16,7	13,1	0,440
1/2 IPE 240	120	120	6,2	9,8	15	2,63	2,14	19,6	15,4	0,480
1/2 IPE 270	135	135	6,6	10,2	15	2,97	2,46	23,0	18,0	0,540
1/2 IPE 300	150	150	7,1	10,7	15	3,32	2,79	26,9	21,1	0,600
1/2 IPE 330	165	160	7,5	11,5	18	3,65	3,08	31,3	24,6	0,650
1/2 IPE 360	180	170	8	12,7	18	3,99	3,35	36,4	28,5	0,700
1/2 IPE 400	200	180	8,6	13,5	21	4,52	3,85	42,2	33,2	0,760
1/2 IPE 450	225	190	9,4	14,6	21	5,28	4,55	49,4	38,8	0,820
1/2 IPE 500	250	200	10,2	16	21	6,01	5,21	57,8	45,3	0,890
1/2 IPE 550	275	210	11,1	17,2	24	6,77	5,91	67,2	52,8	0,960
1/2 IPE 600	300	220	12	19	24	7,48	6,53	78,0	61,2	1,030

Statische Werte

Profil	I_y cm^4	W_y cm^3	i_y cm	I_z cm^4	W_z cm^3	i_z cm	i_p cm	i_M cm	I_T cm^4
1/2 IPE 140	33,0	6,14	2,01	22,4	6,15	1,65	2,60	2,90	1,22
1/2 IPE 160	52,9	8,57	2,29	34,1	8,34	1,84	2,94	3,29	1,80
1/2 IPE 180	80,3	11,5	2,59	50,4	11,1	2,05	3,30	3,69	2,39
1/2 IPE 200	117	15,1	2,87	71,2	14,2	2,24	3,64	4,07	3,50
1/2 IPE 220	165	19,3	3,15	102	18,6	2,48	4,01	4,47	4,50
1/2 IPE 240	228	24,3	3,41	142	23,6	2,69	4,35	4,84	6,50
1/2 IPE 270	346	33,0	3,88	210	31,1	3,02	4,92	5,50	8,00
1/2 IPE 300	509	44,0	4,35	302	40,3	3,35	5,49	6,16	10,1
1/2 IPE 330	717	56,0	4,78	394	49,3	3,55	5,96	6,70	14,1
1/2 IPE 360	992	71,0	5,22	522	61,4	3,79	6,45	7,27	18,7
1/2 IPE 400	1450	94,0	5,86	659	73,2	3,95	7,07	8,05	25,6
1/2 IPE 450	2218	129	6,70	838	88,2	4,12	7,86	9,09	33,5
1/2 IPE 500	3263	172	7,52	1071	107	4,31	8,66	10,11	44,7
1/2 IPE 550	4665	225	8,33	1334	127	4,45	9,45	11,14	61,7
1/2 IPE 600	6496	288	9,13	1694	154	4,66	10,2	12,15	82,8

T **Tabelle 6.11** ½ IPBl nach DIN 1025-3 (1994-03) [A 4.1.3], entspricht ½ HE-A nach EN 53-62

Profil	h mm	b mm	s mm	t mm	r mm	e_y cm	z_M cm	A cm^2	G kg/m	U m^2/m
1/2 IPBl 160	76	160	6	9	15	1,28	0,83	19,4	15,2	0,45
1/2 IPBl 180	85,5	180	6	9,5	15	1,37	0,89	22,6	17,9	0,51
1/2 IPBl 200	95	200	6,5	10	18	1,52	1,02	26,9	21,1	0,59
1/2 IPBl 220	105	220	7	11	18	1,66	1,11	32,2	25,3	0,65
1/2 IPBl 240	115	240	7,5	12	21	1,81	1,21	38,4	30,2	0,71
1/2 IPBl 260	125	260	7,5	12,5	24	1,91	1,28	43,4	34,1	0,77
1/2 IPBl 280	135	280	8	13	24	2,06	1,41	48,6	38,2	0,83
1/2 IPBl 300	145	300	8,5	14	27	2,21	1,51	56,3	44,2	0,89
1/2 IPBl 320	155	300	9	15,5	27	2,41	1,63	62,2	48,8	0,91
1/2 IPBl 340	165	300	9,5	16,5	27	2,64	1,81	66,7	52,4	0,93
1/2 IPBl 360	175	300	10	17,5	27	2,87	2,00	71,4	56,0	0,95
1/2 IPBl 400	195	300	11	19	27	3,39	2,44	79,5	62,4	0,98
1/2 IPBl 450	220	300	11,5	21	27	3,94	2,89	89,0	69,9	1,03
1/2 IPBl 500	245	300	12	23	27	4,51	3,36	98,8	77,5	1,07
1/2 IPBl 550	270	300	12,5	24	27	5,17	3,97	105,9	83,1	1,12
1/2 IPBl 600	295	300	13	25	27	5,87	4,62	113,2	88,9	1,17
1/2 IPBl 650	320	300	13,5	26	27	6,61	5,31	120,8	94,8	1,22
1/2 IPBl 700	345	300	14,5	27	27	7,50	6,15	130,2	102	1,27
1/2 IPBl 800	395	300	15	28	30	9,06	7,66	142,9	112	1,37
1/2 IPBl 900	445	300	16	30	30	10,77	9,27	160,3	126	1,46
1/2 IPBl 1000	495	300	16,5	31	30	12,53	10,98	173,4	136	1,56

Statische Werte

Profil	I_y cm^4	W_y cm^3	i_y cm	I_z cm^4	W_z cm^3	i_z cm	i_p cm	i_M cm	I_T cm^4
1/2 IPBl 160	61,5	9,7	1,78	308	38,4	3,98	4,36	4,44	6,13
1/2 IPBl 180	89,1	12	1,98	462	51,4	4,52	4,94	5,02	7,42
1/2 IPBl 200	133	17	2,22	668	66,8	4,98	5,45	5,55	10,5
1/2 IPBl 220	194	22	2,45	977	88,8	5,51	6,03	6,14	14,3
1/2 IPBl 240	273	28	2,67	1384	115	6,00	6,57	6,68	20,8
1/2 IPBl 260	355	34	2,86	1834	141	6,50	7,10	7,22	26,3
1/2 IPBl 280	477	42	3,13	2381	170	7,00	7,67	7,80	31,1
1/2 IPBl 300	630	51	3,35	3155	210	7,49	8,20	8,34	42,7
1/2 IPBl 320	808	62	3,60	3493	233	7,49	8,32	8,47	54,1
1/2 IPBl 340	1019	73	3,91	3718	248	7,46	8,43	8,62	63,7
1/2 IPBl 360	1268	87	4,22	3943	263	7,43	8,54	8,77	74,5
1/2 IPBl 400	1894	118	4,88	4282	285	7,34	8,81	9,14	94,6
1/2 IPBl 450	2815	156	5,62	4733	316	7,29	9,21	9,65	122
1/2 IPBl 500	4018	201	6,38	5184	346	7,24	9,65	10,22	154
1/2 IPBl 550	5528	253	7,23	5410	361	7,15	10,16	10,91	176
1/2 IPBl 600	7399	313	8,08	5636	376	7,05	10,73	11,68	199
1/2 IPBl 650	9675	381	8,95	5862	391	6,97	11,34	12,52	224
1/2 IPBl 700	12736	472	9,89	6089	406	6,84	12,02	13,51	257
1/2 IPBl 800	19331	635	11,63	6319	421	6,65	13,40	15,43	298
1/2 IPBl 900	28714	851	13,39	6774	452	6,50	14,88	17,53	368
1/2 IPBl 1000	39837	1077	15,16	7002	467	6,35	16,43	19,76	410

Tabelle 6.12 ½ IPB nach DIN 1025-2 (1995-11) [A 4.1.2], entspricht ½ HE-B nach EN 53-62

T

Profil	h mm	b mm	s mm	t mm	r mm	e_y cm	z_M cm	A cm²	G kg/m	U m²/m
1/2 IPB 160	80	160	8	13	15	1,48	0,83	27,1	21,3	0,46
1/2 IPB 180	90	180	8,5	14	15	1,62	0,92	32,6	25,6	0,52
1/2 IPB 200	100	200	9	15	18	1,77	1,02	39,0	30,6	0,59
1/2 IPB 220	110	220	9,5	16	18	1,92	1,12	45,5	35,7	0,65
1/2 IPB 240	120	240	10	17	21	2,06	1,21	53,0	41,6	0,71
1/2 IPB 260	130	260	10	17,5	24	2,17	1,29	59,2	46,5	0,77
1/2 IPB 280	140	280	10,5	18	24	2,32	1,42	65,7	51,6	0,83
1/2 IPB 300	150	300	11	19	27	2,47	1,52	74,5	58,5	0,89
1/2 IPB 320	160	300	11,5	20,5	27	2,68	1,65	80,7	63,3	0,91
1/2 IPB 340	170	300	12	21,5	27	2,91	1,83	85,4	67,1	0,93
1/2 IPB 360	180	300	12,5	22,5	27	3,15	2,02	90,3	70,9	0,95
1/2 IPB 400	200	300	1,5	24	27	1,61	0,41	77,8	61,0	0,98
1/2 IPB 450	225	300	14	26	27	4,23	2,93	109,0	85,6	1,03
1/2 IPB 500	250	300	14,5	28	27	4,82	3,42	119,3	93,7	1,07
1/2 IPB 550	275	300	15	29	27	5,49	4,04	127,0	99,7	1,12
1/2 IPB 600	300	300	15,5	30	27	6,20	4,70	135,0	106	1,17
1/2 IPB 650	325	300	16	31	27	6,94	5,39	143,2	112	1,22
1/2 IPB 700	350	300	17	32	27	7,82	6,22	153,2	120	1,27
1/2 IPB 800	400	300	17,5	33	30	9,39	7,74	167,1	131	1,37
1/2 IPB 900	450	300	18,5	35	30	11,11	9,36	185,6	146	1,46
1/2 IPB 1000	500	300	19	36	30	12,87	11,1	200,0	157	1,56

Statische Werte

Profil	I_y cm⁴	W_y cm³	i_y cm	I_z cm⁴	W_z cm³	i_z cm	i_p cm	i_M cm	I_T cm⁴
1/2 IPB 160	91,3	14	1,83	444	55,5	4,05	4,44	4,52	15,6
1/2 IPB 180	139	18,9	2,07	681	75,7	4,57	5,02	5,10	21,0
1/2 IPB 200	204	24,8	2,29	1002	100	5,07	5,56	5,65	29,6
1/2 IPB 220	289	31,8	2,52	1422	129	5,59	6,13	6,23	38,3
1/2 IPB 240	397	40	2,74	1961	163	6,08	6,67	6,78	51,3
1/2 IPB 260	512	47	2,94	2567	197	6,58	7,21	7,33	61,9
1/2 IPB 280	673	58	3,20	3297	236	7,09	7,78	7,90	71,9
1/2 IPB 300	871	69	3,42	4281	285	7,58	8,31	8,45	92,6
1/2 IPB 320	1097	82	3,69	4619	308	7,57	8,42	8,58	113
1/2 IPB 340	1362	97	3,99	4845	323	7,53	8,52	8,72	129
1/2 IPB 360	1671	113	4,30	5071	338	7,49	8,64	8,87	146
1/2 IPB 400	364	20	2,16	5402	360	8,33	8,61	8,62	133
1/2 IPB 450	3566	195	5,72	5861	391	7,33	9,30	9,75	220
1/2 IPB 500	5020	249	6,49	6312	421	7,27	9,75	10,33	269
1/2 IPB 550	6834	311	7,33	6538	436	7,17	10,26	11,03	299
1/2 IPB 600	9060	381	8,19	6765	451	7,08	10,83	11,80	333
1/2 IPB 650	11746	459	9,06	6992	466	6,99	11,44	12,64	369
1/2 IPB 700	15281	562	9,99	7220	481	6,87	12,12	13,62	414
1/2 IPB 800	22998	751	11,73	7452	497	6,68	13,50	15,56	472
1/2 IPB 900	33768	996	13,49	7908	527	6,53	14,98	17,66	567
1/2 IPB 1000	46562	1254	15,26	8138	543	6,38	16,54	19,90	625

Tabelle 6.13 ½ IPBv nach DIN 1025-4 (1994-03) [A 4.1.4], entspricht ½ HE-M nach EN 53-62

Profil	h mm	b mm	s mm	t mm	r mm	e_y cm	z_M cm	A cm²	G kg/m	U m²/m
1/2 IPBv 160	90	166	14	23	15	2,05	0,90	48,5	38,1	0,49
1/2 IPBv 180	100	186	14,5	24	15	2,20	1,00	56,6	44,5	0,55
1/2 IPBv 200	110	206	15	25	18	2,35	1,10	65,6	51,5	0,60
1/2 IPBv 220	120	226	15,5	26	18	2,50	1,20	74,7	58,7	0,66
1/2 IPBv 240	135	248	18	32	21	2,89	1,29	99,8	78,3	0,73
1/2 IPBv 260	145	268	18	32,5	24	3,01	1,39	109,8	86,2	0,79
1/2 IPBv 280	155	288	18,5	33	24	3,15	1,50	120,1	94,3	0,85
1/2 IPBv 300	170	310	21	39	27	3,55	1,60	151,5	119	0,91
1/2 IPBv 320	179,5	309	21	40	27	3,74	1,74	156,0	123	0,93
1/2 IPBv 340	188,5	309	21	40	27	3,91	1,91	157,9	124	0,95
1/2 IPBv 360	197,5	308	21	40	27	4,10	2,10	159,4	125	0,96
1/2 IPBv 400	216	307	21	40	27	4,50	2,50	162,9	128	1,00
1/2 IPBv 450	239	307	21	40	27	5,03	3,03	167,7	132	1,04
1/2 IPBv 500	262	306	21	40	27	5,59	3,59	172,1	135	1,09
1/2 IPBv 550	286	306	21	40	27	6,22	4,22	177,2	139	1,13
1/2 IPBv 600	310	305	21	40	27	6,88	4,88	181,8	143	1,18
1/2 IPBv 650	334	305	21	40	27	7,56	5,56	186,9	147	1,23
1/2 IPBv 700	358	304	21	40	27	8,28	6,28	191,5	150	1,27
1/2 IPBv 800	407	303	21	40	30	9,81	7,81	202,1	159	1,37
1/2 IPBv 900	455	302	21	40	30	11,4	9,41	211,8	166	1,47
1/2 IPBv 1000	504	302	21	40	30	13,1	11,1	222,1	174	1,57

Statische Werte

Profil	I_y cm⁴	W_y cm³	i_y cm	I_z cm⁴	W_z cm³	i_z cm	i_p cm	i_M cm	I_T cm⁴
1/2 IPBv 160	205	29,5	2,05	879	106	4,26	4,73	4,81	80,8
1/2 IPBv 180	296	37,9	2,29	1290	139	4,77	5,29	5,39	101
1/2 IPBv 200	413	47,8	2,51	1826	177	5,27	5,84	5,94	129
1/2 IPBv 220	561	59,1	2,74	2506	222	5,79	6,41	6,52	157
1/2 IPBv 240	918	86,5	3,03	4076	329	6,39	7,07	7,19	313
1/2 IPBv 260	1156	101	3,24	5224	390	6,90	7,62	7,75	358
1/2 IPBv 280	1463	119	3,49	6581	457	7,40	8,18	8,32	402
1/2 IPBv 300	2170	161	3,78	9702	626	8,00	8,85	8,99	701
1/2 IPBv 320	2551	179	4,04	9855	638	7,95	8,92	9,08	747
1/2 IPBv 340	2952	198	4,32	9855	638	7,90	9,01	9,21	749
1/2 IPBv 360	3392	217	4,61	9761	634	7,83	9,08	9,32	750
1/2 IPBv 400	4432	259	5,22	9668	630	7,70	9,30	9,63	754
1/2 IPBv 450	5997	318	5,98	9670	630	7,59	9,66	10,13	761
1/2 IPBv 500	7876	382	6,76	9577	626	7,46	10,07	10,69	766
1/2 IPBv 550	10206	456	7,59	9579	626	7,35	10,57	11,38	773
1/2 IPBv 600	12924	536	8,43	9488	622	7,22	11,10	12,13	778
1/2 IPBv 650	16071	622	9,27	9490	622	7,13	11,70	12,95	786
1/2 IPBv 700	19645	714	10,13	9399	618	7,01	12,32	13,83	791
1/2 IPBv 800	28427	920	11,86	9314	615	6,79	13,66	15,74	820
1/2 IPBv 900	39051	1145	13,58	9226	611	6,60	15,10	17,79	832
1/2 IPBv 1000	52175	1399	15,33	9230	611	6,45	16,63	19,99	847

6.1.7 Walzprofile, Anreißmaße und Lochdurchmesser

Tabelle 6.14 Anreißmaße und Lochdurchmesser für warmgewalzte I-Träger

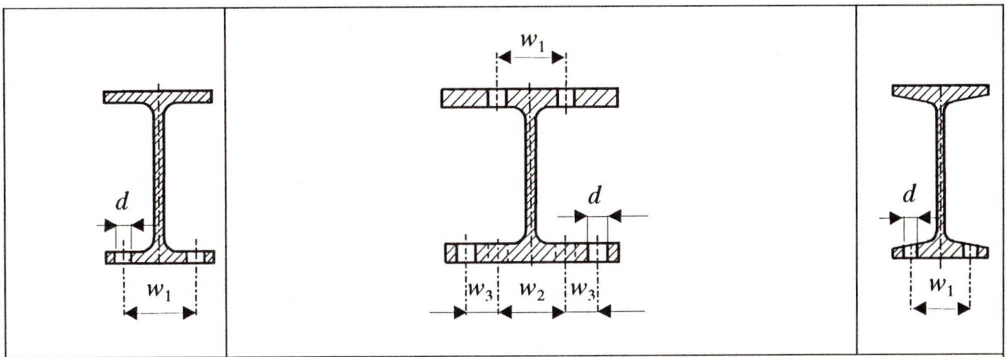

Maße in mm

Nennhöhe	IPE		HE-A			HE-B			HE-M			I	
	d	w_1	d	w_1, w_2	w_3	d	w_1, w_2	w_3	d	w_1, w_2	w_3	d	w_1
80	6,4	26	-	-	-	-	-	-	-	-	-	6,4	22
100	8,4	30	13	56	-	13	56	-	13	60	-	6,4	28
120	8,4	36	17	66	-	17	66	-	17	68	-	8,4	32
140	11	40	21	76	-	21	76	-	21	76	-	11	34
160	13	44	23	86	-	23	86	-	23	86	-	11	40
180	13	50	25	100	-	25	100	-	25	100	-	13	44
200	13	56	25	110	-	25	110	-	25	110	-	13	48
220	17	60	25	120	-	25	120	-	25	120	-	13	52
240	17	68	25	94	35	25	96	35	25/23	100	35	17/13	56
260	-	-	25	100	40	25	106	40	25	110	40	17	60
270	21/17	72	-	-	-	-	-	-	-	-	-	-	-
280	-	-	25	110	45	25	110	45	25	116	45	17	60
300	23	80	28	120	45	28	120	45	28	120	50	21/17	64
320	-	-	28	120	45	28	120	45	28	126	47	21/17	70
330	25/23	86	-	-	-	-	-	-	-	-	-	-	-
340	-	-	28	120	45	28	120	45	28	126	47	21	74
360	25	90	28	120	45	28	120	45	28	126	47	23/21	76
380	-	-	-	-	-	-	-	-	-	-	-	23/21	82
400	28/25	96	28	120	45	28	120	45	28	126	47	23	86
450	28	106	28	120	45	28	120	45	28	126	47	25/23	94
500	28	110	28	120	45	28	120	45	28	130	45	28	100
550	28	120	28	120	45	28	120	45	28	130	45	28	100
600	28	120	28	120	45	28	120	45	28	130	45	-	-
650	-	-	28	120	45	28	120	45	28	130	45	-	-
700	-	-	28	120	45	28	126	45	28	130	42	-	-
800	-	-	28	130	40	28	130	40	28	132	42	-	-
900	-	-	28	130	40	28	130	40	28	132	42	-	-
1000	-	-	28	130	40	28	130	40	28	132	42	-	-

Bei 2 Maßangaben für d ist das kleinere Maß für Schrauben von HV-Verbindungen anzuwenden.

Tabelle 6.15 Anreißmaße und Lochdurchmesser für gewalzte Profile U, T, Z, L

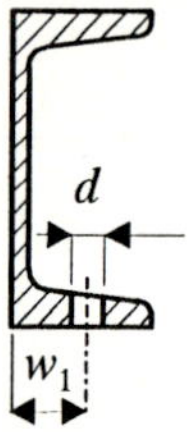

Nennhöhe	d mm	w_1 mm
50	11	20
60	8,4	18
65	11	25
80	13	25
100	13	30
120	17/13	30
140	17	35
160	21/17	35
180	21	40
200	23/21	40
220	23	45
240	25/23	45
260	25	50
280	25	50
300	28	55
320	28	58
350	28	58
380	28	60
400	28	60

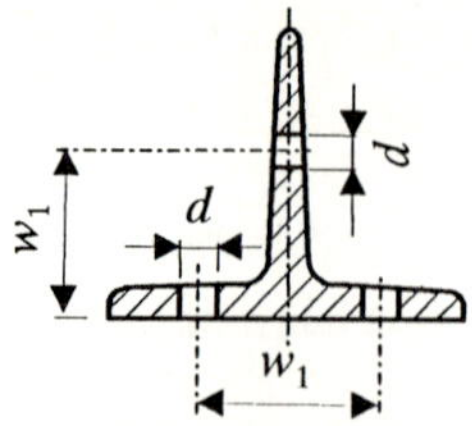

Nennhöhe	d mm	w_1 mm	w_3 mm
20	3,2	-	-
25	3,2	15	14
30	4,3	17	17
35	4,3	19	19
40	6,4	21	22
50	6,4	30	30
60	8,4	34	35
70	11	38	40
80	11	45	45
100	13	60	60
120	17	70	70
140	21	80	75

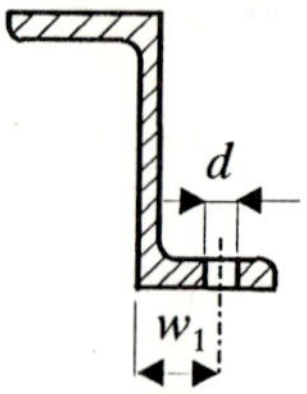

Nennhöhe	d mm	w_1 mm
30	11	20
40	11	22
50	11	25
60	13	25
80	13	30
100	17	30
120	17	35
140	17	35
160	21/17	35

Bei zwei Maßangaben für d ist das kleinere Maß für Schrauben von HV-Verbindungen anzuwenden.

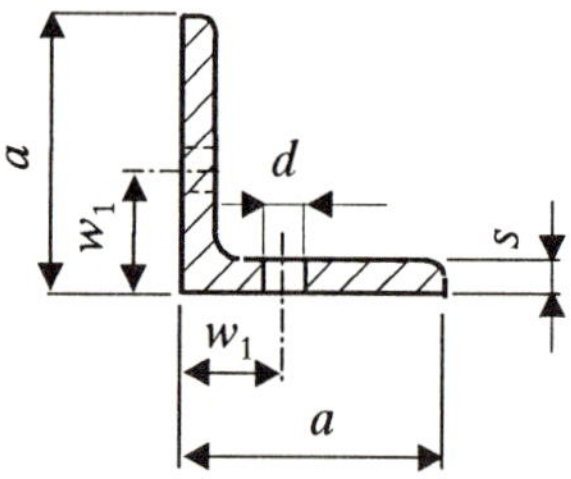

a x a mm	d mm	w_1 mm	a x a mm	d mm	w_1 mm
20 x **20**	4,3	12	**60** x **60**	17	35
25 x **25**	6,4	15	**65** x **65**	21	35
30 x **30**	8,4	17	**70** x **70**	21	40
35 x **35**	11	18	**75** x **70**	23	40
40 x **40**	11	22	**80** x **80**	23	45
45 x **45**	13	25	**90** x **90**	25	50
50 x **50**	13	30	**100** x **100**	25	55
55 x **55**	17	30	**110** x **110**	25	45

*) Angabe von s nur bei Abweichungen vom Normmaß

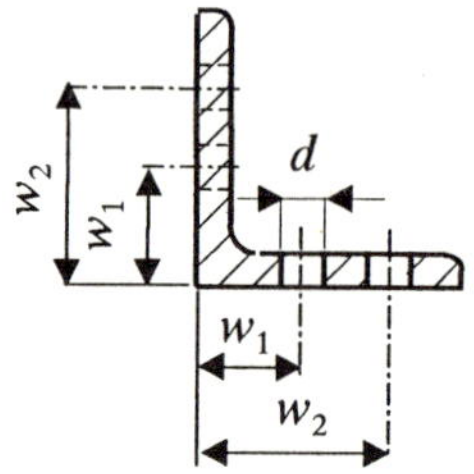

a x a x s*) mm	d mm	w_1 mm	w_2 mm
120 x **120**	25	50	80
130 x **130**	25	50	90
140 x **140**	28	55	95
150 x **150**	28	60	105
160 x **160**	28	60	115
180 x **180**	28	60	135
180 x **180** x **18**	28	60/65	135
200 x **200**	28	65	150
200 x **200** x **24**	28	65/70	150

Tabelle 6.16 Anreißmaße und Lochdurchmesser für gewalzte ungleichschenklige Winkel

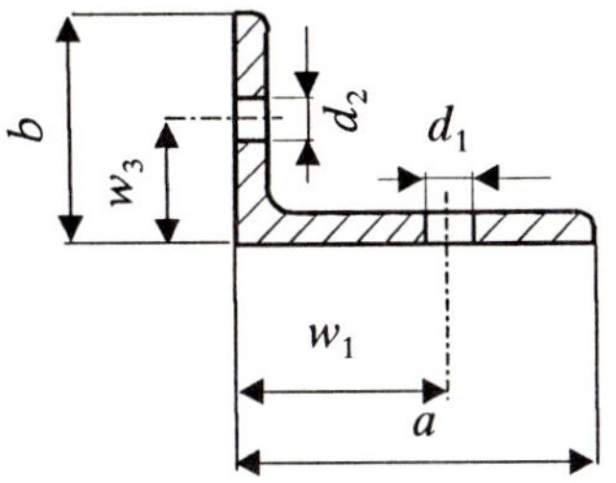

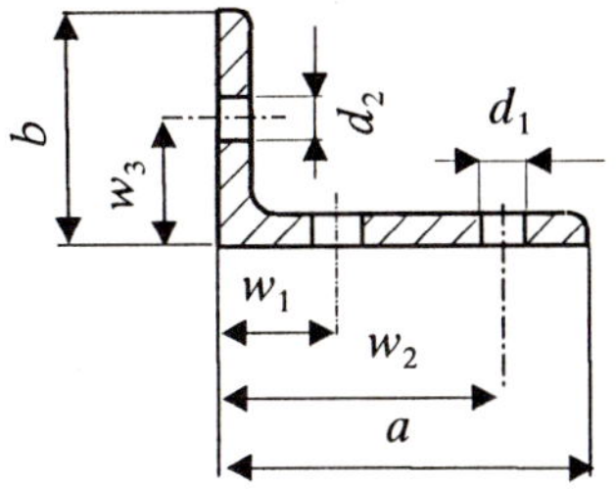

$a \times b \times s$	d_1 mm	d_2 mm	w_1 mm	w_3 mm
30 x 20	8,4	4,3	17	12
40 x 20	11	4,3	22	12
40 x 25	11	6,4	22	15
45 x 30	13	8,4	25	17
50 x 30	13	8,4	30	17
50 x 40	13	11	30	22
60 x 30	17	8,4	35	17
60 x 40	17	11	35	22
65 x 50	21	13	35	30
70 x 50	21	13	40	30
75 x 50	23	13	40	30
75 x 55	23	17	40	30
75 x 55 x 9	23	17/13	40	30
80 x 40	23	11	45	22
80 x 60	23	17	45	35
80 x 65	23	21	45	35
80 x 65 x10	23	21/17	45	35
90 x 60	25	17	50	35
100 x 50	25	13	55	30
100 x 50 x10	25	13	55	30
100 x 65	25	21	55	35
100 x 65 x9	25	21/17	55	35
100 x 65 x11	25	21/17	55	35/37
100 x 75	25	23	55	40
100 x 75 x11	25	23/21	55	40

$a \times b \times s$ *)	d_1 mm	d_2 mm	w_1 mm	w_2 mm	w_3 mm
120 x 80	25	23	50	80	45
130 x 65 x8	25	21/17	50	90	35
130 x 65 x10	25	21/17	50	90	35/36
130 x 65 x12	25	21/17	50	90	35/38
130 x 90	25	25	50	90	50
150 x 75 x 9	28	23	60	105	40
150 x 75 x11	28	23/21	60	105	40
150 x100	28	25	60	105	55
160 x 80	28	23	60	115	45
180 x 90	28	25	60	135	50
200 x 100	28	25	65	150	55

*) s nur bei Abweichungen vom Normmaß

Bei zwei Maßangaben für d ist das kleinere Maß für Schrauben von HV-Verbindungen anzuwenden.

6.2 Hohlprofile für den Stahlbau, Auswahl

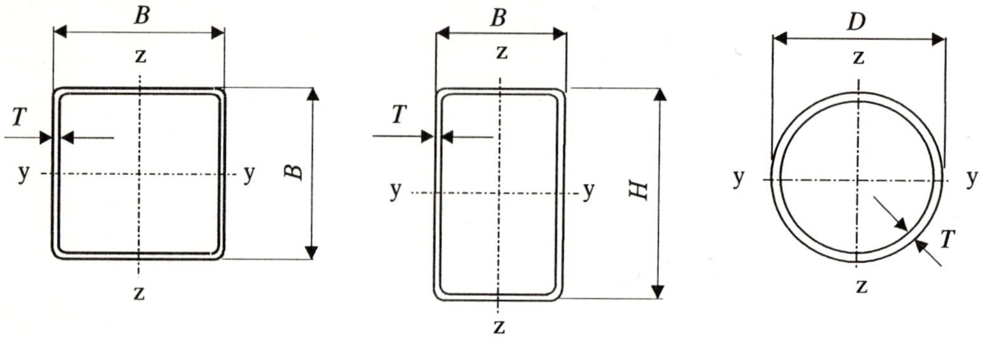

Für quadratische und kreisförmige Querschnitte: $I = I_y = I_z$, $W = W_y = W_z$, $i = i_y = i_z$

Tabelle 6.17 Quadratische-Hohlprofile, warmgefertigt nach DIN EN 10210-2 (1997-11) [A 1.4.24]

Maße		Werte									S 235
$B \times B$	T	A	G	U	I	W	i	I_T	C_1	W_{pl}	$N_{pl,k}$
mm	mm	cm²	kg/m	m²/m	cm⁴	cm³	cm	cm⁴	cm³	cm³	kN
40	**4**	5,59	4,39	0,156	11,8	5,91	1,45	19,5	8,54	7,44	134
	5	6,73	5,28	0,147	13,4	6,68	1,41	22,5	9,60	8,66	162
50	**4**	7,19	5,64	0,190	25,0	9,99	1,86	40,4	14,5	12,3	173
	5	8,73	6,85	0,187	28,9	11,6	1,82	47,6	16,7	14,5	209
	6	10,2	7,99	0,185	32,0	12,8	1,77	53,6	18,4	16,5	245
60	**4**	8,79	6,90	0,230	45,4	15,1	2,27	72,5	22,0	18,3	211
	6	12,6	9,87	0,225	59,9	20,0	2,18	98,6	28,8	25,1	302
	8	16,0	12,5	0,219	69,7	23,2	2,09	118	33,4	30,4	384
70	**4**	10,4	8,15	0,270	74,7	21,3	2,68	118	31,2	25,5	250
	6	15,0	11,8	0,265	101	28,7	2,59	163	41,6	35,5	360
	8	19,2	15,0	0,259	120	34,2	2,50	200	49,2	43,8	461
80	**4**	12,0	9,41	0,310	114	28,6	3,09	180	41,9	34,0	288
	6	17,4	13,6	0,305	156	39,1	3,00	252	56,8	47,8	417
	8	22,4	17,5	0,299	189	47,3	2,91	312	68,3	59,5	537
90	**4**	13,6	10,7	0,350	166	37,0	3,50	260	54,2	43,6	326
	6	19,8	15,5	0,345	230	51,1	3,41	367	74,3	61,8	475
	8	25,6	20,1	0,339	281	62,6	3,32	459	90,5	77,6	614
100	**4**	15,2	11,9	0,390	232	46,4	3,91	361	68,2	54,4	365
	6	22,2	17,4	0,385	323	64,6	3,82	513	94,3	77,6	533
	8	28,8	22,6	0,379	400	79,9	3,73	646	116	98,2	691
	10	34,9	27,4	0,374	462	92,4	3,64	761	133	116	837
120	**6**	27,0	21,2	0,465	579	96,6	4,63	911	141	115	648
	8	35,2	27,6	0,459	726	121	4,55	1160	176	146	845
	10	42,9	33,7	0,454	852	142	4,46	1382	206	175	1030
	12	50,3	39,5	0,449	958	160	4,36	1578	230	201	1207
140	**6**	31,8	24,9	0,545	944	135	5,45	1475	198	159	763
	8	41,6	32,6	0,539	1195	171	5,36	1892	249	204	998
	10	50,9	40,0	0,534	1416	202	5,27	2272	294	246	1222
	12	59,9	47,0	0,529	1609	230	5,18	2616	333	284	1438

Tabelle 6.17 Fortsetzung

Maße		Werte									S 235
$B \times B$ mm	T mm	A cm^2	G kg/m	U m^2/m	I cm^4	W cm^3	i cm	I_T cm^4	C_1 cm^3	W_{pl} cm^3	$N_{pl,k}$ kN
150	**6**	34,2	26,8	0,585	1174	156	5,86	1828	230	184	821
	8	44,8	35,1	0,579	1491	199	5,77	2351	291	237	1075
	10	54,9	43,1	0,574	1773	236	5,68	2832	344	286	1318
	12	64,7	50,8	0,569	2023	270	5,59	3272	391	331	1553
	16	83,0	65,2	0,559	2430	324	5,41	4026	467	411	1992
160	**6**	36,6	28,7	0,625	1437	180	6,27	2233	264	210	878
	8	48,0	37,6	0,619	1831	229	6,18	2880	335	272	1152
	10	58,9	46,3	0,614	2186	273	6,09	3478	398	329	1414
	12	69,5	54,6	0,609	2502	313	6,00	4028	454	382	1668
	16	89,4	70,2	0,599	3028	379	5,82	4988	546	476	2145
180	**6**	41,4	32,5	0,705	2077	231	7,09	3215	340	269	1233
	8	54,4	42,7	0,699	2661	296	7,00	4162	434	349	1306
	10	66,9	52,5	0,694	3193	355	6,91	5048	518	424	1606
	12	79,1	62,1	0,689	3677	409	6,82	5873	595	494	1898
	16	102	80,2	0,679	4504	500	6,64	7343	724	621	2448
200	**8**	60,8	47,7	0,779	3709	371	7,81	5778	545	436	1459
	10	74,9	58,8	0,774	4471	447	7,72	7031	655	531	1798
	12	88,7	69,6	0,769	5171	517	7,64	8208	754	621	2129
	16	115	90,3	0,759	6394	639	7,46	10340	927	785	2760
220	**8**	67,2	52,7	0,859	5002	455	8,63	7765	669	532	1613
	10	82,9	65,1	0,854	6050	550	8,54	9473	807	650	1990
	12	98,3	77,2	0,849	7023	638	8,45	11091	933	638	2359
	16	128	100	0,839	8749	795	8,27	14054	1156	969	3072
250	**8**	76,8	60,3	0,979	7455	596	9,86	11525	880	694	1843
	10	94,9	74,5	0,974	9055	724	9,77	14106	1065	851	2278
	12	113	88,5	0,969	10556	844	9,68	16567	1237	1000	2712
	16	147	115	0,959	13267	1061	9,50	21138	1546	1280	3528
260	**8**	80,0	62,8	1,02	8423	648	10,3	13006	956	753	1920
	10	89,9	77,7	1,01	10242	788	10,2	15932	1159	924	2158
	12	117	92,2	1,01	11954	920	10,1	18729	1384	1087	2808
	16	153	120	0,999	15061	1159	9,91	23942	1689	1394	3672
300	**8**	92,8	72,8	1,18	13128	875	11,9	20194	1294	1013	2227
	10	115	90,2	1,17	16026	1068	11,8	24807	1575	1246	2760
	12	137	107	1,17	18777	1252	11,7	29249	1840	1470	3288
	16	179	141	1,16	23855	1590	11,5	37622	2325	1895	4296
350	**8**	109	85,4	1,38	21129	1207	13,9	32384	1789	1392	2616
	10	135	106	1,37	25884	1479	13,9	39886	2185	1715	3240
	12	161	126	1,37	30435	1739	13,8	47154	2563	2030	3864
	16	211	166	1,36	38942	2225	13,6	60990	3264	2630	5064
400	**10**	155	122	1,57	39128	1956	15,9	60092	2895	2260	3720
	12	185	145	1,57	46130	2306	15,8	71181	3405	2679	4440
	16	243	191	1,56	59344	2967	15,6	92442	4362	3484	5832
	20	300	235	1,55	71535	3577	15,4	112489	5237	4247	7200

Bei Stahl S 355 gelten für $N_{pl,k}$ die 1,5 fachen Werte.

Tabelle 6.18 Rechteckige-Hohlprofile, warmgefertigt nach DIN EN 10210-2 [A 1.4.24]

Nennmaße		Querschnittsfläche, Gewicht, Mantelfläche							
H x *B* mm	*T* mm	*A* cm^2	*G* kg/m	*U* m^2/m	*H* x *B* mm	*T* mm	*A* cm^2	*G* kg/m	*U* m^2/m
50 x 30	**4**	5,59	4,39	0,150	**200 x 100**	**4**	23,2	18,2	0,590
60 x 40	**4**	7,19	5,64	0,190		**6**	34,2	26,8	0,585
	6	10,2	7,99	0,185		**8**	44,8	35,1	0,579
80 x 40	**4**	8,79	6,90	0,230		**10**	54,9	43,1	0,574
	6	12,6	9,87	0,225		**12**	64,7	50,8	0,569
	8	16,0	12,5	0,219		**16**	83,0	65,2	0,559
90 x 50	**4**	10,4	8,15	0,270	**200 x 120**	**6**	36,6	28,7	0,625
	6	15,0	11,8	0,265		**8**	48,0	37,6	0,619
	8	19,2	15,0	0,259		**10**	58,9	46,3	0,614
100 x 50	**4**	11,2	8,78	0,290		**12**	69,5	54,6	0,609
	6	16,2	12,7	0,285	**250 x 150**	**6**	46,2	36,2	0,785
	8	20,8	16,3	0,279		**8**	60,8	47,7	0,779
100 x 60	**4**	12,0	9,41	0,310		**10**	74,9	58,8	0,774
	6	17,4	13,6	0,305		**12**	88,7	69,6	0,769
	8	22,4	17,5	0,299		**16**	115	90,3	0,759
120 x 60	**4**	13,6	10,7	0,350	**260 x 180**	**6**	51,0	40,0	0,865
	6	19,8	15,5	0,345		**8**	67,2	52,7	0,859
	8	25,6	20,1	0,339		**10**	82,9	65,1	0,854
	10	30,9	24,3	0,334		**12**	98,3	77,2	0,849
120 x 80	**4**	15,2	11,9	0,390		**16**	128	100	0,839
	6	22,2	17,4	0,385	**300 x 200**	**6**	58,2	45,7	0,985
	8	28,8	22,6	0,379		**8**	76,8	60,3	0,979
	10	34,9	27,4	0,374		**10**	94,9	74,5	0,974
140 x 80	**4**	16,8	13,2	0,430		**12**	113	88,5	0,969
	6	24,6	19,3	0,425		**16**	147	115	0,959
	8	32,0	25,1	0,419	**350 x 250**	**6**	70,2	55,1	1,18
	10	38,9	30,6	0,414		**8**	92,8	72,8	1,18
150 x 100	**4**	19,2	15,1	0,490		**10**	115	90,2	1,17
	6	28,2	22,1	0,485		**12**	137	107	1,17
	8	36,8	28,9	0,479		**16**	179	141	1,16
	10	44,9	35,3	0,474	**400 x 200**	**8**	92,8	72,8	1,18
	12	52,7	41,4	0,469		**10**	115	90,2	1,17
160 x 80	**4**	18,4	14,4	0,470		**12**	137	107	1,17
	6	27,0	21,2	0,465		**16**	179	141	1,16
	8	35,2	27,6	0,459	**450 x 250**	**8**	109	85,4	1,38
	10	42,9	33,7	0,454		**10**	135	106	1,37
	12	50,3	39,5	0,449		**12**	161	126	1,37
180 x 100	**4**	21,6	16,9	0,550		**16**	211	166	1,36
	6	31,8	24,9	0,545	**500 x 300**	**10**	155	122	1,57
	8	41,6	32,6	0,539		**12**	185	145	1,57
	10	50,9	40,0	0,534		**16**	243	191	1,56
	12	59,9	47,0	0,529		**20**	300	235	1,55

Tabelle 6.18 Fortsetzung

Nennmaße		Statische Werte									
$H \times B$ mm	T mm	I_y cm^4	W_y cm^3	i_y cm	I_z cm^4	W_z cm^3	i_z cm	I_T cm^4	C_1 cm^3	$W_{pl,y}$ cm^3	$W_{pl,z}$ cm^3
50 x 30	**4**	16,5	6,60	1,72	7,08	4,72	1,13	16,6	7,77	8,59	5,88
60 x 40	**4**	32,8	10,9	2,14	17,0	8,52	1,54	36,7	13,7	13,8	10,3
	6	42,3	14,1	2,04	21,4	10,7	1,45	48,2	17,3	18,6	13,7
80 x 40	**4**	68,2	17,1	2,79	22,2	11,1	1,59	55,2	18,9	21,8	13,2
	6	90,5	22,6	2,68	28,5	14,2	1,50	73,4	24,2	30,0	17,8
	8	106	26,5	2,58	32,1	16,1	1,42	85,8	27,4	36,5	21,2
90 x 50	**4**	107	23,8	3,21	41,9	16,8	2,01	97,5	28,0	29,8	19,6
	6	145	32,2	3,11	55,4	22,1	1,92	133	37,0	41,6	27,0
	8	174	38,6	3,01	64,6	25,8	1,84	160	43,2	51,4	32,9
100 x 50	**4**	140	27,9	3,53	46,2	18,5	2,03	113	31,4	35,2	21,5
	6	190	38,1	3,43	61,2	24,5	1,95	154	41,6	49,4	29,7
	8	230	46,0	3,33	71,7	28,7	1,86	186	48,9	61,4	36,3
100 x 60	**4**	158	31,6	3,63	70,5	23,5	2,43	156	38,7	39,1	27,3
	6	217	43,4	3,53	95,0	31,7	2,34	216	52,1	55,1	38,1
	8	264	52,8	3,44	113	37,8	2,25	265	62,2	68,7	47,1
120 x 60	**4**	249	41,5	4,28	83,1	27,7	2,47	201	47,1	51,9	31,7
	6	345	57,5	4,18	113	37,5	2,39	279	63,8	73,6	44,5
	8	425	70,8	4,08	135	45,0	2,30	344	76,6	92,7	55,4
	10	488	81,4	3,97	152	50,5	2,21	396	86,1	109	64,4
120 x 80	**4**	303	50,4	4,46	161	40,2	3,25	330	65,0	61,2	46,1
	6	423	70,6	4,37	222	55,6	3,17	468	89,6	87,3	65,5
	8	525	87,5	4,27	273	68,1	3,08	587	110	111	82,6
	10	609	102	4,18	313	78,1	2,99	688	126	131	97,3
140 x 80	**4**	441	62,9	5,12	184	46,0	3,31	411	76,5	77,1	52,2
	6	621	88,7	5,03	255	63,8	3,22	583	106	111	74,4
	8	776	111	4,93	314	78,5	3,14	733	130	141	94,1
	10	908	130	4,83	362	90,5	3,05	862	150	168	111
150 x 100	**4**	607	81,0	5,63	324	64,8	4,11	660	105	97,4	73,6
	6	862	115	5,53	456	91,2	4,02	946	147	141	106
	8	1087	145	5,44	569	114	3,94	1203	183	180	135
	10	1282	171	5,34	665	133	3,85	1432	214	216	161
	12	1450	193	5,25	745	149	3,76	1633	240	249	185
160 x 80	**4**	612	76,5	5,77	207	51,7	3,35	493	88,1	94,7	58,3
	6	868	108	5,67	288	72,0	3,27	701	122	136	83,3
	8	1091	136	5,57	356	89,0	3,18	883	151	175	106
	10	1284	161	5,47	411	103	3,10	1041	175	209	125
	12	1449	181	5,37	455	114	3,01	1175	194	240	142
180 x 100	**4**	945	105	6,61	379	75,9	4,19	852	127	128	85,2
	6	1350	150	6,52	536	107	4,11	1224	179	186	123
	8	1713	190	6,42	671	134	4,02	1560	224	239	157
	10	2036	226	6,32	787	157	3,93	1862	263	288	188
	12	2320	258	6,22	886	177	3,85	2130	296	333	216

Tabelle 6.18 Fortsetzung

Nennmaße		Statische Werte									
$H \times B$ mm	T mm	I_y cm^4	W_y cm^3	i_y cm	I_z cm^4	W_z cm^3	i_z cm	I_T cm^4	C_1 cm^3	$W_{pl,y}$ cm^3	$W_{pl,z}$ cm^3
200 x 100	**4**	1223	122	7,26	416	83,2	4,24	983	142	150	92,8
	6	1754	175	7,16	589	118	4,15	1414	200	218	134
	8	2234	223	7,06	739	148	4,06	1804	251	282	172
	10	2664	266	6,96	869	174	3,98	2156	295	341	206
	12	3047	305	6,86	979	196	3,89	2469	333	395	237
	16	3678	368	6,66	1147	229	3,72	2982	391	491	290
200 x 120	**6**	1980	198	7,36	892	149	4,94	1942	245	242	169
	8	2529	253	7,26	1128	188	4,85	2495	310	313	218
	10	3026	303	7,17	1337	223	4,76	3001	367	379	263
	12	3472	347	7,07	1520	253	4,68	3461	417	440	305
250 x 150	**6**	3965	317	9,27	1796	239	6,24	3877	396	385	270
	8	5111	409	9,17	2298	306	6,15	5021	506	501	350
	10	6174	494	9,08	2755	367	6,06	6090	605	611	426
	12	7154	572	8,98	3168	422	5,98	7088	695	715	497
	16	8879	710	8,79	3873	516	5,80	8868	849	906	625
260 x 180	**6**	4942	380	9,85	2804	312	7,42	5554	502	454	353
	8	6390	492	9,75	3608	401	7,33	7221	644	592	459
	10	7741	595	9,66	4351	483	7,24	8798	775	724	560
	12	8999	692	9,57	5034	559	7,16	10285	895	849	656
	16	11245	865	9,38	6231	692	6,98	12993	1106	1081	831
300 x 200	**6**	7486	499	11,3	4013	401	8,31	8100	651	596	451
	8	9717	648	11,3	5184	518	8,22	10562	840	779	589
	10	11819	788	11,2	6278	628	8,13	12908	1015	956	721
	12	13797	920	11,1	7294	729	8,05	15137	1178	1124	847
	16	17390	1159	10,9	9109	911	7,87	19252	1468	1441	1080
350 x 250	**6**	12616	721	13,4	7538	603	10,4	14529	967	852	677
	8	16449	940	13,3	9798	784	10,3	19027	1254	1118	888
	10	20102	1149	13,2	11937	955	10,2	23354	1525	1375	1091
	12	23577	1347	13,1	13957	1117	10,1	27513	1781	1624	1286
	16	30011	1715	12,9	17654	1412	9,93	35325	2246	2095	1655
400 x 200	**8**	19562	978	14,5	6660	666	8,47	15735	1135	1203	743
	10	23914	1196	14,4	8084	808	8,39	19259	1376	1480	911
	12	28059	1403	14,3	9418	942	8,30	22622	1602	1748	1072
	16	35738	1787	14,1	11824	1182	8,13	28871	2010	2256	1374
450 x 250	**8**	30082	1337	16,6	12142	971	10,6	27083	1629	1622	1081
	10	36895	1640	16,5	14819	1185	10,5	33284	1986	2000	1331
	12	43434	1930	16,4	17359	1389	10,4	39260	2324	2367	1572
	16	55705	2476	16,2	22041	1763	10,2	50545	2947	3070	2029
500 x 300	**10**	53762	2150	18,6	24439	1629	12,6	52450	2696	2595	1826
	12	63446	2538	18,5	28736	1916	12,5	62039	3167	3077	2161
	16	81783	3271	18,3	36768	2451	12,3	80329	4044	4005	2804
	20	98777	3951	18,2	44078	2939	12,1	97447	4842	4885	3408

Tabelle 6.19 Kreisrunde Hohlprofile warmgefertigt nach DIN EN 10210-2 [A 1.4.24]

Nennmaße		Werte								
D mm	T mm	A cm²	G kg/m	U m²/m	I cm⁴	W cm³	i cm	I_T cm⁴	W_T cm³	W_{pl} cm³
42,4	**2,6**	3,25	2,55	0,133	6,46	3,05	1,41	12,9	6,10	4,12
	4,0	4,83	3,79	0,133	8,99	4,24	1,36	18,0	8,48	5,92
48,3	**2,6**	3,73	2,93	0,152	9,78	4,05	1,62	19,6	8,10	5,44
	5,0	6,80	5,34	0,152	16,2	6,69	1,54	32,3	13,4	9,42
60,3	**2,6**	4,71	3,70	0,189	19,7	6,52	2,04	39,3	13,0	8,66
	5,0	8,69	6,82	0,189	33,5	11,1	1,96	67,0	22,2	15,3
76,1	**2,6**	6,00	4,71	0,239	40,6	10,7	2,60	81,2	21,3	14,1
	5,0	11,2	8,77	0,239	70,9	18,6	2,52	142	37,3	25,3
88,9	**3,2**	8,62	6,76	0,279	79,2	17,8	3,03	158	35,6	23,5
	5,0	13,2	10,3	0,279	116	26,2	2,97	233	52,4	35,2
	6,3	16,3	12,8	0,279	140	31,5	2,93	280	63,1	43,1
101,6	**3,2**	9,89	7,77	0,319	120	23,6	3,48	240	47,2	31,0
	6,3	18,9	14,8	0,319	215	42,3	3,38	430	84,7	57,3
	10	28,8	22,6	0,319	305	60,1	3,26	611	120	84,2
114,3	**3,2**	11,2	8,77	0,359	172	30,2	3,93	345	60,4	39,5
	6,3	21,4	16,8	0,359	313	54,7	3,82	625	109	73,6
	10	32,8	25,7	0,359	450	78,7	3,70	899	157	109
139,7	**4,0**	17,1	13,4	0,439	393	56,2	4,80	786	112	73,7
	8,0	33,1	26,0	0,439	720	103	4,66	1441	206	139
	12,5	50,0	39,2	0,439	1020	146	4,52	2040	292	203
168,3	**4,0**	20,6	16,2	0,529	697	82,8	5,81	1394	166	108
	8,0	40,3	31,6	0,529	1297	154	5,67	2595	308	206
	10	49,7	39,0	0,529	1564	186	5,61	3128	372	251
	12,5	61,2	48,0	0,529	1868	222	5,53	3737	444	304
177,8	**5,0**	27,1	21,3	0,559	1014	114	6,11	2028	228	149
	8,0	42,7	33,5	0,559	1541	173	6,01	3083	347	231
	10	52,7	41,4	0,559	1862	209	5,94	3724	419	282
	12,5	64,9	51,0	0,559	2230	251	5,86	4460	502	342
193,7	**5,0**	29,6	23,3	0,609	1320	136	6,67	2640	273	178
	8,0	46,7	36,6	0,609	2016	208	6,57	4031	416	276
	10	57,7	45,3	0,609	2442	252	6,50	4883	504	338
	12,5	71,2	55,9	0,609	2934	303	6,42	5869	606	411
	16	89,3	70,1	0,609	3554	367	6,31	7109	734	507
219,1	**5,0**	33,6	26,4	0,688	1928	176	7,57	3856	352	229
	8,0	53,1	41,6	0,688	2960	270	7,47	5919	540	357
	10	65,7	51,6	0,688	3598	328	7,40	7197	657	438
	12,5	81,1	63,7	0,688	4345	397	7,32	8689	793	534
	16	102	80,1	0,688	5297	483	7,20	10593	967	661
	20	125	98,2	0,688	6261	572	7,07	12523	1143	795
244,5	**5,0**	37,6	29,5	0,768	2699	221	8,47	5397	441	287
	8,0	59,4	46,7	0,768	4160	340	8,37	8321	681	448
	10	73,7	57,8	0,768	5073	415	8,30	10146	830	550
	12,5	91,1	71,5	0,768	6147	503	8,21	12295	1006	673
	16	115	90,2	0,768	7533	616	8,10	15066	1232	837
	20	141	111	0,768	8957	733	7,97	17914	1465	1011
	25	172	135	0,768	10517	860	7,81	21034	1721	1210

Tabelle 6.19 Fortsetzung

Nennmaße		Werte								
D mm	T mm	A cm²	G kg/m	U m²/m	I cm⁴	W cm³	i cm	I_T cm⁴	W_T cm³	W_{pl} cm³
273,0	**5**	42,1	33,0	0,858	3781	277	9,48	7562	554	359
	10	82,6	64,9	0,858	7154	524	9,31	14308	1048	692
	16	129	101	0,858	10707	784	9,10	21414	1569	1058
	20	159	125	0,858	12798	938	8,97	25597	1875	1283
	25	195	153	0,858	15127	1108	8,81	30254	2216	1543
323,9	**5**	50,1	39,3	1,02	6369	393	11,3	12739	787	509
	10	98,6	77,4	1,02	12158	751	11,1	24317	1501	986
	16	155	121	1,02	18390	1136	10,9	36780	2271	1518
	20	191	150	1,02	22139	1367	10,8	44278	2734	1850
	25	235	184	1,02	26400	1630	10,6	52800	3260	2239
355,6	**6**	65,9	51,7	1,12	10071	566	12,4	20141	1133	733
	10	109	85,2	1,12	16223	912	12,2	32447	1825	1195
	16	171	134	1,12	24663	1387	12,0	49326	2774	1847
	20	211	166	1,12	29792	1676	11,9	59583	3351	2255
	25	260	204	1,12	35677	2007	11,7	71353	4013	2738
406,4	**6,0**	75,5	59,2	1,28	15128	745	14,2	30257	1489	962
	10	125	97,8	1,28	24476	1205	14,0	48952	2409	1572
	16	196	154	1,28	37449	1843	13,8	74898	3686	2440
	20	243	191	1,28	45432	2236	13,7	90864	4472	2989
	25	300	235	1,28	54702	2692	13,5	109404	5384	3642
	30	355	278	1,28	63224	3111	13,3	126447	6223	4259
	40	460	361	1,28	78186	3848	13,0	156373	7696	5391
457	**6**	85,0	66,7	1,44	21618	946	15,9	43236	1892	1220
	10	140	110	1,44	35091	1536	15,8	70183	3071	1998
	16	222	174	1,44	53959	2361	15,6	107919	4723	3113
	20	275	216	1,44	65681	2874	15,5	131363	5749	3822
	25	339	266	1,44	79415	3475	15,3	158830	6951	4671
	30	402	316	1,44	92173	4034	15,1	184346	8068	5479
	40	524	411	1,44	114949	5031	14,8	229898	10061	6977
508	**6**	94,6	74,3	1,60	29812	1174	17,7	59623	2347	1512
	10	156	123	1,60	48520	1910	17,6	97040	3820	2480
	16	247	194	1,60	74909	2949	17,4	149818	5898	3874
	20	307	241	1,60	91428	3600	17,3	182856	7199	4766
	25	379	298	1,60	110918	4367	17,1	221837	8734	5837
	30	451	354	1,60	129173	5086	16,9	258346	10171	6864
	40	588	462	1,60	162188	6385	16,6	324376	12771	8782
	50	719	565	1,60	190885	7515	16,3	381770	15030	10530
610	**6**	114	89,4	1,92	51924	1702	21,4	103847	3405	2189
	10	188	148	1,92	84847	2782	21,2	169693	5564	3600
	16	299	234	1,92	131781	4321	21,0	263563	8641	5647
	20	371	291	1,92	161490	5295	20,9	322979	10589	6965
	25	459	361	1,92	196906	6456	20,7	393813	12912	8561
	30	547	429	1,92	230476	7557	20,5	460952	15113	10101
	40	716	562	1,92	292333	9585	20,2	584666	19169	13017
	50	880	691	1,92	347570	11396	19,9	695140	22791	15722

Tabelle 6.19 Fortsetzung

Nennmaße		Werte								
D mm	T mm	A cm²	G kg/m	U m²/m	I cm⁴	W cm³	i cm	I_T cm⁴	W_T cm³	W_{pl} cm³
711	**6**	133	104	2,23	82568	2323	24,9	165135	4645	2982
	10	220	173	2,23	135301	3806	24,8	270603	7612	4914
	16	349	274	2,23	211040	5936	24,6	422080	11873	7730
	20	434	341	2,23	259351	7295	24,4	518702	14591	9552
	30	642	504	2,23	372790	10486	24,1	745580	20973	13922
	40	843	662	2,23	476242	13396	23,8	952485	26793	18031
	50	1038	815	2,23	570312	16043	23,4	1140623	32085	21888
	60	1227	963	2,23	655583	18441	23,1	1311166	36882	25500
762	**6**	143	112	2,39	101813	2672	26,7	203626	5345	3429
	10	236	185	2,39	167028	4384	26,6	334057	8768	5655
	20	466	366	2,39	321083	8427	26,2	642166	16855	11014
	30	690	542	2,39	462853	12148	25,9	925706	24297	16084
	40	907	712	2,39	593011	15565	25,6	1186021	31129	20873
	50	1118	878	2,39	712207	18693	25,2	1424414	37386	25389
813	**8**	202	159	2,55	163901	4032	28,5	327801	8064	5148
	12	302	237	2,55	242235	5959	28,3	484469	11918	7700
	16	401	314	2,55	318222	7828	28,2	636443	15657	10165
	20	498	391	2,55	391909	9641	28,0	783819	19282	12580
	25	619	486	2,55	480856	11829	27,9	961713	23658	15529
	30	738	579	2,55	566374	13933	27,7	1132748	27866	18402
914	**8**	228	179	2,87	233651	5113	32,0	467303	10225	6567
	12	340	267	2,87	345890	7569	31,9	691779	15137	9764
	16	451	354	2,87	455142	9959	31,8	910284	19919	12904
	20	562	441	2,87	561461	12286	31,6	1122922	24572	15987
	25	698	548	2,87	690317	15105	31,4	1380634	30211	19763
	30	833	654	2,87	814775	17829	31,3	1629550	35658	23453
1016	**8**	253	199	3,19	321780	6334	35,6	643560	12668	8129
	12	378	297	3,19	476985	9389	35,5	953969	18779	12097
	16	503	395	3,19	628479	12372	35,4	1256959	24743	16001
	20	626	491	3,19	776324	15282	35,2	1552648	30564	19843
	25	778	611	3,19	956086	18821	35,0	1912173	37641	24557
	30	929	729	3,19	1130352	22251	34,9	2260704	44502	29175
1067	**10**	332	261	3,35	463792	8693	37,4	927585	17387	11173
	16	528	415	3,35	729606	13676	37,2	1459213	27352	17675
	20	658	516	3,35	901755	16903	37,0	1803509	33805	21927
	25	818	642	3,35	1111355	20831	36,9	2222711	41663	27149
	30	977	767	3,35	1314864	24646	36,7	2629727	49292	32270
1168	**10**	364	286	3,67	609843	10443	40,9	1219686	20885	13410
	16	579	455	3,67	960774	16452	40,7	1921547	32903	21235
	20	721	566	3,67	1188632	20353	40,6	2377264	40707	26361
	25	898	705	3,67	1466717	25115	40,4	2933434	50230	25115
1219	**10**	380	298	3,83	694014	11387	42,7	1388029	22773	14617
	16	605	475	3,83	1094091	17951	42,5	2188183	35901	23157
	20	753	591	3,83	1354155	22217	42,4	2708309	44435	28755
	25	938	736	3,83	1671873	27430	42,2	3343746	54860	35646

6.3 Andere Walzerzeugnisse

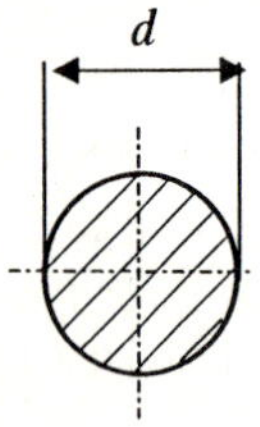

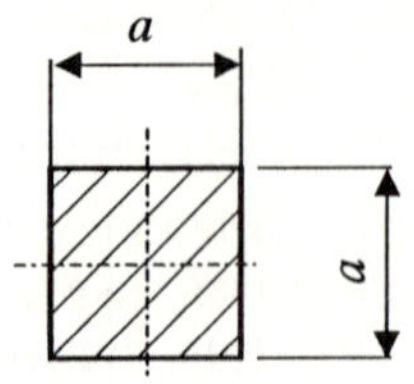

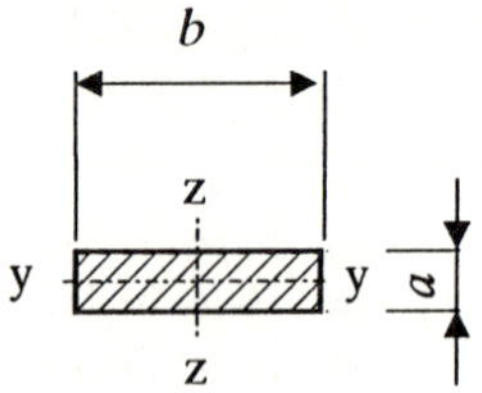

Tabelle 6.20 Warmgewalzter Rundstahl nach DIN 1013-1 [A 1.4.17]

d mm	*A* cm²	*G* kg/m	*U* m²/m	*I* cm⁴	*W* cm³	*d* mm	*A* cm²	*G* kg/m	*U* m²/m	*I* cm⁴	*W* cm³
Reihe A; Durchmesser *d* dieser Reihe sind bevorzugt zu verwenden											
8	0,503	0,395	0,025	0,02	0,050	**44**	15,2	11,9	0,138	18,74	8,36
10	0,785	0,62	0,031	0,05	0,098	**45**	15,9	12,5	0,141	20,5	8,95
12	1,13	0,89	0,038	0,10	0,170	**50**	19,6	15,4	0,157	31,25	12,3
14	1,54	1,21	0,044	0,19	0,269	**52**	21,2	16,7	0,163	36,56	13,8
16	2,01	1,58	0,050	0,33	0,402	**55**	23,8	18,7	0,173	45,75	16,3
18	2,54	2,00	0,057	0,52	0,573	**60**	28,3	22,2	0,188	64,8	21,2
20	3,14	2,47	0,063	0,80	0,785	**65**	33,2	26,0	0,204	89,3	27,0
22	3,80	2,98	0,069	1,2	1,05	**70**	38,5	30,2	0,220	120	33,7
24	4,52	3,55	0,075	1,7	1,36	**75**	44,2	34,7	0,236	158	41,4
25	4,91	3,85	0,079	2,0	1,53	**80**	50,3	39,5	0,251	205	50,3
27	5,73	4,49	0,085	2,7	1,93	**90**	63,6	49,9	0,283	328	71,6
28	6,16	4,83	0,088	3,1	2,16	**100**	78,5	61,7	0,314	500	98,2
30	7,07	5,55	0,094	4,1	2,65	**110**	95,0	74,6	0,346	732	131
31	7,55	5,92	0,097	4,6	2,92	**120**	113	88,8	0,377	1037	170
32	8,04	6,31	0,101	5,2	3,22	**140**	154	121	0,440	1921	269
35	9,62	7,55	0,110	7,5	4,21	**150**	177	139	0,471	2531	331
37	10,8	8,44	0,116	9,4	4,97	**160**	201	158	0,503	3277	402
38	11,3	8,90	0,119	10,43	5,39	**180**	254	200	0,565	5249	573
40	12,6	9,86	0,126	12,8	6,28	**200**	314	247	0,628	8000	785
42	13,9	10,9	0,132	15,56	7,27						
Reihe B											
13	1,33	1,04	0,041	0,14	0,22	**47**	17,3	13,6	0,148	24,4	10,2
15	1,77	1,39	0,047	0,25	0,33	**48**	18,1	14,2	0,151	26,5	10,
17	2,27	1,78	0,053	0,42	0,48	**53**	22,1	17,3	0,167	39,5	14,6
19	2,84	2,23	0,060	0,65	0,67	**63**	31,2	24,5	0,198	78,8	24,5
21	3,46	2,72	0,066	0,97	0,91	**85**	56,7	44,5	0,267	261	60,3
23	4,15	3,26	0,072	1,40	1,19	**95**	70,9	55,6	0,298	407	84,2
26	5,31	4,17	0,082	2,28	1,73	**130**	133	104	0,408	1428	216
34	9,08	7,13	0,107	6,68	3,86	**170**	227	178	0,534	4176	482
36	10,2	7,99	0,113	8,40	4,58	**190**	284	223	0,597	6516	673

Tabelle 6.21 Warmgewalzter Vierkantstahl nach DIN 1014-1 (1978-07), [A 1.4.14]

a mm	*A* cm²	*G* kg/m	*U* m²/m	*I* cm⁴	*W* cm³	*a* mm	*A* cm²	*G* kg/m	*U* m²/m	*I* cm⁴	*W* cm³
Reihe A, die Seitenlängen a dieser Reihe sind bevorzugt zu verwenden											
8	0,64	0,50	0,032	0,034	0,085	**30**	9,00	7,07	0,12	6,75	4,50
10	1,00	0,79	0,040	0,083	0,167	**32**	10,2	8,04	0,128	8,74	5,46
12	1,44	1,13	0,048	0,173	0,288	**35**	12,3	9,62	0,14	12,5	7,15
14	1,96	1,54	0,056	0,320	0,457	**40**	16,0	12,56	0,16	21,3	10,7
16	2,56	2,01	0,064	0,546	0,683	**50**	25,0	19,63	0,2	52,1	20,8
18	3,24	2,54	0,072	0,875	0,972	**60**	36,0	28,26	0,24	108	36,0
20	4,00	3,14	0,080	1,33	1,33	**70**	49,0	38,47	0,28	200	57,2
22	4,84	3,80	0,088	1,95	1,77	**80**	64,0	50,24	0,32	341	85,3
25	6,25	4,91	0,100	3,26	2,60	**100**	100	78,50	0,4	833	167
Reihe B											
13	1,69	1,33	0,052	0,24	0,37	**55**	30,3	23,7	0,220	76,3	27,7
15	2,25	1,77	0,060	0,42	0,56	**65**	42,3	33,2	0,260	149	45,8
19	3,61	2,83	0,076	1,09	1,14	**90**	81,0	63,6	0,360	547	122
24	5,76	4,52	0,096	2,76	2,30	**110**	121	95,0	0,440	1220	221
28	7,84	6,15	0,112	5,12	3,66	**120**	144	113	0,480	1728	288
45	20,3	15,9	0,180	34,2	15,2						
Vierkantstahl mit einer Seitenlänge der Reihe B sollte nur gewählt werden, wenn die Verwendung eines Maßes nach Reihe A nicht möglich ist.											

Tabelle 6.22 Warmgewalzter Flachstahl nach DIN 59200, Auswahl [A 4.1.20]

b x *a* mm	*A* cm²	*G* kg/m	*U* m²/m	I_y cm⁴	I_z cm⁴	*b* x *a* mm	*A* cm²	*G* kg/m	*U* m²/m	I_y cm⁴	I_z cm⁴
200 x 10	20	15,7	0,42	1,67	667	**250 x 10**	25	19,6	0,52	2,08	1302
12	24	18,84	0,42	2,88	800	**12**	30	23,5	0,52	3,60	1563
15	30	23,55	0,43	5,63	1000	**15**	37,5	29,4	0,53	7,03	1953
20	40	31,4	0,44	13,3	1333	**20**	50	39,2	0,54	16,7	2604
25	50	39,25	0,45	26,0	1667	**25**	62,5	49,1	0,55	32,6	3255
30	60	47,1	0,46	45,0	2000	**30**	75	58,9	0,56	56,3	3906
40	80	62,8	0,48	107	2667	**40**	100	78,5	0,58	133	5208
50	100	78,5	0,50	208	3333	**50**	125	98,1	0,60	260	6510
300 x 10	30	23,6	0,62	2,50	2250	**350 x 10**	35	27,5	0,72	2,92	3573
12	36	28,3	0,62	4,32	2700	**12**	42	33,0	0,72	5,04	4288
15	45	35,3	0,63	8,44	3375	**15**	52	41,2	0,73	9,84	5359
20	60	47,1	0,64	20,0	4500	**20**	70	55,0	0,74	23,3	7146
25	75	58,9	0,65	39,1	5625	**25**	87	68,7	0,75	45,6	8932
30	90	70,7	0,66	67,5	6750	**30**	105	82,4	0,76	78,8	10719
40	120	94,2	0,68	160	9000	**40**	140	110	0,78	187	14292

6.4 Zusammengesetzte Querschnitte

Trägerprofile

Stützenprofile

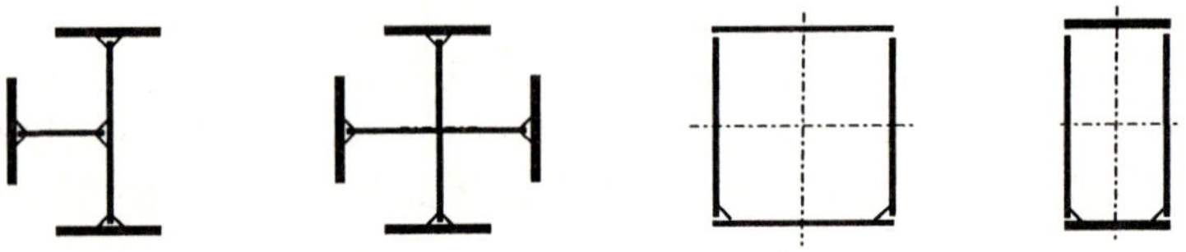

Die vorhandenen Tabellen der Querschnittswerte sind vor allem für Vorbemessungen nutzbar. Erforderliche Beulnachweise bzw. andere Nachweise müssen gesondert, nach Auswahl der endgültigen Profilgröße, durchgeführt werden.

Die Berechnung der Profilwerte für I-Träger erfolgt nach Tabelle 4.8, der Einfluss der Schweißnaht wurde vernachlässigt, d.h. die Schweißnahtdicke ist $a = 0$ angesetzt.

Gekreuzte Profile werden aus gewalzten Trägern oder aus Flachstahl zusammengesetzt. Die Werte sind nach Tabelle 4.13 bzw. 4.14 berechnet. Für die Bezeichnung von Profilen aus gewalzten Trägern werden die Benennungen der Träger nach Euronorm verwendet.

- HE-A = IPBl
- HE-B = IPB
- HE-M = IPBv

Rechteckige Hohlprofile sind nach Tabelle 4.11 berechnet.

6.4.1 I-Träger, doppeltsymmetrisch

In Abhängigkeit von den Abmessungen der Gurtplatten sind Tabellen für 3 Profilreihen vorhanden.

Leichte Profile:	Gurtbreite	$b = 300$ mm
	Gurtdicke	$t = 40$ mm
Mittlere Profile:	Gurtbreite	$b = 400$ mm
	Gurtdicke	$t = 50$ mm
Schwere Profile:	Gurtbreite	$b = 500$ mm
	Gurtdicke	$t = 50$ mm

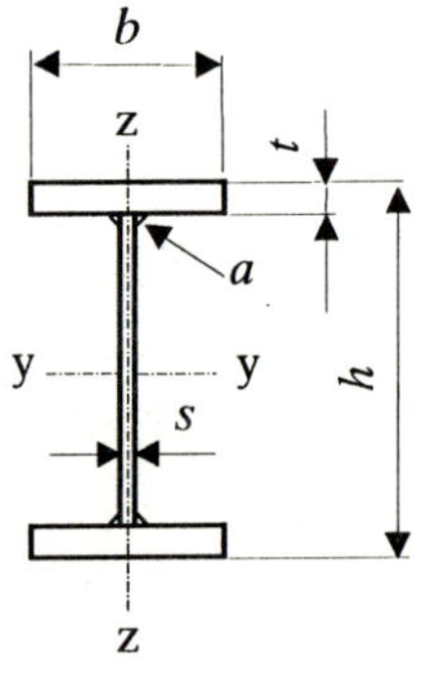

Tabelle 6.23 Leichte Träger

Nenn-höhe	h mm	b mm	s mm	t mm	A cm²	G kg/m	U m²/m	I_y cm⁴	W_y cm³	i_y cm	I_z cm⁴	W_z cm³	i_z cm
1000	1000	300	15	40	378	296,7	3,17	650616	13012	41,5	18026	1202	6,91
1100	1100	300	15	40	393	308,5	3,37	807131	14675	45,3	18029	1202	6,77
1200	1200	300	15	40	408	320,3	3,57	983296	16388	49,1	18032	1202	6,65
1300	1300	300	15	40	423	332,1	3,77	1179861	18152	52,8	18034	1202	6,53
1400	1400	300	15	40	438	343,8	3,97	1397576	19965	56,5	18037	1202	6,4
1500	1500	300	15	40	453	355,6	4,17	1637191	21829	60,1	18040	1203	6,3
1600	1600	300	15	40	468	367,4	4,37	1899456	23743	63,7	18043	1203	6,2
1700	1700	300	15	40	483	379,2	4,57	2185121	25707	67,3	18046	1203	6,1
1800	1800	300	15	40	498	390,9	4,77	2494936	27722	70,8	18048	1203	6,0
1900	1900	300	15	40	513	402,7	4,97	2829651	29786	74,3	18051	1203	5,9
2000	2000	300	20	40	624	490	5,16	3484928	34849	74,7	18128	1209	5,4
2100	2100	300	20	40	644	506	5,36	3920215	37335	78,0	18135	1209	5,3
2200	2200	300	20	40	664	521	5,56	4387702	39888	81,3	18141	1209	5,2
2300	2300	300	20	40	684	536	4,76	4888388	42508	84,5	18148	1210	5,2
2400	2400	300	20	40	704	553	5,96	5423275	45194	87,8	18155	1210	5,1
2500	2500	300	20	40	724	568	6,16	5993361	47947	91,0	18161	1211	5,0
2600	2600	300	20	40	744	584	6,36	6599648	50767	94,2	18168	1211	4,9
2700	2700	300	20	40	764	560	6,56	7243135	53653	97,4	18175	1212	4,9
2800	2800	300	20	40	784	615	6,76	7924821	56606	100	18181	1212	4,8
2900	2900	300	20	40	804	631	6,96	8645708	59626	104	18188	1213	4,8
3000	3000	300	20	40	824	647	7,16	9406795	62712	107	18195	1213	4,7
3100	3100	300	20	40	844	662	7,36	10209080	65865	110	18201	1213	4,6

Zusätzliche Rechenwerte ($I_\omega = I_\omega^* \cdot 1000$)

Nenn-höhe	I_T cm⁴	I_ω^* cm⁶	$W_{pl,y}$ cm³	$W_{pl,z}$ cm³	Nenn-höhe	I_T cm⁴	I_ω^* cm⁶	$W_{pl,y}$ cm³	$W_{pl,z}$ cm³
1000	1384	41472	14694	1852	**2100**	1819	190962	45122	2002
1100	1395	50562	16622	1857	**2200**	1845	209952	48392	2012
1200	1406	60552	18624	1863	**2300**	1872	229842	51762	2022
1300	1417	71442	20702	1869	**2400**	1899	250632	55232	2032
1400	1429	83232	22854	1874	**2500**	1925	272322	58802	2042
1500	1440	95922	25082	1880	**2600**	1952	294912	62472	2052
1600	1451	109512	27384	1886	**2700**	1979	318402	66242	2062
1700	1462	124002	29762	1891	**2800**	2005	342792	70112	2072
1800	1474	139392	32214	1897	**2900**	2032	368082	74082	2082
1900	1485	155682	34742	1902	**3000**	2059	394272	78152	2092
2000	1792	172872	41952	1992	**3100**	2085	421362	82322	2102

Tabelle 6.24 Mittlere Träger

Nenn-höhe	h mm	b mm	s mm	t mm	A cm²	G kg/m	U m²/m	I_y cm⁴	W_y cm³	i_y cm	I_z cm⁴	W_z cm³	i_z cm
1000	1000	400	15	50	535	420,0	3,57	994458	19889	43,11	53359	2668	9,99
1100	1100	400	15	50	550	431,8	3,77	1228333	22333	47,26	53361	2668	9,85
1200	1200	400	15	50	565	443,5	3,97	1489708	24828	51,35	53364	2668	9,72
1300	1300	400	15	50	580	455,3	4,17	1779333	27374	55,39	53367	2668	9,59
1400	1400	400	15	50	595	467,1	4,37	2097958	29971	59,38	53370	2668	9,47
1500	1500	400	15	50	610	478,9	4,57	2446333	32618	63,33	53373	2669	9,35
1600	1600	400	15	50	625	490,6	4,77	2825208	35315	67,23	53376	2669	9,24
1700	1700	400	15	50	640	502,4	4,97	3235333	38063	71,10	53378	2669	9,13
1800	1800	400	15	50	655	514,2	5,17	3677458	40861	74,93	53381	2669	9,03
1900	1900	400	15	50	670	526,0	5,37	4152333	43709	78,72	53384	2669	8,93
2000	2000	400	20	50	780	612,3	5,56	4946500	49465	79,63	53460	2673	8,28
2100	2100	400	20	50	800	628,0	5,76	5536667	52730	83,19	53467	2673	8,18
2200	2200	400	20	50	820	643,7	5,96	6166833	56062	86,72	53473	2674	8,08
2300	2300	400	20	50	840	659,4	6,16	6838000	59461	90,22	53480	2674	7,98
2400	2400	400	20	50	860	675,1	6,36	7551167	62926	93,70	53487	2674	7,89
2500	2500	400	20	50	880	690,8	6,56	8307333	66459	97,16	53493	2675	7,80
2600	2600	400	20	50	900	706,5	6,76	9107500	70058	100,6	53500	2675	7,71
2700	2700	400	20	50	920	722,2	6,96	9952667	73723	104,0	53507	2675	7,63
2800	2800	400	20	50	940	737,9	7,16	10843833	77456	107,4	53513	2676	7,55
2900	2900	400	20	50	960	753,6	7,36	11782000	81255	110,7	53520	2676	7,47
3000	3000	400	20	50	980	769,3	7,56	12768167	85121	114,1	53527	2676	7,39
3100	3100	400	20	50	1000	785,0	7,76	13803333	89054	117,4	53533	2677	7,32

Zusätzliche Rechenwerte ($I_\omega = I_\omega^* \cdot 1000$)

Nenn-höhe	I_T cm⁴	I_ω^* cm⁶	$W_{pl,y}$ cm³	$W_{pl,z}$ cm³	Nenn-höhe	I_T cm⁴	I_ω^* cm⁶	$W_{pl,y}$ cm³	$W_{pl,z}$ cm³
1000	3435	120333	22038	4051	**2100**	3867	560333	61000	4200
1100	3446	147000	24750	4056	**2200**	3893	616333	65050	4210
1200	3457	176333	27538	4062	**2300**	3920	675000	69200	4220
1300	3468	208333	30400	4068	**2400**	3947	736333	73450	4230
1400	3480	243000	33338	4073	**2500**	3973	800333	77800	4240
1500	3491	280333	36350	4079	**2600**	4000	867000	82250	4250
1600	3502	320333	39438	4084	**2700**	4027	936333	86800	4260
1700	3513	363000	42600	4090	**2800**	4053	1008333	91450	4270
1800	3525	408333	45838	4096	**2900**	4080	1083000	96200	4280
1900	3536	456333	49150	4101	**3000**	4107	1160333	101050	4290
2000	3840	507000	57050	4190	**3100**	4133	1240333	106000	4300

Tabelle 6.25 Schwere Träger

Nenn-höhe	h mm	b mm	s mm	t mm	A cm²	G kg/m	U m²/m	I_y cm⁴	W_y cm³	i_y cm	I_z cm⁴	W_z cm³	i_z cm
1000	1000	500	15	50	635	498,5	3,97	1220292	24406	43,8	104192	4168	12,8
1100	1100	500	15	50	650	510,3	4,17	1504167	27348	48,1	104195	4168	12,7
1200	1200	500	15	50	665	522,0	4,37	1820542	30342	52,3	104198	4168	12,5
1300	1300	500	15	50	680	533,8	4,57	2170167	33387	56,5	104200	4168	12,4
1400	1400	500	15	50	695	545,6	4,77	2553792	36483	60,6	104203	4168	12,2
1500	1500	500	15	50	710	557,4	4,97	2972167	39629	64,7	104206	4168	12,1
1600	1600	500	15	50	725	569,1	5,17	3426042	42826	68,7	104209	4168	12,0
1700	1700	500	15	50	740	580,9	5,37	3916167	46073	72,7	104212	4168	11,9
1800	1800	500	15	50	755	592,7	5,57	4443292	49370	76,7	104214	4169	11,7
1900	1900	500	15	50	770	604,5	5,77	5008167	52718	80,6	104217	4169	11,6
2000	2000	500	20	50	880	690,8	5,96	5897333	58973	81,9	104293	4172	10,9
2100	2100	500	20	50	900	706,5	6,16	6587500	62738	85,6	104300	4172	10,8
2200	2200	500	20	50	920	722,2	6,36	7322667	66570	89,2	104307	4172	10,6
2300	2300	500	20	50	940	737,9	6,56	8103833	70468	92,8	104313	4173	10,5
2400	2400	500	20	50	960	753,6	6,76	8932000	74433	96,5	104320	4173	10,4
2500	2500	500	20	50	980	769,3	6,96	9808167	78465	100,0	104327	4173	10,3
2600	2600	500	20	50	1000	785,0	7,16	10733333	82564	103,6	104333	4173	10,2
2700	2700	500	20	50	1020	800,7	7,36	11708500	86730	107,1	104340	4174	10,1
2800	2800	500	20	50	1040	816,4	7,56	12734667	90962	110,7	104347	4174	10,0
2900	2900	500	20	50	1060	832,1	7,76	13812833	95261	114,2	104353	4174	9,92
3000	3000	500	20	50	1080	847,8	7,96	14944000	99627	117,6	104360	4174	9,83
3100	3100	500	20	50	1100	863,5	8,16	16129167	104059	121,1	104367	4175	9,74

Zusätzliche Rechenwerte ($I_\omega = I_\omega^* \cdot 1000$)

Nenn-höhe	I_T cm⁴	I_ω^* cm⁶	$W_{pl,y}$ cm³	$W_{pl,z}$ cm³	Nenn-höhe	I_T cm⁴	I_ω^* cm⁶	$W_{pl,y}$ cm³	$W_{pl,z}$ cm³
1000	4268	235026	26788	6301	**2100**	4700	1094401	71250	6450
1100	4279	287109	30000	6306	**2200**	4727	1203776	75800	6460
1200	4290	344401	33288	6312	**2300**	4753	1318359	80450	6470
1300	4302	406901	36650	6318	**2400**	4780	1438151	85200	6480
1400	4313	474609	40088	6323	**2500**	4807	1563151	90050	6490
1500	4324	547526	43600	6329	**2600**	4833	1693359	95000	6500
1600	4335	625651	47188	6334	**2700**	4860	1828776	100050	6510
1700	4347	708984	50850	6340	**2800**	4887	1969401	105200	6520
1800	4358	797526	54588	6346	**2900**	4913	2115234	110450	6530
1900	4369	891276	58400	6351	**3000**	4940	2266276	115800	6540
2000	4673	990234	66800	6440	**3100**	4967	2422526	121250	6550

6.4.2 I-Träger einfachsymmetrisch mit unterschiedlichen Gurtbreiten

Zusammengeschweißt aus Flachstahl

Tabelle 6.26 I-Träger mit unterschiedlichen Gurtbreiten, einfachsymmetrisch

h mm	s mm	b_1 mm	b_2 mm	t mm	e_y mm	h-e_y mm	A cm^2	G kg/m	U m^2/m	I_y cm^4	$W_{y(1)}$ cm^3	$W_{y(2)}$ cm^3
500	**15**	**300**	**150**	**20**	205	295	159	124,8	1,87	60777	2969	2058
				30	197	303	201	157,8	1,87	79739	4040	2635
				40	193	307	243	190,8	1,87	96884	5014	3158
		400	**200**	**20**	199	301	189	148,4	2,17	76451	3838	2542
				30	193	307	246	193,1	2,17	102106	5299	3323
				40	189	311	303	237,9	2,17	125367	6624	4035
		500	**250**	**20**	195	305	219	171,9	2,47	92042	4715	3020
				30	189	311	291	228,4	2,47	124398	6567	4006
				40	187	313	363	285,0	2,47	153788	8240	4908
600	**15**	**300**	**150**	**20**	250	350	174	136,6	2,07	93322	3733	2666
				30	241	359	216	169,6	2,07	121823	5063	3390
				40	235	365	258	202,5	2,07	147996	6301	4053
		400	**200**	**20**	243	357	204	160,1	2,37	116316	4784	3259
				30	234	366	261	204,9	2,37	154820	6603	4236
				40	230	370	318	249,6	2,37	190277	8289	5137
		500	**250**	**20**	238	362	234	183,7	2,67	139167	5847	3845
				30	230	370	306	240,2	2,67	187677	8155	5074
				40	226	374	378	296,7	2,67	232435	10288	6214
700	**15**	**300**	**150**	**20**	296	404	189	148,4	2,27	134502	4544	3330
				30	285	415	231	181,3	2,27	174535	6130	4203
				40	277	423	273	214,3	2,27	211691	7629	5010
		400	**200**	**20**	288	412	219	171,9	2,57	166251	5775	4034
				30	277	423	276	216,7	2,57	220270	7947	5209
				40	271	429	333	261,4	2,57	270541	9993	6302
		500	**250**	**20**	282	418	249	195,5	2,87	197781	7020	4729
				30	272	428	321	252,0	2,87	265777	9781	6206
				40	266	434	393	308,5	2,87	329181	12374	7585
800	**20**	**300**	**150**	**20**	352	448	242	190,0	2,46	204426	5813	4560
				30	339	461	283	222,2	2,46	257136	7590	5575
				40	330	470	324	254,3	2,46	306324	9293	6512
		400	**200**	**20**	343	457	272	213,5	2,76	246776	7202	5396
				30	330	470	328	257,5	2,76	318209	9655	6764
				40	321	479	384	301,4	2,76	385021	12001	8035
		500	**250**	**20**	335	465	302	237,1	3,06	288772	8609	6216
				30	323	477	373	292,8	3,06	378859	11744	7936
				40	314	486	444	348,5	3,06	463285	14735	9541

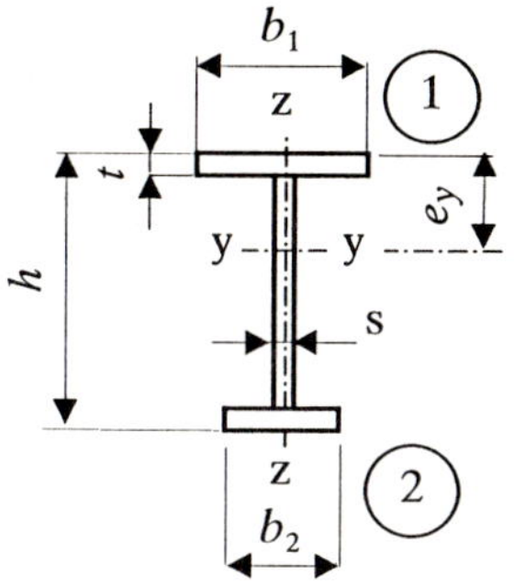

h mm	s mm	b_1 mm	b_2 mm	t mm	i_y cm	I_z cm^4	W_z cm^3	i_z cm	I_T cm^4	I_ω cm^6	$W_{pl,y}$ cm^3	$W_{pl,z}$ cm^3
500	**15**	**300**	**150**	**20**	19,6	5075	338	5,65	172	1152000	2848	588
				30	19,9	7606	507	6,15	455	1656750	3703	869
				40	20,0	10137	676	6,46	1007	2116000	4509	1149
		400	**200**	**20**	20,1	12013	601	7,97	212	2730667	3509	1026
				30	20,4	18012	901	8,56	590	3927111	4661	1525
				40	20,3	24012	1201	8,90	1327	5015704	5751	2024
		500	**250**	**20**	20,5	23450	938	10,3	252	5333333	4165	1588
				30	20,7	35169	1407	11,0	725	7670139	5614	2369
				40	20,6	46887	1875	11,4	1647	9796296	6988	3149
600	**15**	**300**	**150**	**20**	23,2	5078	339	5,40	183	1682000	3674	594
				30	23,7	7609	507	5,94	466	2436750	4727	874
				40	24,0	10140	676	6,27	1019	3136000	5727	1154
		400	**200**	**20**	23,9	12016	601	7,67	223	3986963	4477	1032
				30	24,4	18015	901	8,31	601	5776000	5895	1530
				40	24,5	24015	1201	8,69	1339	7433481	7245	2029
		500	**250**	**20**	24,4	23453	938	10,0	263	7787037	5274	1594
				30	24,8	35171	1407	10,7	736	11281250	7055	2374
				40	24,8	46890	1876	11,1	1659	14518519	8756	3154
700	**15**	**300**	**150**	**20**	26,7	5081	339	5,18	194	2312000	4575	600
				30	27,5	7612	507	5,74	477	3366750	5829	880
				40	27,8	10142	676	6,10	1030	4356000	7025	1160
		400	**200**	**20**	27,6	12019	601	7,41	234	5480296	5523	1037
				30	28,3	18018	901	8,08	612	7980444	7209	1536
				40	28,5	24017	1201	8,49	1350	10325333	8822	2035
		500	**250**	**20**	28,2	23456	938	9,71	274	10703704	6462	1600
				30	28,8	35174	1407	10,5	747	15586806	8578	2380
				40	28,9	46892	1876	10,9	1670	20166667	10608	3160
800	**20**	**300**	**150**	**20**	29,1	5113	341	4,60	323	3042000	6300	639
				30	30,1	7643	510	5,20	602	4446750	7735	918
				40	30,7	10173	678	5,60	1152	5776000	9109	1197
		400	**200**	**20**	30,1	12051	603	6,66	363	7210667	7404	1076
				30	31,1	18049	902	7,42	737	10540444	9345	1574
				40	31,7	24048	1202	7,91	1472	13691259	11204	2072
		500	**250**	**20**	30,9	23488	940	8,82	403	14083333	8499	1639
				30	31,9	35206	1408	9,72	872	20586806	10940	2418
				40	32,3	46923	1877	10,3	1792	26740741	13283	3197

Tabelle 6.26 Fortsetzung

h mm	s mm	b_1 mm	b_2 mm	t mm	e_y mm	$h\text{-}e_y$ mm	A cm²	G kg/m	U m²/m	I_y cm⁴	$W_{y(1)}$ cm³	$W_{y(2)}$ cm³
900	**20**	**300**	**150**	**20**	400	500	262	206	2,66	273629	6847	5468
				30	385	515	303	238	2,66	341693	8866	6640
				40	375	525	344	270	2,66	405605	10816	7726
		400	**200**	**20**	390	510	292	229	2,96	327761	8410	6423
				30	375	525	348	273	2,96	419949	11199	7999
				40	365	535	404	317	2,96	506684	13887	9468
		500	**250**	**20**	382	518	322	253	3,26	381428	9993	7359
				30	367	533	393	309	3,26	497625	13560	9336
				40	357	543	464	364	3,26	607146	16991	11188
1000	**20**	**300**	**150**	**20**	448	552	282	221	2,86	355913	7947	6446
				30	432	568	323	254	2,86	441339	10206	7776
				40	421	579	364	286	2,86	521955	12402	9013
		400	**200**	**20**	437	563	312	245	3,16	423303	9683	7521
				30	421	579	368	289	3,16	538960	12804	9307
				40	409	591	424	333	3,16	648284	15834	10977
		500	**250**	**20**	428	572	342	269	3,46	490105	11441	8574
				30	412	588	413	324	3,46	635818	15435	10812
				40	401	599	484	380	3,46	773778	19305	12914
1100	**20**	**300**	**150**	**20**	496	604	302	237	3,06	452283	9112	7493
				30	480	620	343	269	3,06	557084	11611	8982
				40	467	633	384	301	3,06	656394	14050	10373
		400	**200**	**20**	485	615	332	261	3,36	534410	11020	8689
				30	467	633	388	305	3,36	676260	14473	10688
				40	455	645	444	349	3,36	810858	17840	12562
		500	**250**	**20**	475	625	362	284	3,66	615815	12953	9860
				30	457	643	433	340	3,66	794470	17372	12362
				40	445	655	504	396	3,66	964234	21676	14718
1200	**20**	**300**	**150**	**20**	545	655	322	253	3,26	563740	10343	8607
				30	527	673	363	285	3,26	689938	13080	10259
				40	514	686	404	317	3,26	809938	15762	11804
		400	**200**	**20**	533	667	352	276	3,56	662087	12423	9926
				30	514	686	408	320	3,56	832868	16205	12140
				40	500	700	464	364	3,56	995435	19909	14220
		500	**250**	**20**	523	677	382	300	3,86	759568	14530	11216
				30	503	697	453	356	3,86	974604	19370	13986
				40	489	711	524	411	3,86	1179556	24106	16597
1300	**20**	**300**	**150**	**20**	594	706	342	268	3,46	691287	11641	9790
				30	575	725	383	301	3,46	840906	14615	11605
				40	561	739	424	333	3,46	983602	17538	13307
		400	**200**	**20**	581	719	372	292	3,76	807339	13891	11231
				30	561	739	428	336	3,76	1009795	18001	13664
				40	546	754	484	380	3,76	1203039	22039	15953
		500	**250**	**20**	570	730	402	316	4,06	922373	16171	12642
				30	549	751	473	371	4,06	1177243	21431	15682
				40	534	766	544	427	4,06	1420782	26597	18553

h mm	s mm	b_1 mm	b_2 mm	t mm	i_y cm	I_z cm^4	W_z cm^3	i_z cm	I_T cm^4	I_ω cm^6	$W_{pl,y}$ cm^3	$W_{pl,z}$ cm^3
900	**20**	**300**	**150**	**20**	32,3	5120	341	4,42	349	3872000	7558	649
				30	33,6	7650	510	5,02	629	5676750	9193	928
				40	34,3	10180	679	5,44	1179	7396000	10765	1207
		400	**200**	**20**	33,5	12057	603	6,43	389	9178074	8810	1086
				30	34,7	18056	903	7,20	764	13456000	11021	1584
				40	35,4	24055	1203	7,72	1499	17531259	13146	2082
		500	**250**	**20**	34,4	23495	940	8,54	429	17925926	10050	1649
				30	35,6	35212	1408	9,47	899	26281250	12831	2428
				40	36,2	46930	1877	10,1	1819	34240741	15507	3207
1000	**20**	**300**	**150**	**20**	35,5	5127	342	4,26	376	4802000	8916	659
				30	37,0	7656	510	4,87	656	7056750	10753	938
				40	37,9	10186	679	5,29	1205	9216000	12522	1217
		400	**200**	**20**	36,8	12064	603	6,22	416	11382519	10316	1096
				30	38,3	18063	903	7,01	791	16727111	12799	1594
				40	39,1	24061	1203	7,53	1525	21845333	15192	2092
		500	**250**	**20**	37,9	23502	940	8,29	456	22231481	11702	1659
				30	39,2	35219	1409	9,23	926	32670139	14825	2438
				40	40,0	46936	1877	9,85	1845	42666667	17837	3217
1100	**20**	**300**	**150**	**20**	38,7	5133	342	4,12	403	5832000	10375	669
				30	40,3	7663	511	4,73	682	8586750	12413	948
				40	41,3	10193	680	5,15	1232	11236000	14382	1227
		400	**200**	**20**	40,1	12071	604	6,03	443	13824000	11922	1106
				30	41,7	18069	903	6,82	817	20353778	14678	1604
				40	42,7	24068	1203	7,36	1552	26633481	17340	2102
		500	**250**	**20**	41,2	23508	940	8,06	483	27000000	13456	1669
				30	42,8	35226	1409	9,02	952	39753472	16922	2448
				40	43,7	46943	1878	9,65	1872	52018519	20272	3227
1200	**20**	**300**	**150**	**20**	41,8	5140	343	4,00	429	6962000	11934	679
				30	43,6	7670	511	4,60	709	10266750	14174	958
				40	44,8	10200	680	5,02	1259	13456000	16344	1237
		400	**200**	**20**	43,4	12077	604	5,86	469	16502519	13630	1116
				30	45,2	18076	904	6,66	844	24336000	16660	1614
				40	46,3	24075	1204	7,20	1579	31895704	19592	2112
		500	**250**	**20**	44,6	23515	941	7,85	509	32231481	15311	1679
				30	46,4	35232	1409	8,82	979	47531250	19122	2458
				40	47,4	46950	1878	9,47	1899	62296296	22810	3237
1300	**20**	**300**	**150**	**20**	45,0	5147	343	3,88	456	8192000	13593	689
				30	46,9	7676	512	4,48	736	12096750	16036	968
				40	48,2	10206	680	4,91	1285	15876000	18406	1247
		400	**200**	**20**	46,6	12084	604	5,70	496	19418074	15437	1126
				30	48,6	18083	904	6,50	871	28673778	18742	1624
				40	49,9	24081	1204	7,05	1605	37632000	21946	2122
		500	**250**	**20**	47,9	23522	941	7,65	536	37925926	17267	1689
				30	49,9	35239	1410	8,63	1006	56003472	21423	2468
				40	51,1	46956	1878	9,29	1925	73500000	25452	3247

6.4.3 T- Profile aus Flachstahl

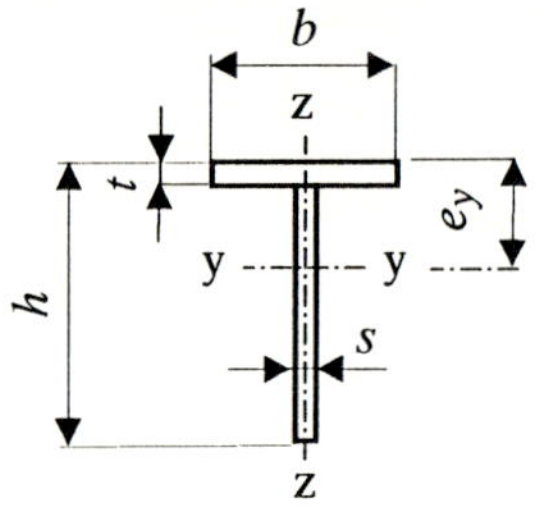

Tabelle 6.27 T-Profile aus Flachstahl

h mm	s mm	b mm	t mm	e_y mm	$h - e_y$ mm	A cm^2	G kg/m	U m^2/m	I_y cm^4	W_y cm^3	i_y cm
200	**10**	**200**	**15**	46	154	48,5	38,1	0,800	1678	109	5,88
	12			50	150	52,2	41,0	0,800	1915	128	6,06
	15			56	144	57,8	45,3	0,800	2239	155	6,23
	10	**200**	**20**	41	159	58,0	45,5	0,800	1741	110	5,48
	12			45	155	61,6	48,4	0,800	1999	129	5,70
	15			50	150	67,0	52,6	0,800	2354	157	5,93
300	**10**	**200**	**15**	81	219	58,5	45,9	1,000	5223	238	9,40
	12			87	213	64,2	50,4	1,000	5916	278	9,60
	15			96	204	72,8	57,1	1,000	6866	336	9,70
	10	**200**	**20**	72	228	68,0	53,4	1,000	5549	243	9,00
	12			78	222	73,6	57,8	1,000	6317	285	9,30
	15			87	213	82,0	64,4	1,000	7367	346	9,50
400	**10**	**200**	**15**	120	280	68,5	53,8	1,200	11506	411	13,0
	12			129	271	76,2	59,8	1,200	12988	479	13,1
	15			139	261	87,8	68,9	1,200	15036	576	13,1
	10	**200**	**20**	107	293	78,0	61,2	1,200	12381	423	12,6
	12			117	283	85,6	67,2	1,200	14024	495	12,8
	15			128	272	97,0	76,1	1,200	16274	597	13,0
400	**10**	**300**	**20**	88	312	98,0	76,9	1,400	13899	445	11,9
	12			96	304	106	82,9	1,400	15871	523	12,3
	15			107	293	117	91,8	1,400	18571	635	12,6
	10	**300**	**25**	79	321	113	88,3	1,400	14434	450	11,3
	12			88	313	120	94,2	1,400	16563	530	11,7
	15			98	302	131	103	1,400	19488	646	12,2
500	**10**	**200**	**20**	146	354	88,0	69,1	1,400	22866	647	16,1
	12			158	342	97,6	76,6	1,400	25827	754	16,3
	15			171	329	112	87,9	1,400	29909	908	16,3
	10	**200**	**30**	125	375	107	84,0	1,400	25169	671	15,3
	12			136	364	116	91,4	1,400	28597	786	15,7
	15			150	350	131	102	1,400	33281	951	16,0
500	**10**	**300**	**20**	121	379	108	84,8	1,600	25903	684	15,5
	12			132	368	118	92,3	1,600	29447	801	15,8
	15			146	354	132	104	1,600	34299	970	16,1
	10	**300**	**30**	101	399	137	108	1,600	28017	702	14,3
	12			111	389	146	115	1,600	32120	826	14,8
	15			125	375	161	126	1,600	37753	1006	15,3

h mm	s mm	b mm	t mm	I_z cm^4	W_z cm^3	i_z cm	I_T cm^4	i_P cm	i_M cm	$W_{pl,y}$ cm^3	$W_{pl,z}$ cm^3
200	**10**	**200**	**15**	1002	100	4,54	28,7	7,43	8,35	238	155
	12			1003	100	4,38	33,2	7,48	8,60	270	157
	15			1005	101	4,17	43,3	7,49	8,9	313	160
	10	**200**	**20**	1335	133	4,80	59,3	7,28	7,92	253	205
	12			1336	134	4,66	63,7	7,36	8,15	288	206
	15			1338	134	4,47	73,6	7,42	8,45	336	210
300	**10**	**200**	**15**	1002	100	4,14	32,0	10,3	12,6	481	157
	12			1004	100	3,95	38,9	10,4	13,1	542	160
	15			1008	101	3,72	54,6	10,4	13,6	626	166
	10	**200**	**20**	1336	134	4,43	62,7	10,1	11,8	521	207
	12			1337	134	4,26	69,5	10,2	12,3	589	210
	15			1341	134	4,04	84,8	10,3	12,9	682	216
400	**10**	**200**	**15**	1003	100	3,83	35,3	13,5	17,6	785	160
	12			1006	101	3,63	44,7	13,6	18,2	883	164
	15			1011	101	3,39	65,8	13,5	18,9	1021	172
	10	**200**	**20**	1337	134	4,14	66,0	13,3	16,5	856	210
	12			1339	134	3,95	75,2	13,4	17,1	964	214
	15			1344	134	3,72	96,1	13,5	17,9	1114	221
400	**10**	**300**	**20**	4503	300	6,78	92,7	13,7	15,7	976	460
	12			4505	300	6,53	102	13,9	16,4	1106	464
	15			4511	301	6,21	123	14,0	17,1	1284	471
	10	**300**	**25**	5628	375	7,07	169	13,4	14,9	1029	572
	12			5630	375	6,85	178	13,6	15,5	1172	576
	15			5636	376	6,55	198	13,8	16,3	1366	584
500	**10**	**200**	**20**	1337	134	3,90	69,3	16,6	21,5	1251	212
	12			1340	134	3,71	81,0	16,7	22,3	1407	217
	15			1347	135	3,47	107	16,7	23,2	1626	227
	10	**200**	**30**	2004	200	4,33	196	15,9	19,4	1408	312
	12			2007	201	4,15	207	16,2	20,2	1589	317
	15			2013	201	3,93	233	16,4	21,3	1837	326
500	**10**	**300**	**20**	4504	300	6,46	96,0	16,8	20,1	1436	462
	12			4507	300	6,19	108	17,0	20,9	1621	467
	15			4514	301	5,85	134	17,1	21,9	1876	477
	10	**300**	**30**	6754	450	7,02	286	15,9	18,1	1594	687
	12			6757	450	6,79	297	16,3	18,9	1813	692
	15			6763	451	6,49	323	16,7	19,9	2111	701

6.4.4 Stützenprofile einfachsymmetrisch

Zusammengesetzt aus warmgewalzten I-Trägern und aus Flachstahl

$h_y = h_2 + s/2$, theoretisches Maß mit: h_2 = Höhe Profil 2

s = Stegdicke Profil 1 (aufgerundet)

$h_z = h_1$

Alle Werte sind mit $h_y = h_2$ berechnet

W_z = min W_z

Tabelle 6.28 Stützenquerschnitt aus Walzträgern **IPE + ½ IPE**

Profil		h_z	h_y	e_z	e_1	A	G	U	I_y	W_y	i_y
1	2	mm	mm	mm	mm	cm²	kg/m	m²/m	cm⁴	cm³	cm
IPE 360	**1/2 IPE 400**	360	204	146	58	115	90,2	2,08	16924	940	12,1
	1/2 IPE 450		229	158	71	122	95,9	2,15	17103	950	11,8
	1/2 IPE 500		254	168	86	131	102	2,21	17336	963	11,5
	1/2 IPE 550		279	177	102	140	110	2,28	17599	978	11,2
	1/2 IPE 600		304	185	119	151	118	2,35	17959	998	10,9
IPE 400	**1/2 IPE 400**	400	204	151	53	127	99,5	2,19	23786	1189	13,7
	1/2 IPE 450		229	164	65	134	105	2,26	23966	1198	13,4
	1/2 IPE 500		254	175	79	142	112	2,33	24198	1210	13,0
	1/2 IPE 550		279	185	94	152	119	2,39	24461	1223	12,7
	1/2 IPE 600		304	194	110	163	128	2,46	24821	1241	12,4
IPE 450	**1/2 IPE 400**	450	205	157	48	141	111	2,33	34401	1529	15,6
	1/2 IPE 450		230	171	59	148	116	2,40	34580	1537	15,3
	1/2 IPE 500		255	183	72	157	123	2,47	34813	1547	14,9
	1/2 IPE 550		280	194	86	166	130	2,53	35076	1559	14,5
	1/2 IPE 600		305	203	102	177	139	2,60	35436	1575	14,2
IPE 500	**1/2 IPE 400**	500	205	162	43	158	124	2,47	48857	1954	17,6
	1/2 IPE 450		230	177	53	165	130	2,54	49036	1961	17,2
	1/2 IPE 500		255	190	65	173	136	2,61	49269	1971	16,9
	1/2 IPE 550		280	202	78	183	143	2,67	49531	1981	16,5
	1/2 IPE 600		305	212	93	194	152	2,74	49891	1996	16,1
IPE 550	**1/2 IPE 400**	550	206	168	38	177	139	2,60	67774	2465	19,6
	1/2 IPE 450		231	183	48	184	144	2,67	67953	2471	19,2
	1/2 IPE 500		256	197	59	192	151	2,74	68186	2479	18,8
	1/2 IPE 550		281	210	71	202	158	2,80	68449	2489	18,4
	1/2 IPE 600		306	221	85	212	167	2,87	68809	2502	18,0
IPE 600	**1/2 IPE 400**	600	206	172	34	198	156	2,74	92741	3091	21,6
	1/2 IPE 450		231	188	43	205	161	2,81	92920	3097	21,3
	1/2 IPE 500		256	203	53	214	168	2,88	93153	3105	20,9
	1/2 IPE 550		281	217	64	223	175	2,94	93416	3114	20,5
	1/2 IPE 600		306	229	77	234	184	3,01	93776	3126	20,0

Querschnitt: aus warmgewalzten Trägern

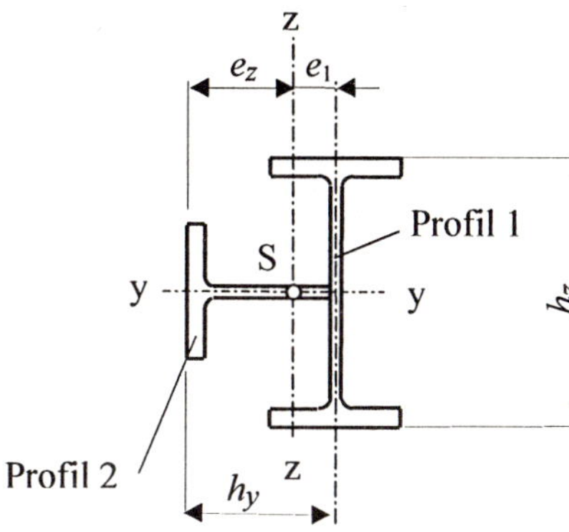

aus Flachstahl

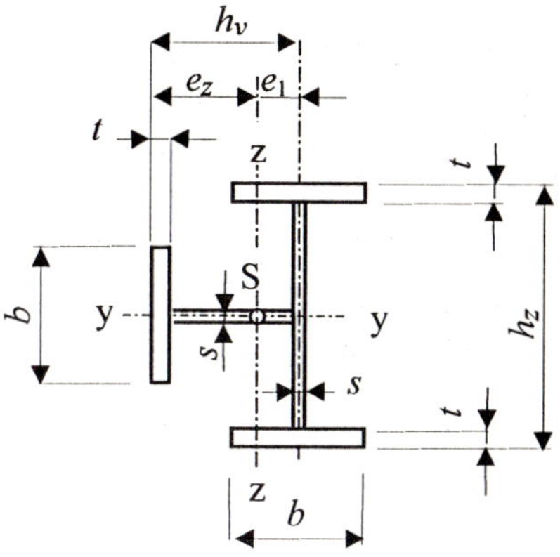

Profil		I_z	W_z	i_z	I_T	$W_{pl,y}$	$W_{pl,z}$	$N_{pl,k}$ in kN	
1	2	cm^4	cm^3	cm	cm^4	cm^3	cm^3	S 235	S 355
IPE 360	**1/2 IPE 400**	9225	633	9,0	48	1134	869	2759	4139
	1/2 IPE 450	12395	786	10,1	54	1157	1075	2931	4397
	1/2 IPE 500	16411	961	11,2	65	1187	1313	3132	4698
	1/2 IPE 550	21307	1142	12,3	76	1219	1575	3358	5038
	1/2 IPE 600	27303	1341	13,5	95	1262	1876	3617	5426
IPE 400	**1/2 IPE 400**	9886	654	8,8	56	1422	912	3041	4561
	1/2 IPE 450	13245	807	9,9	63	1445	1131	3213	4819
	1/2 IPE 500	17518	999	11,1	73	1475	1385	3413	5120
	1/2 IPE 550	22743	1226	12,2	85	1507	1667	3640	5460
	1/2 IPE 600	29163	1457	13,4	104	1550	1989	3899	5848
IPE 450	**1/2 IPE 400**	10644	678	8,7	70	1816	955	3385	5078
	1/2 IPE 450	14199	832	9,8	77	1840	1189	3558	5336
	1/2 IPE 500	18743	1025	10,9	87	1870	1461	3758	5637
	1/2 IPE 550	24322	1255	12,1	98	1902	1763	3985	5977
	1/2 IPE 600	31202	1535	13,3	118	1944	2110	4244	6365
IPE 500	**1/2 IPE 400**	11490	708	8,5	90	2309	997	3786	5679
	1/2 IPE 450	15236	861	9,6	97	2332	1245	3958	5938
	1/2 IPE 500	20047	1055	10,8	107	2362	1534	4159	6238
	1/2 IPE 550	25978	1286	11,9	119	2394	1858	4386	6578
	1/2 IPE 600	33322	1570	13,1	138	2437	2230	4644	6966
IPE 550	**1/2 IPE 400**	12368	740	8,4	113	2901	1035	4240	6359
	1/2 IPE 450	16295	892	9,4	120	2925	1297	4412	6618
	1/2 IPE 500	21361	1085	10,5	130	2955	1604	4612	6918
	1/2 IPE 550	27632	1318	11,7	142	2987	1949	4839	7258
	1/2 IPE 600	35430	1604	12,9	161	3030	2346	5098	7647
IPE 600	**1/2 IPE 400**	13418	781	8,2	152	3627	1071	4757	7136
	1/2 IPE 450	17515	931	9,2	159	3650	1346	4929	7394
	1/2 IPE 500	22824	1124	10,3	169	3680	1670	5130	7695
	1/2 IPE 550	29423	1357	11,5	180	3712	2035	5357	8035
	1/2 IPE 600	37663	1645	12,7	199	3755	2458	5615	8423

Tabelle 6.29 Stützenquerschnitt einfachsymmetrisch aus Walzträgern **HE-A + ½ IPE**

Profil		h_z	h_y	e_z	e_1	A	G	U	I_y	W_y	i_y
1	2	mm	mm	mm	mm	cm²	kg/m	m²/m	cm⁴	cm³	cm
HE-A 500	**1/2 IPE 400**	490	206	178	28	240	188	2,85	87632	3577	19,1
	1/2 IPE 450		231	195	36	247	194	2,92	87811	3584	18,9
	1/2 IPE 500		256	212	44	255	200	2,99	88044	3594	18,6
	1/2 IPE 550		281	227	54	265	208	3,06	88307	3604	18,3
	1/2 IPE 600		306	241	65	276	216	3,13	88667	3619	17,9
HE-A 550	**1/2 IPE 400**	540	206	179	27	254	199	2,95	112589	4170	21,1
	1/2 IPE 450		231	197	34	261	205	3,02	112768	4177	20,8
	1/2 IPE 500		256	214	42	270	212	3,09	113001	4185	20,5
	1/2 IPE 550		281	230	51	279	219	3,16	113264	4195	20,1
	1/2 IPE 600		306	244	62	290	228	3,23	113624	4208	19,8
HE-A 600	**1/2 IPE 400**	590	207	182	25	269	211	3,05	141865	4809	23,0
	1/2 IPE 450		232	200	32	276	217	3,12	142044	4815	22,7
	1/2 IPE 500		257	217	40	284	223	3,19	142277	4823	22,4
	1/2 IPE 550		282	233	49	294	231	3,26	142540	4832	22,0
	1/2 IPE 600		307	248	59	304	239	3,33	142900	4844	21,7
HE-A 650	**1/2 IPE 400**	640	207	183	24	284	223	3,15	175835	5495	24,9
	1/2 IPE 450		232	202	30	291	229	3,22	176014	5500	24,6
	1/2 IPE 500		257	219	38	299	235	3,29	176247	5508	24,3
	1/2 IPE 550		282	235	47	309	242	3,36	176510	5516	23,9
	1/2 IPE 600		307	250	57	320	251	3,43	176870	5527	23,5
HE-A 700	**1/2 IPE 400**	690	207	185	23	303	238	3,25	215958	6260	26,7
	1/2 IPE 450		232	204	29	310	243	3,32	216137	6265	26,4
	1/2 IPE 500		257	221	36	318	250	3,39	216370	6272	26,1
	1/2 IPE 550		282	238	44	328	257	3,45	216633	6279	25,7
	1/2 IPE 600		307	254	54	339	266	3,52	216993	6290	25,3
HE-A 800	**1/2 IPE 400**	790	208	187	21	328	258	3,44	304099	7699	30,4
	1/2 IPE 450		233	206	26	335	263	3,51	304278	7703	30,1
	1/2 IPE 500		258	224	33	344	270	3,58	304511	7709	29,8
	1/2 IPE 550		283	242	41	353	277	3,65	304774	7716	29,4
	1/2 IPE 600		308	258	50	364	286	3,72	305134	7725	29,0
HE-A 900	**1/2 IPE 400**	890	208	189	19	363	285	3,64	422731	9500	34,1
	1/2 IPE 450		233	209	24	370	290	3,71	422910	9504	33,8
	1/2 IPE 500		258	228	30	378	297	3,78	423143	9509	33,4
	1/2 IPE 550		283	246	37	388	304	3,85	423406	9515	33,0
	1/2 IPE 600		308	262	46	399	313	3,92	423766	9523	32,6
HE-A 1000	**1/2 IPE 400**	990	208	191	18	389	305	3,84	554502	11202	37,8
	1/2 IPE 450		233	211	23	396	311	3,91	554681	11206	37,4
	1/2 IPE 500		258	230	28	405	318	3,98	554914	11210	37,0
	1/2 IPE 550		283	248	35	414	325	4,04	555177	11216	36,6
	1/2 IPE 600		308	265	43	425	334	4,11	555537	11223	36,2

HE-A + ½ IPE 

Profil		I_z	W_z	i_z	I_T	$W_{pl,y}$	$W_{pl,z}$	$N_{pl,k}$ in kN	
1	2	cm^4	cm^3	cm	cm^4	cm^3	cm^3	S 235	S 355
HE-A 500	**1/2 IPE 400**	20797	1166	9,3	288	4063	1800	5754	8632
	1/2 IPE 450	25127	1286	10,1	294	4087	2014	5927	8890
	1/2 IPE 500	30776	1454	11,0	304	4117	2276	6127	9191
	1/2 IPE 550	37845	1668	12,0	316	4149	2581	6354	9531
	1/2 IPE 600	46735	1943	13,0	335	4191	2950	6613	9919
HE-A 550	**1/2 IPE 400**	21385	1192	9,2	327	4736	1862	6096	9144
	1/2 IPE 450	25785	1306	9,9	334	4760	2081	6268	9402
	1/2 IPE 500	31537	1472	10,8	344	4790	2349	6468	9703
	1/2 IPE 550	38747	1686	11,8	356	4822	2662	6695	10043
	1/2 IPE 600	47831	1961	12,8	375	4864	3039	6954	10431
HE-A 600	**1/2 IPE 400**	21965	1213	9,0	371	5465	1924	6449	9673
	1/2 IPE 450	26432	1325	9,8	378	5488	2148	6621	9931
	1/2 IPE 500	32280	1490	10,7	388	5518	2421	6821	10232
	1/2 IPE 550	39624	1704	11,6	399	5550	2741	7048	10572
	1/2 IPE 600	48893	1978	12,7	419	5593	3126	7307	10960
HE-A 650	**1/2 IPE 400**	22539	1233	8,9	418	6251	1985	6813	10219
	1/2 IPE 450	27068	1344	9,6	425	6274	2213	6985	10478
	1/2 IPE 500	33008	1509	10,5	435	6304	2492	7186	10778
	1/2 IPE 550	40478	1721	11,4	447	6336	2819	7412	11118
	1/2 IPE 600	49923	1996	12,5	466	6379	3212	7671	11507
HE-A 700	**1/2 IPE 400**	23153	1254	8,7	477	7146	2052	7265	10898
	1/2 IPE 450	27760	1363	9,5	484	7170	2286	7437	11156
	1/2 IPE 500	33810	1527	10,3	494	7200	2573	7638	11457
	1/2 IPE 550	41432	1739	11,2	506	7232	2908	7864	11797
	1/2 IPE 600	51086	2014	12,3	525	7274	3312	8123	12185
HE-A 800	**1/2 IPE 400**	23757	1273	8,5	540	8814	2125	7873	11810
	1/2 IPE 450	28444	1381	9,2	547	8838	2367	8046	12068
	1/2 IPE 500	34613	1543	10,0	557	8867	2664	8246	12369
	1/2 IPE 550	42401	1755	11,0	569	8900	3010	8473	12709
	1/2 IPE 600	52288	2030	12,0	588	8942	3428	8732	13097
HE-A 900	**1/2 IPE 400**	24863	1315	8,3	672	10925	2242	8706	13059
	1/2 IPE 450	29649	1419	9,0	679	10949	2493	8878	13318
	1/2 IPE 500	35964	1579	9,8	689	10979	2799	9079	13618
	1/2 IPE 550	43957	1789	10,6	701	11011	3158	9306	13958
	1/2 IPE 600	54130	2063	11,7	720	11054	3589	9564	14347
HE-A 1000	**1/2 IPE 400**	25438	1335	8,1	753	12939	2309	9338	14007
	1/2 IPE 450	30287	1437	8,7	760	12962	2566	9510	14265
	1/2 IPE 500	36695	1596	9,5	770	12992	2881	9711	14566
	1/2 IPE 550	44817	1805	10,4	782	13024	3249	9937	14906
	1/2 IPE 600	55175	2079	11,4	801	13067	3692	10196	15294

Tabelle 6.30 Stützenquerschnitt einfachsymmetrisch aus Walzträgern **HE-A + ½ HE-A**

Profil		h_z	h_y	e_z	e_1	A	G	U	I_y	W_y	i_y
1	2	mm	mm	mm	mm	cm²	kg/m	m²/m	cm⁴	cm³	cm
HE-A 600	**1/2 HE-A 600**	590	302	221	81	340	267	3,45	146842	4978	20,8
	1/2 HE-A 650		327	236	91	347	273	3,50	147068	4985	20,6
	1/2 HE-A 700		352	251	101	357	280	3,55	147296	4993	20,3
	1/2 HE-A 800		402	281	120	369	290	3,64	147525	5001	20,0
	1/2 HE-A 900		452	309	142	387	304	3,74	147980	5016	19,6
	1/2 HE-A1000		502	338	163	400	314	3,84	148209	5024	19,3
HE-A 650	**1/2 HE-A 500**	640	252	192	60	340	267	3,45	180360	5636	23,0
	1/2 HE-A 550		277	208	69	348	273	3,50	180586	5643	22,8
	1/2 HE-A 600		302	224	78	355	279	3,55	180812	5650	22,6
	1/2 HE-A 650		327	240	87	363	285	3,60	181038	5657	22,3
	1/2 HE-A 700		352	255	97	372	292	3,64	181266	5665	22,1
	1/2 HE-A 800		402	286	116	385	302	3,74	181495	5672	21,7
	1/2 HE-A 900		452	315	137	402	316	3,84	181950	5686	21,3
	1/2 HE-A1000		502	344	157	415	326	3,94	182179	5693	21,0
HE-A 700	**1/2 HE-A 500**	690	252	195	57	359	282	3,55	220483	6391	24,8
	1/2 HE-A 550		277	212	65	366	288	3,60	220709	6397	24,5
	1/2 HE-A 600		302	228	74	374	293	3,65	220935	6404	24,3
	1/2 HE-A 650		327	244	83	381	299	3,69	221161	6410	24,1
	1/2 HE-A 700		352	260	92	391	307	3,74	221389	6417	23,8
	1/2 HE-A 800		402	292	110	403	317	3,84	221619	6424	23,4
	1/2 HE-A 900		452	321	131	421	330	3,94	222073	6437	23,0
	1/2 HE-A1000		502	352	151	434	341	4,04	222302	6444	22,6
HE-A 800	**1/2 HE-A 500**	790	253	199	53	385	302	3,74	308623	7813	28,3
	1/2 HE-A 550		278	216	61	392	308	3,79	308849	7819	28,1
	1/2 HE-A 600		303	233	69	399	313	3,84	309075	7825	27,8
	1/2 HE-A 650		328	250	78	407	319	3,89	309302	7830	27,6
	1/2 HE-A 700		353	266	87	416	327	3,94	309529	7836	27,3
	1/2 HE-A 800		403	299	104	429	337	4,03	309759	7842	26,9
	1/2 HE-A 900		453	329	124	446	350	4,13	310214	7854	26,4
	1/2 HE-A1000		503	360	142	459	361	4,23	310442	7859	26,0
HE-A 900	**1/2 HE-A 500**	890	253	204	49	419	329	3,94	427255	9601	31,9
	1/2 HE-A 550		278	222	56	426	335	3,99	427482	9606	31,7
	1/2 HE-A 600		303	239	64	434	341	4,04	427708	9611	31,4
	1/2 HE-A 650		328	256	72	441	347	4,09	427934	9616	31,1
	1/2 HE-A 700		353	273	80	451	354	4,13	428162	9622	30,8
	1/2 HE-A 800		403	307	96	463	364	4,23	428391	9627	30,4
	1/2 HE-A 900		453	338	115	481	377	4,33	428846	9637	29,9
	1/2 HE-A1000		503	370	133	494	388	4,43	429075	9642	29,5
HE-A 1000	**1/2 HE-A 600**	990	303	243	60	460	361	4,24	559479	11303	34,9
	1/2 HE-A 650		328	261	68	468	367	4,29	559705	11307	34,6
	1/2 HE-A 700		353	277	76	477	375	4,33	559933	11312	34,3
	1/2 HE-A 800		403	312	91	490	385	4,43	560162	11316	33,8
	1/2 HE-A 900		453	344	109	507	398	4,53	560617	11326	33,2
	1/2 HE-A1000		503	377	126	520	408	4,63	560846	11330	32,8

HE-A + ½ HE-A 

Profil 1	Profil 2	I_z cm^4	W_z cm^3	i_z cm	I_T cm^4	$W_{pl,y}$ cm^3	$W_{pl,z}$ cm^3	$N_{pl,k}$ in kN S 235	$N_{pl,k}$ in kN S 355
HE-A 600	**1/2 HE-A 600**	63145	2734	13,6	528	5928	3966	8152	12229
	1/2 HE-A 650	74376	3091	14,6	552	5952	4366	8335	12502
	1/2 HE-A 700	87191	3475	15,6	581	5978	4812	8561	12841
	1/2 HE-A 800	115261	4099	17,7	613	6006	5673	8865	13297
	1/2 HE-A 900	150893	4883	19,8	679	6057	6739	9281	13922
	1/2 HE-A1000	190123	5619	21,8	719	6085	7791	9597	14396
HE-A 650	**1/2 HE-A 500**	45671	2175	11,6	534	6665	3344	8170	12255
	1/2 HE-A 550	54513	2494	12,5	554	6689	3696	8340	12511
	1/2 HE-A 600	64642	2841	13,5	576	6714	4076	8517	12775
	1/2 HE-A 650	76127	3174	14,5	600	6738	4484	8699	13048
	1/2 HE-A 700	89243	3502	15,5	629	6764	4938	8925	13388
	1/2 HE-A 800	117962	4123	17,5	661	6792	5814	9229	13844
	1/2 HE-A 900	154476	4911	19,6	726	6843	6898	9646	14468
	1/2 HE-A1000	194659	5651	21,7	767	6871	7966	9961	14942
HE-A 700	**1/2 HE-A 500**	46915	2267	11,4	593	7561	3455	8622	12933
	1/2 HE-A 550	55977	2601	12,4	613	7585	3816	8793	13189
	1/2 HE-A 600	66364	2905	13,3	634	7609	4206	8969	13453
	1/2 HE-A 650	78149	3196	14,3	658	7634	4623	9151	13727
	1/2 HE-A 700	91622	3526	15,3	687	7660	5089	9377	14066
	1/2 HE-A 800	121104	4150	17,3	719	7688	5983	9681	14522
	1/2 HE-A 900	158659	4942	19,4	785	7739	7089	10098	15147
	1/2 HE-A1000	199965	5688	21,5	826	7766	8176	10414	15620
HE-A 800	**1/2 HE-A 500**	48213	2372	11,2	656	9228	3585	9230	13845
	1/2 HE-A 550	57525	2657	12,1	676	9253	3958	9401	14101
	1/2 HE-A 600	68210	2923	13,1	698	9277	4360	9577	14366
	1/2 HE-A 650	80342	3216	14,1	721	9302	4791	9759	14639
	1/2 HE-A 700	94233	3547	15,0	751	9327	5270	9986	14978
	1/2 HE-A 800	124614	4174	17,0	782	9355	6188	10290	15435
	1/2 HE-A 900	163408	4972	19,1	848	9406	7323	10706	16059
	1/2 HE-A1000	206060	5723	21,2	889	9434	8434	11022	16533
HE-A 900	**1/2 HE-A 500**	50181	2460	10,9	788	11340	3763	10063	15095
	1/2 HE-A 550	59800	2696	11,8	808	11364	4149	10234	15351
	1/2 HE-A 600	70849	2961	12,8	829	11389	4565	10410	15615
	1/2 HE-A 650	83409	3254	13,7	853	11413	5010	10592	15888
	1/2 HE-A 700	97814	3587	14,7	882	11439	5506	10818	16228
	1/2 HE-A 800	129299	4216	16,7	914	11467	6452	11123	16684
	1/2 HE-A 900	169624	5020	18,8	980	11518	7622	11539	17308
	1/2 HE-A1000	213940	5776	20,8	1021	11545	8763	11855	17782
HE-A 1000	**1/2 HE-A 600**	72418	2979	12,5	911	13402	4700	11042	16563
	1/2 HE-A 650	85260	3273	13,5	935	13426	5157	11224	16836
	1/2 HE-A 700	100006	3606	14,5	964	13452	5666	11450	17175
	1/2 HE-A 800	132225	4238	16,4	996	13480	6633	11754	17631
	1/2 HE-A 900	173576	5045	18,5	1061	13531	7829	12171	18256
	1/2 HE-A1000	219010	5805	20,5	1102	13559	8992	12486	18730

Tabelle 6.31 Stützenquerschnitt einfachsymmetrisch aus Walzträgern **HE-B + ½ HE-B**

Profil		h_z	h_y	e_z	e_1	A	G	U	I_y	W_y	i_y
1	2	mm	mm	mm	mm	cm²	kg/m	m²/m	cm⁴	cm³	cm
HE-B 600	**1/2 HE-B 600**	600	308	226	82	405	318	3,47	177805	5927	21,0
	1/2 HE-B 650		333	241	91	413	324	3,52	178032	5934	20,8
	1/2 HE-B 700		358	257	101	423	332	3,57	178260	5942	20,5
	1/2 HE-B 800		408	288	120	437	343	3,66	178492	5950	20,2
	1/2 HE-B 900		458	316	142	456	358	3,76	178948	5965	19,8
	1/2 HE-B1000		508	346	162	470	369	3,86	179178	5973	19,5
HE-B 650	**1/2 HE-B 500**	650	258	196	62	406	318	3,47	216926	6675	23,1
	1/2 HE-B 550		283	213	70	413	325	3,52	217153	6682	22,9
	1/2 HE-B 600		308	229	79	421	331	3,57	217380	6689	22,7
	1/2 HE-B 650		333	245	88	430	337	3,62	217607	6696	22,5
	1/2 HE-B 700		358	260	98	440	345	3,66	217835	6703	22,3
	1/2 HE-B 800		408	292	116	453	356	3,76	218067	6710	21,9
	1/2 HE-B 900		458	322	136	472	371	3,86	218523	6724	21,5
	1/2 HE-B1000		508	352	156	486	382	3,96	218753	6731	21,2
HE-B 700	**1/2 HE-B 500**	700	259	200	59	426	334	3,57	263199	7520	24,9
	1/2 HE-B 550		284	217	67	433	340	3,62	263425	7526	24,7
	1/2 HE-B 600		309	233	75	441	347	3,67	263652	7533	24,4
	1/2 HE-B 650		334	249	84	450	353	3,71	263879	7539	24,2
	1/2 HE-B 700		359	265	93	460	361	3,76	264108	7546	24,0
	1/2 HE-B 800		409	297	111	474	372	3,86	264339	7553	23,6
	1/2 HE-B 900		459	327	131	492	386	3,96	264795	7566	23,2
	1/2 HE-B1000		509	358	150	506	398	4,06	265025	7572	22,9
HE-B 800	**1/2 HE-B 500**	800	259	203	55	454	356	3,76	365393	9135	28,4
	1/2 HE-B 550		284	221	63	461	362	3,81	365620	9140	28,2
	1/2 HE-B 600		309	238	71	469	368	3,86	365846	9146	27,9
	1/2 HE-B 650		334	254	79	477	375	3,91	366073	9152	27,7
	1/2 HE-B 700		359	271	88	487	383	3,96	366302	9158	27,4
	1/2 HE-B 800		409	304	105	501	394	4,05	366533	9163	27,0
	1/2 HE-B 900		459	335	124	520	408	4,15	366990	9175	26,6
	1/2 HE-B1000		509	366	142	534	419	4,25	367220	9180	26,2
HE-B 900	**1/2 HE-B 500**	900	259	208	51	491	385	3,96	500374	11119	31,9
	1/2 HE-B 550		284	226	58	498	391	4,01	500601	11124	31,7
	1/2 HE-B 600		309	243	66	506	397	4,06	500827	11129	31,5
	1/2 HE-B 650		334	261	74	514	404	4,11	501054	11135	31,2
	1/2 HE-B 700		359	277	82	525	412	4,15	501283	11140	30,9
	1/2 HE-B 800		409	311	98	538	423	4,25	501514	11145	30,5
	1/2 HE-B 900		459	343	116	557	437	4,35	501971	11155	30,0
	1/2 HE-B1000		509	376	133	571	449	4,45	502201	11160	29,6
HE-B 1000	**1/2 HE-B 600**	1000	310	247	62	535	420	4,26	651511	13030	34,9
	1/2 HE-B 650		335	265	70	543	426	4,31	651738	13035	34,6
	1/2 HE-B 700		360	282	78	553	434	4,35	651967	13039	34,3
	1/2 HE-B 800		410	317	93	567	445	4,45	652198	13044	33,9
	1/2 HE-B 900		460	349	110	586	460	4,55	652654	13053	33,4
	1/2 HE-B1000		510	383	127	600	471	4,65	652884	13058	33,0

HE-B + ½ HE-B 

Profil		I_z	W_z	i_z	I_T	$W_{pl,y}$	$W_{pl,z}$	$N_{pl,k}$ in kN	
1	2	cm^4	cm^3	cm	cm^4	cm^3	cm^3	S 235	S 355
HE-B 600	**1/2 HE-B 600**	76923	3317	13,8	911	7120	4777	9718	14578
	1/2 HE-B 650	90163	3734	14,8	945	7145	5237	9915	14873
	1/2 HE-B 700	105168	4099	15,8	987	7172	5746	10156	15233
	1/2 HE-B 800	138167	4801	17,8	1032	7201	6740	10489	15734
	1/2 HE-B 900	179496	5672	19,8	1123	7254	7949	10934	16401
	1/2 HE-B1000	225187	6501	21,9	1180	7283	9154	11280	16919
HE-B 650	**1/2 HE-B 500**	56044	2647	11,8	918	7965	4049	9736	14604
	1/2 HE-B 550	66566	3025	12,7	948	7990	4458	9921	14881
	1/2 HE-B 600	78546	3427	13,7	980	8015	4896	10112	15167
	1/2 HE-B 650	92055	3755	14,6	1014	8040	5365	10308	15462
	1/2 HE-B 700	107376	4122	15,6	1056	8067	5882	10549	15823
	1/2 HE-B 800	141059	4827	17,6	1101	8096	6891	10882	16323
	1/2 HE-B 900	183300	5701	19,7	1192	8148	8119	11327	16991
	1/2 HE-B1000	229983	6534	21,7	1249	8177	9340	11673	17509
HE-B 700	**1/2 HE-B 500**	57407	2748	11,6	1002	8973	4169	10217	15325
	1/2 HE-B 550	68166	3141	12,5	1031	8997	4588	10402	15603
	1/2 HE-B 600	80421	3450	13,5	1063	9022	5036	10593	15889
	1/2 HE-B 650	94247	3779	14,5	1098	9047	5514	10789	16184
	1/2 HE-B 700	109941	4148	15,5	1139	9074	6043	11030	16544
	1/2 HE-B 800	144426	4855	17,5	1184	9103	7071	11363	17045
	1/2 HE-B 900	187737	5734	19,5	1276	9156	8321	11808	17713
	1/2 HE-B1000	235583	6572	21,6	1332	9184	9561	12154	18230
HE-B 800	**1/2 HE-B 500**	58863	2866	11,4	1092	10874	4315	10884	16326
	1/2 HE-B 550	69900	3167	12,3	1121	10899	4746	11069	16603
	1/2 HE-B 600	82482	3469	13,3	1153	10924	5208	11260	16890
	1/2 HE-B 650	96689	3800	14,2	1188	10949	5700	11456	17184
	1/2 HE-B 700	112833	4170	15,2	1230	10976	6244	11697	17545
	1/2 HE-B 800	148294	4881	17,2	1275	11005	7297	12030	18045
	1/2 HE-B 900	192922	5766	19,3	1366	11057	8577	12476	18713
	1/2 HE-B1000	242209	6610	21,3	1423	11086	9842	12821	19231
HE-B 900	**1/2 HE-B 500**	61016	2934	11,2	1275	13229	4509	11774	17661
	1/2 HE-B 550	72392	3206	12,1	1304	13254	4954	11959	17939
	1/2 HE-B 600	85371	3508	13,0	1336	13279	5430	12150	18225
	1/2 HE-B 650	100038	3840	13,9	1371	13304	5938	12347	18520
	1/2 HE-B 700	116729	4212	14,9	1412	13331	6499	12587	18881
	1/2 HE-B 800	153373	4926	16,9	1458	13360	7582	12921	19381
	1/2 HE-B 900	199603	5816	18,9	1549	13412	8897	13366	20049
	1/2 HE-B1000	250641	6666	20,9	1605	13441	10193	13711	20567
HE-B 1000	**1/2 HE-B 600**	87138	3527	12,8	1449	15550	5582	12841	19261
	1/2 HE-B 650	102117	3859	13,7	1483	15575	6102	13037	19556
	1/2 HE-B 700	119182	4232	14,7	1525	15602	6676	13278	19916
	1/2 HE-B 800	156634	4949	16,6	1570	15631	7782	13611	20417
	1/2 HE-B 900	203968	5843	18,7	1662	15683	9125	14056	21085
	1/2 HE-B1000	256217	6698	20,7	1718	15712	10444	14402	21602

Tabelle 6.32 Stützenquerschnitt einfachsymmetrisch aus Walzträgern **HE-M + ½ HE-M**

Profil		h_z	h_y	e_z	e_1	A	G	U	I_y	W_y	i_y
1	2	mm	mm	mm	mm	cm²	kg/m	m²/m	cm⁴	cm³	cm
HE-M 600	**1/2 HE-M 600**	620	321	237	84	546	428	3,54	246936	7966	21,3
	1/2 HE-M 650		345	253	91	551	432	3,58	246938	7966	21,2
	1/2 HE-M 700		369	270	99	555	436	3,63	246847	7963	21,1
	1/2 HE-M 800		418	303	114	566	444	3,72	246761	7960	20,9
	1/2 HE-M 900		466	336	129	576	452	3,82	246674	7957	20,7
	1/2 HE-M1000		515	369	145	586	460	3,92	246677	7957	20,5
HE-M 650	**1/2 HE-M 500**	668	273	204	68	546	429	3,54	291246	8720	23,1
	1/2 HE-M 550		297	221	75	551	433	3,59	291247	8720	23,0
	1/2 HE-M 600		321	238	82	556	436	3,63	291156	8717	22,9
	1/2 HE-M 650		345	255	90	561	440	3,68	291158	8717	22,8
	1/2 HE-M 700		369	272	97	565	444	3,73	291067	8715	22,7
	1/2 HE-M 800		418	305	112	576	452	3,82	290981	8712	22,5
	1/2 HE-M 900		466	338	127	586	460	3,91	290894	8709	22,3
	1/2 HE-M1000		515	372	143	596	468	4,01	290897	8710	22,1
HE-M 700	**1/2 HE-M 500**	716	273	205	67	555	436	3,63	338856	9465	24,7
	1/2 HE-M 550		297	222	74	560	440	3,68	338858	9465	24,6
	1/2 HE-M 600		321	239	81	565	443	3,72	338766	9463	24,5
	1/2 HE-M 650		345	256	88	570	447	3,77	338768	9463	24,4
	1/2 HE-M 700		369	273	95	575	451	3,82	338677	9460	24,3
	1/2 HE-M 800		418	307	110	585	459	3,91	338592	9458	24,1
	1/2 HE-M 900		466	340	125	595	467	4,01	338504	9455	23,9
	1/2 HE-M1000		515	374	141	605	475	4,10	338508	9456	23,7
HE-M 800	**1/2 HE-M 500**	814	273	208	65	576	453	3,82	452175	11110	28,0
	1/2 HE-M 550		297	225	71	582	456	3,87	452177	11110	27,9
	1/2 HE-M 600		321	242	78	586	460	3,91	452085	11108	27,8
	1/2 HE-M 650		345	259	85	591	464	3,96	452087	11108	27,7
	1/2 HE-M 700		369	277	92	596	468	4,01	451996	11106	27,5
	1/2 HE-M 800		418	311	106	606	476	4,10	451911	11103	27,3
	1/2 HE-M 900		466	345	121	616	484	4,19	451823	11101	27,1
	1/2 HE-M1000		515	379	136	626	492	4,29	451827	11101	26,9
HE-M 900	**1/2 HE-M 500**	910	273	210	63	596	468	4,01	580011	12747	31,2
	1/2 HE-M 550		297	227	69	601	472	4,05	580013	12748	31,1
	1/2 HE-M 600		321	245	76	606	475	4,10	579922	12746	30,9
	1/2 HE-M 650		345	262	82	611	479	4,15	579923	12746	30,8
	1/2 HE-M 700		369	280	89	615	483	4,19	579833	12744	30,7
	1/2 HE-M 800		418	314	103	626	491	4,29	579747	12742	30,4
	1/2 HE-M 900		466	348	117	635	499	4,38	579659	12740	30,2
	1/2 HE-M1000		515	383	132	646	507	4,48	579663	12740	30,0
HE-M 1000	**1/2 HE-M 600**	1008	321	247	73	626	491	4,30	731787	14520	34,2
	1/2 HE-M 650		345	265	80	631	495	4,34	731789	14520	34,1
	1/2 HE-M 700		369	282	86	636	499	4,39	731698	14518	33,9
	1/2 HE-M 800		418	318	100	646	507	4,48	731612	14516	33,6
	1/2 HE-M 900		466	352	113	656	515	4,58	731525	14514	33,4
	1/2 HE-M1000		515	387	128	666	523	4,67	731528	14514	33,1

HE-M + ½ HE-M 

Profil		I_z	W_z	i_z	I_T	$W_{pl,y}$	$W_{pl,z}$	$N_{pl,k}$ in kN	
1	2	cm^4	cm^3	cm	cm^4	cm^3	cm^3	S 235	S 355
HE-M 600	**1/2 HE-M 600**	108687	4594	14,1	2202	9736	6583	13092	19638
	1/2 HE-M 650	124275	4908	15,0	2209	9739	7066	13213	19819
	1/2 HE-M 700	140965	5222	15,9	2215	9735	7553	13324	19986
	1/2 HE-M 800	179921	5930	17,8	2228	9736	8630	13579	20368
	1/2 HE-M 900	223297	6643	19,7	2240	9735	9734	13811	20717
	1/2 HE-M1000	273903	7421	21,6	2256	9741	10949	14058	21087
HE-M 650	**1/2 HE-M 500**	82105	3719	12,3	2204	10622	5733	13101	19652
	1/2 HE-M 550	95179	4177	13,1	2212	10624	6189	13222	19833
	1/2 HE-M 600	109388	4594	14,0	2217	10621	6650	13334	20000
	1/2 HE-M 650	125103	4908	14,9	2224	10624	7138	13455	20182
	1/2 HE-M 700	141930	5223	15,8	2230	10620	7630	13566	20349
	1/2 HE-M 800	181214	5934	17,7	2243	10621	8714	13821	20731
	1/2 HE-M 900	224958	6648	19,6	2255	10620	9826	14053	21080
	1/2 HE-M1000	276002	7428	21,5	2270	10626	11048	14300	21450
HE-M 700	**1/2 HE-M 500**	82349	3758	12,2	2215	11504	5778	13324	19986
	1/2 HE-M 550	95516	4224	13,1	2222	11506	6239	13445	20167
	1/2 HE-M 600	109826	4586	13,9	2227	11503	6705	13556	20334
	1/2 HE-M 650	125655	4902	14,8	2235	11506	7197	13677	20516
	1/2 HE-M 700	142604	5218	15,8	2240	11502	7693	13789	20683
	1/2 HE-M 800	182180	5931	17,6	2253	11503	8787	14044	21065
	1/2 HE-M 900	226252	6647	19,5	2266	11502	9906	14276	21414
	1/2 HE-M1000	277687	7430	21,4	2281	11508	11136	14523	21784
HE-M 800	**1/2 HE-M 500**	83095	3844	12,0	2241	13453	5884	13834	20751
	1/2 HE-M 550	96464	4286	12,9	2248	13455	6356	13955	20932
	1/2 HE-M 600	110993	4579	13,8	2253	13452	6832	14066	21099
	1/2 HE-M 650	127071	4897	14,7	2261	13454	7334	14187	21281
	1/2 HE-M 700	144285	5215	15,6	2266	13451	7839	14299	21448
	1/2 HE-M 800	184499	5932	17,4	2279	13452	8951	14554	21830
	1/2 HE-M 900	229288	6652	19,3	2292	13451	10087	14786	22179
	1/2 HE-M1000	281577	7439	21,2	2307	13456	11331	15033	22549
HE-M 900	**1/2 HE-M 500**	83703	3919	11,9	2266	15407	5975	14299	21448
	1/2 HE-M 550	97244	4277	12,7	2273	15409	6455	14420	21629
	1/2 HE-M 600	111961	4572	13,6	2279	15406	6939	14531	21796
	1/2 HE-M 650	128249	4891	14,5	2286	15408	7450	14652	21978
	1/2 HE-M 700	145690	5211	15,4	2291	15405	7963	14763	22145
	1/2 HE-M 800	186450	5932	17,3	2304	15406	9092	15018	22527
	1/2 HE-M 900	231852	6655	19,1	2317	15405	10242	15251	22876
	1/2 HE-M1000	284874	7446	21,0	2332	15410	11501	15497	23246
HE-M 1000	**1/2 HE-M 600**	113106	4572	13,4	2309	17532	7054	15025	22537
	1/2 HE-M 650	129606	4893	14,3	2316	17535	7572	15146	22719
	1/2 HE-M 700	147273	5214	15,2	2322	17531	8093	15257	22886
	1/2 HE-M 800	188579	5937	17,1	2335	17532	9238	15512	23268
	1/2 HE-M 900	234595	6664	18,9	2347	17531	10403	15744	23617
	1/2 HE-M1000	288352	7457	20,8	2363	17537	11675	15991	23987

Tabelle 6.33 Stützenquerschnitt einfachsymmetrisch aus Flachstahl

Abmessungen in mm					e_z	e_1	A	G	U	I_y	W_y	i_y
h_z	h_y	b	s	t	mm	mm	cm^2	kg/m	m^2/m	cm^4	cm^3	cm
1100	**350**	**300**	**16**	**40**	267	83	572	449	4,62	824986	15000	38,0
	400				303	97	580	455	4,72	824988	15000	37,7
	450				339	111	588	461	4,82	824989	15000	37,5
	500				375	125	596	467	4,92	824991	15000	37,2
	550				410	140	604	474	5,02	824993	15000	37,0
1200	**350**	**300**	**16**	**40**	270	80	588	461	4,82	1004015	16734	41,3
	400				306	94	596	467	4,92	1004017	16734	41,1
	450				342	108	604	474	5,02	1004019	16734	40,8
	500				378	122	612	480	5,12	1004021	16734	40,5
	550				414	136	620	486	5,22	1004022	16734	40,3
	600				449	151	628	493	5,32	1004024	16734	40,0
1300	**350**	**300**	**16**	**40**	272	78	604	474	5,02	1204005	18523	44,7
	400				308	92	612	480	5,12	1204006	18523	44,4
	450				345	105	620	486	5,22	1204008	18523	44,1
	500				381	119	628	493	5,32	1204010	18523	43,8
	550				417	133	636	499	5,42	1204012	18523	43,5
	600				453	147	644	505	5,52	1204013	18523	43,3
	650				488	162	652	511	5,62	1204015	18523	43,0
1100	**400**	**400**	**20**	**40**	302	98	754	592	5,30	1097534	19955	38,2
	450				338	112	764	600	5,40	1097537	19955	37,9
	500				373	127	774	608	5,50	1097541	19955	37,7
	550				409	141	784	615	5,60	1097544	19955	37,4
1200	**450**	**400**	**20**	**40**	341	109	784	615	5,60	1332424	22207	41,2
	500				377	123	794	623	5,70	1332427	22207	41,0
	550				412	138	804	631	5,80	1332431	22207	40,7
	600				447	153	814	639	5,90	1332434	22207	40,5
1300	**450**	**400**	**20**	**40**	344	106	804	631	5,80	1594511	24531	44,5
	500				380	120	814	639	5,90	1594514	24531	44,3
	550				416	134	824	647	6,00	1594517	24531	44,0
	600				451	149	834	655	6,10	1594521	24531	43,7
	650				486	164	844	663	6,20	1594524	24531	43,5
1400	**450**	**400**	**20**	**50**	342	108	938	736	6,00	2216196	31660	48,6
	500				378	122	948	744	6,10	2216199	31660	48,4
	550				414	136	958	752	6,20	2216203	31660	48,1
	600				450	150	968	760	6,30	2216206	31660	47,8
	650				485	165	978	768	6,40	2216209	31660	47,6
	700				521	179	988	776	6,50	2216213	31660	47,4
1500	**500**	**400**	**20**	**50**	381	119	968	760	6,30	2587366	34498	51,7
	550				417	133	978	768	6,40	2587369	34498	51,4
	600				453	147	988	776	6,50	2587373	34498	51,2
	650				489	161	998	783	6,60	2587376	34498	50,9
	700				524	176	1008	791	6,70	2587379	34498	50,7
	750				559	191	1018	799	6,80	2587383	34498	50,4

aus **Flachstahl** 

Höhe in mm		I_z	W_z	i_z	I_T	$W_{pl,y}$	$W_{pl,z}$	$N_{pl,k}$ in kN	
h_z	h_y	cm^4	cm^3	cm	cm^4	cm^3	cm^3	S 235	S 335
1100	**350**	125645	4701	14,8	2100	17800	7123	13716	20575
	400	162316	5349	16,7	2107	17804	8141	13908	20863
	450	204825	6037	18,7	2114	17807	9220	14100	21151
	500	253330	6758	20,6	2121	17810	10360	14292	21439
	550	307983	7509	22,6	2128	17813	11564	14484	21727
1200	**350**	126714	4701	14,7	2114	19856	7218	14100	21151
	400	163771	5352	16,6	2121	19860	8248	14292	21439
	450	206737	6041	18,5	2128	19863	9338	14484	21727
	500	255773	6764	20,5	2135	19866	10488	14676	22015
	550	311035	7517	22,4	2141	19869	11701	14868	22303
	600	372678	8298	24,4	2148	19872	12977	15060	22591
1300	**350**	127726	4702	14,5	2128	21992	7309	14484	21727
	400	165150	5354	16,4	2135	21996	8351	14676	22015
	450	208551	6045	18,3	2141	21999	9451	14868	22303
	500	258092	6770	20,3	2148	22002	10611	15060	22591
	550	313934	7525	22,2	2155	22005	11833	15252	22879
	600	376234	8308	24,2	2162	22008	13117	15444	23167
	650	445147	9117	26,1	2169	22012	14465	15636	23455
1100	**400**	232955	7709	17,6	2925	23796	11240	18096	27144
	450	288827	8546	19,4	2939	23801	12569	18336	27504
	500	352522	9440	21,3	2952	23806	13966	18576	27864
	550	424232	10381	23,3	2965	23811	15431	18816	28224
1200	**450**	291280	8547	19,3	2965	26471	12736	18816	28224
	500	355651	9443	21,2	2979	26476	14149	19056	28584
	550	428133	10387	23,1	2992	26481	15630	19296	28944
	600	508920	11373	25,0	3005	26486	17181	19536	29304
1300	**450**	293612	8547	19,1	2992	29241	12896	19296	28944
	500	358626	9446	21,0	3005	29246	14325	19536	29304
	550	431846	10393	22,9	3019	29251	15821	19776	29664
	600	513467	11382	24,8	3032	29256	17386	20016	30024
	650	603682	12409	26,7	3045	29261	19021	20256	30384
1400	**450**	349022	10195	19,3	5451	37488	15255	22512	33768
	500	425749	11250	21,2	5464	37493	16910	22752	34128
	550	512037	12359	23,1	5477	37498	18640	22992	34488
	600	608083	13514	25,1	5491	37503	20447	23232	34848
	650	714078	14711	27,0	5504	37508	22332	23472	35208
	700	830214	15947	29,0	5517	37513	24296	23712	35568
1500	**500**	428650	11252	21,0	5491	40843	17084	23232	34848
	550	515651	12363	23,0	5504	40848	18829	23472	35208
	600	612501	13521	24,9	5517	40853	20649	23712	35568
	650	719395	14721	26,8	5531	40858	22546	23952	35928
	700	836529	15959	28,8	5544	40863	24522	24192	36288
	750	964092	17233	30,8	5557	40868	26577	24432	36648

6.4.5 Stützenprofile gekreuzt, doppeltsymmetrisch

Zusammengesetzt aus warmgewalzten Trägern und aus Flachstahl

$h_y = h_2 + s$, theoretisches Maß mit:

h_2 = Höhe Profil 2

s = Stegdicke Profil 1 (aufgerundet auf volle mm)

Alle Werte sind mit $h_y = h_2$ berechnet.

Tabelle 6.34 Stützenquerschnitt doppeltsymmetrisch aus Walzträgern **IPE + 2 x ½ IPE**

Profil		h_z	h_y	A	G	U	I_y	W_y	i_y
1	2	mm	mm	cm²	kG/m	m²/m	cm⁴	cm³	cm
IPE 360	**2/2 IPE 300**	360	308	127	99	2,49	16868	937	11,5
	2/2 IPE 330		338	135	106	2,58	17052	947	11,2
	2/2 IPE 360		368	145	114	2,68	17307	961	10,9
IPE 400	**2/2 IPE 300**	400	309	138	109	2,61	23731	1187	13,1
	2/2 IPE 330		339	147	115	2,70	23914	1196	12,8
	2/2 IPE 360		369	157	123	2,80	24169	1208	12,4
	2/2 IPE 400		409	169	133	2,92	24442	1222	12,0
IPE 450	**2/2 IPE 300**	450	310	153	120	2,75	34345	1526	15,0
	2/2 IPE 330		340	161	127	2,84	34529	1535	14,6
	2/2 IPE 360		370	172	135	2,94	34784	1546	14,2
	2/2 IPE 400		410	183	144	3,06	35057	1558	13,8
	2/2 IPE 450		460	198	155	3,20	35415	1574	13,4
IPE 500	**2/2 IPE 300**	500	310	170	133	2,88	48801	1952	17,0
	2/2 IPE 330		340	179	140	2,97	48984	1959	16,6
	2/2 IPE 360		370	189	148	3,07	49239	1970	16,2
	2/2 IPE 400		410	201	157	3,19	49512	1980	15,7
	2/2 IPE 450		460	215	169	3,33	49870	1995	15,2
	2/2 IPE 500		510	232	182	3,46	50336	2013	14,7
IPE 550	**2/2 IPE 330**	550	341	197	154	3,11	67902	2469	18,6
	2/2 IPE 360		371	207	162	3,21	68157	2478	18,2
	2/2 IPE 400		411	219	172	3,33	68430	2488	17,7
	2/2 IPE 450		461	233	183	3,47	68788	2501	17,2
	2/2 IPE 500		511	250	196	3,60	69253	2518	16,6
	2/2 IPE 550		561	268	210	3,74	69777	2537	16,1
IPE 600	**2/2 IPE 360**	600	372	229	180	3,34	93124	3104	20,2
	2/2 IPE 400		412	241	189	3,46	93397	3113	19,7
	2/2 IPE 450		462	255	200	3,60	93755	3125	19,2
	2/2 IPE 500		512	272	214	3,73	94220	3141	18,6
	2/2 IPE 550		562	290	228	3,87	94744	3158	18,1
	2/2 IPE 600		612	312	245	4,00	95463	3182	17,5

Querschnitt: aus gewalzten Trägern

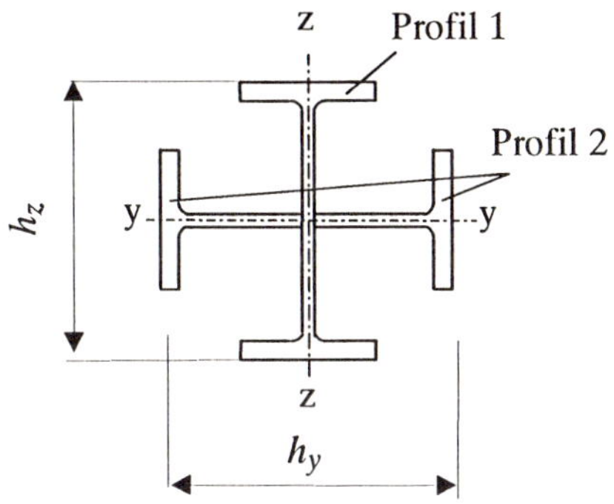

aus Flachstahl

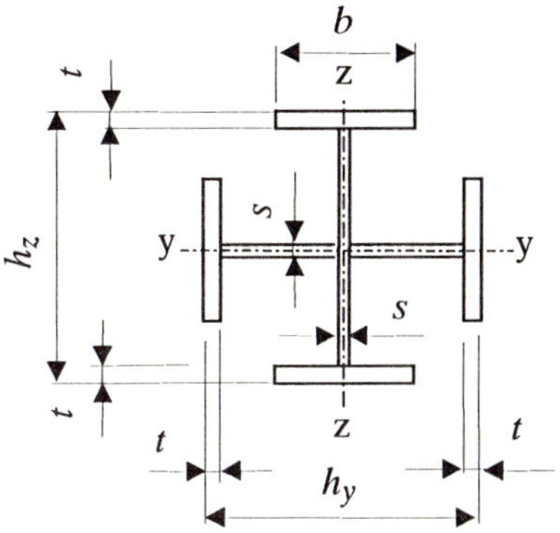

Profil 1	Profil 2	I_z cm⁴	W_z cm³	i_z cm	I_T cm⁴	I_ω cm⁶	$W_{pl,y}$ cm³	$W_{pl,z}$ cm³	$N_{pl,k}$ in kN S 235	$N_{pl,k}$ in kN S 355
IPE 360	**2/2 IPE 300**	9911	644	8,85	45	446576	1144	841	3036	4554
	2/2 IPE 330	13464	797	9,98	50	522805	1173	1020	3247	4871
	2/2 IPE 360	18136	986	11,2	58	641774	1210	1239	3490	5234
IPE 400	**2/2 IPE 300**	10224	663	8,60	53	623581	1432	880	3319	4979
	2/2 IPE 330	13788	814	9,68	58	700043	1461	1060	3530	5296
	2/2 IPE 360	18473	1002	10,8	67	819351	1498	1279	3773	5659
	2/2 IPE 400	25586	1252	12,3	75	1002148	1536	1572	4056	6084
IPE 450	**2/2 IPE 300**	10635	687	8,35	67	925256	1827	930	3662	5494
	2/2 IPE 330	14213	838	9,38	72	1002028	1855	1110	3874	5810
	2/2 IPE 360	18916	1024	10,5	80	1121790	1893	1330	4116	6174
	2/2 IPE 400	26052	1273	11,9	89	1305180	1931	1623	4399	6599
	2/2 IPE 450	37040	1613	13,7	102	1616533	1978	2025	4742	7114
IPE 500	**2/2 IPE 300**	11153	719	8,10	87	1384336	2319	992	4075	6113
	2/2 IPE 330	14745	867	9,09	92	1461419	2348	1172	4286	6430
	2/2 IPE 360	19466	1052	10,2	100	1581635	2385	1392	4529	6793
	2/2 IPE 400	26625	1298	11,5	109	1765621	2423	1686	4812	7218
	2/2 IPE 450	37646	1636	13,2	123	2077866	2470	2088	5155	7733
	2/2 IPE 500	52608	2062	15,1	143	2551945	2530	2589	5568	8352
IPE 550	**2/2 IPE 330**	15347	900	8,84	115	2097315	2941	1240	4718	7078
	2/2 IPE 360	20087	1083	9,86	124	2218043	2978	1460	4961	7441
	2/2 IPE 400	27273	1327	11,2	132	2402698	3016	1755	5244	7866
	2/2 IPE 450	38330	1663	12,8	146	2715949	3063	2157	5587	8381
	2/2 IPE 500	53337	2087	14,6	166	3191426	3123	2659	6000	9000
	2/2 IPE 550	72919	2599	16,5	190	3847518	3188	3262	6432	9648
IPE 600	**2/2 IPE 360**	20902	1124	9,56	162	3181151	3703	1548	5489	8233
	2/2 IPE 400	28115	1365	10,8	171	3366477	3741	1843	5772	8658
	2/2 IPE 450	39208	1697	12,4	184	3680734	3789	2247	6115	9173
	2/2 IPE 500	54261	2120	14,1	205	4157612	3848	2749	6528	9792
	2/2 IPE 550	73897	2630	16,0	228	4815450	3913	3353	6960	10440
	2/2 IPE 600	99742	3260	17,9	267	5809811	3998	4092	7488	11232

Tabelle 6.35 Stützenquerschnitt doppeltsymmetrisch aus Walzträgern **HE-A + 2 x ½ IPE**

Profil		h_z	h_y	A	G	U	I_y	W_y	i_y
1	2	mm	mm	cm^2	kg/m	m^2/m	cm^4	cm^3	cm
HE-A 500	**2/2 IPE 360**	490	372	270	212	3,44	88015	3592	18,0
	2/2 IPE 400		412	282	221	3,55	88288	3604	17,7
	2/2 IPE 450		462	296	233	3,69	88645	3618	17,3
	2/2 IPE 500		512	313	246	3,83	89111	3637	16,9
	2/2 IPE 550		562	332	261	3,96	89634	3659	16,4
	2/2 IPE 600		612	354	278	4,10	90354	3688	16,0
HE-A 550	**2/2 IPE 360**	540	373	284	223	3,54	112972	4184	19,9
	2/2 IPE 400		413	296	233	3,65	113245	4194	19,6
	2/2 IPE 450		463	311	244	3,79	113603	4208	19,1
	2/2 IPE 500		513	327	257	3,93	114068	4225	18,7
	2/2 IPE 550		563	346	272	4,06	114592	4244	18,2
	2/2 IPE 600		613	368	289	4,20	115311	4271	17,7
HE-A 600	**2/2 IPE 360**	590	373	299	235	3,63	142248	4822	21,8
	2/2 IPE 400		413	311	244	3,75	142521	4831	21,4
	2/2 IPE 450		463	325	255	3,89	142879	4843	21,0
	2/2 IPE 500		513	342	268	4,03	143344	4859	20,5
	2/2 IPE 550		563	361	283	4,16	143868	4877	20,0
	2/2 IPE 600		613	382	300	4,30	144587	4901	19,4
HE-A 650	**2/2 IPE 400**	640	414	326	256	3,85	176491	5515	23,3
	2/2 IPE 450		464	340	267	3,98	176849	5527	22,8
	2/2 IPE 500		514	357	280	4,12	177314	5541	22,3
	2/2 IPE 550		564	376	295	4,26	177838	5557	21,7
	2/2 IPE 600		614	398	312	4,39	178557	5580	21,2
HE-A 700	**2/2 IPE 400**	690	415	345	271	3,94	216614	6279	25,1
	2/2 IPE 450		465	359	282	4,08	216972	6289	24,6
	2/2 IPE 500		515	376	295	4,22	217438	6303	24,0
	2/2 IPE 550		565	395	310	4,35	217961	6318	23,5
	2/2 IPE 600		615	416	327	4,49	218680	6339	22,9
HE-A 800	**2/2 IPE 400**	790	415	370	291	4,14	304755	7715	28,7
	2/2 IPE 450		465	385	302	4,27	305112	7724	28,2
	2/2 IPE 500		515	401	315	4,41	305578	7736	27,6
	2/2 IPE 550		565	420	330	4,55	306101	7749	27,0
	2/2 IPE 600		615	442	347	4,68	306821	7768	26,4
HE-A 900	**2/2 IPE 400**	890	416	405	318	4,33	423387	9514	32,3
	2/2 IPE 450		466	419	329	4,47	423745	9522	31,8
	2/2 IPE 500		516	436	342	4,61	424210	9533	31,2
	2/2 IPE 550		566	455	357	4,74	424734	9545	30,6
	2/2 IPE 600		616	477	374	4,88	425453	9561	29,9
HE-A 1000	**2/2 IPE 400**	990	417	431	339	4,53	555158	11215	35,9
	2/2 IPE 450		467	446	350	4,67	555516	11223	35,3
	2/2 IPE 500		517	462	363	4,81	555981	11232	34,7
	2/2 IPE 550		567	481	378	4,94	556505	11243	34,0
	2/2 IPE 600		617	503	395	5,08	557224	11257	33,3

HE-A + 2 x ½ IPE 

Profil		I_z	W_z	i_z	I_T	I_ω	$W_{pl,y}$	$W_{pl,z}$	$N_{pl,k}$ in kN	
1	2	cm^4	cm^3	cm	cm^4	cm^6	cm^3	cm^3	S 235	S 355
HE-A 500	**2/2 IPE 360**	27882	1499	10,2	297	5978677	4139	2121	6486	9730
	2/2 IPE 400	35095	1704	11,2	307	6164004	4176	2416	6768	10152
	2/2 IPE 450	46188	1999	12,5	320	6478260	4223	2820	7113	10669
	2/2 IPE 500	61240	2392	14,0	341	6955138	4283	3322	7513	11270
	2/2 IPE 550	80876	2878	15,6	364	7612976	4346	3926	7967	11950
	2/2 IPE 600	106722	3488	17,4	403	8607337	4432	4665	8485	12727
HE-A 550	**2/2 IPE 360**	28387	1524	9,99	338	7525471	4812	2172	6828	10242
	2/2 IPE 400	35614	1727	11,0	346	7711171	4849	2467	7109	10664
	2/2 IPE 450	46728	2021	12,3	360	8025987	4896	2870	7454	11181
	2/2 IPE 500	61805	2412	13,7	380	8503644	4956	3373	7855	11782
	2/2 IPE 550	81472	2897	15,3	404	9162453	5019	3978	8308	12462
	2/2 IPE 600	107354	3505	17,1	442	10158197	5105	4717	8826	13239
HE-A 600	**2/2 IPE 360**	28893	1549	9,83	381	9315698	5540	2222	7180	10771
	2/2 IPE 400	36135	1750	10,8	390	9501772	5577	2518	7462	11193
	2/2 IPE 450	47268	2042	12,1	403	9817148	5625	2922	7807	11710
	2/2 IPE 500	62371	2432	13,5	424	10295584	5684	3425	8208	12311
	2/2 IPE 550	82068	2915	15,1	447	10955365	5748	4030	8661	12991
	2/2 IPE 600	107987	3523	16,8	486	11952493	5834	4769	9179	13768
HE-A 650	**2/2 IPE 400**	36656	1773	10,6	437	11552013	6363	2569	7826	11740
	2/2 IPE 450	47809	2063	11,9	451	11867950	6411	2973	8171	12257
	2/2 IPE 500	62937	2451	13,3	471	12347166	6470	3477	8572	12858
	2/2 IPE 550	82664	2934	14,8	495	13007919	6534	4083	9025	13538
	2/2 IPE 600	108620	3541	16,5	533	14006432	6619	4822	9543	14314
HE-A 700	**2/2 IPE 400**	37247	1797	10,4	496	13879416	7259	2625	8279	12418
	2/2 IPE 450	48442	2086	11,6	510	14196476	7306	3030	8623	12935
	2/2 IPE 500	63620	2473	13,0	530	14677254	7366	3535	9024	13536
	2/2 IPE 550	83407	2955	14,5	554	15339952	7429	4141	9477	14216
	2/2 IPE 600	109437	3562	16,2	592	16341239	7515	4882	9995	14993
HE-A 800	**2/2 IPE 400**	37775	1821	10,10	559	18819110	8926	2683	8887	13330
	2/2 IPE 450	48990	2107	11,3	573	19136732	8974	3088	9232	13847
	2/2 IPE 500	64194	2493	12,6	593	19618291	9034	3593	9632	14448
	2/2 IPE 550	84012	2974	14,1	617	20281964	9097	4200	10086	15129
	2/2 IPE 600	110079	3580	15,8	655	21284638	9183	4942	10603	15905
HE-A 900	**2/2 IPE 400**	38822	1866	9,79	691	25492962	11038	2789	9720	14580
	2/2 IPE 450	50077	2149	10,9	705	25811709	11085	3195	10064	15096
	2/2 IPE 500	65331	2532	12,2	725	26294833	11145	3701	10465	15698
	2/2 IPE 550	85210	3011	13,7	749	26960456	11209	4309	10919	16378
	2/2 IPE 600	111351	3615	15,3	787	27965909	11294	5052	11436	17154
HE-A 1000	**2/2 IPE 400**	39347	1889	9,55	773	32606658	13051	2847	10351	15527
	2/2 IPE 450	50623	2170	10,7	786	32925968	13099	3253	10696	16044
	2/2 IPE 500	65902	2552	11,9	807	33409876	13158	3759	11097	16645
	2/2 IPE 550	85811	3030	13,4	830	34076475	13222	4368	11550	17325
	2/2 IPE 600	111990	3633	14,9	869	35083319	13308	5111	12068	18102

Tabelle 6.36 Stützenquerschnitt doppeltsymmetrisch aus Walzträgern **HE-A + 2 x ½ HE-A**

Profil		h_z	h_y	A	G	U	I_y	W_y	i_y
1	2	mm	mm	cm^2	kg/m	m^2/m	cm^4	cm^3	cm
HE-A 600	**2/2 HE-A 400**	590	403	385	303	4,19	149761	5077	19,7
	2/2 HE-A 450		453	404	318	4,29	150662	5107	19,3
	2/2 HE-A 500		503	424	333	4,39	151564	5138	18,9
	2/2 HE-A 550		553	438	344	4,49	152015	5153	18,6
	2/2 HE-A 600		603	453	356	4,59	152467	5168	18,3
HE-A 650	**2/2 HE-A 400**	640	404	401	314	4,29	183731	5742	21,4
	2/2 HE-A 450		454	420	329	4,39	184632	5770	21,0
	2/2 HE-A 500		504	439	345	4,49	185534	5798	20,6
	2/2 HE-A 550		554	453	356	4,59	185985	5812	20,3
	2/2 HE-A 600		604	468	367	4,69	186437	5826	20,0
	2/2 HE-A 650		654	483	379	4,79	186889	5840	19,7
HE-A 700	**2/2 HE-A 400**	690	405	419	329	4,39	223854	6489	23,1
	2/2 HE-A 450		455	439	344	4,49	224755	6515	22,6
	2/2 HE-A 500		505	458	360	4,59	225657	6541	22,2
	2/2 HE-A 550		555	472	371	4,68	226108	6554	21,9
	2/2 HE-A 600		605	487	382	4,78	226560	6567	21,6
	2/2 HE-A 650		655	502	394	4,88	227013	6580	21,3
	2/2 HE-A 700		705	521	409	4,98	227467	6593	20,9
HE-A 800	**2/2 HE-A 400**	790	405	445	349	4,58	311995	7899	26,5
	2/2 HE-A 450		455	464	364	4,68	312896	7921	26,0
	2/2 HE-A 500		505	483	379	4,78	313797	7944	25,5
	2/2 HE-A 550		555	498	391	4,88	314249	7956	25,1
	2/2 HE-A 600		605	512	402	4,98	314701	7967	24,8
	2/2 HE-A 650		655	527	414	5,08	315153	7979	24,4
	2/2 HE-A 700		705	546	429	5,17	315607	7990	24,0
	2/2 HE-A 800		805	572	449	5,37	316062	8002	23,5
HE-A 900	**2/2 HE-A 400**	890	406	480	376	4,78	430627	9677	30,0
	2/2 HE-A 450		456	499	391	4,88	431528	9697	29,4
	2/2 HE-A 500		506	518	407	4,97	432430	9718	28,9
	2/2 HE-A 550		556	532	418	5,07	432881	9728	28,5
	2/2 HE-A 600		606	547	429	5,17	433333	9738	28,1
	2/2 HE-A 650		656	562	441	5,27	433785	9748	27,8
	2/2 HE-A 700		706	581	456	5,37	434239	9758	27,3
	2/2 HE-A 800		806	606	476	5,56	434694	9768	26,8
	2/2 HE-A 900		906	641	503	5,76	435602	9789	26,1
HE-A 1000	**2/2 HE-A 450**	990	457	525	412	5,07	563299	11380	32,8
	2/2 HE-A 500		507	544	427	5,17	564201	11398	32,2
	2/2 HE-A 550		557	559	439	5,27	564652	11407	31,8
	2/2 HE-A 600		607	573	450	5,37	565104	11416	31,4
	2/2 HE-A 650		657	588	462	5,47	565556	11425	31,0
	2/2 HE-A 700		707	607	477	5,57	566011	11435	30,5
	2/2 HE-A 800		807	633	497	5,76	566465	11444	29,9
	2/2 HE-A 900		907	667	524	5,96	567373	11462	29,2
	2/2 HE-A1000		1007	694	545	6,16	567829	11471	28,6

HE-A + 2 x ½ HE-A 

Profil		I_z	W_z	i_z	I_T	I_ω	$W_{pl,y}$	$W_{pl,z}$	$N_{pl,k}$ in kN	
1	2	cm⁴	cm³	cm	cm⁴	cm⁶	cm³	cm³	S 235	S 355
HE-A 600	**2/2HE-A 400**	59738	2965	12,4	505	12130075	6219	3821	9250	13876
	2/2HE-A 450	79249	3499	14,0	558	13387195	6312	4487	9708	14561
	2/2HE-A 500	103463	4114	15,6	622	14939803	6406	5233	10176	15264
	2/2HE-A 550	129302	4676	17,2	661	16533910	6455	5915	10517	15776
	2/2HE-A 600	159531	5291	18,8	705	18374316	6505	6653	10870	16305
HE-A 650	**2/2HE-A 400**	60324	2990	12,3	553	14187218	7005	3874	9615	14422
	2/2HE-A 450	79868	3522	13,8	606	15446337	7098	4541	10072	15108
	2/2HE-A 500	104120	4136	15,4	669	17001159	7192	5287	10540	15810
	2/2HE-A 550	129992	4697	16,9	709	18597130	7241	5970	10881	16322
	2/2HE-A 600	160258	5311	18,5	753	20439509	7291	6708	11234	16851
	2/2HE-A 650	195296	5977	20,1	801	22544503	7340	7504	11599	17398
HE-A 700	**2/2HE-A 400**	61047	3018	12,1	612	16528452	7900	3934	10067	15100
	2/2HE-A 450	80657	3549	13,6	664	17791572	7994	4602	10524	15786
	2/2 HE-A 500	104984	4162	15,1	728	19350827	8088	5349	10992	16489
	2/2 HE-A 550	130924	4722	16,7	768	20950525	8137	6032	11334	17000
	2/2 HE-A 600	161264	5335	18,2	811	22796853	8186	6771	11686	17530
	2/2 HE-A 650	196382	6001	19,8	859	24906017	8236	7568	12051	18076
	2/2 HE-A 700	237813	6751	21,4	918	27294223	8289	8477	12503	18754
HE-A 800	**2/2 HE-A 400**	61640	3044	11,8	675	21475076	9568	3993	10675	16013
	2/2 HE-A 450	81285	3573	13,2	728	22740197	9662	4662	11132	16699
	2/2 HE-A 500	105648	4184	14,8	791	24301670	9756	5409	11601	17401
	2/2 HE-A 550	131623	4743	16,3	831	25903233	9804	6093	11942	17913
	2/2 HE-A 600	162000	5355	17,8	875	27751536	9854	6832	12295	18442
	2/2 HE-A 650	197158	6020	19,3	923	29862785	9904	7630	12659	18989
	2/2 HE-A 700	238635	6770	20,9	981	32253188	9956	8539	13111	19667
	2/2 HE-A 800	329292	8181	24,0	1045	37307750	10010	10226	13720	20579
HE-A 900	**2/2 HE-A 400**	62818	3094	11,4	807	28162812	11680	4103	11508	17262
	2/2 HE-A 450	82529	3620	12,9	860	29431941	11773	4773	11965	17948
	2/2 HE-A 500	106967	4228	14,4	923	30997853	11867	5521	12434	18650
	2/2 HE-A 550	133010	4785	15,8	963	32603148	11916	6206	12775	19162
	2/2 HE-A 600	163462	5395	17,3	1007	34455403	11965	6946	13128	19691
	2/2 HE-A 650	198699	6058	18,8	1054	36570825	12015	7744	13492	20238
	2/2 HE-A 700	240267	6806	20,3	1113	38965620	12068	8655	13944	20916
	2/2 HE-A 800	331093	8216	23,4	1177	44027946	12122	10343	14552	21829
	2/2 HE-A 900	453126	10003	26,6	1309	50860440	12226	12482	15385	23078
HE-A 1000	**2/2 HE-A 450**	83154	3643	12,6	941	36554598	13786	4832	12597	18895
	2/2 HE-A 500	107630	4250	14,1	1005	38122732	13880	5582	13065	19598
	2/2 HE-A 550	133707	4805	15,5	1044	39729894	13929	6266	13406	20110
	2/2 HE-A 600	164195	5415	16,9	1088	41584126	13979	7007	13759	20639
	2/2 HE-A 650	199472	6077	18,4	1136	43701635	14028	7805	14124	21185
	2/2 HE-A 700	241086	6825	19,9	1195	46098627	14081	8716	14576	21864
	2/2 HE-A 800	331996	8233	22,9	1258	51164836	14135	10405	15184	22776
	2/2 HE-A 900	454136	10020	26,1	1390	58002388	14239	12545	16017	24025
	2/2 HE-A1000	589247	11709	29,1	1472	65260934	14295	14580	16649	24973

Tabelle 6.37 Stützenquerschnitt doppeltsymmetrisch aus Walzträgern **HE-B + 2** x **½ HE-B**

Profil		h_z	h_y	A	G	U	I_y	W_y	i_y
1	2	mm	mm	cm²	kg/m	m²/m	cm⁴	cm³	cm
HE-B 600	**2/2 HE-B 400**	600	416	468	367	4,26	181847	6062	19,7
	2/2 HE-B 450		466	488	383	4,36	182749	6092	19,4
	2/2 HE-B 500		516	509	399	4,46	183652	6122	19,0
	2/2 HE-B 550		566	524	411	4,56	184104	6137	18,7
	2/2 HE-B 600		616	540	424	4,66	184557	6152	18,5
HE-B 650	**2/2 HE-B 400**	650	416	484	380	4,36	221422	6813	21,4
	2/2 HE-B 450		466	504	396	4,46	222324	6841	21,0
	2/2 HE-B 500		516	525	412	4,56	223227	6869	20,6
	2/2 HE-B 550		566	540	424	4,66	223679	6882	20,3
	2/2 HE-B 600		616	556	437	4,76	224132	6896	20,1
	2/2 HE-B 650		666	573	450	4,86	224585	6910	19,8
HE-B 700	**2/2 HE-B 400**	700	417	504	396	4,46	267695	7648	23,0
	2/2 HE-B 450		467	524	412	4,56	268597	7674	22,6
	2/2 HE-B 500		517	545	428	4,66	269499	7700	22,2
	2/2 HE-B 550		567	560	440	4,76	269951	7713	21,9
	2/2 HE-B 600		617	576	452	4,85	270404	7726	21,7
	2/2 HE-B 650		667	593	465	4,95	270858	7739	21,4
	2/2 HE-B 700		717	613	481	5,05	271314	7752	21,0
HE-B 800	**2/2 HE-B 400**	800	418	532	418	4,66	369889	9247	26,4
	2/2 HE-B 450		468	552	433	4,76	370791	9270	25,9
	2/2 HE-B 500		518	573	450	4,85	371693	9292	25,5
	2/2 HE-B 550		568	588	462	4,95	372146	9304	25,2
	2/2 HE-B 600		618	604	474	5,05	372599	9315	24,8
	2/2 HE-B 650		668	621	487	5,15	373052	9326	24,5
	2/2 HE-B 700		718	641	503	5,25	373508	9338	24,1
	2/2 HE-B 800		818	668	525	5,44	373965	9349	23,7
HE-B 900	**2/2 HE-B 400**	900	419	569	447	4,85	504870	11219	29,8
	2/2 HE-B 450		469	589	463	4,95	505772	11239	29,3
	2/2 HE-B 500		519	610	479	5,05	506674	11259	28,8
	2/2 HE-B 550		569	625	491	5,15	507127	11269	28,5
	2/2 HE-B 600		619	641	503	5,25	507580	11280	28,1
	2/2 HE-B 650		669	658	516	5,35	508033	11290	27,8
	2/2 HE-B 700		719	678	532	5,45	508489	11300	27,4
	2/2 HE-B 800		819	705	554	5,64	508946	11310	26,9
	2/2 HE-B 900		919	743	583	5,84	509857	11330	26,2
HE-B 1000	**2/2 HE-B 450**	1000	469	618	485	5,15	656456	13129	32,6
	2/2 HE-B 500		519	639	501	5,25	657358	13147	32,1
	2/2 HE-B 550		569	654	513	5,35	657810	13156	31,7
	2/2 HE-B 600		619	670	526	5,45	658263	13165	31,3
	2/2 HE-B 650		669	686	539	5,55	658717	13174	31,0
	2/2 HE-B 700		719	706	555	5,64	659173	13183	30,5
	2/2 HE-B 800		819	734	576	5,84	659630	13193	30,0
	2/2 HE-B 900		919	771	605	6,04	660541	13211	29,3
	2/2 HE-B 1000		1019	800	628	6,23	661000	13220	28,7

HE-B + 2 x ½ HE-B 

Profil		I_z	W_z	i_z	I_T	I_ω	$W_{pl,y}$	$W_{pl,z}$	$N_{pl,k}$ in kN	
1	2	cm^4	cm^3	cm	cm^4	cm^6	cm^3	cm^3	S 235	S 355
HE-B 600	**2/2 HE-B 400**	76339	3675	12,8	914	15103726	7527	4776	11226	16838
	2/2 HE-B 450	99722	4285	14,3	996	16615312	7622	5542	11710	17566
	2/2 HE-B 500	128312	4978	15,9	1093	18451547	7718	6391	12206	18309
	2/2 HE-B 550	159040	5625	17,4	1152	20355902	7768	7179	12576	18865
	2/2 HE-B 600	194693	6326	19,0	1216	22535221	7819	8025	12958	19437
HE-B 650	**2/2 HE-B 400**	76962	3700	12,6	983	17511668	8422	4831	11619	17428
	2/2 HE-B 450	100383	4308	14,1	1065	19025540	8517	5598	12104	18155
	2/2 HE-B 500	129016	5001	15,7	1162	20864276	8612	6447	12599	18899
	2/2 HE-B 550	159783	5646	17,2	1221	22770779	8663	7235	12969	19454
	2/2 HE-B 600	195479	6347	18,7	1285	24952355	8713	8083	13351	20027
	2/2 HE-B 650	236496	7102	20,3	1354	27425212	8765	8990	13744	20616
HE-B 700	**2/2 HE-B 400**	77759	3729	12,4	1066	20234187	9429	4895	12100	18150
	2/2 HE-B 450	101256	4336	13,9	1149	21752633	9524	5663	12585	18877
	2/2 HE-B 500	129974	5028	15,4	1245	23596376	9620	6512	13080	19621
	2/2 HE-B 550	160820	5673	16,9	1305	25507175	9670	7302	13450	20176
	2/2 HE-B 600	196600	6373	18,5	1369	27693268	9721	8150	13832	20748
	2/2 HE-B 650	237708	7128	20,0	1438	30170862	9772	9058	14225	21338
	2/2 HE-B 700	285707	7970	21,6	1522	32956164	9827	10083	14706	22059
HE-B 800	**2/2 HE-B 400**	78392	3755	12,1	1157	26020970	11331	4958	12767	19150
	2/2 HE-B 450	101928	4361	13,6	1239	27541705	11426	5726	13252	19878
	2/2 HE-B 500	130688	5051	15,1	1336	29387952	11521	6577	13748	20621
	2/2 HE-B 550	161573	5694	16,6	1395	31300900	11571	7366	14118	21176
	2/2 HE-B 600	197396	6393	18,1	1459	33489253	11622	8214	14499	21749
	2/2 HE-B 650	238549	7148	19,6	1528	35969216	11674	9124	14892	22338
	2/2 HE-B 700	286600	7989	21,2	1612	38756998	11728	10148	15373	23060
	2/2 HE-B 800	392144	9594	24,2	1703	44688448	11785	12074	16040	24061
HE-B 900	**2/2 HE-B 400**	79645	3806	11,8	1340	33663376	13686	5073	13657	20486
	2/2 HE-B 450	103258	4408	13,2	1422	35188692	13781	5842	14142	21213
	2/2 HE-B 500	132104	5096	14,7	1519	37039952	13877	6694	14638	21957
	2/2 HE-B 550	163068	5737	16,1	1578	38957200	13927	7484	15008	22512
	2/2 HE-B 600	198975	6434	17,6	1642	41150073	13978	8333	15390	23084
	2/2 HE-B 650	240220	7187	19,1	1711	43634777	14029	9243	15783	23674
	2/2 HE-B 700	288372	8027	20,6	1795	46427520	14084	10269	16264	24396
	2/2 HE-B 800	394109	9630	23,6	1886	52367865	14140	12196	16931	25396
	2/2 HE-B 900	533480	11616	26,8	2069	60196392	14248	14586	17821	26732
HE-B 1000	**2/2 HE-B 450**	103927	4432	13,0	1535	43376771	16052	5906	14833	22249
	2/2 HE-B 500	132815	5118	14,4	1631	45230540	16148	6758	15328	22993
	2/2 HE-B 550	163819	5758	15,8	1691	47149938	16198	7548	15698	23548
	2/2 HE-B 600	199769	6455	17,3	1755	49345072	16249	8398	16080	24120
	2/2 HE-B 650	241059	7207	18,7	1824	51832148	16300	9308	16473	24710
	2/2 HE-B 700	289263	8046	20,2	1908	54627372	16355	10334	16954	25431
	2/2 HE-B 800	395096	9648	23,2	1999	60572165	16411	12262	17621	26432
	2/2 HE-B 900	534586	11634	26,3	2182	68406318	16519	14653	18512	27768
	2/2 HE-B1000	689611	13535	29,4	2295	76771193	16578	16951	19202	28803

Tabelle 6.38 Stützenquerschnitt doppeltsymmetrisch aus Walzträgern **HE-M + 2 x ½ HE-M**

Profil		h_z	h_y	A	G	U	I_y	W_y	i_y
1	2	mm	mm	cm^2	kg/m	m^2/m	cm^4	cm^3	cm
HE-M 600	**2/2 HE-M 400**	620	453	689	541	4,33	256764	8283	19,3
	2/2 HE-M 450		499	699	549	4,43	256767	8283	19,2
	2/2 HE-M 500		545	708	556	4,51	256583	8277	19,0
	2/2 HE-M 500		593	718	564	4,61	256587	8277	18,9
	2/2 HE-M 600		641	727	571	4,70	256404	8271	18,8
HE-M 650	**2/2 HE-M 400**	668	453	700	549	4,43	300984	9011	20,7
	2/2 HE-M 450		499	709	557	4,52	300987	9012	20,6
	2/2 HE-M 500		545	718	564	4,61	300803	9006	20,5
	2/2 HE-M 500		593	728	572	4,71	300807	9006	20,3
	2/2 HE-M 600		641	737	579	4,80	300624	9001	20,2
	2/2 HE-M 650		689	747	587	4,89	300627	9001	20,1
HE-M 700	**2/2 HE-M 400**	716	453	709	556	4,52	348594	9737	22,2
	2/2 HE-M 450		499	718	564	4,61	348598	9737	22,0
	2/2 HE-M 500		545	727	571	4,70	348413	9732	21,9
	2/2 HE-M 500		593	737	579	4,80	348417	9732	21,7
	2/2 HE-M 600		641	747	586	4,89	348234	9727	21,6
	2/2 HE-M 650		689	757	594	4,99	348238	9727	21,5
	2/2 HE-M 700		737	766	601	5,08	348056	9722	21,3
HE-M 800	**2/2 HE-M 400**	814	453	730	573	4,71	461913	11349	25,2
	2/2 HE-M 450		499	740	581	4,80	461917	11349	25,0
	2/2 HE-M 500		545	749	588	4,89	461732	11345	24,8
	2/2 HE-M 500		593	759	596	4,98	461736	11345	24,7
	2/2 HE-M 600		641	768	603	5,08	461553	11340	24,5
	2/2 HE-M 650		689	778	611	5,17	461557	11340	24,4
	2/2 HE-M 700		737	787	618	5,26	461375	11336	24,2
	2/2 HE-M 800		835	809	635	5,45	461199	11332	23,9
HE-M 900	**2/2 HE-M 400**	910	453	749	588	4,90	589749	12962	28,1
	2/2 HE-M 450		499	759	596	4,99	589753	12962	27,9
	2/2 HE-M 500		545	768	603	5,08	589569	12958	27,7
	2/2 HE-M 500		593	778	611	5,17	589572	12958	27,5
	2/2 HE-M 600		641	787	618	5,26	589389	12954	27,4
	2/2 HE-M 650		689	797	626	5,36	589393	12954	27,2
	2/2 HE-M 700		737	807	633	5,45	589211	12950	27,0
	2/2 HE-M 800		835	828	650	5,64	589035	12946	26,7
	2/2 HE-M 900		931	847	665	5,83	588859	12942	26,4
HE-M 1000	**2/2 HE-M 450**	1008	499	780	612	5,18	741618	14715	30,8
	2/2 HE-M 500		545	789	619	5,27	741434	14711	30,7
	2/2 HE-M 500		593	799	627	5,37	741438	14711	30,5
	2/2 HE-M 600		641	808	634	5,46	741255	14707	30,3
	2/2 HE-M 650		689	818	642	5,56	741258	14708	30,1
	2/2 HE-M 700		737	827	649	5,65	741077	14704	29,9
	2/2 HE-M 800		835	848	666	5,83	740900	14700	29,6
	2/2 HE-M 900		931	868	681	6,02	740725	14697	29,2
	2/2 HE-M1000		1029	888	697	6,22	740732	14697	28,9

HE-M + 2 x ½ HE-M 

Profil		I_z	W_z	i_z	I_T	I_ω	$W_{pl,y}$	$W_{pl,z}$	$N_{pl,k}$ in kN	
1	2	cm⁴	cm³	cm	cm⁴	cm⁶	cm³	cm³	S 235	S 355
HE-M 600	**2/2 HE-M 400**	135154	5967	14,0	2893	24133117	10723	7843	16546	24820
	2/2 HE-M 450	164126	6578	15,3	2907	26067481	10728	8614	16778	25167
	2/2 HE-M 500	196184	7199	16,6	2917	28086141	10720	9386	16991	25486
	2/2 HE-M 500	234010	7892	18,1	2932	30511298	10726	10235	17233	25849
	2/2 HE-M 600	275247	8588	19,5	2943	32987953	10719	11084	17456	26183
HE-M 650	**2/2 HE-M 400**	135157	5967	13,9	2908	26875047	11607	7848	16788	25183
	2/2 HE-M 450	164130	6578	15,2	2922	28809411	11613	8619	17020	25530
	2/2 HE-M 500	196187	7200	16,5	2932	30828071	11605	9391	17233	25849
	2/2 HE-M 500	234014	7893	17,9	2947	33253229	11611	10240	17475	26212
	2/2 HE-M 600	275251	8588	19,3	2957	35729883	11604	11090	17697	26546
	2/2 HE-M 650	321340	9328	20,7	2972	38567146	11609	11985	17939	26909
HE-M 700	**2/2 HE-M 400**	134976	5959	13,8	2918	29623025	12489	7841	17011	25517
	2/2 HE-M 450	163948	6571	15,1	2933	31557389	12495	8612	17243	25864
	2/2 HE-M 500	196006	7193	16,4	2943	33576049	12487	9385	17456	26183
	2/2 HE-M 500	233832	7886	17,8	2957	36001206	12493	10234	17697	26546
	2/2 HE-M 600	275069	8582	19,2	2968	38477861	12486	11083	17920	26880
	2/2 HE-M 650	321158	9322	20,6	2983	41315123	12491	11978	18162	27243
	2/2 HE-M 700	370631	10058	22,0	2993	44145065	12484	12870	18385	27577
HE-M 800	**2/2 HE-M 400**	134806	5952	13,6	2944	36000819	14438	7843	17521	26282
	2/2 HE-M 450	163778	6564	14,9	2959	37935183	14443	8614	17753	26629
	2/2 HE-M 500	195835	7187	16,2	2969	39953843	14436	9386	17966	26948
	2/2 HE-M 500	233662	7881	17,5	2983	42379000	14441	10235	18207	27311
	2/2 HE-M 600	274899	8577	18,9	2994	44855655	14434	11084	18430	27645
	2/2 HE-M 650	320988	9318	20,3	3009	47692917	14440	11980	18672	28008
	2/2 HE-M 700	370461	10053	21,7	3019	50522860	14433	12872	18895	28342
	2/2 HE-M 800	487897	11686	24,6	3045	57078207	14431	14843	19405	29107
HE-M 900	**2/2 HE-M 400**	134630	5944	13,4	2970	42971793	16392	7842	17986	26979
	2/2 HE-M 450	163603	6557	14,7	2984	44906157	16397	8612	18218	27326
	2/2 HE-M 500	195660	7180	16,0	2994	46924817	16390	9385	18430	27645
	2/2 HE-M 500	233487	7875	17,3	3009	49349975	16395	10234	18672	28008
	2/2 HE-M 600	274723	8572	18,7	3019	51826629	16388	11083	18895	28342
	2/2 HE-M 650	320813	9312	20,1	3034	54663892	16394	11978	19137	28705
	2/2 HE-M 700	370286	10048	21,4	3045	57493834	16387	12870	19359	29039
	2/2 HE-M 800	487721	11682	24,3	3071	64049181	16386	14841	19869	29804
	2/2 HE-M 900	619682	13312	27,0	3096	71190173	16384	16815	20334	30501
HE-M 1000	**2/2 HE-M 450**	163610	6558	14,5	3014	53174932	18523	8623	18711	28067
	2/2 HE-M 500	195667	7180	15,8	3024	55193592	18516	9395	18924	28386
	2/2 HE-M 500	233494	7875	17,1	3039	57618749	18522	10244	19166	28749
	2/2 HE-M 600	274731	8572	18,4	3050	60095404	18515	11094	19389	29083
	2/2 HE-M 650	320820	9313	19,8	3064	62932666	18520	11989	19631	29446
	2/2 HE-M 700	370293	10049	21,2	3075	65762609	18513	12881	19853	29780
	2/2 HE-M 800	487729	11682	24,0	3101	72317956	18512	14852	20363	30545
	2/2 HE-M 900	619690	13312	26,7	3126	79458948	18510	16826	20828	31242
	2/2 HE-M1000	776043	15083	29,6	3156	87916672	18521	18974	21322	31983

Tabelle 6.39 Stützenquerschnitt doppeltsymmetrisch aus Flachstahl

Abmessungen in mm					A	G	U	I_y	W_y	i_y
h_z	h_y	b	s	t	cm^2	kg/m	m^2/m	cm^4	cm^3	cm
1100	**700**	**300**	**16**	**40**	740	581	5,87	833995	15164	33,6
	800				756	593	6,07	833998	15164	33,2
	900				772	606	6,27	834002	15164	32,9
	1000				788	618	6,47	834005	15164	32,5
	1100				804	631	6,67	834009	15164	32,2
1200	**700**	**300**	**16**	**40**	756	593	6,07	1013024	16884	36,6
	800				772	606	6,27	1013028	16884	36,2
	900				788	618	6,47	1013031	16884	35,9
	1000				804	631	6,67	1013035	16884	35,5
	1100				820	644	6,87	1013038	16884	35,2
	1200				836	656	7,07	1013041	16884	34,8
1300	**700**	**300**	**16**	**40**	772	606	6,27	1213014	18662	39,6
	800				788	618	6,47	1213017	18662	39,2
	900				804	631	6,67	1213021	18662	38,8
	1000				820	644	6,87	1213024	18662	38,5
	1100				836	656	7,07	1213027	18662	38,1
	1200				852	669	7,27	1213031	18662	37,7
	1300				868	681	7,47	1213034	18662	37,4
1100	**800**	**400**	**20**	**40**	984	772	6,84	1118888	20343	33,7
	900				1004	788	7,04	1118895	20344	33,4
	1000				1024	804	7,24	1118901	20344	33,1
	1100				1044	820	7,44	1118908	20344	32,7
1200	**900**	**400**	**20**	**40**	1024	804	7,24	1353781	22563	36,4
	1000				1044	820	7,44	1353788	22563	36,0
	1100				1064	835	7,64	1353795	22563	35,7
	1200				1084	851	7,84	1353801	22563	35,3
1300	**900**	**400**	**20**	**40**	1044	820	7,44	1615868	24860	39,3
	1000				1064	835	7,64	1615875	24860	39,0
	1100				1084	851	7,84	1615881	24860	38,6
	1200				1104	867	8,04	1615888	24860	38,3
	1300				1124	882	8,24	1615895	24860	37,9
1400	**900**	**400**	**20**	**40**	1064	835	7,64	1906155	27231	42,3
	1000				1084	851	7,84	1906161	27231	41,9
	1100				1104	867	8,04	1906168	27231	41,6
	1200				1124	882	8,24	1906175	27231	41,2
	1300				1144	898	8,44	1906181	27231	40,8
	1400				1164	914	8,64	1906188	27231	40,5
1500	**1000**	**500**	**20**	**50**	1456	1143	8,84	3190725	42543	46,8
	1100				1476	1159	9,04	3190732	42543	46,5
	1200				1496	1174	9,24	3190739	42543	46,2
	1300				1516	1190	9,44	3190745	42543	45,9
	1400				1536	1206	9,64	3190752	42543	45,6
	1500				1556	1221	9,84	3190759	42543	45,3

aus **Flachstahl** 

mm		I_z	W_z	i_z	I_T	I_ω	$W_{pl,y}$	$W_{pl,z}$	$N_{pl,k}$ in kN	
h_z	h_y	cm^4	cm^3	cm	cm^4	cm^6	cm^3	cm^3	S 235	S 355
1100	**700**	311492	8900	20,5	2784	70164000	18720	11322	17756	26634
	800	414681	10367	23,4	2798	76554000	18727	13058	18140	27210
	900	535631	11903	26,3	2811	83844000	18733	14874	18524	27786
	1000	807256	16145	32,0	2825	92034000	18739	16770	18908	28362
	1100	834009	15164	32,2	2839	101124000	18746	18746	19292	28938
1200	**700**	311495	8900	20,3	2798	80154000	20776	11328	18140	27210
	800	414685	10367	23,2	2811	86544000	20783	13064	18524	27786
	900	535634	11903	26,1	2825	93834000	20789	14880	18908	28362
	1000	675143	13503	29,0	2839	102024000	20795	16776	19292	28938
	1100	834013	15164	31,9	2852	111114000	20802	18752	19676	29514
	1200	1013042	16884	34,8	2866	121104000	20808	20808	20060	30090
1300	**700**	311499	8900	20,1	2811	91044000	22912	11335	18524	27786
	800	414688	10367	22,9	2825	97434000	22919	13071	18908	28362
	900	535637	11903	25,8	2839	104724000	22925	14887	19292	28938
	1000	675147	13503	28,7	2852	112914000	22931	16783	19676	29514
	1100	834016	15164	31,6	2866	122004000	22938	18759	20060	30090
	1200	1013045	16884	34,5	2879	131994000	22944	20815	20444	30666
	1300	1213035	18662	37,4	2893	142884000	22951	22951	20828	31242
1100	**800**	567449	14186	24,0	3877	181461333	25432	18052	23616	35424
	900	726736	16150	26,9	3904	198741333	25442	20422	24096	36144
	1000	910223	18204	29,8	3931	218154667	25452	22892	24576	36864
	1100	1118909	20344	32,7	3957	239701333	25462	25462	25056	37584
1200	**900**	726743	16150	26,6	3931	222421333	28112	20432	24576	36864
	1000	910229	18205	29,5	3957	241834667	28122	22902	25056	37584
	1100	1118916	20344	32,4	3984	263381333	28132	25472	25536	38304
	1200	1353803	22563	35,3	4011	287061333	28142	28142	26016	39024
1300	**900**	726749	16150	26,4	3957	248234667	30882	20442	25056	37584
	1000	910236	18205	29,2	3984	267648000	30892	22912	25536	38304
	1100	1118923	20344	32,1	4011	289194667	30902	25482	26016	39024
	1200	1353809	22563	35,0	4037	312874667	30912	28152	26496	39744
	1300	1615896	24860	37,9	4064	338688000	30922	30922	26976	40464
1400	**900**	726756	16150	26,1	3984	276181333	33752	20452	25536	38304
	1000	910243	18205	29,0	4011	295594667	33762	22922	26016	39024
	1100	1118929	20344	31,8	4037	317141333	33772	25492	26496	39744
	1200	1353816	22564	34,7	4064	340821333	33782	28162	26976	40464
	1300	1615903	24860	37,6	4091	366634667	33792	30932	27456	41184
	1400	1906189	27231	40,5	4117	394581333	33802	33802	27936	41904
1500	**1000**	1354927	27099	30,5	8947	782552083	52388	34188	34944	52416
	1100	1650093	30002	33,4	8973	834635417	52398	37638	35424	53136
	1200	1980260	33004	36,4	9000	891927083	52408	41188	35904	53856
	1300	2346427	36099	39,3	9027	954427083	52418	44838	36384	54576
	1400	2749593	39280	42,3	9053	1022135417	52428	48588	36864	55296
	1500	3190760	42543	45,3	9080	1095052083	52438	52438	37344	56016

6.5 Rechteckige Hohlprofile geschweißt (Kasten)

$C_1 = W_1$ = Torsionswiderstandsmoment

U_i = Mantelfläche innen

U_a = Mantelfläche außen

Tabelle 6.40 Rechteckige geschweißte Hohlprofile Typ A

h mm	b mm	s mm	t mm	A cm²	G kg/m	U_i m²/m	U_a m²/m	I_y cm⁴	W_y cm³	i_y cm
300	**300**	**15**	**15**	171	134	1,11	1,20	23213	1548	11,7
			25	225	177	1,07	1,20	32344	2156	12,0
			35	279	219	1,03	1,20	40124	2675	12,0
	300	**20**	**20**	224	176	1,08	1,20	29419	1961	11,5
			30	276	217	1,04	1,20	37548	2503	11,7
			40	328	257	1,00	1,20	44429	2962	11,6
400	**300**	**15**	**15**	201	158	1,31	1,40	46031	2302	15,1
			25	255	200	1,27	1,40	63531	3177	15,8
			35	309	243	1,23	1,40	79142	3957	16,0
	300	**20**	**20**	264	207	1,28	1,40	58912	2946	14,9
			30	316	248	1,24	1,40	74841	3742	15,4
			40	368	289	1,20	1,40	89003	4450	15,6
400	**400**	**15**	**15**	231	181	1,51	1,60	57153	2858	15,7
			25	305	239	1,47	1,60	81135	4057	16,3
			35	379	298	1,43	1,60	102528	5126	16,4
	400	**20**	**20**	304	239	1,48	1,60	73365	3668	15,5
			30	376	295	1,44	1,60	95421	4771	15,9
			40	448	352	1,40	1,60	115029	5751	16,0
500	**300**	**15**	**15**	231	181	1,51	1,60	78898	3156	18,5
			25	285	224	1,47	1,60	107469	4299	19,4
			35	339	266	1,43	1,60	133609	5344	19,9
	300	**20**	**20**	304	239	1,48	1,60	101605	4064	18,3
			30	356	279	1,44	1,60	127935	5117	19,0
			40	408	320	1,40	1,60	151976	6079	19,3
500	**400**	**15**	**15**	261	205	1,71	1,80	96546	3862	19,2
			25	335	263	1,67	1,80	135698	5428	20,1
			35	409	321	1,63	1,80	171520	6861	20,5
	400	**20**	**20**	344	270	1,68	1,80	124659	4986	19,0
			30	416	327	1,64	1,80	161115	6445	19,7
			40	488	383	1,60	1,80	194403	7776	20,0
500	**500**	**15**	**15**	291	228	1,91	2,00	114193	4568	19,8
			25	385	302	1,87	2,00	163927	6557	20,6
			35	479	376	1,83	2,00	209431	8377	20,9

Typ A

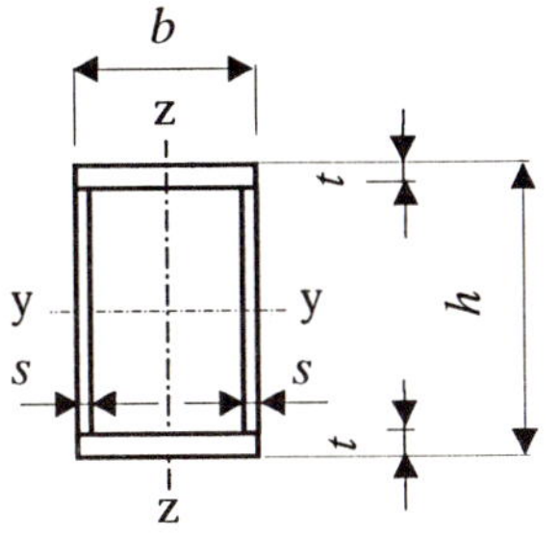

Typ B

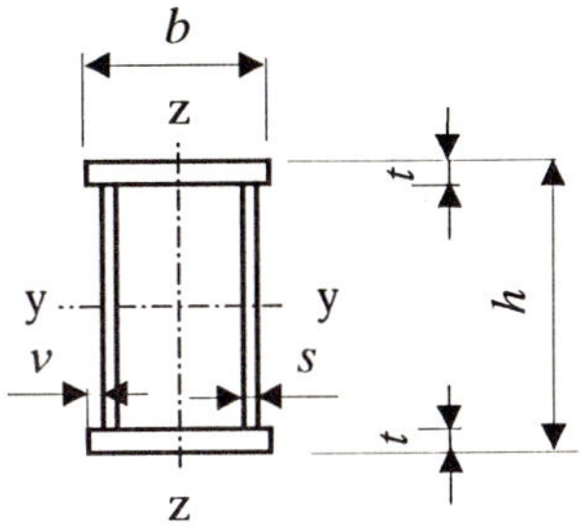

h mm	b mm	s mm	t mm	I_z cm^4	W_z cm^3	i_z cm	I_T cm^4	$C_{1\,min}$ cm^3	$W_{pl,y}$ cm^3	$W_{pl,z}$ cm^3
300	**300**	**15**	**15**	20986	1399	11,1	34724	2437	1829	1829
			25	24431	1629	10,4	41318	2351	2531	2194
			35	27877	1858	10,0	44201	2266	3179	2558
	300	**20**	**20**	26611	1774	10,9	43904	3136	2356	2356
			30	29756	1984	10,4	50062	3024	3006	2694
			40	32901	2193	10,0	52998	2912	3604	3032
400	**300**	**15**	**15**	26258	1751	11,4	53909	3292	2759	2257
			25	29704	1980	10,8	62760	3206	3731	2621
			35	33149	2210	10,4	66641	3121	4649	2986
	300	**20**	**20**	33384	2226	11,2	68612	4256	3576	2916
			30	36529	2435	10,8	77123	4144	4486	3254
			40	39675	2645	10,4	81285	4032	5344	3592
400	**400**	**15**	**15**	52991	2650	15,1	85600	4447	3337	3337
			25	61658	3083	14,2	103189	4331	4669	4021
			35	70325	3516	13,6	111777	4216	5927	4706
	400	**20**	**20**	68037	3402	15,0	109744	5776	4336	4336
			30	76109	3805	14,2	126856	5624	5596	4984
			40	84181	4209	13,7	136104	5472	6784	5632
500	**300**	**15**	**15**	35408	2361	12,4	74440	4147	3839	2684
			25	38689	2579	11,7	85107	4061	5081	3049
			35	41969	2798	11,1	89737	3976	6269	3413
	300	**20**	**20**	45125	3008	12,2	95070	5376	4996	3476
			30	48055	3204	11,6	105494	5264	6166	3814
			40	50984	3399	11,2	110596	5152	7284	4152
500	**400**	**15**	**15**	68276	3414	16,2	120228	5602	4567	3914
			25	76718	3836	15,1	142110	5486	6269	4599
			35	85160	4258	14,4	152619	5371	7897	5283
	400	**20**	**20**	87819	4391	16,0	154743	7296	5956	5096
			30	95595	4780	15,2	176394	7144	7576	5744
			40	103371	5169	14,6	188031	6992	9124	6392
500	**500**	**15**	**15**	114193	4568	19,8	171126	7057	5294	5294
			25	131497	5260	18,5	207856	6911	7456	6399
			35	148801	5952	17,6	226771	6766	9524	7503

Tabelle 6.40 Fortsetzung

h mm	*b* mm	*s* mm	*t* mm	*A* cm^2	*G* kg/m	U_i m^2/m	U_a m^2/m	I_y cm^4	W_y cm^3	i_y cm
500	**500**	**20**	**20**	384	301	1,88	2,00	147712	5908	19,6
			30	476	374	1,84	2,00	194295	7772	20,2
			40	568	446	1,80	2,00	236829	9473	20,4
600	**300**	**15**	**15**	261	205	1,71	1,80	123316	4111	21,7
			25	315	247	1,67	1,80	165656	5522	22,9
			35	369	290	1,63	1,80	205027	6834	23,6
	300	**20**	**20**	344	270	1,68	1,80	159499	5317	21,5
			30	396	311	1,64	1,80	198828	6628	22,4
			40	448	352	1,60	1,80	235349	7845	22,9
600	**400**	**15**	**15**	291	228	1,91	2,00	148988	4966	22,6
			25	365	287	1,87	2,00	207010	6900	23,8
			35	439	345	1,83	2,00	260963	8699	24,4
	400	**20**	**20**	384	301	1,88	2,00	193152	6438	22,4
			30	456	358	1,84	2,00	247608	8254	23,3
			40	528	414	1,80	2,00	298176	9939	23,8
600	**500**	**15**	**15**	321	252	2,11	2,20	174661	5822	23,3
			25	415	326	2,07	2,20	248365	8279	24,5
			35	509	400	2,03	2,20	316898	10563	25,0
	500	**20**	**20**	424	333	2,08	2,20	226805	7560	23,1
			30	516	405	2,04	2,20	296388	9880	24,0
			40	608	477	2,00	2,20	361003	12033	24,4
600	**600**	**15**	**15**	351	276	2,31	2,40	200333	6678	23,9
			25	465	365	2,27	2,40	289719	9657	25,0
			35	579	455	2,23	2,40	372834	12428	25,4
	600	**20**	**20**	688	540	2,20	2,40	423829	14128	24,8
			30	464	364	2,28	2,40	260459	8682	23,7
			40	576	452	2,24	2,40	345168	11506	24,5
700	**400**	**20**	**20**	424	333	2,08	2,20	280845	8024	25,7
			30	496	389	2,04	2,20	356901	10197	26,8
			40	568	446	2,00	2,20	428349	12239	27,5
	500	**20**	**20**	464	364	2,28	2,40	327099	9346	26,6
			30	556	436	2,24	2,40	424281	12122	27,6
			40	648	509	2,20	2,40	515576	14731	28,2
700	**600**	**20**	**20**	504	396	2,48	2,60	373352	10667	27,2
			30	616	484	2,44	2,60	491661	14047	28,3
			40	648	509	2,20	2,40	515576	14731	28,2
	700	**20**	**20**	544	427	2,68	2,80	419605	11989	27,8
			30	676	531	2,64	2,80	559041	15973	28,8
			40	808	634	2,60	2,80	690029	19715	29,2
800	**500**	**20**	**20**	504	396	2,48	2,60	450592	11265	29,9
			30	596	468	2,44	2,60	579975	14499	31,2
			40	688	540	2,40	2,60	702549	17564	32,0
	600	**20**	**20**	544	427	2,68	2,80	511445	12786	30,7
			30	656	515	2,64	2,80	668955	16724	31,9
			40	768	603	2,60	2,80	818176	20454	32,6

h mm	b mm	s mm	t mm	I_z cm^4	W_z cm^3	i_z cm	I_T cm^4	$C_{1\,min}$ cm^3	$W_{pl,y}$ cm^3	$W_{pl,z}$ cm^3
500	**500**	**20**	**20**	147712	5908	19,6	221184	9216	6916	6916
			30	163935	6557	18,6	257698	9024	8986	7974
			40	180157	7206	17,8	278587	8832	10964	9032
600	**300**	**15**	**15**	41506	2767	12,6	95853	5002	5069	3112
			25	44786	2986	11,9	107996	4916	6581	3476
			35	48067	3204	11,4	113204	4831	8039	3841
	300	**20**	**20**	52979	3532	12,4	122669	6496	6616	4036
			30	55908	3727	11,9	134655	6384	8046	4374
			40	58837	3922	11,5	140493	6272	9424	4712
600	**400**	**15**	**15**	79398	3970	16,5	156885	6757	5947	4492
			25	87840	4392	15,5	182408	6641	8019	5176
			35	96283	4814	14,8	194454	6526	10017	5861
	400	**20**	**20**	102272	5114	16,3	202401	8816	7776	5856
			30	110048	5502	15,5	227930	8664	9756	6504
			40	117824	5891	14,9	241514	8512	11664	7152
600	**500**	**15**	**15**	131841	5274	20,3	225701	8512	6824	6022
			25	149145	5966	19,0	269415	8366	9456	7126
			35	166448	6658	18,1	291476	8221	11994	8231
	500	**20**	**20**	170765	6831	20,1	292478	11136	8936	7876
			30	186988	7480	19,0	336436	10944	11466	8934
			40	203211	8128	18,3	361267	10944	13904	9992
600	**600**	**15**	**15**	200333	6678	23,9	300302	10267	7702	7702
			25	231199	7707	22,3	366571	10091	10894	9326
			35	262064	8735	21,3	401783	9916	13972	10951
	600	**20**	**20**	318997	10633	21,5	496447	13456	16144	13232
			30	260459	8682	23,7	390224	13224	10096	10096
			40	289728	9658	22,4	456988	12992	13176	11664
700	**400**	**20**	**20**	116725	5836	16,6	251964	10336	9796	6616
			30	124501	6225	15,8	280814	10184	12136	7264
			40	132277	6614	15,3	296003	10032	14404	7912
700	**500**	**20**	**20**	193819	7753	20,4	367369	13056	11156	8836
			30	210041	8402	19,4	417885	12864	14146	9894
			40	226264	9051	18,7	446054	12672	17044	10952
700	**600**	**20**	**20**	294112	9804	24,2	493814	15776	12516	11256
			30	323381	10779	22,9	571647	15544	16156	12824
			40	226264	9051	18,7	446054	15312	17044	10952
700	**700**	**20**	**20**	419605	11989	27,8	628864	18496	13876	13876
			30	467521	13358	26,3	739127	18224	18166	16054
			40	515437	14727	25,3	805686	17952	22324	18232
800	**500**	**20**	**20**	216872	8675	20,7	445001	14976	13576	9796
			30	233095	9324	19,8	501300	14784	17026	10854
			40	249317	9973	19,0	532316	14592	20384	11912
800	**600**	**20**	**20**	327765	10926	24,5	601958	18096	15136	12416
			30	357035	11901	23,3	689746	17864	19336	13984
			40	386304	12877	22,4	740208	17632	23424	15552

Tabelle 6.40 Fortsetzung

h mm	b mm	s mm	t mm	A cm^2	G kg/m	U_i m^2/m	U_a m^2/m	I_y cm^4	W_y cm^3	i_y cm
800	**700**	**20**	**20**	584	458	2,88	3,00	572299	14307	31,3
			30	716	562	2,84	3,00	757935	18948	32,5
			40	848	666	2,80	3,00	933803	23345	33,2
800	**800**	**20**	**20**	624	490	3,08	3,20	633152	15829	31,9
			30	776	609	3,04	3,20	846915	21173	33,0
			40	928	728	3,00	3,20	1049429	26236	33,6
900	**500**	**20**	**20**	544	427	2,68	2,80	599285	13317	33,2
			30	636	499	2,64	2,80	765468	17010	34,7
			40	728	571	2,60	2,80	923923	20532	35,6
900	**600**	**20**	**20**	584	458	2,88	3,00	676739	15039	34,0
			30	696	546	2,84	3,00	879048	19534	35,5
			40	808	634	2,80	3,00	1071949	23821	36,4
900	**700**	**20**	**20**	624	490	3,08	3,20	754192	16760	34,8
			30	756	593	3,04	3,20	992628	22058	36,2
			40	888	697	3,00	3,20	1219976	27111	37,1
900	**800**	**20**	**20**	664	521	3,28	3,40	831645	18481	35,4
			30	816	641	3,24	3,40	1106208	24582	36,8
			40	968	760	3,20	3,40	1368003	30400	37,6
900	**900**	**20**	**20**	704	553	3,48	3,60	909099	20202	35,9
			30	876	688	3,44	3,60	1219788	27106	37,3
			40	1048	823	3,40	3,60	1516029	33690	38,0
1000	**600**	**20**	**20**	624	490	3,08	3,20	871232	17425	37,4
			30	736	578	3,04	3,20	1123941	22479	39,1
			40	848	666	3,00	3,20	1366123	27322	40,1
1000	**700**	**20**	**20**	664	521	3,28	3,40	967285	19346	38,2
			30	796	625	3,24	3,40	1265121	25302	39,9
			40	928	728	3,20	3,40	1550549	31011	40,9
1000	**800**	**20**	**20**	704	553	3,48	3,60	1063339	21267	38,9
			30	856	672	3,44	3,60	1406301	28126	40,5
			40	1008	791	3,40	3,60	1734976	34700	41,5
1000	**900**	**20**	**20**	744	584	3,68	3,80	1159392	23188	39,5
			30	916	719	3,64	3,80	1547481	30950	41,1
			40	1088	854	3,60	3,80	1919403	38388	42,0
1000	**1000**	**20**	**20**	784	615	3,88	4,00	1255445	25109	40,0
			30	976	766	3,84	4,00	1688661	33773	41,6
			40	1168	917	3,80	4,00	2103829	42077	42,4
1100	**600**	**20**	**20**	664	521	3,28	3,40	1096925	19944	40,6
			30	776	609	3,24	3,40	1405635	25557	42,6
			40	888	697	3,20	3,40	1702696	30958	43,8
1100	**700**	**20**	**20**	704	553	3,48	3,60	1213579	22065	41,5
			30	836	656	3,44	3,60	1577415	28680	43,4
			40	968	760	3,40	3,60	1927523	35046	44,6
1100	**800**	**20**	**20**	744	584	3,68	3,80	1330232	24186	42,3
			30	896	703	3,64	3,80	1749195	31804	44,2
			40	1048	823	3,60	3,80	2152349	39134	45,3

h mm	b mm	s mm	t mm	I_z cm⁴	W_z cm³	i_z cm	I_T cm⁴	$C_{1\,min}$ cm³	$W_{pl,y}$ cm³	$W_{pl,z}$ cm³
800	**700**	**20**	**20**	465859	13310	28,2	770751	21216	16696	15236
			30	513775	14679	26,8	896426	20944	21646	17414
			40	561691	16048	25,7	971208	20672	26464	19592
800	**800**	**20**	**20**	633152	15829	31,9	949104	24336	18256	18256
			30	706315	17658	30,2	1118513	24024	23956	21144
			40	779477	19487	29,0	1222302	23712	29504	24032
900	**500**	**20**	**20**	239925	9597	21,0	524770	16896	16196	10756
			30	256148	10246	20,1	586184	16704	20106	11814
			40	272371	10895	19,3	619650	16512	23924	12872
900	**600**	**20**	**20**	361419	12047	24,9	713721	20416	17956	13576
			30	390688	13023	23,7	810465	20184	22716	15144
			40	419957	13999	22,8	865396	19952	27364	16712
900	**700**	**20**	**20**	512112	14632	28,6	918160	23936	19716	16596
			30	560028	16001	27,2	1057906	23664	25326	18774
			40	607944	17370	26,2	1139970	23392	30804	20952
900	**800**	**20**	**20**	694005	17350	32,3	1135289	27456	21476	19816
			30	767168	19179	30,7	1325174	27144	27936	22704
			40	840331	21008	29,5	1439912	26832	34244	25592
900	**900**	**20**	**20**	909099	20202	35,9	1362944	30976	23236	23236
			30	1015108	22558	34,0	1609547	30624	30546	26934
			40	1121117	24914	32,7	1762296	30272	37684	30632
1000	**600**	**20**	**20**	395072	13169	25,2	828407	22736	20976	14736
			30	424341	14145	24,0	933225	22504	26296	16304
			40	453611	15120	23,1	992084	22272	31504	17872
1000	**700**	**20**	**20**	558365	15953	29,0	1070094	26656	22936	17956
			30	606281	17322	27,6	1222685	26384	29206	20134
			40	654197	18691	26,6	1311224	26112	35344	22312
1000	**800**	**20**	**20**	754859	18871	32,7	1327971	30576	24896	21376
			30	828021	20701	31,1	1536761	30264	32116	24264
			40	901184	22530	29,9	1661338	29952	39184	27152
1000	**900**	**20**	**20**	986552	21923	36,4	1599427	34496	26856	24996
			30	1092561	24279	34,5	1872290	34144	35026	28694
			40	1198571	26635	33,2	2039106	33792	43024	32392
1000	**1000**	**20**	**20**	1255445	25109	40,0	1882384	38416	28816	28816
			30	1402901	28058	37,9	2226629	38024	37936	33424
			40	1550357	31007	36,4	2441668	37632	46864	38032
1100	**600**	**20**	**20**	428725	14291	25,4	945487	25056	24196	15896
			30	457995	15266	24,3	1057605	24824	30076	17464
			40	487264	16242	23,4	1119938	24592	35844	19032
1100	**700**	**20**	**20**	604619	17275	29,3	1225780	29376	26356	19316
			30	652535	18644	27,9	1390114	29104	33286	21494
			40	700451	20013	26,9	1484436	28832	40084	23672
1100	**800**	**20**	**20**	815712	20393	33,1	1526103	33696	28516	22936
			30	888875	22222	31,5	1752345	33384	36496	25824
			40	962037	24051	30,3	1885788	33072	44324	28712

Tabelle 6.40 Fortsetzung

h mm	b mm	s mm	t mm	A cm^2	G kg/m	U_i m^2/m	U_a m^2/m	I_y cm^4	W_y cm^3	i_y cm
1100	**900**	**20**	**20**	784	615	3,88	4,00	1446885	26307	43,0
			30	956	750	3,84	4,00	1920975	34927	44,8
			40	1128	885	3,80	4,00	2377176	43221	45,9
1100	**1000**	**20**	**20**	824	647	4,08	4,20	1563539	28428	43,6
			30	1016	798	4,04	4,20	2092755	38050	45,4
			40	1208	948	4,00	4,20	2602003	47309	46,4
1100	**1100**	**20**	**20**	864	678	4,28	4,40	1680192	30549	44,1
			30	1076	845	4,24	4,40	2264535	41173	45,9
			40	1288	1011	4,20	4,40	2826829	51397	46,8
1200	**800**	**20**	**20**	784	615	3,88	4,00	1634325	27239	45,7
			30	936	735	3,84	4,00	2136888	35615	47,8
			40	1088	854	3,80	4,00	2622123	43702	49,1
1200	**900**	**20**	**20**	824	647	4,08	4,20	1773579	29560	46,4
			30	996	782	4,04	4,20	2342268	39038	48,5
			40	1168	917	4,00	4,20	2891349	48189	49,8
1200	**1000**	**20**	**20**	864	678	4,28	4,40	1912832	31881	47,1
			30	1056	829	4,24	4,40	2547648	42461	49,1
			40	1248	980	4,20	4,40	3160576	52676	50,3
1200	**1100**	**20**	**20**	904	710	4,48	4,60	2052085	34201	47,6
			30	1116	876	4,44	4,60	2753028	45884	49,7
			40	1328	1042	4,40	4,60	3429803	57163	50,8
1200	**1200**	**20**	**20**	944	741	4,68	4,80	2191339	36522	48,2
			30	1176	923	4,64	4,80	2958408	49307	50,2
			40	1408	1105	4,60	4,80	3699029	61650	51,3
1300	**900**	**20**	**20**	864	678	4,28	4,40	2141472	32946	49,8
			30	1036	813	4,24	4,40	2813361	43282	52,1
			40	1208	948	4,20	4,40	3463923	53291	53,5
1300	**1000**	**20**	**20**	904	710	4,48	4,60	2305325	35467	50,5
			30	1096	860	4,44	4,60	3055341	47005	52,8
			40	1288	1011	4,40	4,60	3781549	58178	54,2
1300	**1100**	**20**	**20**	944	741	4,68	4,80	2469179	37987	51,1
			30	1156	907	4,64	4,80	3297321	50728	53,4
			40	1368	1074	4,60	4,80	4099176	63064	54,7
1300	**1200**	**20**	**20**	984	772	4,88	5,00	2633032	40508	51,7
			30	1216	955	4,84	5,00	3539301	54451	54,0
			40	1448	1137	4,80	5,00	4416803	67951	55,2
1300	**1300**	**20**	**20**	1024	804	5,08	5,20	2796885	43029	52,3
			30	1276	1002	5,04	5,20	3781281	58174	54,4
			40	1528	1199	5,00	5,20	4734429	72837	55,7
1400	**900**	**20**	**20**	904	710	4,48	4,60	2552565	36465	53,1
			30	1076	845	4,44	4,60	3336255	47661	55,7
			40	1248	980	4,40	4,60	4096896	58527	57,3
1400	**1000**	**20**	**20**	944	741	4,68	4,80	2743019	39186	53,9
			30	1136	892	4,64	4,80	3617835	51683	56,4
			40	1328	1042	4,60	4,80	4466923	63813	58,0

h mm	b mm	s mm	t mm	I_z cm^4	W_z cm^3	i_z cm	I_T cm^4	$C_{1\,min}$ cm^3	$W_{pl,y}$ cm^3	$W_{pl,z}$ cm^3
1100	**900**	**20**	**20**	1064005	23645	36,8	1843388	38016	30676	26756
			30	1170015	26000	35,0	2140710	37664	39706	30454
			40	1276024	28356	33,6	2320309	37312	48564	34152
1100	**1000**	**20**	**20**	1351499	27030	40,5	2175166	42336	32836	30776
			30	1498955	29979	38,4	2552175	41944	42916	35384
			40	1646411	32928	36,9	2784788	41552	52804	39992
1100	**1100**	**20**	**20**	1680192	30549	44,1	2519424	46656	34996	34996
			30	1878695	34158	41,8	2984159	46224	46126	40614
			40	2077197	37767	40,2	3276418	45792	57044	46232
1200	**800**	**20**	**20**	876565	21914	33,4	1728849	36816	32336	24496
			30	949728	23743	31,9	1971216	36504	41076	27384
			40	1022891	25572	30,7	2112679	36192	49664	30272
1200	**900**	**20**	**20**	1141459	25366	37,2	2093737	41536	34696	28516
			30	1247468	27722	35,4	2413836	41184	44586	32214
			40	1353477	30077	34,0	2605082	40832	54304	35912
1200	**1000**	**20**	**20**	1447552	28951	40,9	2476409	46256	37056	32736
			30	1595008	31900	38,9	2884150	45864	48096	37344
			40	1742464	34849	37,4	3132883	45472	58944	41952
1200	**1100**	**20**	**20**	1796845	32670	44,6	2874505	50976	39416	37156
			30	1995348	36279	42,3	3379227	50544	51606	42774
			40	2193851	39888	40,6	3692960	50112	63584	48392
1200	**1200**	**20**	**20**	2191339	36522	48,2	3286064	55696	41776	41776
			30	2451488	40858	45,7	3896538	55224	55116	48504
			40	2711637	45194	43,9	4282545	54752	68224	55232
1300	**900**	**20**	**20**	1218912	27087	37,6	2349587	45056	38916	30276
			30	1324921	29443	35,8	2690908	44704	49666	33974
			40	1430931	31798	34,4	2892794	44352	60244	37672
1300	**1000**	**20**	**20**	1543605	30872	41,3	2784990	50176	41476	34696
			30	1691061	33821	39,3	3221551	49784	53476	39304
			40	1838517	36770	37,8	3485100	49392	65284	43912
1300	**1100**	**20**	**20**	1913499	34791	45,0	3239033	55296	44036	39316
			30	2112001	38400	42,7	3781481	54864	57286	44934
			40	2310504	42009	41,1	4115059	54432	70324	50552
1300	**1200**	**20**	**20**	2330592	38843	48,7	3709444	60416	46596	44136
			30	2590741	43179	46,2	4367848	59944	61096	50864
			40	2850891	47515	44,4	4779620	59472	75364	57592
1300	**1300**	**20**	**20**	2796885	43029	52,3	4194304	65536	49156	49156
			30	3130281	48158	49,5	4978164	65024	64906	57094
			40	3463677	53287	47,6	5476050	64512	80404	65032
1400	**900**	**20**	**20**	1296365	28808	37,9	2610208	48576	43336	32036
			30	1402375	31164	36,1	2971321	48224	54946	35734
			40	1508384	33520	34,8	3182956	47872	66384	39432
1400	**1000**	**20**	**20**	1639659	32793	41,7	3099976	54096	46096	36656
			30	1787115	35742	39,7	3563574	53704	59056	41264
			40	1934571	38691	38,2	3840769	53312	71824	45872

Tabelle 6.40 Fortsetzung

h mm	b mm	s mm	t mm	A cm^2	G kg/m	U_i m^2/m	U_a m^2/m	I_y cm^4	W_y cm^3	i_y cm
1400	**1100**	**20**	**20**	984	772	4,88	5,00	2933472	41907	54,6
			30	1196	939	4,84	5,00	3899415	55706	57,1
			40	1408	1105	4,80	5,00	4836949	69099	58,6
1400	**1200**	**20**	**20**	1024	804	5,08	5,20	3123925	44628	55,2
			30	1256	986	5,04	5,20	4180995	59728	57,7
			40	1488	1168	5,00	5,20	5206976	74385	59,2
1400	**1300**	**20**	**20**	1064	835	5,28	5,40	3314379	47348	55,8
			30	1316	1033	5,24	5,40	4462575	63751	58,2
			40	1568	1231	5,20	5,40	5577003	79671	59,6
1400	**1400**	**20**	**20**	1104	867	5,48	5,60	3504832	50069	56,3
			30	1376	1080	5,44	5,60	4744155	67774	58,7
			40	1648	1294	5,40	5,60	5947029	84958	60,1
1500	**1000**	**20**	**20**	984	772	4,88	5,00	3227912	43039	57,3
			30	1176	923	4,84	5,00	4237128	56495	60,0
			40	1368	1074	4,80	5,00	5218696	69583	61,8
1500	**1100**	**20**	**20**	1024	804	5,08	5,20	3446965	45960	58,0
			30	1236	970	5,04	5,20	4561308	60817	60,7
			40	1448	1137	5,00	5,20	5645123	75268	62,4
1500	**1200**	**20**	**20**	1064	835	5,28	5,40	3666019	48880	58,7
			30	1296	1017	5,24	5,40	4885488	65140	61,4
			40	1528	1199	5,20	5,40	6071549	80954	63,0
1500	**1300**	**20**	**20**	1104	867	5,48	5,60	3885072	51801	59,3
			30	1356	1064	5,44	5,60	5209668	69462	62,0
			40	1608	1262	5,40	5,60	6497976	86640	63,6
1500	**1400**	**20**	**20**	1144	898	5,68	5,80	4104125	54722	59,9
			30	1416	1112	5,64	5,80	5533848	73785	62,5
			40	1688	1325	5,60	5,80	6924403	92325	64,0
1500	**1500**	**20**	**20**	1184	929	5,88	6,00	4323179	57642	60,4
			30	1476	1159	5,84	6,00	5858028	78107	63,0
			40	1768	1388	5,80	6,00	7350829	98011	64,5
1600	**1200**	**20**	**20**	1104	867	5,48	5,60	4261312	53266	62,1
			30	1336	1049	5,44	5,60	5654781	70685	65,1
			40	1568	1231	5,40	5,60	7012523	87657	66,9
1600	**1300**	**20**	**20**	1144	898	5,68	5,80	4510965	56387	62,8
			30	1396	1096	5,64	5,80	6024561	75307	65,7
			40	1648	1294	5,60	5,80	7499349	93742	67,5
1600	**1400**	**20**	**20**	1184	929	5,88	6,00	4760619	59508	63,4
			30	1456	1143	5,84	6,00	6394341	79929	66,3
			40	1728	1356	5,80	6,00	7986176	99827	68,0
1600	**1500**	**20**	**20**	1224	961	6,08	6,20	5010272	62628	64,0
			30	1516	1190	6,04	6,20	6764121	84552	66,8
			40	1808	1419	6,00	6,20	8473003	105913	68,5
1600	**1600**	**20**	**20**	1264	992	6,28	6,40	5259925	65749	64,5
			30	1576	1237	6,24	6,40	7133901	89174	67,3
			40	1888	1482	6,20	6,40	8959829	111998	68,9

h mm	b mm	s mm	t mm	I_z cm^4	W_z cm^3	i_z cm	I_T cm^4	$C_{1\,min}$ cm^3	$W_{pl,y}$ cm^3	$W_{pl,z}$ cm^3
1400	**1100**	**20**	**20**	2030152	36912	45,4	3611857	59616	48856	41476
			30	2228655	40521	43,2	4189887	59184	63166	47094
			40	2427157	44130	41,5	4541839	58752	77264	52712
1400	**1200**	**20**	**20**	2469845	41164	49,1	4143260	65136	51616	46496
			30	2729995	45500	46,6	4847102	64664	67276	53224
			40	2990144	49836	44,8	5282837	64192	82704	59952
1400	**1300**	**20**	**20**	2960739	45550	52,8	4691983	70656	54376	51716
			30	3294135	50679	50,0	5532437	70144	71386	59654
			40	3627531	55808	48,1	6060769	69632	88144	67592
1400	**1400**	**20**	**20**	3504832	50069	56,3	5256144	76176	57136	57136
			30	3924075	56058	53,4	6243438	75624	75496	66384
			40	4343317	62047	51,3	6872933	75072	93584	75632
1500	**1000**	**20**	**20**	1735712	34714	42,0	3420586	58016	50916	38616
			30	1883168	37663	40,0	3909567	57624	64836	43224
			40	2030624	40612	38,5	4199361	57232	78564	47832
1500	**1100**	**20**	**20**	2146805	39033	45,8	3992004	63936	53876	43636
			30	2345308	42642	43,6	4603605	63504	69246	49254
			40	2543811	46251	41,9	4972596	63072	84404	54872
1500	**1200**	**20**	**20**	2609099	43485	49,5	4586335	69856	56836	48856
			30	2869248	47821	47,1	5333242	69384	73656	55584
			40	3129397	52157	45,3	5791297	68912	90244	62312
1500	**1300**	**20**	**20**	3124592	48071	53,2	5201089	75776	59796	54276
			30	3457988	53200	50,5	6095412	75264	78066	62214
			40	3791384	58329	48,6	6652216	74752	96084	70152
1500	**1400**	**20**	**20**	3695285	52790	56,8	5834123	81696	62756	59896
			30	4114528	58779	53,9	6887394	81144	82476	69144
			40	4533771	64768	51,8	7552408	80592	101924	78392
1500	**1500**	**20**	**20**	4323179	57642	60,4	6483584	87616	65716	65716
			30	4841868	64558	57,3	7706760	87024	86886	76374
			40	5360557	71474	55,1	8489194	86432	107764	87032
1600	**1200**	**20**	**20**	2748352	45806	49,9	5037663	74576	62256	51216
			30	3008501	50142	47,5	5825392	74104	80236	57944
			40	3268651	54478	45,7	6304269	73632	97984	64672
1600	**1300**	**20**	**20**	3288445	50591	53,6	5720422	80896	65416	56836
			30	3621841	55721	50,9	6666012	80384	84946	64774
			40	3955237	60850	49,0	7249473	79872	104224	72712
1600	**1400**	**20**	**20**	3885739	55511	57,3	6424519	87216	68576	62656
			30	4304981	61500	54,4	7540812	86664	89656	71904
			40	4724224	67489	52,3	8239196	86112	110464	81152
1600	**1500**	**20**	**20**	4542232	60563	60,9	7147862	93536	71736	68676
			30	5060921	67479	57,8	8447119	92944	94366	79334
			40	5579611	74395	55,6	9270535	92352	116704	89992
1600	**1600**	**20**	**20**	5259925	65749	64,5	7888624	99856	74896	74896
			30	5892661	73658	61,1	9382531	99224	99076	87064
			40	6525397	81567	58,8	10340832	98592	122944	99232

Rechteckige Hohlprofile, geschweißt, Typ B

Bei dieser Ausführung sind die Stegbleche versetzt. In der nachfolgenden Tabelle 6.41 sind nur unterschiedliche Werte zur Ausführung Typ A angegeben. Nicht aufgeführte Werte sind aus Tabelle 6.40 zu entnehmen.

Tabelle 6.41 Rechteckige geschweißte Hohlprofile Typ B

h mm	b mm	s mm	t mm	v mm	I_z cm^4	W_z cm^3	i_z cm	I_T cm^4	$C_{1\,min}$ cm^3	$W_{pl,z}$ cm^3
300	**300**	**15**	**15**	**10**	20986	1399	3,9	31113	2266	1748
			25	**10**	24431	1629	3,9	36710	2186	2059
			35	**10**	27877	1858	3,9	39080	2107	2369
	300	**20**	**20**	**10**	26611	1774	3,9	39258	2912	2252
			30	**10**	29756	1984	3,9	44464	2808	2538
			40	**10**	32901	2193	3,9	46869	2704	2824
400	**300**	**15**	**15**	**20**	26258	1751	3,9	48042	3061	2176
			25	**20**	29704	1980	3,9	55480	2981	2486
			35	**20**	33149	2210	3,9	58648	2902	2797
	300	**20**	**20**	**10**	33384	2226	3,9	61009	3952	2812
			30	**10**	36529	2435	3,9	68131	3848	3098
			40	**10**	39675	2645	3,9	71518	3744	3384
400	**400**	**15**	**15**	**10**	52991	2650	4,5	78989	4216	3226
			25	**10**	61658	3083	4,5	94620	4106	3836
			35	**10**	70325	3516	4,5	102117	3997	4447
	400	**20**	**20**	**20**	68037	3402	4,5	101158	5472	4192
			30	**20**	76109	3805	4,5	116343	5328	4768
			40	**20**	84181	4209	4,5	124416	5184	5344
500	**300**	**15**	**15**	**10**	31531	2102	11,7	66075	3856	2603
			25	**10**	34976	2332	11,1	74974	3776	2914
			35	**10**	38422	2561	10,6	78734	3697	3224
	300	**20**	**20**	**10**	40157	2677	11,5	84189	4992	3372
			30	**10**	43303	2887	11,0	92847	4888	3658
			40	**10**	46448	3097	10,7	96977	4784	3944
500	**400**	**15**	**15**	**20**	57983	2899	14,9	101196	5020	3692
			25	**20**	66863	3343	14,1	118131	4916	4229
			35	**20**	75743	3787	13,6	125981	4813	4765
	400	**20**	**20**	**20**	74571	3729	14,7	129923	6528	4808
			30	**20**	82923	4146	14,1	146618	6392	5312
			40	**20**	91275	4564	13,7	155308	6256	5816
500	**500**	**15**	**15**	**20**	101080	4043	18,6	150259	6475	5012
			25	**20**	118942	4758	17,6	180644	6341	5929
			35	**20**	136804	5472	16,9	195899	6208	6845
	500	**20**	**20**	**20**	130784	5231	18,5	193937	8448	6548
			30	**20**	147743	5910	17,6	224103	8272	7422
			40	**20**	164701	6588	17,0	240975	8096	8296
600	**300**	**15**	**15**	**10**	36803	2454	11,9	84821	4651	3031
			25	**10**	40249	2683	11,3	94897	4571	3341
			35	**10**	43694	2913	10,9	99109	4492	3652

Tabelle 6.41 Fortsetzung

h mm	b mm	s mm	t mm	v mm	I_z cm⁴	W_z cm³	i_z cm	I_T cm⁴	$C_{1\,min}$ cm³	$W_{pl,z}$ cm³
600	**300**	**20**	**20**	**10**	46931	3129	11,7	108289	6032	3932
			30	**10**	50076	3338	11,2	118188	5928	4218
			40	**10**	53221	3548	10,9	122895	5824	4504
600	**400**	**15**	**15**	**20**	66915	3346	15,2	131398	6055	4270
			25	**20**	75795	3790	14,4	150969	5951	4806
			35	**20**	84676	4234	13,9	159902	5848	5343
	400	**20**	**20**	**20**	86144	4307	15,0	169078	7888	5568
			30	**20**	94496	4725	14,4	188578	7752	6072
			40	**20**	102848	5142	14,0	198642	7616	6576
600	**500**	**15**	**15**	**20**	115938	4638	19,0	197386	7810	5740
			25	**20**	133800	5352	18,0	233273	7676	6656
			35	**20**	151661	6066	17,3	250946	7543	7573
	500	**20**	**20**	**20**	150157	6006	18,8	255400	10208	7508
			30	**20**	167116	6685	18,0	291432	10032	8382
			40	**20**	167116	6685	18,0	291432	10032	8382
600	**600**	**15**	**15**	**20**	181010	6034	22,7	269866	9565	7360
			25	**20**	212554	7085	21,4	326620	9401	8756
			35	**20**	244097	8137	20,5	356203	9238	10153
	600	**20**	**20**	**20**	235371	7846	22,5	350337	12528	9648
			30	**20**	265536	8851	21,5	407487	12312	10992
			40	**20**	295701	9857	20,7	440702	12096	12336
700	**400**	**20**	**20**	**20**	97717	4886	15,2	209621	9248	6328
			30	**20**	106069	5303	14,6	231492	9112	6832
			40	**20**	114421	5721	14,2	242676	8976	7336
700	**500**	**20**	**20**	**20**	169531	6781	19,1	319717	11968	8468
			30	**20**	186489	7460	18,3	360860	11792	9342
			40	**20**	203448	8138	17,7	383328	11616	10216
700	**600**	**20**	**20**	**20**	264544	8818	22,9	442085	14688	10808
			30	**20**	294709	9824	21,9	508347	14472	12152
			40	**20**	324875	10829	21,1	546327	14256	13496
700	**700**	**20**	**20**	**20**	384757	10993	26,6	573936	17408	13348
			30	**20**	433729	12392	25,3	670648	17152	15262
			40	**20**	482701	13791	24,4	728252	16896	17176
800	**500**	**20**	**20**	**20**	188904	7556	19,4	386184	13728	9428
			30	**20**	205863	8235	18,6	431795	13552	10302
			40	**20**	222821	8913	18,0	456422	13376	11176
800	**600**	**20**	**20**	**20**	293717	9791	23,2	537604	16848	11968
			30	**20**	323883	10796	22,2	611999	16632	13312
			40	**20**	354048	11802	21,5	654090	16416	14656
800	**700**	**20**	**20**	**20**	425731	12164	27,0	701974	19968	14708
			30	**20**	474703	13563	25,7	811761	19712	16622
			40	**20**	523675	14962	24,9	876241	19456	18536
800	**800**	**20**	**20**	**20**	586944	14674	30,7	876736	23088	17648
			30	**20**	661323	16533	29,2	1027985	22792	20232
			40	**20**	735701	18393	28,2	1119624	22496	22816

Tabelle 6.41 Fortsetzung

h mm	b mm	s mm	t mm	v mm	I_z cm^4	W_z cm^3	i_z cm	I_T cm^4	$C_{1\,min}$ cm^3	$W_{pl,z}$ cm^3
900	**500**	**20**	**20**	**20**	208277	8331	19,6	454315	15488	10388
			30	**20**	225236	9009	18,8	503848	15312	11262
			40	**20**	242195	9688	18,2	530321	15136	12136
900	**600**	**20**	**20**	**20**	322891	10763	23,5	636099	19008	13128
			30	**20**	353056	11769	22,5	717763	18792	14472
			40	**20**	383221	12774	21,8	763424	18576	15816
900	**700**	**20**	**20**	**20**	466704	13334	27,3	834722	22528	16068
			30	**20**	515676	14734	26,1	956379	22272	17982
			40	**20**	564648	16133	25,2	1026916	22016	19896
900	**800**	**20**	**20**	**20**	641717	16043	31,1	1047065	26048	19208
			30	**20**	716096	17902	29,6	1216074	25752	21792
			40	**20**	790475	19762	28,6	1317089	25456	24376
900	**900**	**20**	**20**	**20**	849931	18887	34,7	1270736	29568	22548
			30	**20**	957316	21274	33,1	1493898	29232	25902
			40	**20**	1064701	23660	31,9	1630818	28896	29256
1000	**600**	**20**	**20**	**20**	352064	11735	23,8	736981	21168	14288
			30	**20**	382229	12741	22,8	825162	20952	15632
			40	**20**	412395	13746	22,1	873947	20736	16976
1000	**700**	**20**	**20**	**20**	507677	14505	27,7	971308	25088	17428
			30	**20**	556649	15904	26,4	1103750	24832	19342
			40	**20**	605621	17303	25,5	1179648	24576	21256
1000	**800**	**20**	**20**	**20**	696491	17412	31,5	1223058	29008	20768
			30	**20**	770869	19272	30,0	1408392	28712	23352
			40	**20**	845248	21131	29,0	1517799	28416	25936
1000	**900**	**20**	**20**	**20**	920504	20456	35,2	1489359	32928	24308
			30	**20**	1027889	22842	33,5	1735684	32592	27662
			40	**20**	1135275	25228	32,3	1884872	32256	31016
1000	**1000**	**20**	**20**	**30**	1146005	22920	38,2	1711332	36064	27664
			30	**30**	1295741	25915	36,4	2011902	35696	31696
			40	**30**	1445477	28910	35,2	2197302	35328	35728
1100	**600**	**20**	**20**	**20**	381237	12708	24,0	839808	23328	15448
			30	**20**	411403	13713	23,0	933854	23112	16792
			40	**20**	441568	14719	22,3	985389	22896	18136
1100	**700**	**20**	**20**	**20**	548651	15676	27,9	1111064	27648	18788
			30	**20**	597623	17075	26,7	1253321	27392	20702
			40	**20**	646595	18474	25,8	1333990	27136	22616
1100	**800**	**20**	**20**	**20**	751264	18782	31,8	1403782	31968	22328
			30	**20**	825643	20641	30,4	1604129	31672	24912
			40	**20**	900021	22501	29,3	1721072	31376	27496
1100	**900**	**20**	**20**	**20**	991077	22024	35,6	1714608	36288	26068
			30	**20**	1098463	24410	33,9	1982433	35952	29422
			40	**20**	1205848	26797	32,7	2142736	35616	32776
1100	**1000**	**20**	**20**	**30**	1230659	24613	38,6	1974482	39744	29624
			30	**30**	1380395	27608	36,9	2302677	39376	33656
			40	**30**	1530131	30603	35,6	2502671	39008	37688

Tabelle 6.41 Fortsetzung

h mm	b mm	s mm	t mm	v mm	I_z cm^4	W_z cm^3	i_z cm	I_T cm^4	$C_{1\,min}$ cm^3	$W_{pl,z}$ cm^3
1100	**1100**	**20**	**20**	**30**	1546632	28121	42,3	2311472	44064	33724
			30	**30**	1747655	31776	40,3	2722638	43656	38706
			40	**30**	1948677	35430	38,9	2978327	43248	43688
1200	**800**	**20**	**20**	**20**	806037	20151	32,1	1588496	34928	23888
			30	**20**	880416	22010	30,7	1802668	34632	26472
			40	**20**	954795	23870	29,6	1926407	34336	29056
1200	**900**	**20**	**20**	**20**	1061651	23592	35,9	1945500	39648	27828
			30	**20**	1169036	25979	34,3	2233285	39312	31182
			40	**20**	1276421	28365	33,1	2403684	38976	34536
1200	**1000**	**20**	**20**	**30**	1315312	26306	39,0	2244814	43424	31584
			30	**30**	1465048	29301	37,2	2598812	43056	35616
			40	**30**	1614784	32296	36,0	2812138	42688	39648
1200	**1100**	**20**	**20**	**30**	1650685	30012	42,7	2633914	48144	35884
			30	**30**	1851708	33667	40,7	3079359	47736	40866
			40	**30**	2052731	37322	39,3	3353203	47328	45848
1200	**1200**	**20**	**20**	**30**	2031259	33854	46,4	3037611	52864	40384
			30	**30**	2294168	38236	44,2	3583614	52416	46416
			40	**30**	2557077	42618	42,6	3925397	51968	52448
1300	**900**	**20**	**20**	**20**	1132224	25161	36,2	2181236	43008	29588
			30	**20**	1239609	27547	34,6	2487568	42672	32942
			40	**20**	1346995	29933	33,4	2667168	42336	36296
1300	**1000**	**20**	**20**	**30**	1399965	27999	39,4	2521349	47104	33544
			30	**30**	1549701	30994	37,6	2899452	46736	37576
			40	**30**	1699437	33989	36,3	3124988	46368	41608
1300	**1100**	**20**	**20**	**30**	1754739	31904	43,1	2964507	52224	38044
			30	**30**	1955761	35559	41,1	3442177	51816	43026
			40	**30**	2156784	39214	39,7	3732744	51408	48008
1300	**1200**	**20**	**20**	**30**	2156712	35945	46,8	3425348	57344	42744
			30	**30**	2419621	40327	44,6	4013002	56896	48776
			40	**30**	2682531	44709	43,0	4376891	56448	54808
1300	**1300**	**20**	**20**	**30**	2607885	40121	50,5	3901751	62464	47644
			30	**30**	2944281	45297	48,0	4609229	61976	54826
			40	**30**	3280677	50472	46,3	5054511	61488	62008
1400	**900**	**20**	**20**	**20**	1202797	26729	36,5	2421162	46368	31348
			30	**20**	1310183	29115	34,9	2744747	46032	34702
			40	**20**	1417568	31502	33,7	2932759	45696	38056
1400	**1000**	**20**	**20**	**30**	1484619	29692	39,7	2803277	50784	35504
			30	**30**	1634355	32687	37,9	3203916	50416	39536
			40	**30**	1784091	35682	36,7	3440663	50048	43568
1400	**1100**	**20**	**20**	**30**	1858792	33796	43,5	3302230	56304	40204
			30	**30**	2059815	37451	41,5	3810199	55896	45186
			40	**30**	2260837	41106	40,1	4116201	55488	50168
1400	**1200**	**20**	**20**	**30**	2282165	38036	47,2	3822207	61824	45104
			30	**30**	2545075	42418	45,0	4449228	61376	51136
			40	**30**	2807984	46800	43,4	4833621	60928	57168

Tabelle 6.41 Fortsetzung

h mm	b mm	s mm	t mm	v mm	I_z cm^4	W_z cm^3	i_z cm	I_T cm^4	$C_{1\,min}$ cm^3	$W_{pl,z}$ cm^3
1400	**1300**	**20**	**20**	**30**	2756739	42411	50,9	4360783	67344	50204
			30	**30**	3093135	47587	48,5	5118005	66856	57386
			40	**30**	3429531	52762	46,8	5589735	66368	64568
1400	**1400**	**20**	**20**	**30**	3284512	46922	54,5	4915891	72864	55504
			30	**30**	3706995	52957	51,9	5813885	72336	63936
			40	**30**	4129477	58993	50,1	6381669	71808	72368
1500	**1000**	**20**	**20**	**30**	1569272	31385	39,9	3089924	54464	37464
			30	**30**	1719008	34380	38,2	3511653	54096	41496
			40	**30**	1868744	37375	37,0	3758721	53728	45528
1500	**1100**	**20**	**20**	**30**	1962845	35688	43,8	3646227	60384	42364
			30	**30**	2163868	39343	41,8	4182698	59976	47346
			40	**30**	2364891	42998	40,4	4502978	59568	52328
1500	**1200**	**20**	**20**	**30**	2407619	40127	47,6	4227135	66304	47464
			30	**30**	2670528	44509	45,4	4891368	65856	53496
			40	**30**	2933437	48891	43,8	5294810	65408	59528
1500	**1300**	**20**	**20**	**30**	2905592	44701	51,3	4829913	72224	52764
			30	**30**	3241988	49877	48,9	5634365	71736	59946
			40	**30**	3578384	55052	47,2	6130770	71248	67128
1500	**1400**	**20**	**20**	**30**	3458765	49411	55,0	5452219	78144	58264
			30	**30**	3881248	55446	52,4	6408770	77616	66696
			40	**30**	4303731	61482	50,5	7007736	77088	75128
1500	**1500**	**20**	**20**	**40**	3986795	53157	58,0	5962756	82880	63380
			30	**40**	4510092	60135	55,3	7049150	82320	72870
			40	**40**	5033389	67112	53,4	7736919	81760	82360
1600	**1200**	**20**	**20**	**30**	2533072	42218	47,9	4639236	70784	49824
			30	**30**	2795981	46600	45,7	5338654	70336	55856
			40	**30**	3058891	50982	44,2	5759826	69888	61888
1600	**1300**	**20**	**20**	**30**	3054445	46991	51,7	5308060	77104	55324
			30	**30**	3390841	52167	49,3	6157355	76616	62506
			40	**30**	3727237	57342	47,6	6676812	76128	69688
1600	**1400**	**20**	**20**	**30**	3633019	51900	55,4	5999624	83424	61024
			30	**30**	4055501	57936	52,8	7011987	82896	69456
			40	**30**	4477984	63971	50,9	7640189	82368	77888
1600	**1500**	**20**	**20**	**40**	4182808	55771	58,5	6567710	88480	66340
			30	**40**	4706105	62748	55,7	7719634	87920	75830
			40	**40**	5229403	69725	53,8	8442223	87360	85320
1600	**1600**	**20**	**20**	**40**	4875541	60944	62,1	7294675	94800	72400
			30	**40**	5513205	68915	59,1	8631946	94200	83320
			40	**40**	6150869	76886	57,1	9481558	93600	94240

7 Tabellen, Verbindungsmittel

7.1 Schrauben, Muttern und Scheiben

Tabelle 7.1 Übersicht über die eingeführten Normen von Schrauben, Muttern und Scheiben

<table>
<tr><th rowspan="3">Schraubenart</th><th rowspan="3">Be-
zeich-
nung</th><th rowspan="3">Festig-
keitsklasse
FK</th><th colspan="4">Norm</th></tr>
<tr><th rowspan="2">Schraube</th><th rowspan="2">Mutter</th><th colspan="2">Scheibe</th></tr>
<tr><th>Rund</th><th>Keilform</th></tr>
<tr><td>Sechskantschrauben
(Rohe Schrauben)</td><td>R</td><td>4.6
5.6</td><td>DIN 7990</td><td rowspan="2">DIN EN
24 034</td><td>DIN 7989
A (roh)</td><td rowspan="2">I-Profile
DIN 435

U-Profile
DIN 434</td></tr>
<tr><td>Sechskant-Passschrauben</td><td>P</td><td>4.6
5.6</td><td>DIN 7968</td><td>DIN 7989
B (blank)</td></tr>
<tr><td>Sechskantschrauben mit großen Schlüsselweiten (Hochfeste Schrauben)</td><td>HR</td><td>10.9</td><td>DIN 6914</td><td rowspan="2">DIN 6915</td><td rowspan="2">DIN 6916</td><td rowspan="2">I-Profile
DIN 6917

U-Profile
DIN 6918</td></tr>
<tr><td>Sechskant-Passschrauben mit großen Schlüsselweiten (Hochfeste Passschrauben</td><td>HP</td><td>10.9</td><td>DIN 7999</td></tr>
<tr><td colspan="7">Sechskantschrauben Festigkeitsklasse 8.8: In Anlehnung an DASt Ri 103 (NAD zu EC 3)
DIN EN 24 014 Sechskantschrauben mit Schaft, Produktklasse A und B, FK 8.8
DIN EN 24 016 Sechskantschrauben mit Schaft, Produktklasse C, FK 8.8
DIN EN 24 017 Sechskantschrauben mit Gewinde bis Kopf, Produktklasse A und B, FK 8.8
DIN EN 24 032 Sechskantmuttern, Typ 1, Produktklasse A und B, FK 8
DIN EN 24 034 Sechskantmuttern, Produktklasse C (für nicht vorgespannte Verbindungen), FK 8
ISO 7089 und ISO 7090, Unterlegscheiben, Produktklasse A, Klasse 200 HV</td></tr>
</table>

Verzinkte Schrauben

Feuerverzinkte Schrauben der Festigkeitsklassen 8.8 und 10.9 sowie zugehörige Muttern und Scheiben dürfen nur verwendet werden, wenn sie vom Schraubenhersteller im Eigenbetrieb oder unter seiner Verantwortung im Fremdbetrieb verzinkt wurden.

Andere metallische Korrosionsschutzüberzüge (z.B. galvanische Verzinkung) dürfen verwendet werden, wenn

- die Verträglichkeit mit dem Stahl gesichert ist,
- eine wasserstoffinduzierte Versprödung vermieden wird (siehe DIN 267 Teil 9),
- ein adäquates Anziehverhalten nachgewiesen wird.

Sechskantschrauben nach DIN 7990

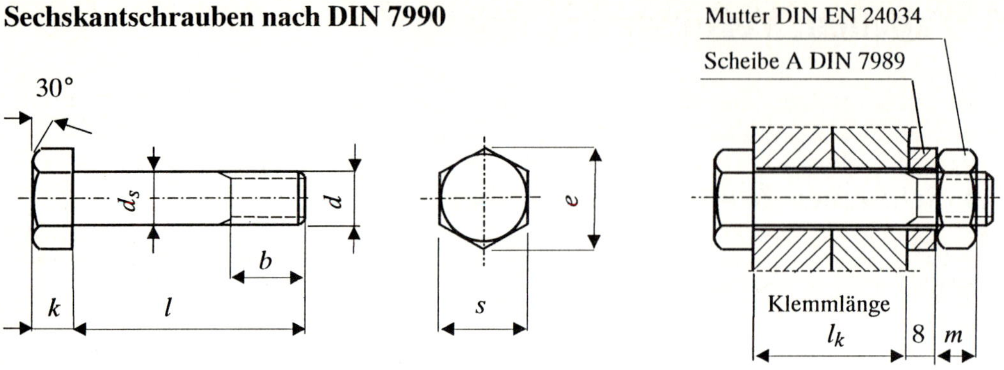

Tabelle 7.2 Abmessungen von Sechskantschrauben nach DIN 7990 (M36 nicht genormt)

		M12	M16	M20	M22	M24	M27	M30	M36
Gewindedurchmesser	$d = d_s$	12	16	20	22	24	27	30	36
Gewindelänge	b	17,75	21	23,5	25,5	26	29	30,5	
Eckmaß	e	19,85 20,88	26,17	32,95	37,29 35,03	39,55	45,20	50,85	
Kopfhöhe	k	8	10	13	14	15	17	19	
Mutterhöhe	m	10	13	16	18	19	22	24	29
Schlüsselweite	s	18/19	24	30	34/32	36	41	46	55

Sechskantpassschrauben nach DIN 7968

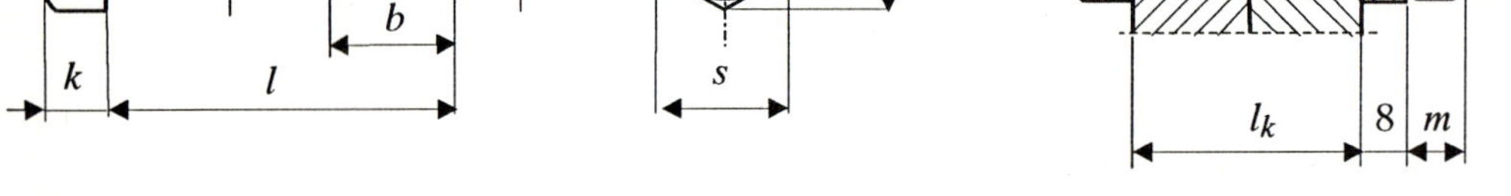

Tabelle 7.3 Abmessungen von Sechskantpassschrauben nach DIN 7968 (M36 nicht genormt)

		M12	M16	M20	M22	M24	M27	M30	M36
Gewindedurchmesser	d	12	16	20	22	24	27	30	36
Schaftdurchmesser	d_s	13	17	21	23	25	28	31	
Gewindelänge	b	17,75	21	23,5	25,5	26	29	30,5	
Eckmaß	e	19,85 20,88	26,17	32,95	37,29 35,03	39,55	45,20	50,85	
Kopfhöhe	k	8	10	13	14	15	17	19	
Mutterhöhe	m	10	13	16	18	19	22	24	29
Schlüsselweite	s	18/19	24	30	34/32	36	41	46	55

Sechskantschrauben mit großen Schlüsselweiten (HV-Schrauben), FK 10.9

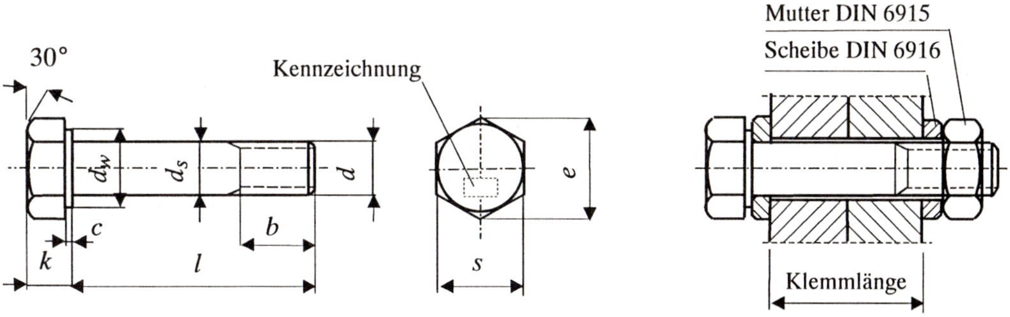

Tabelle 7.4 Abmessungen von Sechskantschrauben mit großen Schlüsselweiten nach DIN 6914

		M12	M16	M20	M22	M24	M27	M30	M36
Gewindedurchmesser	$d = d_s$	12	16	20	22	24	27	30	36
Gewindelänge	b	21/23	26/28	31/33	31/34	32/34	34/37	37/39	48/50
Telleransatz	d_w	20	25	30	34	39	43,5	47,5	57
	c	0,4÷0,6				0,4÷0,8			
Eckmaß	e	23,91	29,56	35,03	39,55	45,2	50,85	55,37	66,44
Kopfhöhe	k	8	10	13	14	15	17	19	23
Mutterhöhe	m	10	13	16	18	19	22	24	29
Schlüsselweite	s	22	27	32	36	41	46	50	60

Sechskantpassschrauben mit großen Schlüsselweiten (HV-Schrauben), FK 10.9

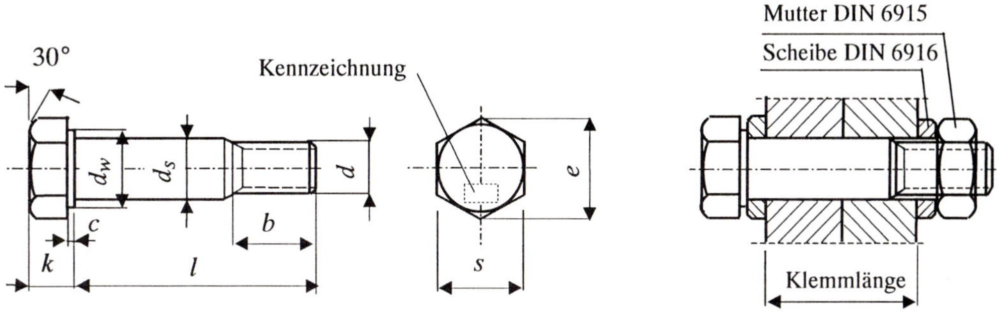

Tabelle 7.5 Abmessungen von Sechskantpassschrauben nach DIN 7999

		M12	M16	M20	M22	M24	M27	M30	M36
Gewindedurchmesser	d	12	16	20	22	24	27	30	36
Schaftdurchmesser	d_s	13	17	21	23	25	28	31	37
Gewindelänge	b	18,5	22	26	28	29,5	32,5	35	
	y	6,5	7,5	2,8	8,5	10	10	11,5	
Telleransatz	d_w	20	25	30	34	39	43,5	47,5	57
	c	0,4÷0,6				0,4÷0,8			
Eckmaß	e	23,91	29,56	35,03	39,55	45,2	50,85	55,37	66,44
Kopfhöhe	k	8	10	13	14	15	17	19	
Mutterhöhe	m	10	13	16	18	19	22	24	29
Schlüsselweite	s	22	27	32	36	41	46	50	60

Tabelle 7.6 Scheiben für den Stahlbau, Maße in mm

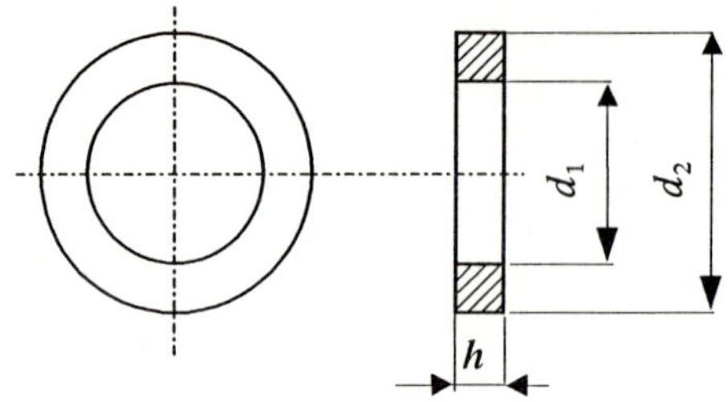

DIN 7968

M	d_1	d_2	h
12	14	24	8
16	18	30	8
20	22	37	8
22	24	39	8
24	26	44	8
27	30	50	8
30	33	56	8
36	39	66	8

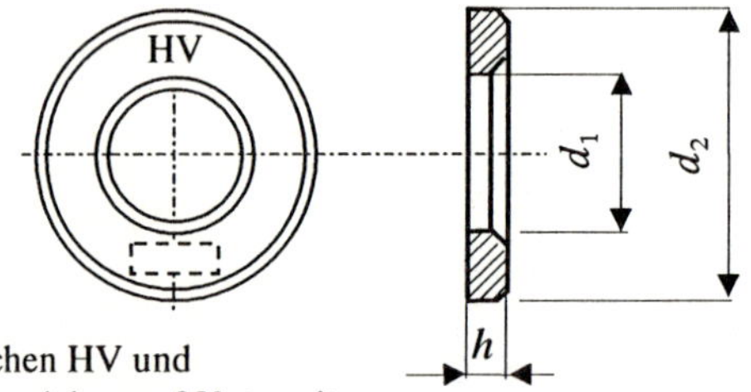

Kennzeichen HV und
Herstellerzeichen auf Unterseite

DIN 6916

M	d_1	d_2	h
12	13	24	3
16	17	30	4
20	21	37	4
22	23	39	4
24	25	44	4
27	28	50	5
30	31	56	5
36	37	66	6

Scheiben vierkant, keilförmig für I-Profile

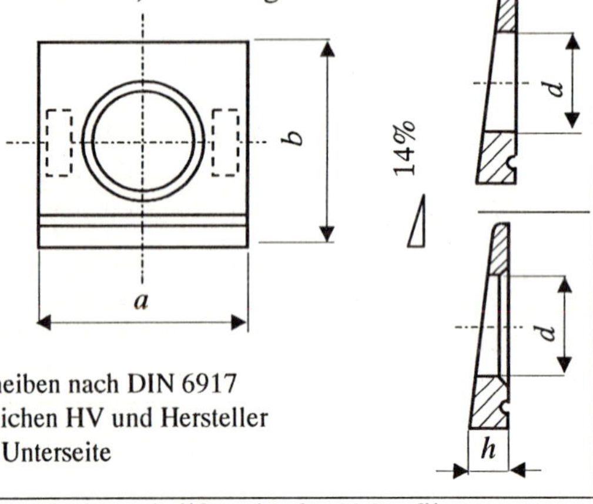

Für Scheiben nach DIN 6917
Kennzeichen HV und Hersteller
auf der Unterseite

	M	d	a	b	h
DIN 435	**12**	14	26	30	6,2
	16	18	32	36	7,5
	20	22	40	44	9,2
	22	24	44	50	10
	24	26	56	56	10,8
	27	30	56	56	10,8
DIN 6917	**12**	13	26	30	6,2
	16	17	32	36	7,5
	20	21	40	44	9,2
	22	23	44	50	10,0
	24	25	56	56	10,8
	27	28	56	56	10,8
	30	31	62	62	11,7
	36	37	68	68	12,5

Scheiben vierkant, keilförmig für U-Profile

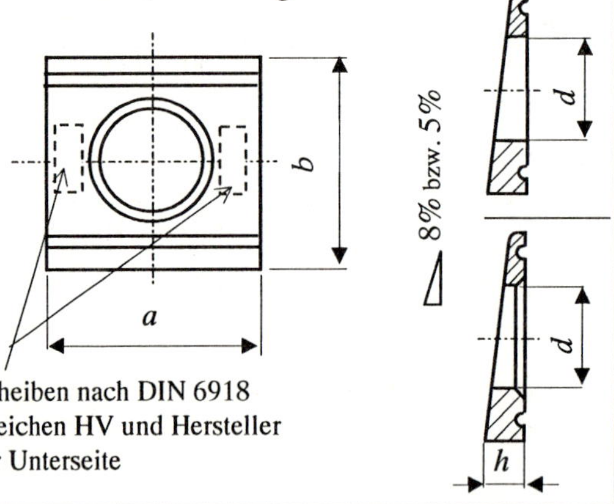

Für Scheiben nach DIN 6918
Kennzeichen HV und Hersteller
auf der Unterseite

	M	d	a	b	h
DIN 434	**12**	14	26	30	4,9
	16	18	32	36	5,9
	20	22	40	44	7,0
	22	24	44	50	8,0
	24	26	56	56	8,5
	27	30	56	56	7,4
DIN 6918	**12**	13	26	30	4,9
	16	17	32	36	5,9
	20	21	40	44	7,0
	22	23	44	50	8,0
	24	25	56	56	8,5
	27	28	56	56	8,5
	30	31	62	62	6,52
	36	37	68	68	6,68

7.2 Klemmlängen

Tabelle 7.7 Klemmlängen für Schrauben der Länge l nach DIN 7990 und DIN 7968.

l	Schraube M12	M16	M20	M22	M 24	M 27	M 30	l
mm	Klemmlänge l_k in mm							mm
30	5 - 9							**30**
35	10 - 14	6-10						**35**
40	15 - 19	11-15	8 - 12	6 – 10				**40**
45	20 - 24	16 - 20	13 - 17	11 – 15	9 - 13			**45**
50	25 - 29	21 - 25	18 - 22	16 - 22	14 - 18			**50**
55	30 - 34	26 - 30	23 - 27	23 - 25	19 - 23			**55**
60	35 - 39	31 - 35	28 - 32	26 - 30	24 - 28	21 - 25		**60**
65	40 - 44	36 - 40	33 - 37	31 - 35	29 - 33	26 - 30		**65**
70	45 - 49	41 - 45	38 - 42	36 - 40	34 - 38	31 - 35		**70**
75	50 - 54	46 - 50	43 - 47	41 - 45	39 - 43	36 - 40		**75**
80	55 - 59	51 - 55	48 - 52	46 - 50	44 - 48	41 - 45	39 - 43	**80**
85	60 - 64	56 - 60	53 - 57	51 - 55	49 - 53	46 - 50	44 - 48	**85**
90	65 - 69	61 - 65	58 - 62	56 - 60	54 - 58	51 - 55	49 - 53	**90**
95	70 - 74	66 - 70	63 - 67	61 - 65	59 - 63	56 - 60	54 - 58	**95**
100	75 - 79	71 - 75	68 - 72	66 - 70	64 - 68	61 - 65	59 - 63	**100**
105	80 - 84	76 - 80	73 - 77	71 - 75	69 - 73	66 - 70	64 - 68	**105**
110	85 - 89	81 - 85	78 - 82	76 - 80	74 - 78	71 - 75	69 - 73	**110**
115	90 - 94	86 - 90	83 - 87	81 - 85	79 - 83	76 - 80	74 - 78	**115**
120	95 - 99	91 - 95	88 - 92	86 - 90	84 - 88	81 - 85	79 - 83	**120**
125		96 - 100	93 - 97	91 - 95	89 - 93	86 - 90	84 - 88	**125**
130		101 - 105	98 - 102	96 - 100	94 - 98	91 - 95	89 - 93	**130**
135		106 - 110	103 - 107	101 - 105	99 - 103	96 - 100	94 - 98	**135**
140		111 - 115	108 - 112	106 - 110	104 - 108	101 - 105	99 - 103	**140**
145		116 - 120	113 - 117	111 - 115	109 - 113	106 - 110	104 - 108	**145**
150		121 - 125	118 - 122	116 - 120	114 - 118	111 - 115	109 - 113	**150**
155			123 - 127	121 - 125	119 - 123	116 - 120	114 - 118	**155**
160			128 - 132	126 - 130	124 - 128	121 - 125	119 - 123	**160**
165			133 - 137	131 - 135	129 - 133	126 - 130	124 - 128	**165**
170			138 - 142	136 - 140	134 - 138	131 - 135	129 - 133	**170**
175			143 - 147	141 - 145	139 - 143	136 - 140	134 - 138	**175**
180				146 - 150	144 - 148	141 - 145	139 - 143	**180**
185				151 - 155	149 - 153	146 - 150	144 - 148	**185**
190				156 - 160	154 - 158	151 - 155	149 - 153	**190**
195				161 - 165	159 - 163	156 - 160	154 - 158	**195**
200				166 - 170	164 - 168	161 - 165	159 - 163	**200**
	M12	**M16**	**M20**	**M22**	**M 24**	**M 27**	**M 30**	

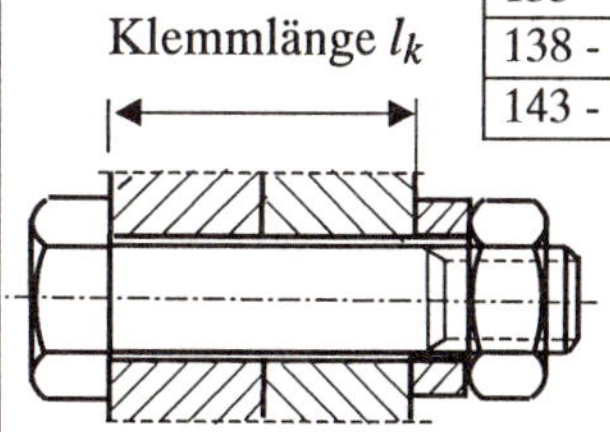

Tabelle 7.8 Klemmlängen für HV- Schrauben der Länge l nach DIN 6914

	Schraube								
l	M12	M16	M20	M22	M 24	M 27	M 30	M 36	l
mm	Klemmlänge l_k in mm								mm
30	6-10								**30**
35	11-15								**35**
40	16-20	10-14							**40**
45	21-23	15-19	10-14						**45**
50	24-28	20-24	15-19	14-18					**50**
55	29-33	25 29	20-24	19-23					**55**
60	34-38	30-34	25-29	24-28	22-26				**60**
65	39-43	35-39	30-34	29-33	27-31				**65**
70	44-48	40-44	35-39	34-38	32-36	28-32	24-28		**70**
75	49-53	45-47	40-44	39-43	37-41	33-37	29-33		**75**
80	54-58	48-52	45-49	44-48	42-46	38-42	34-38		**80**
85	59-63	53-57	50-54	49-53	47-51	43-47	39-43	31-35	**85**
90	64-68	58-62	55-57	54-56	52-53	48-52	44-48	36-40	**90**
95	69-73	63-67	58-62	57-61	54-58	53-57	49-53	41-45	**95**
100		68-72	63-67	62-66	59-63	58-60	54-56	46-48	**100**
105		73-77	68-72	67-71	64-68	61-65	57-61	49-53	**105**
110		78-82	73-77	72-76	69-73	66-70	62-66	54-58	**110**
115		83-87	78-82	77-81	74-78	71-75	67-71	59-63	**115**
120		88-92	83-87	82-86	79-83	76-80	72-76	64-68	**120**
125		93-97	83-92	87-91	84-88	81-85	77-81	69-73	**125**
130		98-102	93-97	92-96	89-93	86-90	82-86	74-78	**130**
135			98-102	97-101	94-98	91-95	87-91	79-83	**135**
140			103-107	102-106	99-103	96-100	92-96	84-88	**140**
145			108-112	107-111	104-108	101-105	97-101	89-93	**145**
150			113-117	112-116	109-113	106-110	102-106	94-98	**150**
155			118-122	117-121	114-118	111-115	107-111	99-103	**155**
160				122-127	119-123	116-120	112-116	104-108	**160**
165				128-131	124-128	121-125	117-121	109-113	**165**
170					129-133	126-130	122-126	114-118	**170**
175					134-138	131-135	127-131	119-123	**175**
180					139-143	136-140	132-136	124-128	**180**
185					144-148	141-145	137-141	129-133	**185**
190					149-153	146-150	142-146	134-138	**190**
195					154-158	151-155	147-151	139-143	**195**
200						156-160	152-156	144-148	**200**
	M12	M16	M20	M22	M 24	M 27	M 30	M 36	

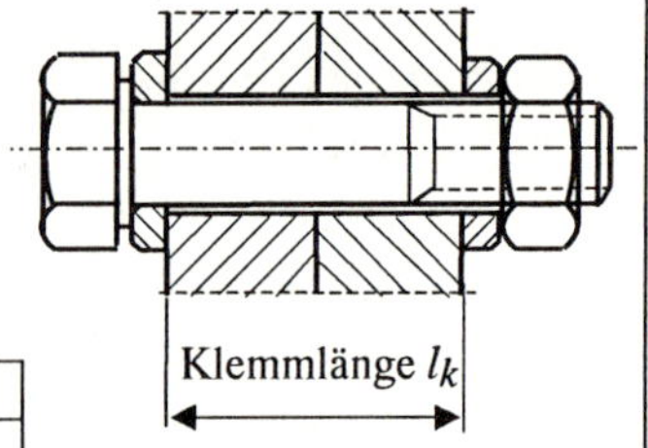

8 Literatur

[1] Anpassungsrichtlinie zu DIN 18800 T1 bis T4 (11.90) mit Anpassung der Fachnormen.

[2] Beuth-Kommentare: Stahlbauten. Erläuterungen zu DIN 18800-1 bis 4.
2. Auflage Berlin/Köln 1994

[3] Fritsch/Pasternak: Stahlbau Grundlagen und Tragwerke. Braunschweig/Wiesbaden: Verlag Vieweg. 1999

[4] Fröhlich Peter (Hrsg.): Berechnungsbibliothek Bauwesen. Braunschweig/Wiesbaden: Verlag Vieweg. 1998

[5] Gregor H.-J.: Der praktische Stahlbau, Teil 4. 6. Auflage Köln 1973

[6] Hünersen, Fritzsche: Stahlbau in Beispielen. 2. Auflage Düsseldorf 1993

[7] Lindner, J. und Habermann, W.: Zur Weiterentwicklung des Beulnachweises für Platten bei mehrachsiger Beanspruchung. Stahlbau 58 (1989) S.349-351

[8] Lindner/Gietzelt: Zweiachsige Biegung und Längskraft. Der Stahlbau 11/1984

[9] Petersen, Christian: Stahlbau. 3. Auflage, Braunschweig/Wiesbaden: Verlag Vieweg. 1994

[10] Petersen, Christian: Statik und Stabilität der Baukonstruktionen. 2. Auflage Braunschweig/Wiesbaden: Verlag Vieweg 1982

[11] Roik, Kindmann: Das Ersatzstabverfahren. Der Stahlbau 12/1981 und 5/1982

[12] Roik/Kuhlmann: Beitrag zur Bemessung von Stäben für zweiachsige Biegung mit Druckkraft. Der Stahlbau 9/1985

[13] Schneider: Bautabellen für Ingenieure, 12. Auflage, Düsseldorf 1996

[14] Stahlbau-Handbuch. Für Studium und Praxis. Bd. 1,2. 2. Aufl. Köln 1982/1985, Bd. IA 1993

[15] Stahl im Hochbau. 13. Auflage Düsseldorf 1967

[16] Stahl im Hochbau. Band I / Teil 1, Band I / Teil 2, Band II / Teil 1. 14. Auflage
Düsseldorf 1984, 1986/1987

[17] Thiele/Lohse: Stahlbau T1, 23. Auflage, Stuttgart 1997

[18] Wendehorst: Bautechnische Zahlentafeln. 28. Auflage, Stuttgart 1998

[19] Mitteilungen, Deutsches Institut für Bautechnik, 29. Jahrgang, Sonderheft Nr. 18, Berlin, Mai 1998

9 Sachwortverzeichnis